国土资源部公益性行业科研专项(编号:201411050)资助

南岭东段九龙脑矿田成矿规律与深部找矿示范

陈毓川院士　指导

王登红　赵　正　刘善宝　郭娜欣等　著

科学出版社

北京

内 容 简 介

南岭是我国乃至世界上最著名的钨锡多金属成矿集中区。九龙脑矿田则是南岭成矿带的典型和缩影，围绕九龙脑花岗岩复式岩体发育一系列钨、锡、银、铅锌、铌钽、多金属矿床，表现为多矿种共生、多类型共存的特色。本书在南岭成矿带现有工作的基础上，选择九龙脑矿田进行重点解剖，系统开展了成矿规律研究，包括矿田构造、花岗岩成矿专属性、典型矿床、成矿模式等；以此为基础，开展了深部探测示范，实施了岩石和土壤地球化学测量、地气测量、音频大地电磁深部探测、高精度重磁探测等。研究发现，在矿田尺度上，印支期和燕山期两个与花岗岩相关的钨锡多金属成矿亚系列存在继承性和演化关系；确立了印支期大型钨多金属成矿作用在南岭地区的存在，建立了九龙脑矿田构造–岩浆与成矿的时空谱系；开展了九龙脑复式岩体岩浆演化与 W–Sn–Nb–Ta–REE 富集过程的深入研究；以"五层楼+地下室"模型为基础，建立了"九龙脑成矿模式"；提出针对不同类型钨锡多金属矿床的深部勘查有效方法组合；开展了深部找矿示范，取得了显著的找矿成果和社会经济效益。

本书可供矿产普查与勘探、地球化学、矿物学、岩石学、矿床学等专业的高校师生和矿产勘查技术人员阅读参考。

图书在版编目 (CIP) 数据

南岭东段九龙脑矿田成矿规律与深部找矿示范 / 王登红等著 . —北京：科学出版社，2020.9

ISBN 978-7-03-065791-6

Ⅰ. ①南… Ⅱ. ①王… Ⅲ. ①南岭–多金属矿床–成矿规律–研究②南岭–多金属矿床–找矿–研究 Ⅳ. ①P618.2

中国版本图书馆 CIP 数据核字（2020）第 147236 号

责任编辑：王 运 陈姣姣 / 责任校对：王 瑞
责任印制：吴兆东 / 封面设计：铭轩堂

科学出版社 出版
北京东黄城根北街 16 号
邮政编码：100717
http://www.sciencep.com

北京建宏印刷有限公司印刷
科学出版社发行 各地新华书店经销

*

2020 年 9 月第 一 版 开本：787×1092 1/16
2020 年 9 月第一次印刷 印张：23 1/4
字数：550 000
定价：318.00 元
（如有印装质量问题，我社负责调换）

陈毓川院士　指导

本书作者名单

王登红	赵　正	刘善宝
郭娜欣	曾载淋	梁　婷
周新鹏	陈　伟	赵　斌
刘战庆	赵　文	鲁　麟
方贵聪	陈小勇	王少轶
郭淑庆	张树德	王浩洋

前　言

南岭成矿带是中国乃至世界上有色和稀有金属的重要资源基地，也是世界上陆内花岗岩成矿作用最强烈的地区。九龙脑矿田位于南岭东段矿床分布最集中、成矿强度最大的崇余犹钨锡多金属矿集区内。这里形成了以九龙脑岩体为中心，以钨锡为主、金银铜铅锌、铌钽多金属矿产分带共生的矿化格局，在南岭乃至整个华南地区的成矿元素组合上极具代表性，是研究花岗质岩浆演化与多金属复合成矿过程，并指导深部找矿的理想地区。九龙脑矿田内钨锡等优势多金属矿床目前以中小型为主，深部具有较大的找矿潜力。

本次工作在国土资源部公益性行业科研专项"南岭东段九龙脑矿田成矿规律与深部找矿示范"项目（编号为201411050）资助下完成，研究年限为2014年1月至2016年12月，国土资源部（现自然资源部）组织评审的时间为2018年9月。项目的总体方案和实施计划及主导思路和技术路线由王登红提出，经多次研讨，按照研究目标和主要内容，将项目划分为四个课题，由中国地质科学院矿产资源研究所负责"南岭东段九龙脑矿田成矿规律与深部成矿预测综合研究"，赣南地质调查大队负责"南岭东段九龙脑矿田地质与地球化学测量"，山西省地球物理化学勘查院负责"南岭东段九龙脑矿田地球物理探测实验研究"，长安大学负责"南岭东段九龙脑矿田典型矿床研究"。

本书在南岭钨锡多金属成矿带已有工作的基础上，针对九龙脑矿田花岗质岩浆活动与成矿关系密切、钨锡矿化强度大、类型多、规律性强、金银铜铅锌铌钽共生分带等特点，开展了矿田构造研究、花岗质岩浆活动与成矿规律研究、多矿种成因关系研究、深部成矿预测示范研究等；刻画了九龙脑岩体多期次构造-岩浆活动与矿化特征，总结了不同类型钨锡矿床和金银铅锌等多金属矿床特征、空间分带规律，并对比了各类矿床的成因关系，进一步完善了华南花岗岩成矿理论；选用有效的地质与地球物理探测方法组合，探测2000m深度范围内隐伏岩体、隐伏矿体和主要控矿构造的空间分布规律，揭示钨锡多金属矿化的垂向和横向分布规律、探索崇余犹矿集区的"第二找矿空间"，并提出勘查部署方案，指导矿山企业和地勘单位开展深部找矿验证。

项目工作以成矿系列理论为基础，由陈毓川院士亲自指导，执行过程中得到了自然资源部科技司、公益性行业科研专项项目办公室和中国地质科学院矿产资源研究所领导和科技处等管理部门的支持；裴荣富院士、盛继福研究员、徐志刚研究员、孟贵祥研究员、薛春纪教授、白大明研究员、李建康研究员等参与了项目多次讨论并给予诸多指导；江西省自然资源厅许建祥教授级高工、张家菁教授级高工和江西省地质矿产勘查开发局（简称江西省地矿局）赣南地质调查大队苟月明教授级高工多次到野外实地指导；国家地质实验测试中心屈文俊研究员和李超副研究员、中国地质科学院矿产资源所陈振宇教授级高工、侯可军副研究员、王倩助理研究员等对实验测试分析给予了诸多指导和帮助。

项目得到了钟自然局长的亲笔批示"是科技创新指导找矿，助力脱贫的典型实例"。

野外工作中得到了章源钨业、荡坪钨业、耀升工贸（仙鹅塘钨矿）、长飞矿业（青山钨矿）和江西省核工业地质局二六四大队等矿山企业和勘查单位的支持和配合，在此一并感谢！

全书由陈毓川院士指导。王登红完成统改定稿，各章分工如下：第一章和结论王登红、赵正；第二章陈伟、曾载淋、陈小勇、周新鹏、赵斌、赵正；第三章刘战庆、陈伟、刘善宝；第四章郭娜欣；第五章梁婷、赵正、方贵聪、鲁麟、王少轶、王浩洋；第六章赵正、刘善宝、赵文；第七章赵正、郭娜欣、陈伟；第八章王登红、赵正、刘善宝、郭娜欣；第九章王登红、赵正、周新鹏、陈伟、方贵聪；第十章刘善宝、郭淑庆、张树德、赵正等。

本书是对南岭成矿带深部探测理论和实践的探索性研究，可供地质、矿产勘查类高校和科研院所及相关勘查单位和矿山企业读者使用和借鉴。书中难免存在纰漏和不足之处，敬请专家和读者批评指正。

目　　录

第一章 绪 论

为落实《国务院关于加强地质工作的决定》（国发〔2006〕4 号），围绕《国家中长期科学和技术发展规划纲要（2006—2020 年）》及《国土资源"十二五"科学和技术发展规划》重点领域及其优先主题，组织开展本行业应急性、培育性、基础性科研工作，以解决行业科技发展问题。矿产资源短缺已经成为我国经济发展的主要瓶颈，不仅影响到我国经济的可持续发展，而且关系到国家安全。2006 年 4 月，《国家中长期科学和技术发展规划纲要》明确提出要"突破复杂地质条件限制，扩大现有资源储量。重点研究地质成矿规律，发展矿山深边部评价与高效勘查技术……，努力发现一批大型后备资源基地，增加资源供给量"。因此，依靠科学创新和技术进步，加快大型矿集区的勘查，是提升我国矿产资源保障能力的重要途径。

本书以成矿系列理论为指导，以南岭东段九龙脑矿田为研究对象，针对研究区花岗质岩浆活动与成矿关系密切、钨锡矿化强度大、类型多、金银铜铅锌铌钽共生分带等特点，沿着矿田构造、岩浆岩岩石学、典型矿床解剖和地质与地球物理综合探测等多层次、多学科综合研究的技术路线，联合攻关。总体分为前期资料处理、地质剖面测量与地球化学勘探、综合地球物理探测、典型矿床研究和成矿预测综合研究五个板块。

项目执行工作中采取全面推进、系统总结、由浅入深、重点突破的思路，在九龙脑地区展开成矿规律与深部找矿示范工作。在基础地质和野外测量的基础上进一步理清矿田内的控岩控矿构造；系统开展岩石矿物学、矿床学、年代学和同位素地球化学研究，厘定岩浆源区及其演化过程与成矿流体的迁移–富集成矿机制，对比多矿种的成因关系；应用地质与地球物理等多方法，探测隐伏岩体和隐伏矿体的深部位置；建立区域综合成矿模式和三维找矿模型，优选靶区开展深部成矿预测示范，并提出勘查验证方案。针对优势矿种的类型特色，选择天井窝、淘锡坑、长流坑三个重点示范区部署面积性测量工作，并取得了找矿新突破。

本书主要内容及成果扼要介绍于下。

一、总结研究了九龙脑矿田成矿地质背景，深化了成矿系列研究

对南岭东段地区已有地质资料进行了搜集和综合分析研究。在系统搜集 1∶20 万和 1∶5万地质、矿产、化探、航磁、重力数据，矿集区内典型矿床的基础地质、矿产勘查、矿山开采、研究报告等方面资料的基础上，系统剖析了南岭东段地区大地构造演化历史、岩浆活动期次及成岩成矿背景等，理清了研究区区域地层、构造、岩浆岩等基础地质特征，总结了研究区内各类矿床的分布规律、矿化组合、资源规模和基本成矿要素，结合研究区现有地球物理资料、地球化学异常、勘查资料和研究基础，构建了九龙脑矿田深部地质结构与成矿背景的基本格架，创新建立了"九龙脑式"钨锡多金属矿床式，深化了成矿系列研究。

二、研究建立了九龙脑矿田内构造–岩浆与成矿的时空谱系

以地质剖面测量、区域控矿构造研究、重磁电深部探测、同位素测年为技术路线，对各类容矿构造进行系统分期、分类，明确各期构造对成岩成矿的控制作用及其力学性质；对主要控岩控矿断裂内侵入的岩浆岩进行了同位素年代学测试，理清了各类构造对岩浆岩侵入和矿体形成的控制或改造作用；以区域不同构造演化阶段为背景，建立了九龙脑矿田内的构造–岩浆侵入—侵入同期构造—容矿构造—后期改造构造为基本顺序的时空演化模式。

通过地质与地球物理剖面测量和矿田构造研究，进一步确定了九龙脑矿田各类钨锡矿床、银金铅锌和 Nb-Ta 矿床（点）、隐伏矿体和隐伏岩体的空间位置；应用锆石 U-Pb、辉钼矿 Re-Os、云母 Ar-Ar 等多种同位素定年方法，确定了九龙脑四期花岗岩成岩时间为 160.9 ~ 154.1Ma；围绕九龙脑岩体淘锡坑、九龙脑、樟东坑、梅树坪、天井窝、长流坑、石咀脑、碧坑、宝山等各类钨锡矿床成矿时间为 157.2 ~ 151.1Ma，查明了成矿高峰期在燕山早期第二阶段与第三阶段的转折时期，建立了九龙脑矿田构造–岩浆与成矿的时空谱系。

三、总结研究了九龙脑矿田成矿系列，确定了印支期存在大型钨锡矿床成矿作用

通过九龙脑矿田尺度成矿系列研究，发现原先认为集中形成于燕山早期的不同类型的钨矿实际上跨越了印支期和燕山期两个大的成矿期，印支期→燕山早期→燕山晚期均有重要矿床出现，两个成矿亚系列相互之间存在一定的继承性和演化关系，为构筑中生代钨多金属成矿的精细谱系提供了新的范例，进一步揭示了矿田尺度的成矿演化规律。提出淘锡坑式、柯树岭式、宝山式和赤坑式等不同的钨多金属矿床式，分别代表不同时代不同成因的矿床（组），对不同地质背景寻找不同类型的工业矿体具有现实的指导意义。

利用辉钼矿 Re-Os 同位素法和云母 Ar-Ar 同位素法，获得柯树岭石英脉型钨矿成矿时代分别为 228.7Ma 和 231.4Ma，锆石 U-Pb 法获得赋矿岩体（柯树岭）中粗粒黑云母花岗岩的年龄为 231.9Ma。确定了位于九龙脑矿田中部的柯树岭钨矿形成于印支期。结合前人的研究成果，判断 230 ~ 213Ma 可能是华南印支期成矿的集中阶段，该阶段正处于印支–华南板块与华北板块碰撞后期的转折阶段缓冲期，幔源物质扰动导致印支期相对分散的岩浆与成矿作用。

四、研究了不同类型、期次岩浆活动与成矿的关系

在岩体地质研究的基础上，以岩相学、元素地球化学、同位素地球化学相结合为技术路线，以九龙脑复式岩体各期花岗岩、矿区出露的各类岩脉和矿区揭露的隐伏岩体为研究对象，系统划分岩浆系列、归类并对比其地球化学性质；对比研究了九龙脑各期花岗岩与

外围成矿相关花岗岩的源区特征及其演化规律；查明了九龙脑岩体各期次花岗岩之间的演化关系，并与岩体外围成矿花岗岩和矿区揭露的隐伏岩体的地球化学性质进行对比，理清了与各类矿化相关的岩浆岩的地球化学特征，判别了成岩地质构造背景、岩浆源区特征及各类岩浆岩的演化历史，查明了不同类型花岗质岩浆岩的成矿专属性。

开展了九龙脑复式岩体岩浆演化与 W-Sn-U-Nb-Ta-REE 富集过程的深入研究：九龙脑复式花岗岩体为古元古代变泥质岩和变砂质岩部分重熔形成的 S 型花岗岩，地幔在其形成过程中主要起到热源作用；在岩浆演化过程中，岩浆房整体处于一个氧逸度相对较低的环境，充分的结晶分异作用导致 W、Sn、U、Nb、Ta 等成矿元素在残余熔浆中不断聚集；在第一期次花岗岩就位结晶时，钨矿化已然发生；至第二期次花岗岩就位时，岩浆更富挥发分（F、Cl）和成矿物质，矿化以 W 和 U 为主；至岩浆演化的晚期（第四期次花岗岩），岩浆成分趋近于细晶岩，并伴随 W、Sn、Nb、Ta 的矿化。

五、深化研究了不同类型钨多金属矿床的成因机制

以淘锡坑为典型，建立了石英脉型钨矿内外带叠加成矿模型，提出黑钨矿成分差异对石英脉型钨矿热液运移过程的指示意义；发现大型石英脉型钨矿床一般经历两期成矿热液叠加，外带-内带矿物组合表现为两期多阶段成矿；黑钨矿中的 FeO、WO_3、MnO、LREE 等成分由内脉带向外脉带表现为规律性变化，Nb_2O_5+Ta_2O_5、MnO/^TFeO 远离岩体降低，反映了矿液运移方向，示踪了矿体的延伸趋势。

以宝山矽卡岩型钨铅锌矿为典型，系统研究了区内矽卡岩型钨矿的成矿过程；宝山三期花岗岩的成岩时代为 174.4~155.9Ma，矽卡岩型钨矿的成矿时代为 163.1Ma，为燕山早期大规模岩浆活动与成矿作用的产物；宝山矽卡岩型钨矿以富 Fe 石榴子石为主，白钨矿富集 Mo，表现为氧化性矽卡岩型钨矿特征；早期接触变质阶段所形成的空隙以及裂隙，对于后期热液的迁移提供了有利容矿空间；在进交代矽卡岩演化阶段，从岩浆中释放出大量的成矿热液，同时对围岩产生水力压裂，岩浆热液流体与变质流体或者大气降水所参与的流体相混合，沿着之前的空隙和裂隙迁移进入围岩。

通过对石英脉型钨矿与破碎带型银铅锌矿成因关系的对比研究，认为赤坑铅锌银矿的成因类型为岩浆期后热液型，在铅锌银矿体中发现白钨矿+锡石与铅锌矿的共生组合，地球物理探测信息显示在 400~800m 深度有花岗质隐伏岩体存在；在时间、空间和成矿作用上均与燕山期花岗质岩浆活动相关，在区域上与钨锡矿床属同一个矿床的成矿系列，是燕山早期花岗质岩浆-热液成矿作用的产物。

六、开展了矿田尺度多方法综合探测

项目总体以地质剖面测量、地球化学测量和地球物理探测 [重磁面积测量、重点剖面加密音频大地电磁（AMT）测深等] 综合探测方法为技术路线，探测 2000m 深度以浅的深部构造、隐伏岩体和隐伏矿体的位置。以区域地质、地球物理和化探资料为基础，以九龙脑岩体为中心，部署实施了三条地质、地球化学（1:10000 比例尺）与地球物理（重、

磁、AMT 测深）剖面的综合探测，优选淘锡坑、天井窝和长流坑三个示范区开展地质与地球化学测量（1：2000 比例尺）和高精度重磁面积性测量。针对不同优势矿种的类型特色选用不同的探测手段相结合，取得了显著成效，如在天井窝南矿区九龙脑岩体与奥陶纪古亭灰岩大面积接触处，部署地质、地球化学剖面测量和面积性重磁测量，直接探测到了深部的矽卡岩型矿化体；在淘锡坑矿区和碧坑矿区的不同勘探深度发现了 W-Cu 矿化组合；在长流坑等地开展了原生晕地球化学测量，通过研究多金属元素的矿化分带规律和矿液的迁移方向，进而预测了深部隐伏矿体的位置。

七、建立了"九龙脑"成矿模式和找矿模型

在项目实施初期，通过九龙脑矿田与西华山矿田的对比，明确提出了"淘锡坑之下找西华山，西华山外围找淘锡坑"的区域找矿方向和研究思路。在九龙脑矿田，以九龙脑岩体为中心，分布着一系列钨、锡、银铅锌、铌钽、多金属矿床（化），类型包括矽卡岩型、破碎带热液脉型、内带-外带石英脉型和云英岩型等，并新近发现了岩体型矿化。这些有规律分布的矿产地构成了九龙脑矿田的矿床式，也是"九龙脑"成矿模式的事实基础。因此，以成矿花岗岩为空间配置主线，涵盖外带石英脉型矿体、外带破碎带型矿体、岩体接触-交代型矿体、内带石英脉型矿体和内带细脉-浸染型矿体，建立"九龙脑"矿田成矿模式。该模式既集中体现了南岭花岗岩相关钨锡多金属矿的区域性成矿特色，又具有矿田个性。

以区域构造演化为时序，结合矿田构造、岩浆岩、典型矿床和地质地球物理综合探测成果，建立了九龙脑矿田的综合成矿模式和立体找矿模型，并预测重点勘查示范区 2000m以浅的优势矿种资源量，提出了深部勘查方案。

八、综合成矿预测成果

在典型矿床与成矿规律综合研究和"九龙脑"成矿模式的基础上，提出针对不同类型钨锡多金属矿床的地质、物探、化探、钻探和坑探等有效方法组合，在石英脉型矿床外带（长流坑）、矽卡岩型矿床深部（天井窝）、石英脉型矿床内带（淘锡坑深部），开展了深部找矿示范，通过钻探验证，取得了显著成果，并在九龙脑矿田内发现了一批新的矿化类型：天井窝矿区细晶岩脉中的铌钽矿化、瓦窑坑矿区岩体内硅化蚀变岩型白钨矿化和萤石长石伟晶岩脉型白钨矿化、长流坑矿区石英脉+矽卡岩型钨多金属矿化、淘锡坑矿区外围东峰矿区石英脉型金矿化等，从而显著地拓展了找矿前景。同时，在淘锡坑深部和外围通过坑探和坑内钻探验证，增加 333+334 钨资源储量达 5 万 t 以上，相当于新发现一个大型钨矿。

第二章 九龙脑矿田成矿背景及新认识

第一节 大地构造背景

九龙脑矿田在大地构造上位于欧亚大陆板块与滨西太平洋板块消减带内侧的华夏板块（古陆），为华夏板块（Ⅰ级）之武夷隆起（Ⅱ级）西侧的赣西–湘东坳陷区（Ⅲ级），横跨武夷、赣州–郴州两块体的交接带部位（图2-1）。据地质力学的观点，本区位于滨太平洋构造域（一级构造）中生代构造带的南东部，其次级构造单元为南岭纬向构造带（二级构造）与诸广山近南北–北东向、武夷山北东–北北东向构造带南段的复合部位。根据徐志刚等（2008）对成矿区带的划分，九龙脑矿田位于南岭成矿带东段之崇余犹钨锡多金属矿集区内。

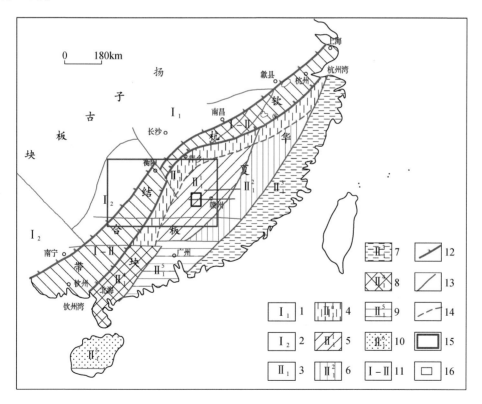

图 2-1 赣南大地构造图（杨明桂等，1998）

1. 扬子陆块；2. 湘桂陆缘造山带；3. 浙粤陆缘造山带；4. 罗霄–仙霞前缘褶皱带；5. 罗霄褶皱带；6. 武夷褶皱带；7. 东南沿海火山断裂带；8. 云开褶皱带；9. 粤东褶皱带；10. 海南褶皱带；11. 钦杭结合带；12. 古板块结合带；13. 断层及构造分区界线；14. 过渡性构造带边界；15. 赣南地区；16. 九龙脑矿田

　　九龙脑矿田的区域构造经历了三个重要的地史发展阶段（1∶20万赣州幅区域地质矿产调查报告，1969；1∶5万关田圩幅地质图说明书，1985；1∶5万左拔圩幅地质图说明书，1990；1∶5万麟潭圩幅地质图说明书，1981；1∶5万崇义幅地质图说明书，1985），每一阶段都有花岗岩形成。震旦纪至早古生代，属华南冒地槽的东部，以海相类复理石沉

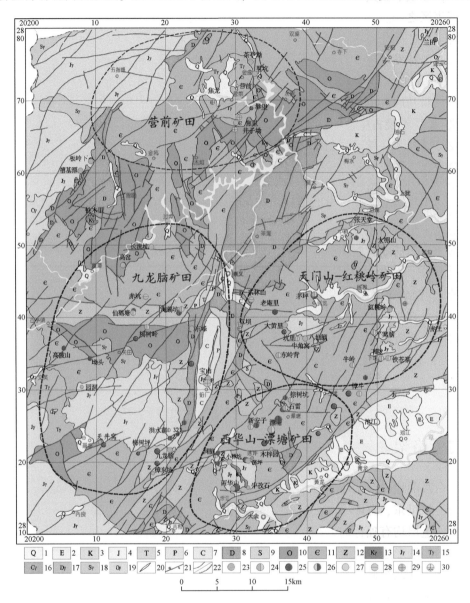

图 2-2　赣南崇义–大余–上犹矿集区地质矿产简图（据江西省地矿局赣南地质调查大队资料改编）

1. 第四系；2. 古近系—新近系；3. 白垩系；4. 侏罗系；5. 三叠系；6. 二叠系；7. 石炭系；8. 泥盆系；9. 志留系；
10. 奥陶系；11. 寒武系；12. 震旦系；13. 白垩纪侵入岩；14. 侏罗纪侵入岩；15. 三叠纪侵入岩；16. 石炭纪侵入岩；
17. 泥盆纪侵入岩；18. 志留纪侵入岩；19. 奥陶纪侵入岩；20. 脉岩；21. 断裂；22. 地质界线/不整合界线；23. 钨；
24. 钨锡；25. 锡；26. 铅锌；27. 钼；28. 金；29. 镍；30. 砂金矿

积建造为特征，志留纪末褶皱转化为地台，与扬子地台合并；晚古生代至中生代初，以地台型海陆交替相碳酸盐岩及碎屑沉积为主，地壳表现为沉降为主的隆坳差异运动；早三叠世以后，海水全部退出，继而形成的是内陆断陷盆地沉积，断裂发育，伴随大规模的花岗岩浆活动，形成了极其丰富的钨、锡、铌、钽及稀土等矿产，是我国南方最重要的钨锡多金属矿聚集区之一。

南岭东段广泛分布着由前震旦系、震旦系—奥陶系组成的基底地层（图 2-2）。其中东部的武夷山脉发现周潭岩组、寻乌岩组等中深变质岩，是区内目前发现的最老地层记录（吴新华和于承涛，2000；杨明桂等，2009），并与震旦系—奥陶系浅变质岩呈角度不整合接触，构成双基底。由泥盆系—二叠系组成的褶皱盖层局限出露于银坑-青塘、禾丰-小密、崇义-铅厂等晚古生代盆地内，其中信丰铁石口一带有下三叠统出露。中新生代断陷盆地内发育侏罗系—新近系湖盆或陆相火山沉积。区内构造活动强烈、构造形迹发育，多方向复合交织，构成网格状展布，主要有东西向的龙南-寻乌、崇义-会昌、沙地-大柏地，北东-北北东向的武夷山、于山、诸广山，北西向的铁石口-淘锡坑、万安-会昌等构造带。岩浆活动频繁而持久，活动方式以侵入为主，喷发溢流为次，多期多阶段活动特征明显，形成区内大面积分布的岩体和火山岩。岩基、岩株出露面积最大，岩滴、岩瘤分布数量最多。主要活动时期为加里东期、燕山期，尤以燕山期活动强烈。产出一批与岩浆活动有关的矿床，如钨矿床（西华山、大吉山、画眉坳、盘古山、锯板坑）、锡矿床（岩背、松岭）、钼矿床（园岭寨、新安）、铜铅锌矿床（红山、老虎头、尖峰寨）、贵多金属矿床（赤坑、双坝、留龙）、稀有稀土矿床（井坑里、足洞、河岭）等，其中钨、稀土是世界瞩目的优势资源。

第二节　南岭东段构造-岩浆格架

一、构造格架

南岭东段的地壳演变历史悠久，经历了地槽、准地台、准地台活化等构造发展阶段，对应形成了加里东、海西—印支、燕山等构造层，构造变形总体强烈，褶皱、断裂十分发育。每个构造层均有独特的沉积建造、岩浆活动、构造变形，并以角度不整合分界，不同阶段形成的构造形迹彼此交汇、叠加改造。最醒目的是一系列深大断裂及被其切割的地块构成东西向、北北东向隆褶带与断陷带呈网格状分布，由此奠定了南岭东段以东西向、北北东向构造为主，叠加北东向、北西向、南北向构造的格局。

1. 东西向构造

东西向构造为南岭东西向复杂构造带的组成部分之一。主要由一系列挤压性断裂带和复式褶皱组成，伴生扭裂与张裂，还常伴有东西向分布的花岗岩带、变质岩带和断陷盆地等，构成规模宏大的次级隆褶带与坳褶带，是区内钨锡多金属矿的主要控矿构造。自南而北有古亭-南康隆褶带、崇义铁木里-上犹县城坳褶带、青果坪-汤湖隆褶带等。

2. 北北东向构造

北北东向构造主要由燕山期形成的区域性断裂、断陷盆地及其伴生配套与低序次派生断裂组成，也有部分早期形成的南北向褶皱断裂改造呈北北东向展布。它们对中新生代以来区内的沉积建造、岩浆活动、变质作用以及一些重要的内生矿产的形成与分布起着一定的控制和改造作用。由东及西主要有大余–上犹–十八塘断裂带、大余西华山–崇义扬眉寺隆褶带、铅厂–蓝田断裂坳陷带、古亭–营前隆褶带、信地–板岭下断裂坳陷带等。

3. 北东向构造

北东向构造形成较早，被后期构造破坏而出露不完整，仅在大余西南老地层中可见其片段。表现为寒武系中的左行压扭性断裂带和吉村晚古生代地层北东向褶皱、断裂发育。在断裂带的北东端有大余片麻状花岗岩体出露，片麻理走向40°~60°，可能为北东向构造作用所形成。

4. 北西向构造

北西向构造仅在营前、淘锡坑、吉村等地见及，主要由北西向褶皱伴平行轴面的挤压断裂带和冲断层组成。

5. 南北向构造

南北向构造主要表现在两个方面：一是展布于湘赣边界的诸广山–万洋山巨型花岗岩带；二是分布在区内中部，由早古生代浅变质岩系组成的一系列近南北向褶皱，部分晚古生代地层亦卷入其中并形成近南北向的平缓褶曲。如茅坪复式向斜，宝山、思顺向斜等。

上述构造在成矿期均有多次活动，形成了复合构造以及次级配套构造，对本区燕山期岩体以及矿床的形成与分布均起着控制作用。

二、岩浆岩特征

区内岩浆岩分布广泛，有大小岩体数十个，多为多期多阶段岩浆活动所形成的复式岩体，还发育隐伏花岗岩带，总分布面积约占全区面积的三分之一。活动方式主要为侵入，喷发溢流与隐爆少见。其活动时代从震旦纪至白垩纪，包括加里东期（寒武纪—志留纪）、海西—印支期（泥盆纪—三叠纪）、燕山期（侏罗纪—白垩纪）三个岩浆旋回，其中燕山期最为强烈。岩石类型以花岗岩为主，少量中酸性岩、基性岩（表2-1，图2-2）。

表2-1　崇义–大余–上犹远景区岩浆岩谱系表

期次	阶段	岩体	岩性名称	成岩年龄/Ma
燕山晚期		浊水岩体	辉长岩	
			辉长角闪岩	
		深坑顶岩体	花岗斑岩	

续表

期次	阶段	岩体	岩性名称	成岩年龄/Ma
燕山早期	第三阶段	蒙岗岩体	中粒黑云母花岗岩	
		生龙口岩体	中粗粒斑状二云母花岗岩	
	第二阶段	下洞孜岩体	中粒斑状黑云母花岗岩	
		淘锡坑岩体（隐伏）	中细粒含斑黑云母花岗岩	158.7
		九龙脑（西）	细粒斑状黑云母花岗岩	154.9
		宝山岩体	似斑状中粒黑云母花岗岩	157.7
		荡坪岩体	细粒斑状二云母花岗岩	155
		笔架山岩体	细粒二云母花岗岩	
		天门山岩体	中细粒斑状黑云母花岗岩	
		张天堂岩体	细粒斑状二云母花岗岩	
		漂塘岩体（隐伏）	中细粒斑状黑云母花岗岩	163
	第一阶段	西华山岩体	中粒斑状黑云母花岗岩	184、148
		红桃岭岩体	中细粒斑状黑云母花岗岩	
		樟斗岩体	细粒斑状黑云母花岗岩	
		铁木里岩体	中细粒斑状黑云母花岗岩	
		鹅形岩体	中细粒斑状黑云母花岗岩	
		罗坑岩体	中粒斑状黑云母花岗岩	170
		鹅形岩体	中-中粗粒黑云母花岗岩	172
		沙溪岩体	中粗粒斑状黑云母花岗岩	183
		文英岩体	中粗粒斑状黑云母花岗岩	188
		龙舌岩体	细粒斑状黑云母花岗岩	
		营前岩体	中细粒似斑状花岗闪长岩	202、173.3
		油山岩体	中细粒斑状黑云母花岗岩	
海西—印支期		漂塘岩体	石英闪长岩	274
		关田岩体	细粒花岗闪长岩	
		大余岩体	片麻状黑云母花岗岩	348
加里东晚期	第二阶段	陡水岩体	细粒斑状黑云母二长花岗岩	385
		窝窖岩体	细粒斑状黑云母花岗岩	
		蓝田埠岩体	细粒二云母花岗岩	
		寨背岩体	中细粒斑状黑云母花岗岩	
		上犹岩体	中粒斑状黑云母二长花岗岩	
	第一阶段	甘霖岩体	中细粒斑状花岗闪长岩	
		铁山岩体	中细粒石英二长岩	
		上堡岩体	中细粒石英二长岩	
		内潮岩体	斑状黑云母花岗闪长岩	

加里东期（寒武纪—志留纪）以中基性至酸性海底火山喷发为主，中后期表现为强烈的混合岩化和酸性岩浆侵入，形成上犹、陡水、上堡、蓝田、左安等混合岩化花岗岩体。

海西—印支期（泥盆纪—三叠纪）岩浆活动比较微弱，仅有少量中酸性岩株出露。

燕山期（侏罗纪—白垩纪）为区内岩浆活动的鼎盛时期，形成了诸广山、鹅形、九龙脑、西华山、天门山、红桃岭、张天堂、营前等富含成矿物质的花岗岩基、岩株及岩瘤，是本区钨锡矿最重要的成矿期。区内燕山期岩体特点如下：

（1）岩石学特点。石英含量较高，一般大于25%；钾长石与斜长石为27%~42.5%，钾长石含量略高于斜长石；副矿物中含有铌铁矿、钽铁矿、黑钨矿、锡石、辉钼矿、磷灰石、榍石、磁铁矿、锆石等，挥发性矿物有萤石、黄玉，硫化物有黄铜矿、方铅矿、闪锌矿等。岩石类型主要为酸性岩类的二长花岗岩、二长花岗斑岩。

（2）岩石化学特点。SiO_2多大于70%，碱值常大于8%，$K_2O>Na_2O$，为重熔S型铝过饱和花岗岩，即含硅质较高、暗色组分较低的钙碱质岩系（钙碱性-强碱性花岗岩），特别是燕山早期第一阶段第二次—燕山早期第三阶段的侵入体。

（3）微量元素特点。钨、锡、钼、铋、铍元素含量高于酸性岩的平均值，燕山早期第一阶段第二次侵入体和第二阶段侵入体比一般的酸性岩高出50倍左右；铌钽背景值以燕山早期第三阶段为高，可形成独立矿床；铜、铅、锌等亲硫元素在燕山早期第二阶段的斑岩中富集（表2-2）；稀土分布模式为低稀土总量、负Eu显著的海鸥式。

表2-2　崇义–大余–上犹远景区燕山期花岗岩成矿元素含量　　　（单位：10^{-6}）

代	纪	世	期	Sn	Cu	Pb	Zn	Ag	W
中生代	白垩纪	晚	1	59.39	38.33	133.00	57.44	0.66	18.50
		早	3	25.56	25.85	63.07	75.67	0.14	28.49
			2	20.62	40.06	153.26	61.62	3.87	50.86
			1	18.01	29.23	74.5	116.42	0.04	15.05
	侏罗纪	晚	3	29.26	51.37	89.07	127.65	0.69	37.57
			2	19.97	38.48	69.34	43.90	0.71	61.18
			1	23.70	29.96	104.02	73.63	1.01	42.15
		中	2	26.98	25.90	119.25	46.20	0.72	124.16
			1	34.97	26.80	76.01	43.96	0.26	54.03
		早	2	27.26	39.06	82.36	54.68	0.55	47.43
			1	17.46	17.83	51.36	36.24	1.00	18.71
黎彤富钙花岗岩丰度值				1.5	30	15.0	60	0.051	1.3
黎彤贫钙花岗岩丰度值				3.0	10	19.0	39	0.037	2.2

第三节 南岭东段及九龙脑矿田地层特征

九龙脑矿田地层发育基本齐全，除缺失侏罗系及个别时代的统、组外，其余各时代地层均有分布（图2-3，表2-3）。全区地层明显分为基底（Z—O）、盖层（D—T）、断陷盆地沉积（K—E）三个构造层，以广泛出露新元古代及早古生代基底岩系为特征，出露面积占地层总面积的80%以上。在以往区域地质调查资料的基础上，结合课题组实测地质剖面成果，梳理了九龙脑矿田岩石地层层序、厚度及相互接触关系，建立了九龙脑矿田地层柱状图，各时代地层特征分述如下。

界	系	统	群(组)	代号	柱状图	厚度/m	岩性描述
新生界	第四系	全新统		Q_4		1.5~5.5	亚黏土、亚砂土、砂砾石、砾石层
中生界	三叠系	下统	铁石口组	T_1t		>312	粉砂岩、粉砂质页岩及钙质页岩
上古生界	二叠系	上统	大隆组	P_3d		>139	灰黑色硅质岩、硅质页岩夹泥质粉砂岩
			乐平组	P_3l		141	碳质粉砂岩、杂砂岩夹碳质页岩及煤层
		中统	车头组	P_2c		>62	灰黑色硅质岩、粉砂岩
			小江边组	P_2x		>62	灰黑色硅质岩、粉砂岩
			栖霞组	P_2q		>62	含燧石结核灰岩及碳质页岩
		下统	马平组	P_1m		286	生物碎屑灰岩夹白云质灰岩
	石炭系	上统	黄龙组	C_2h		>297	结晶白云岩
		下统	杨家源组－梓山组	C_1y-z		225	石英砂砾岩、长石石英细砂岩夹碳质页岩
	泥盆系	上统	洋湖组	D_3y		175	石英砂岩、粉砂岩夹粉砂质页岩
			麻山组	D_3m		262	钙质砂页岩、瘤状灰岩夹泥晶灰岩
			嶂崇组	D_3zd		285	石英细砂岩、粉砂岩夹粉砂质页岩
		中统	罗段组	D_2ld		173	石英砂岩、钙质砂岩、页岩夹白云岩、灰岩
			中棚组	D_2z		112	石英砂岩夹粉砂岩、页岩
			云山组	D_2y		>125	石英砾岩、含砾石英砂岩、石英砾岩
下古生界	志留系	下统	独栏桥组	S_1dl		>934	变余石英杂砂岩、粉砂质板岩、板岩、变余砾岩
	奥陶系	上统	黄竹洞组	O_3h		>2089	板岩、粉砂质板岩夹透镜状砾岩、砂砾岩上部为粉砂质板岩
			古亭组灰岩	O_3g		>330	碎屑、砾质灰岩、上部粉砂质板岩
		中统	半坑组	O_2b		>320	板岩、粉砂质板岩夹石英杂砂岩
		下统	下黄坑组	O_1x		1190	板岩、粉砂板岩、含碳含硅板岩
	寒武系	上统	水石组	$\in_3sh$		>2005	板岩、粉砂质板岩夹变余砂岩、偶夹透镜状灰岩
		中统	高滩组	$\in_2gt$		>862	变余长石石英砂岩、粉砂质板岩、板岩、硅质板压岩
		下统	牛角河组	$\in_1nj$		>1215	变余石英杂砂岩、板岩、含碳板岩夹硅质岩、硅质板岩、底部高碳板岩
新元古界	震旦系	上统	老虎塘组	Z_2l		>860	变余石英杂砂岩、粉砂岩、灰白色硅质岩
		下统	坝里组	Z_1b		>2135	变余长石石英杂砂岩夹粉砂质板岩、板岩

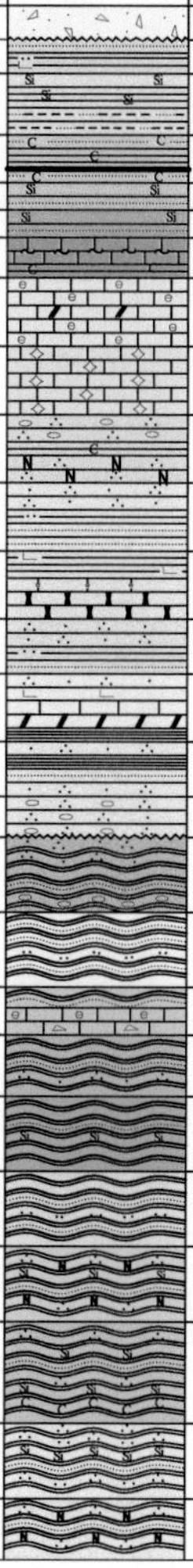

图2-3 九龙脑矿田地层柱状图

表 2-3　崇义–大余–上犹远景区地层层序表

年代地层单位			岩石地层单位			接触关系	厚度/m	矿产
界	系	统	群	组	代号			
新生界	第四系	全新统		联圩组	Q_4	角度不整合	$2 \sim 30$	砂钨、砂锡、砂金
		更新统	上		Q_3		$3 \sim 8$	
			中		Q_2		$1 \sim 10$	
			下		Q_1		$3 \sim 20$	
	古近系	渐新统		下虎组	$E_{2-3}x^2$	平行不整合	188	石膏、岩盐
		始新统			$E_{2-3}x^1$		88	
		古新统		池江组	E_1c		437	
中生界	白垩系	上统		河口组	K_2h	平行不整合	>584	石膏、岩盐、油页岩
		下统		赣州组	K_1g		>983	
	三叠系	下统		铁石口组	T_1t		195	油页岩
上古生界	二叠系	上统		大隆组	P_3d		>139	磷、锰、煤
				乐平组	P_3l		141	
		中统		车头组	P_2c		>62	
				小江边组	P_2x		>62	
				栖霞组	P_2q		$50 \sim 160$	石灰岩
		下统		马平组	P_1m		286	
	石炭系	上统		黄龙组	C_2h		320	白云岩，含磷、煤
		下统		杨家源组-梓山组	$C_1y\text{-}z$		225	
	泥盆系	上统	峡山群	洋湖组	D_3y	角度不整合	799	砂锡
				麻山组	D_3m		365	
				嶂崇组	D_3zd		400	
		中统		罗段组	D_2ld		365	
				中棚组	D_2z		661	
				云山组	D_2y		340	
下古生界	志留系	下统		独栏桥组	S_1dl		>934	
	奥陶系	上统		黄竹洞组	O_3h		2089	磷、石煤
				古亭组灰岩	O_3g		>330	
		中统		半坑组	O_2b		>320	
		下统		下黄坑组	O_1x		1190	
	寒武系	上统		水石组	$\in_3sh$		$494 \sim 2212$	
		中统		高滩组	$\in_2gt$		$699 \sim 2381$	
		下统		牛角河组	$\in_1nj$		957	

续表

年代地层单位			岩石地层单位			接触关系	厚度/m	矿产
界	系	统	群	组	代号			
新元古界	震旦系	上统		老虎塘组	Z_2l		87~2326	磷、铁、锰
		下统		坝里组	Z_1b		>286	

注：参考1∶5万关田圩、左拔圩、麟潭圩、崇义幅地质说明书

1. 新元古界—震旦系

（1）坝里组（Z_1b）

坝里组是区内基底地层的最底部层位，出露于矿田中北部及南部，分布面积广、沉积厚度大，紧密线型褶皱发育，地层整体呈近东西向展布，总体倾向北，倾角55°~80°，局部倾角较陡。由上石溪–长流坑（Ⅰ-1-Ⅰ′-1）实测地质剖面揭示坝里组厚度>2135m，与柯树岭岩体呈侵入接触，与上覆震旦系老虎塘组呈整合接触（图2-4，Ⅰ-1-Ⅰ′-1剖面40~94导线段）。

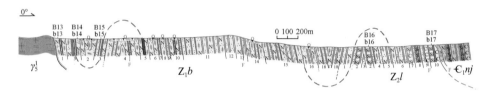

图2-4　九龙脑矿田北部上石溪–长流坑一带坝里组、老虎塘组实测地质剖面图

Ⅰ-1-Ⅰ′-1剖面40~94导线段（图内地层旁数字为实测剖面分层数，下同）

坝里组在岩性组合上，上部为浅灰色巨厚层状变余长石石英杂砂岩夹薄–中层状粉砂质板岩，下部为浅灰色中–厚层状变余长石石英杂砂岩夹粉砂质板岩、板岩及变余粉砂岩，底部为巨厚层状变余石英杂砂岩（图2-4），板岩、粉砂质板岩、砂岩中分别发育水平层理和斜层理，属次深海–深海环境。

（2）老虎塘组（Z_2l）

老虎塘组分布于九龙脑矿田中北部及南部，少量零星分布于矿田东部。地层整体呈近东西向展布，总体倾向北。由上石溪–长流坑（Ⅰ-1-Ⅰ′-1）实测地质剖面（图2-4，Ⅰ-1-Ⅰ′-1剖面40~94导线段）揭示老虎塘组厚度>860m，与上覆寒武系牛角河组、下覆震旦系坝里组均呈整合接触。

老虎塘组岩性组合，下部为暗灰色、紫灰色、灰绿色中厚层状变余石英杂砂岩与中薄层状粉砂质板岩、板岩、硅质板岩呈韵律互层；中部为灰紫色厚–巨厚层状变余长石石英、岩屑石英和石英杂砂岩、夹变余粉砂岩、粉砂质板岩、板岩；上部为灰–深灰色含碳粉砂岩与含碳粉砂质板岩、含碳板岩、硅质板岩、硅质岩互层。砂岩中块状层理，粉砂岩、粉砂质板岩、板岩中的小型单向斜层理和水平层理发育，沉积相属于深水–浊积相和硅质岩相，为次深海–深海相还原环境（图2-5）。

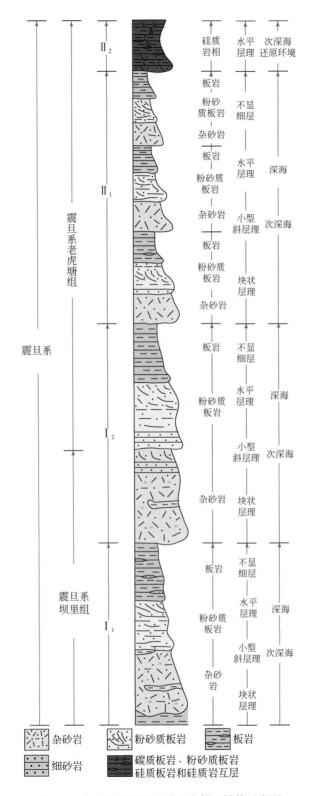

图 2-5　九龙脑矿田震旦系垂向剖面结构示意图

2. 下古生界

1）寒武系

（1）牛角河组（Є_1nj）

牛角河组分布于九龙脑矿田中北部、东南部，少量零星分布于矿田南部，分布面积广。地层呈近东西向展布，总体倾向北，倾角较陡。由上石溪－长流坑实测地层剖面（图2-6，Ⅰ-1-Ⅰ′-1剖面80～128导线段）揭示的牛角河组厚度>1217m，与上覆寒武系高滩组、下伏震旦系老虎塘组均呈断层接触。

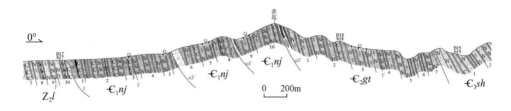

图2-6 九龙脑矿田赤坑一带寒武系牛角河组（Є_1nj）、高滩组（Є_2gt）实测地质剖面图
Ⅰ-1-Ⅰ′-1剖面80～128导线段

牛角河组的岩性组合，下部为暗灰色、紫灰色、灰绿色中厚层状变余石英杂砂岩与中薄层状粉砂质板岩、板岩、硅质板岩呈韵律互层；中部为灰紫色厚－巨厚层状变余长石石英、岩屑石英和石英杂砂岩夹变余粉砂岩、粉砂质板岩、板岩；上部为灰－深灰色含碳粉砂岩与含碳粉砂质板岩、含碳板岩、硅质板岩、硅质岩互层；底部为石煤层，走向上常相变为高碳质板岩，层位稳定，是震旦系老虎塘组与寒武系牛角河组的分层界线。砂岩中块状层理，粉砂岩、粉砂质板岩、板岩小型单向斜层理和水平层理发育，沉积相属于深水－浊积相和硅质岩相，为次深海－深海相还原环境（图2-7）。

（2）高滩组（Є_2gt）

高滩组主要分布于九龙脑矿田中北部和北西部。地层整体呈近东西向展布，总体倾向北，倾角较陡。由上石溪－长流坑实测地层剖面（图2-6，Ⅰ-1-Ⅰ′-1剖面80～128导线段）揭示高滩组厚度>1217m，与上覆寒武系水石组呈整合接触，与下伏震旦系牛角河组呈断层接触。

高滩组岩性组合为灰－灰绿色变余岩屑石英杂砂岩、长石石英杂砂岩与绢云母板岩、粉砂质板岩、黑白相间条纹含碳绢云母板岩、薄层状含碳硅质板岩、碳质板岩互层或夹层。由砂岩→板岩，沉积构造由块状层理→小型单向斜层理、层面构造、包卷层理→水平层理→不显细层。板岩或含碳板岩中产小型薄壳腕足类和海绵骨针，为次深海－深海环境。

（3）水石组（Є_3sh）

水石组主要分布于九龙脑矿田北部和西部，出露面积较小，北部呈倒立平缓"W"形分布于近南北向紧密线型褶皱的两翼。由上石溪－长流坑实测地层剖面（图2-8，Ⅰ-1-Ⅰ′-1剖面119～214导线段）揭示水石组厚度>2005m，与上覆奥陶系茅坪组呈断层接触，与下伏寒武系高滩组呈整合接触；西部呈长条状分布于关田背斜核部，上与奥陶系下黄坑组呈整合接触，下与文英岩体、九龙脑复式岩体呈侵入接触。

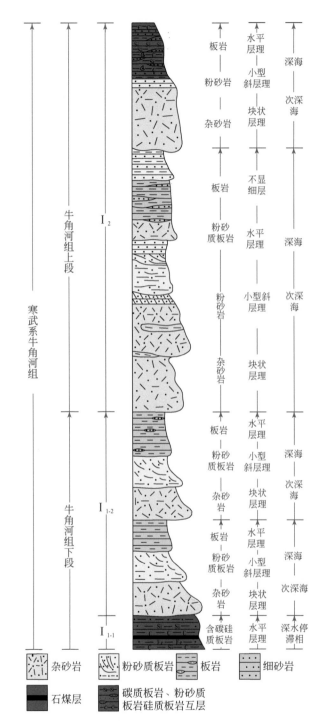

图 2-7 九龙脑矿田寒武系牛角河组垂向剖面结构示意图

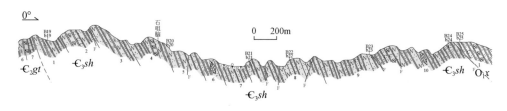

图 2-8 九龙脑矿田石咀脑一带寒武系水石组（$\mathcal{E}_3sh$）实测地质剖面图

I-1-I′-1 剖面 119～214 导线段

水石组的岩性组合，下部为灰绿色厚-巨厚层状岩屑石英杂砂岩夹黑白相间条带状板岩、灰绿色泥质绢云母板岩，底部石英杂砂岩厚百余米与下伏高滩组分界；中部为变余石英杂砂岩、粉砂岩与粉砂质板岩、板岩互层，偶夹透镜状灰岩；上部为灰至浅灰色厚-巨厚层变余细粒石英杂砂岩与粉砂质板岩、板岩互层，偶夹透镜状灰岩（图 2-8）。由砂岩→板岩，沉积构造由块状层理或正粒序层理→水平层理→不显细层，含碳硅质板岩中产海绵骨针和腕足类化石，继承了中寒武统高滩组的古地理环境而连续沉积，属距陆较远的次深海-深海环境。灰黑色含碳板岩、透镜状灰岩的出现预示局部水深变浅，接受浅海相沉积。

2）奥陶系

（1）古亭组灰岩（O_3g）

古亭组主要分布于九龙脑矿田西部和南西部，出露面积较小，西部呈长条状分布于关田背斜北东翼，地层倾向北东，倾角 40°～55°。由 1∶5 万关田幅崇义县高草地实测地质剖面（图 2-9，剖面 12～23 层）揭示古亭组灰岩厚度>333.5m，与上覆奥陶系黄竹洞组呈整合接触，下伏奥陶系半坑组呈断层接触。南西部呈平卧"V"形夹块状分布于岩体与震旦系之间，与震旦系呈断层接触，与九龙脑复式岩体呈侵入或断层接触，两者接触带往往见有风化后呈黑土状的矽卡岩。

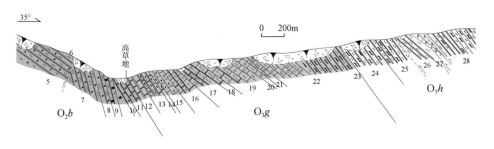

图 2-9 九龙脑矿田奥陶系古亭组灰岩（O_3g）高草地实测地质剖面图

古亭组的岩性组合，下部为浅灰色厚至巨厚层状泥晶灰岩、砂屑、砾屑灰岩、灰黑色含碳生物碎屑灰岩及含燧石结核微晶灰岩，生物碎屑灰岩中偶夹薄层状板岩。底部常见有含碳的薄至中层状钙质细砂岩、砂质灰岩。上部为浅灰绿色条纹条带状粉砂质板岩（图 2-10）。上述岩性组合特征代表次深海环境向台地演化过程中海水深浅反复交替的浅海-深海半封闭还原沉积环境。

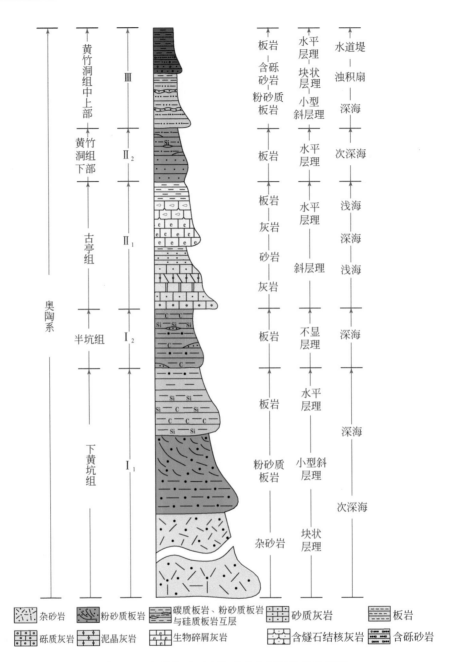

图 2-10　九龙脑矿田奥陶系垂向剖面结构示意图

（2）黄竹洞组（O_3h）

黄竹洞组呈长条状分布于九龙脑矿田中部，构成关田背斜北东翼，内部次级紧密线型褶皱发育，地层整体呈近东西向展布，倾向北、北东或北西，倾角 40°～80°，变化较大，局部较陡。由上石溪-长流坑实测地层剖面（图 2-9，Ⅰ-1-Ⅰ′-1 剖面 3～38 导线段）揭示黄竹洞组厚度>2089m，与九龙脑复式岩体马子塘岩体、柯树岭岩体呈侵入接触。

3）志留系

独栏桥组（S_1dl）是指介于中泥盆统云山组与早古生代浅变质岩系之间的一套粗碎屑岩系（孙存礼和黄冬保，1995），分布不普遍，主要见于崇义县阳岭、宝山、云山、辣犁石和大余县丫山等地，横向展布上呈大型的楔状体，很不稳定，以阳岭-独栏桥、丫山和新溪发育较全。由崇义县阳岭-独栏桥实测地层剖面（图 2-11，剖面 1~14 层）揭示"阳岭砾岩"厚度>933.80m，顶部与中泥盆统云山组呈不整合或平行不整合接触，底部与下伏寒武系牛角河组砂、板岩呈不整合接触。

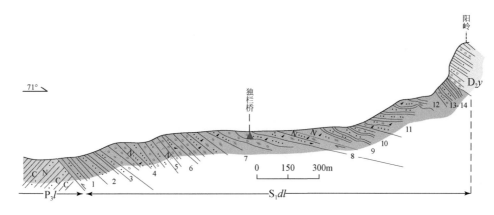

图 2-11 九龙脑矿田独栏桥组（S_1dl）阳岭砾岩实测地质剖面图

独栏桥组岩性主要为灰绿色变余复成分砾岩、变余砂砾岩和杂砂岩，其次为变余粉砂岩、板岩、凝灰岩和变玄武岩等。下部为粉砂质板岩、变余粉砂岩和少量变余石英杂砂岩；中部为巨厚状变余复成分砾岩、含砾杂砂岩、杂砂岩，夹少量变余粉砂岩、凝灰岩和玄武岩；上部为变余杂砂岩、粉砂岩和板岩（图 2-11）。上述岩性组合特征指示为一套近源快速堆积的磨拉石相沉积（龚由勋和孙存礼，1996；孙存礼和龚由勋，1994）。

3. 上古生界

1）泥盆系（D）

（1）云山组（D_2y）

云山组主要分布在晚古生代铅厂向斜的西翼部，呈长条状产出，地貌上往往形成山脊或构成峭壁，走向近南北向，倾向 60°~90°，倾角较缓，为 30°~42°。由车子坳-金塘坑实测地层剖面（图 2-12，Ⅱ-2-Ⅱ'-2 剖面 25~55 导线段）揭示云山组厚度>125m，与上覆泥盆系中棚组（D_2z）呈整合接触，与下伏震旦系老虎塘组（Z_2l）呈角度不整合接触。

云山组岩性组合为灰白色厚-块状石英砾岩、砂砾岩及长石石英砂岩、细粒石英砂岩夹粉砂岩、粉砂质页岩等，底部以石英质砾岩标志层与基底地层呈角度不整合。

云山组（D_2y）垂向上由两种向上变细的基本层序叠置而成。基本层序①由石英质砾岩或砂砾岩-含砾砂岩-细粒石英砂岩-粉砂质泥岩构成，砂岩发育水平层理、斜层理。基本层序②由细砂岩（偶见含砾粗砂岩或粗中粒砂岩）-粉砂岩-粉砂质泥岩或泥岩构成，

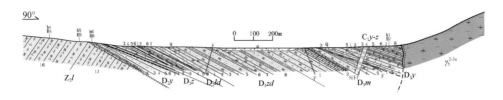

图 2-12　九龙脑矿田泥盆系云山组（D_2y）、中棚组（D_2z）、罗段组（D_2ld）、嶂崀组（D_3zd）、
麻山组（D_3m）、洋湖组（D_3y）实测地质剖面图
Ⅱ-2-Ⅱ'-2 剖面 25～55 导线段，b_4～b_7（B_4～B_7）代表薄片样品标注

具水平纹理、粒序层理和透镜状层理等（图 2-12），主要为岸退状态下的海岸—潮间带冲积扇体沉积。

（2）中棚组（D_2z）

中棚组主要分布于九龙脑矿田北东部和东部晚古生代铅厂向斜的西翼部，平行于云山组延伸，在地形上往往处于陡缓坡交汇位置，走向北北东，倾向 76°～105°，倾角较缓，为 25°～35°。由车子坳-金塘坑实测地层剖面（图 2-12，Ⅱ-2-Ⅱ'-2 剖面 25～55 导线段）揭示中棚组厚度>112m，与上覆泥盆系罗段组（D_2ld）和下伏泥盆系云山组（D_2y）均呈整合接触。

中棚组岩性组合为灰白色、灰紫色厚层细粒石英砂岩夹粉砂岩。下部紫红色细砂岩、粉砂岩及粉砂质泥岩夹灰白色砂岩，以紫红色粉砂岩、粉砂质板岩与云山组（D_2y）灰白色石英砂岩分界，上与罗段组（D_2ld）白云质石英砂岩分界。

中棚组（D_2z）垂向上由两种基本层序叠置而成。基本层序①由细砂岩-钙质粉砂岩或粉砂岩组成，各岩性层厚几厘米至几米不等。基本层序②由长石石英细砂-粉砂岩-粉砂质泥岩构成，具水平层理、粒序层理，各岩性层厚几厘米至几米不等，基本层序厚几十厘米至几十米不等，基本层序之间为突变面，亦见冲刷面。纵向上为粗-细-粗-细的沉积旋回，上部泥质岩有所增多（图 2-12），属气候炎热干旱，氧化作用强的海岸-潮间带沉积环境。

（3）罗段组（D_2ld）

罗段组主要分布于九龙脑矿田北东部和东部晚古生代铅厂向斜的西翼部，平行于云山组延伸，走向北北东，倾向 80°～106°，倾角较缓，为 30°～35°。由车子坳-金塘坑实测地层剖面（图 2-12，Ⅱ-2-Ⅱ'-2 剖面 25～55 导线段）揭示罗段组厚度>173m，与上覆泥盆系嶂崀组（D_3zd）和下伏泥盆系中棚组（D_2z）均呈整合接触。

岩性组合以石英砂岩、含钙石英砂岩为主，时夹钙质砂、粉砂岩和页岩的沉积。含钙石英砂岩中间有对称波痕，标志层为钙质砂岩（图 2-12）。下与中棚组（D_2z），上与嶂崀组（D_3zd）均以含钙石英砂岩分界，属气候比较潮湿、地形比较开阔的碎屑-碳酸盐岩沉积组合潮坪潟湖相沉积环境。

（4）嶂崀组（D_3zd）

嶂崀组主要分布于九龙脑矿田北东部和东部晚古生代铅厂向斜的西翼部，平行于云山组延伸，走向北北东，倾向 83°～90°，倾角较缓，为 30°～35°。由车子坳-金塘坑实测地层剖面（图2-12，Ⅱ-2-Ⅱ′-2剖面25~55导线段）揭示嶂紫组厚度>284m，与上覆泥盆系麻山组（D_3m）和下伏泥盆系罗段组（D_2ld）均呈整合接触。

岩性组合以灰绿、灰白色长石石英砂岩与紫红色泥质砂岩、粉砂岩及粉砂质泥岩构成韵律层，标志层为紫红色岩层，属冲积相砂泥质沉积环境。

（5）麻山组（D_3m）

麻山组主要分布于九龙脑矿田北东部和东部晚古生代铅厂向斜的西翼部，平行于云山组延伸，走向北北东，倾向100°~121°，倾角较缓，为22°~35°。由车子坳-金塘坑实测地层剖面（图2-12，Ⅱ-2-Ⅱ′-2剖面25~55导线段）揭示麻山组（D_3m）厚度>261m，与上覆泥盆系洋湖组（D_3y）和下伏泥盆系嶂紫组（D_3zd）均呈整合接触。

岩性组合为灰色中厚层白云质灰岩夹钙质页岩，有时相变为黄色中厚层细砂岩、粉砂岩夹页岩，标志层为白云质灰岩。垂向由一种岩性单一的灰岩组成基本层序，厚度变化较大，几厘米至几米不等，纵向上变化不大，横向上向两侧逐渐变薄乃至尖灭，属气候比较潮湿、地形比较开阔的碎屑-碳酸盐岩沉积组合潟湖潮坪相沉积环境。

（6）洋湖组（D_3y）

洋湖组主要分布于九龙脑矿田北东部和东部晚古生代铅厂向斜的西翼部，平行于云山组延伸，走向北北东，倾向90°~110°，倾角较缓，为30°~42°。由车子坳-金塘坑实测地层剖面（图2-12，Ⅱ-2-Ⅱ′-2剖面25~55导线段）揭示洋湖组（D_3y）厚度>173m，与上覆石炭系杨家源组-梓山组（C_1y-z）和下伏泥盆系麻山组（D_3m）均呈整合接触。

岩性组合为灰绿色、灰褐色、紫红色中-厚层状的细粒岩屑石英杂砂岩、细粒石英杂砂岩、粉砂岩夹粉砂质泥岩；顶部偶夹碳质泥岩，底部常夹鲕状赤铁矿沉积。

洋湖组（D_3y）垂向上由两种向上变细的基本层序叠置而成。基本层序①由细砂岩-粉砂岩组成，基本层序②由细砂岩-粉砂岩-粉砂质泥岩或泥岩组成。厚度变化较大，岩性层厚几厘米至几米不等，基本层序厚几厘米至几十米不等。基本层序之间为一突变面，偶见冲刷面。横向上岩性比较稳定，纵向上下部以细砂岩、粉砂岩为主，向上变细砂岩、粉砂岩与泥岩互层，泥质岩增多，为蛇曲河流沉积环境（图2-13）。

2）石炭系（C）

（1）杨家源组-梓山组（C_1y-z）

杨家源组-梓山组主要分布于晚古生代铅厂向斜的西翼部，呈长条状产出，走向北北东，倾向90°~110°，倾角较缓，为30°~42°。与宝山岩体（γ_5^{2-3a}）呈侵入接触，由车子坳-金塘坑实测地层剖面揭示杨家源组-梓山组（C_1y-z）厚度>225m，与下伏泥盆系洋湖组（D_3y）呈整合接触。

岩性组合为一套含煤层和碳质的碎屑岩，具海陆交互相沉积特征。以灰-灰白色厚-中厚层状含砾石英细砂岩、石英细砂岩、粉砂岩夹灰黑色-黑色中薄层状碳质页岩及煤线为主，产大量的植物化石碎片，杂乱无章原地堆积，水平层理和平行层理发育，属于陆源物质补给充足，距陆岸不远的滨海沼泽相沉积环境。

（2）黄龙组（C_2h）

黄龙组主要分布于晚古生代铅厂向斜的西翼靠近核部区，呈北北东长条状展布，整体倾向东，倾角较缓，为30°~45°。下与杨家源组-梓山组（C_1y-z）、上与马平组（P_1m）

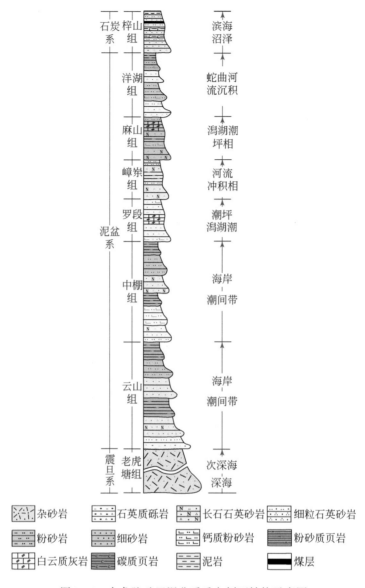

图 2-13 九龙脑矿田泥盆系垂向剖面结构示意图

均呈整合接触。岩性组合为白色厚层白云质灰岩夹结晶白云岩，标志层为白云质灰岩，厚度约297m，与宝山岩体接触带及附近存在矽卡岩钨银铅锌多金属矿（化）体。黄龙组（C_2h）碳酸盐建造应属于气候温热，台地外缘开阔潮下浅水碳酸盐沉积环境。

3）二叠系（P）

二叠系主要分布于晚古生代铅厂、左溪向斜的核部地区，左溪及羊角坑-西竹山一带呈近南北-北北东向长条状展布，出露面积较小。区内二叠系可划分为下统马平组、中统栖霞组、小江边组、车头组，上统乐平组、大隆组，各组之间均为整合接触。

（1）马平组（P_1m）

马平组主要分布于晚古生代铅厂向斜的西翼靠近核部区，呈北北东长条状展布，整体倾向东，倾角较缓，为 $30° \sim 45°$。下与黄龙组（C_2h）呈整合接触、上与二叠系栖霞组（P_2q）呈假整合接触。

岩性组合为灰白色厚层灰岩、生物碎屑灰岩夹白云质灰岩，厚度约 285.90m，与宝山岩体接触带及附近存在矽卡岩钨银铅锌多金属矿（化）体。马平组（P_1m）为具鲕粒或球粒构造等特点的碳酸盐建造，应属地形较封闭、水体较宁静的陆表海碳酸盐台地、潮下海盆沉积。

（2）栖霞组（P_2q）

在车子坳-金塘坑（Ⅱ-2-Ⅱ′-2）实测地质剖面线上，栖霞组（P_2q）与宝山坑口岩体（γ_5^{2-3b}）呈侵入接触，上与阳岭砾岩呈断层接触。

岩性组合主要为灰色、灰黑色薄-中层状含燧石条带灰岩与灰色、灰黑色厚层状生物碎屑灰岩互层夹少量透镜状细晶灰岩及碳质页岩，为一套浅海相碳酸盐岩沉积，属较广阔具障壁的陆表海台地沉积环境。

（3）小江边组（P_2x）

岩性组合为灰黑色薄层状粉砂质碳质页岩，灰色薄层状钙质泥岩，夹含碳、硅质条带灰岩透镜体，厚度>62m，含碳质、产珊瑚化石、硅质含量高，颗粒细，泥质丰富，属地形封闭、水体较深且宁静的潮下低能-滞水带沉积环境。

（4）车头组（P_2c）

岩性组合为灰色、灰黑色厚层状细晶灰岩、深灰色中层状细砂岩与黑色薄层状碳质页岩、含碳粉砂质页岩互层夹紫红色薄-中层状粉砂岩、铁质硅质岩、条纹条带状赤铁矿岩屑石英砂岩，顺层分布少量磷结核，厚度>62m，继承小江边组（P_2x）的潮下低能-滞水带沉积环境。

（5）乐平组（P_3l）

岩性组合为灰色、灰绿色中层状杂砂岩、石英砂岩与粉砂岩互层，夹黑色薄层状含碳粉砂质泥岩、碳质页岩、煤线和若干可采煤层，底部含砾砂岩，属一套海陆交互相的含煤碎屑岩建造，为较典型的海陆交互相之海湾潟湖沼泽沉积，厚141m。

（6）大隆组（P_3d）

岩性组合为黄绿色、灰黑色薄层状硅质页岩夹硅质岩、粉砂岩，发育粉砂岩→硅质岩→硅质页岩的正粒序韵律层。硅酸盐浓度增高指示水体较深、滞流宁静、陆源补给不足的还原环境；菊石类、双壳类、腕足动物、角石等介壳生物化石丰富，应属陆表海低洼地带的台盆相沉积，厚度>139m。

4. 中生界

九龙脑矿田三叠系发育不全，仅出露下统铁石口组（T_1t）。铁石口组呈北北东-北东条带状分布于左溪复式向斜的核部，走向延长有限，分布面积小，厚度>312.5m，与下覆二叠系大隆组呈整合接触，上部及横向方向与其他地层呈断层接触，未见顶。岩性组合为页岩、粉砂质泥岩、含碳粉砂质页岩夹钙质页岩组合与粉砂岩夹砂屑灰岩、泥晶灰岩岩性组合，片状构造，水平层理和楔状层理发育，属陆棚浅海沉积环境。

5. 新生界

九龙脑矿田新生界仅出露第四系，且第四系发育不全，仅有全新统，主要分布于桥头、新屋子–关田–石陂头、山子下、文英、长径、合上–密溪、聂都、崇义县城、大江、左拔、沿厂等地，面积 $30 \sim 40km^2$，厚度 $1.5 \sim 5.5m$，按其成因类型划分，以冲积层为主，次为坡积层。

（1）全新统冲积层（Q_4^{al}）分布于凹陷盆地、平缓山地上或现代河流两侧，一般下部砂砾卵石层，上部泥沙层，具二元结构。

（2）全新统坡积层（Q_4^{el}）分布于凹陷盆地内及其边缘、山麓、沟、河谷等相对低洼处，下部砾石层，上部表土层。表土层：泥质和石英质砂岩等碎屑，厚 $0.2 \sim 1.0m$。砾石层：砾石和泥沙，常夹有巨大的漂砾，砾石成分为原地基岩堆积物，厚 $3 \sim 5m$。

综上，地层柱状图见图 2-3。

第四节　南岭东段及九龙脑矿田区域地球化学

一、区域地球化学特征

南岭东段的地层属硅铝质为主的陆壳地层，Fe、Mg、Ti、V、Cr、Ni、Co、P、Mo、Sr 等基性特征元素总体表现亏损，浓集系数小于 1；Sn、W、Bi、Li、K、F、La 等酸性特征元素，浓集系数接近或大于 1。花岗岩以壳源重熔 S 型为主，具富 Si、K，贫 Fe、Mg、Ca、Mn、P、Na 元素特征，铝为饱和或过饱和，氧化指数偏低。加里东期、海西—印支期、燕山期由老至新由偏基性向偏酸性呈现不连续演化过程，可能分属不同岩浆源和独立岩浆演化系列；同地区、同复式岩体、不同期或同期不同阶段的花岗岩体，自早至晚 SiO_2 增加，Fe_2O_3、FeO、CaO、MgO、P_2O_5 逐渐减少，Al_2O_3、MnO、K_2O、Na_2O 的变化不明显；燕山早期花岗岩较加里东期、海西—印支期花岗岩 W、Sn、Mo、Bi、Li、Be、Nb、Ta、Cu、Pb、Zn、Ag、Sb、As、F、Rb 等元素更富集，是区内钨矿的成矿母岩。成矿花岗岩体 $^{87}Sr/^{86}Sr$ 大于 0.711，$\delta^{18}O$ 为 $+9.5‰ \sim +13.5‰$，形成轻重稀土→Na、Ta→Be、W、Sn→Mo、Bi→W、Cu、Pb、Zn、Ag→U 成矿序列。

1：20 万多元素区域化探异常相互重叠、形成面积广阔的化探综合异常。单个异常多围绕岩体呈近等轴分布，面积 $30 \sim 60km^2$，具有浓集中心明显、异常强度大、各元素异常吻合程度高等特点。综合异常主要分布于红桃岭–天门山、张天堂、漂塘、九龙脑–宝山、淘锡坑–柯树岭等地，主要异常元素为钨、锡、铋、钼、铜、铅、锌和砷、金、银等，其中以钨、锡、铋、锌、砷、金最突出，最高含量分别为 $3000\mu g/g$、$4000\mu g/g$、$980\mu g/g$、$1600\mu g/g$、$680\mu g/g$、$34ng/g$。1：20 万重砂异常与水系沉积物异常大致相当，同以燕山期岩体为中心呈近等轴状出现，主要分布于天门山、红桃岭、张天堂、营前、板岭下、九龙脑、淘锡坑等地，构成以崇义县为中心的一个大环状，异常组合矿物主要为黑钨矿–白钨矿–锡石（图 2-14）。

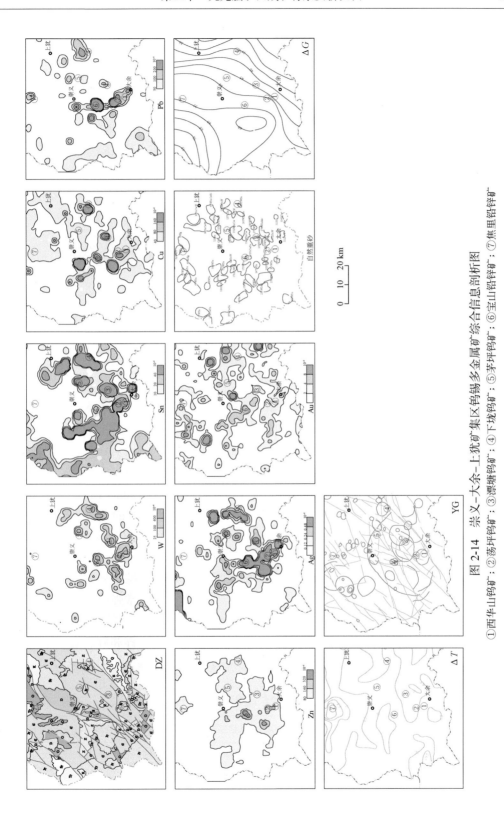

图 2-14 崇义-大余-上犹矿集区钨锡多金属矿综合信息剖析图

①西华山钨矿；②荡坪钨矿；③漂塘钨矿；④下垅钨矿；⑤茅坪钨矿；⑥宝山铅锌矿；⑦焦里铅锌矿

二、地层元素地球化学特征

1. 地层元素特征

南岭地区各地层元素丰度表明，基性特征元素 Fe、Mg、Ti、V、Cr、Ni、Co、P、Mo、Sr 等总体表现亏损，浓集系数小于 1；酸性特征元素 Sn、W、Bi、Li、K、F、La 等，浓集系数接近或大于 1。上古生界反映基性特征的元素丰度均明显低于地壳平均含量（富集系数 K 值为 0.13 ~ 0.62），下古生界及前寒武系显示酸性特征的元素丰度远大于地壳平均含量（K 值为 1.06 ~ 2.87），表明南岭地区地层属硅铝质为主的陆壳。据前人资料（陈郑辉，2006），地层中元素丰度具有如下特点：

（1）Ni、Cr、Co、V 等幔源物质浓集系数为 0.1 ~ 0.5，钾元素富集于前泥盆系，浓集系数为 1.06 ~ 1.44，表明前泥盆系酸性火山岩较发育并以陆源碎屑为主要物源，加里东运动后地壳趋于稳定，接受地台-准地台碳酸盐岩沉积，至中泥盆世钾丰度剧减。

（2）Sr、Mn 明显低于地壳丰度值，在地层中与 Ca 有同步增减趋势，可能与钙硅质岩沉积的碳酸锰有关。

（3）W、Sn 在古生界和元古宇中都有不同程度富集。其中 W 以前震旦系富集系数最大，含量达 4.3×10^{-6}，K 值为 2.87；次为震旦系、泥盆系。Sn 以泥盆系最高，含量达 3.93×10^{-6}，K 值为 1.97；其次是奥陶系。据此推断南岭钨锡矿产与富含 W、Sn 的元古宇基底及作为矿体主要围岩的下古生界、泥盆系有关。元古宇亦可能为含钨锡重熔型花岗岩的岩浆源岩。

（4）Pb、Zn 分别在古生界、元古宇部分富集，一般 K 值近于 1、小于 2，分布不均匀。粤北 D_3、湘南 D_2、赣南 D_3 砂泥质岩石中都有相当的富集。

（5）As、Sb 在各层位都有明显富集。其中 Sb 在寒武系、奥陶系、泥盆系中 K 值达 6.05 ~ 8.55，属于 Sb 的强富集层位。

（6）Au、Ag 仅三叠系略有富集（$K = 1.71$），其他的 K 值均接近或等于 1。下古生界及元古宇 Ag 含量远小于地壳平均值，且随着层位更新含量相对增高，表明本区上地壳 Au、Ag 丰度低。

2. 地层含矿性

崇义-大余-上犹矿集区主要赋矿围岩为震旦系、寒武系、泥盆系、石炭系和二叠系等，地层中 W、Sn、Cu、Pb、Zn、Ag 等主要成矿元素含量见表 2-4、图 2-15。

表 2-4　崇义-大余-上犹矿集区地层主要成矿元素含量一览表　　（单位：10^{-6}）

元素	三叠系	二叠系	石炭系	泥盆系	奥陶系	寒武系	震旦系	区域地层丰度	地壳克拉克值
W	2.85	1.50	2.02	3.60	1.94	3.62	3.40	3.24	1.1
Sn	3.66	2.40	1.71	4.50	4.45	3.95	4.00	3.7	1.7
Cu	25.79	21.70	25.47	25.50	58.50	36.10	32.90	37.2	63

元素	三叠系	二叠系	石炭系	泥盆系	奥陶系	寒武系	震旦系	区域地层丰度	地壳克拉克值
Pb	13.81	15.00	10.76	13.90	14.70	19.80	25.50	18.41	12
Zn	73.58	58.50	33.93	55.90	104.70	94.80	94.00	96.59	91
Ag	0.083	0.044	0.059	0.068	0.080	0.092	0.040	0.068	0.075

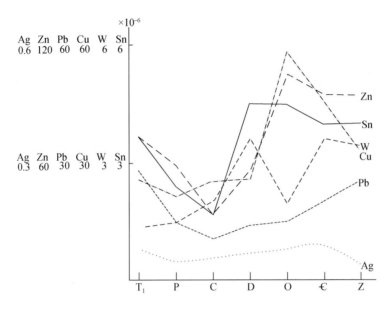

图 2-15　崇义–大余–上犹矿集区各时代地层成矿元素丰度对比曲线图

崇义–大余–上犹矿集区内 W、Sn、Pb 含量高出地壳克拉克值（黎彤）1.5 ~ 3 倍，Zn、Ag 接近地壳克拉克值，表明本区为一个 W、Sn、Pb 的高背景区。主要成矿元素在基底构造层及泥盆系中较富集，Sn 主要富集在奥陶系，Ag 主要富集在寒武系，Pb 主要富集在震旦系，W 则在震旦系、寒武系都较富集。其含量的高低与具体的岩类也有关系。其中基底岩系中广泛发育的砂、板岩是区内裂隙充填型、破碎蚀变岩型矿床的主要赋矿围岩；而寒武系上部、奥陶系内的含钙层、泥盆系——二叠系以碳酸盐岩为主夹碎屑岩等的岩性特征，为接触交代型、交代–充填型矿床的形成提供了围岩条件。

三、岩浆岩元素地球化学特征

南岭花岗岩以壳源重熔型为主，具富 Si、K 贫 Fe、Mg、Ca、Mn、P、Na 元素特征，铝为饱和或过饱和，氧化指数偏低。晋宁期、加里东期、印支——燕山期由老至新由偏基性向偏酸性的演化过程不连续，可能各属不同岩浆源和独立岩浆演化系列。同地区同复式岩体、不同期或同期不同阶段的花岗岩体，自早至晚 SiO_2 增加，Fe_2O_3、FeO、CaO、MgO、

P_2O_5 减少，Al_2O_3、MnO、K_2O、Na_2O 的变化不明显。

赣南大部分花岗岩的 $^{87}Sr/^{86}Sr$ 大于 0.711，$\delta^{18}O$ 为 +9.5‰ ~ +13.5‰，形成轻重稀土→ Na、$Ta→Be$、W、$Sn→Mo$、$Bi→Cu$、Pb、Zn、Ag（Au）→U 的元素组合系列。其中 Cu、Pb、Zn、W、Sn、Mo、Bi 等成矿元素在各时代各类型花岗岩中含量均高于维氏酸性岩平均值，到燕山早期达到顶峰。

赣南燕山早期花岗岩较印支期相对富集的元素有 W、Sn、Cu、Pb、Zn、Ag、Sb、Bi、Li、Nb、Ta、As、F、Rb 等，且富集程度增加，为钨锡多金属矿的成矿母岩。而燕山晚期花岗岩，晚侏罗世火山岩 Sn、Cu、Pb、Zn、Nb、Ta、U、稀土元素含量显著增高，可能是区内锡、铜、稀有、稀土及铀的成矿母岩。

赣南火山岩由西向东具有活动增强、成矿关系密切程度增加的总趋势。由老到新 Al_2O_3、MnO、K_2O、P_2O_5 增高，MgO、CaO 降低；前震旦纪火山岩 SiO_2、Al_2O_3、FeO、Na_2O 低，TiO_2、Fe_2O_3 高，侏罗纪火山岩以酸性为主。

第五节　南岭东段及九龙脑矿田矿产概述

一、南岭东段矿产概述

南岭东段是南岭钨锡多金属成矿带的重要组成部分，本区以西华山、大吉山、盘古山、岿美山"四大黑钨矿名山"为代表，大中型钨锡矿床有 43 个，小型矿床及矿点、矿化点有 508 处。建成有以西华山、大吉山、盘古山、茅坪等为代表的中央直属统配、地方集体、个体私有钨矿山百余座。20 世纪 70 年代随着足洞特大型离子吸附型稀土矿的发现与勘查，在赣南所属的各县发现了数以百计的稀土矿产点。80 年代会昌岩背火山-斑岩型锡矿的突破，表明赣南不但有与钨共生的锡矿产，还存在大型独立锡矿床；随后，在银铅锌金诸矿种找矿上均相继取得重大进展，使本区成为以钨、稀土为拳头，金、银、铅、锌、铀等同样重要的矿产地。

近年来，地质大调查工作在钨、锡、铅锌、金、锰矿种上又获众多新成果，除了在淘锡坑钨锡矿增加了储量，还新发现了淘锡坝隐爆层间裂隙带型锡矿床、银坑矿田的热液型-层控型铅锌矿床、银坑矿田破碎蚀变带型金矿床、红山铜矿床、八仙脑钨锡多金属矿床及金银庵钨锡矿床等，充分展示出本区所具有的巨大资源潜力。

二、九龙脑矿田矿产概述

崇余犹钨锡矿集区是南岭地区矿床分布最集中、成矿强度最大的矿集区，也是全国部署矿产勘查的重点矿集区之一。九龙脑矿田位于崇余犹矿集区之西端，区内构造复杂，多期次、多阶段岩浆侵位，在不同岩浆系列、侵位深度和围岩条件下形成不同类型的、不同矿种的内生金属矿床。根据矿床地质特征、成矿元素组合和产出特点，区内主要包括矽卡岩型、热液脉型、破碎带蚀变岩型和风化壳型等多种矿床类型。已发现钨锡多金属矿床

（化）20 余处，淘锡坑、九龙脑、柯树岭-仙鹅塘等矿床的规模由小变大以及天井窝、樟东坑等新区的发现，使得九龙脑矿田成为赣南地区重要的钨锡后续资源基地。

九龙脑矿田的最大特点是区内各矿床围绕九龙脑复式花岗岩体分布，并具有一定的分带性。区内矿床围绕九龙脑复式花岗岩体由内到外发育不同类型（石英脉型、云英岩型、矽卡岩型）的以钨锡多金属矿为主的高温元素组合，岩体外围发育一套宝山矽卡岩型钨银铅锌矿、赤坑热液脉型铅锌银矿、双坝金银矿、淘锡坑深部出现铜矿的以金银铜铅锌矿为主的中低温元素组合，同时洪水寨南和天井窝分别发育小型铌钽矿，形成以九龙脑岩体为矿化中心，以钨锡为主，金银铜铅锌、铌钽共生分带的矿化格局，这在南岭乃至整个华南地区的成矿元素组合上极具代表性，在表现形式上具有很大的集中性和特殊性，是开展花岗质岩浆演化和多金属复合成矿过程研究的理想对象，也是赣南钨锡多金属矿深部找矿预测的理想地区。

第三章 九龙脑矿田的控岩控矿构造

南岭九龙脑矿田在大地构造上位于南岭东段诸广山–万洋山岩浆带的东坡，崇余犹钨锡矿集区的西侧，属南北向构造–岩浆带与东西向构造–岩浆带的交汇部位。区内震旦系—奥陶系主要分布在矿田西部，为一套富含钙质、泥质、碳质及砂泥质的类复理石建造，岩石普遍发生了区域浅变质作用，组成了九龙脑矿田的褶皱基底；泥盆系—三叠系主要为一套海陆交互相、浅海相含钙质碎屑岩、砂页岩、碳酸盐岩，组成沉积盖层，主要分布在矿田东部南北向的、晚古生代形成的崇义盆地，九龙脑复式岩体则处于诸广山–万洋山岩浆岩带与崇义盆地之间（图3-1）。

第一节 九龙脑矿田的断裂构造

九龙脑矿田的断裂构造十分发育，按力学性质主要分为韧性断裂和脆性断裂。韧性断裂为东西走向的古亭–高坪–密溪韧性断裂。脆性断裂按走向分为六组，以北东、北东东、北西及东西向为主。各向断裂构成疏密不等的线性平行断裂带。这些断裂具多期和多种方式活动的特点并切割破坏基底和盖层，控制岩浆活动和成矿作用。其活动的趋势是由加里东期至燕山早期，活动强度逐渐增强，且具南强北弱的特点，这也可能是成矿作用"南强北弱"的原因，表现出断裂的规模、数量、切割深度以及岩浆活动逐渐增强，成矿作用越来越显著。但也可能是北部岩浆岩埋深较大，在当前地表表现得不如矿田南部强烈。在力学性质上，除北西向断裂具有先压后张性质外，其他方向断裂均以先张后压为主，而且不论张性和压性一般伴有剪切作用。它们在区内彼此交错切割，构成复杂而有序的构造景观。

一、东西向断裂

东西向断裂主要展布于九龙脑复式岩体的北侧和东侧的变质岩中，除极少数形成于加里东期外，多数为印支期形成的，并在燕山期再次活动。

1. 古亭–高坪–密溪东西向韧性逆冲推覆断裂（Fg-g-m）

此断裂分布于九龙脑复式岩体的北侧，西起沙潭，并被印支期花岗岩侵入掩没，向东经月龙安、高坪、密溪，东延至崇义县城后被泥盆系覆盖，泥盆系被后期北东向断裂叠加而出现一定程度的错位。走向上呈凹凸弯曲的弧形状，长度大于23km。该断层上盘的震旦系—寒武系高滩组分别逆冲推覆于上奥陶统古亭组（O_3g）和黄竹洞组（O_3h）之上。断裂面不明显，由各类片理、劈理、糜棱岩组成韧性构造岩带。沿黄竹洞组顶部砾岩层之上的板岩、条纹板岩、粉砂质板岩及含碳板岩（有时包括顶部的砾岩层）分布，具有一定的层位性。构造形迹由断裂带的中心向两侧由各类型构造片岩、糜棱岩有

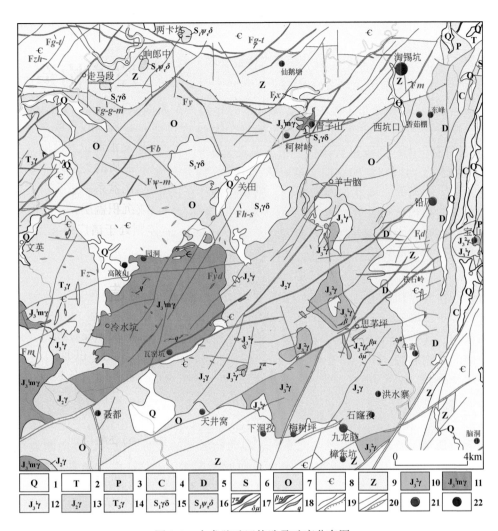

图 3-1　九龙脑矿田构造及矿床分布图

1. 第四系；2. 三叠系；3. 二叠系；4. 石炭系；5. 泥盆系；6. 志留系；7. 奥陶系；8. 寒武系；9. 震旦系；
10. 细粒斑状黑云母花岗岩；11. 中细粒斑状二云母花岗岩；12. 燕山第二期第一阶段中细粒斑状二云母花岗岩；
13. 燕山第一阶段细-中粒（斑状）黑云母花岗岩；14. 印支期细（中粒）斑状黑云母花岗岩；
15. 加里东期细（中）粒含斑花岗岩；16. 加里东期细粒辉石闪长岩；17. 花岗斑岩脉/闪长玢岩；
18. 辉绿玢岩/石英脉；19. 地质界线/不整合面；20. 断层/构造破碎带；21. 钨矿；22. 锡矿

规律地递变为正常岩性。断裂带出露宽度从几米至 30m、50m 不等。

　　断裂带的片理、劈理与岩性关系密切。断层中心部位的千枚状糜棱岩常见鳞片状片理，两侧的眼球状糜棱岩发育透镜状片理。在糜棱岩中，常见眼球体、扁豆体、拔丝构造和旋转迹象。眼球体的长宽比最大达 8：1，由白色、灰白色的粗砂、粉砂、细砂组成。拔丝构造一般由暗色泥质、细粉砂质物质组成，表明韧性变形中物质分异的趋势。断裂带中心存在三组面理：S_0（层理）、S_1（区域变质作用面理）和 S_2（由 S_1 褶皱而成的滑劈理或破劈理）。S_2 与 S_0 产状有 10°～15°夹角。在中心带的两侧韧性变形带中可见石英颗粒的波状消光带、变形纹。被重结晶的泥质物（绢云母和绿泥石）充填的"X"形裂隙等。

断裂带形成于加里东期，之后虽经多次构造变动，但迹象不明显。

2. 古亭－淘锡坑东西向断裂（Fg-t）

古亭－淘锡坑断裂分布于九龙脑复式岩体的北侧，东西向延伸出九龙脑矿田。西起千斤滩，向东经古亭折向北东，东经仙鹤塘、淘锡坑，延长大于20km。宽度0.5～120m。走向变化大，西段呈折线状，中、东段呈东西向，局部分而复合。主要向北倾，倾角68°～85°。西段切割印支期文英岩体，中、东段北盘寒武系逆冲于震旦系之上，并受到北东向、北西向、南北向断裂切割。结构面特征显示先张后压的性质，先期沿断裂发育棱角状张性构造角砾岩，对Mo、Ti、As、Ag矿化有富集作用，后期发育揉皱、挤压透镜体、碎裂岩和糜棱岩等；绿泥石化，硅化等蚀变普遍，对Pb、Sn、W等元素有明显富集作用。该断裂形成于加里东期，其南北两侧构造线迥然不同，属于重要的边界断裂。

另外，在九龙脑矿田的北部和东部分布一些密集成带的断裂，单条断裂规模小，延长不远即尖灭。断层面产状为360°∠60°～80°。对基底、盖层及燕山期侵入岩体产生切割破坏作用。其变形特征显示在印支期以张性正断层为主，形成大量构造角砾岩和张性断裂控制的金属矿脉，对Cu、Pb、Zn等元素有富集作用，均切割了基底震旦系、奥陶系。如下关断裂（Fx）的羽状张性石英脉呈明显左行正断性质。燕山期该方向断裂以左行压剪为主，形成片理揉曲、挤压透镜体及各种碎裂岩、糜棱岩，并对先期构造产生影响（图3-2）。在大水坑一带发育的东西向断裂延伸切割了燕山期马子塘岩体。早古生代和燕山期马子塘岩体，以及与北东向、北西向断裂的交切部位为该方向断裂富集元素的有利地质背景和构造条件。如大水坑东西向断裂组（Fd），由三条平行断裂构成，大部切割震旦系，在东段切割泥盆系，发育大量砂岩及板岩棱角状构造角砾岩，并被宽数十厘米的糜棱岩带切割，显示先张后压性质。该组断裂及其与北西向断裂交切部位发育有多金属矿化。

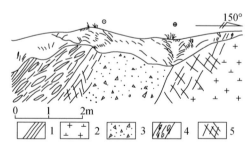

图3-2　九龙脑矿田下关断裂构造岩分带素描图

据1∶5万关田圩幅，江西省地质矿产局，1985，修改。1. 板岩；2. 花岗闪长岩；3. 构造角砾岩；
4. 挤压片理透镜体带；5. 密集节理

二、南北向断裂

南北向断裂在九龙脑矿田内发育不全，主要分布在东部和北部。单条断裂规模小，长2~4km，宽多小于1m。产状为90°∠70°~80°。一般呈先张后压剪性质。断裂早期张性变形仅发育于变质岩区，依据区域早期应力方位分析，该方向断裂应形成于加里东期。同时该方向断裂又切割燕山期岩体，说明燕山—喜马拉雅旋回该方向断裂尚有活动，且为压剪性活动。其活动性主要表现在对新老地层、燕山期岩体及对东西向断裂的切割破坏。区域上，南北向展布的印支期文英岩体、燕山期关田凹和竹篙岭等小岩体可能与隐伏南北向断裂有关。

密溪断裂（Fm）和月龙安断裂（Fy）为南北向断裂的代表。其中密溪断裂（Fm）分布于淘锡坑矿区南部，长2km，断层面产状为270°∠70°~75°，切割了震旦系老虎塘组，其北段断面呈舒缓波状，发育挤压透镜体，中段和南段发育构造角砾岩，且中段角砾岩的填隙物具片理化现象，反映出先张后压剪性质。月龙安断裂（Fy）发育片理和挤压透镜体带，伴生劈理指示主断面上盘斜向上冲。该南北向片理带被北东向片理–揉皱带叠加改造（图3-3）。这些活动性的差异，可能与各断裂所处基底的不同构造部位有关。

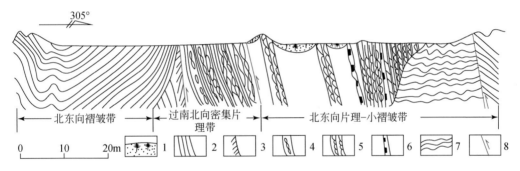

图 3-3　九龙脑矿田月龙安断裂（Fy）剖面图

据 1 : 5 万关田圩幅，江西省地质矿产局，1985，修改。1. 浮土；2. 劈理；3. 伴生劈理；4. 透镜体；
5. 片理；6. 石英脉；7. 小型褶皱；8. 断层

万安–崇义断裂（Fw-c）在区域上可分为两段，北段为北东走向，南段为南北走向，倾向沿走向变化较大。该断裂的南段是九龙脑矿田的边界断裂，西侧以九龙脑矿田为代表，东侧以西华山矿田为代表。该断裂在印支期—燕山期发生大规模的左行滑动，使得陂水–茶滩–崇义–宝山–洪水寨向斜构造发生明显错断。切割了泥盆系—二叠系晚古生代的盆地，也是崇余犹矿集区东西区的划分性断裂构造，形成于印支晚期—燕山期，与郯庐断裂的力学机制及形成时代相当。

南北向断裂构造控矿特征明显，如淘锡坑矿区的 V_2、V_3、Vn_{16} 等矿脉，即为南北向断裂所控制。

三、北西向断裂

北西向断裂主要发育于九龙脑矿田的北部，在东南部有零星产出，走向300°~320°，倾向以北东为主，倾角50°~85°，规模小，一般长度为2~3.5km，少数可大于7km，宽1~10m。遥感信息呈线性影像，对应线状水系。该组断裂主要切割早古生代地层，并与早期北东向断裂共轭产出，可能形成于加里东期，为关田岩体的侵位提供了构造空间。在区域上，万安–崇义断裂东侧的近等距性侵位的岩体，如红桃岭（柳树下岩体）、张天堂、天门山、山牛塘、西华山等岩体，与此方向断裂关系密切。印支（燕山）运动该向断裂以左行压剪活动为主，受印支期东西向水平挤压应力场控制。沿断裂产出舒缓波状断面、条状挤压透镜体和糜棱化碎裂岩。指示左行性质的擦痕–阶步和旁侧节理多见（图3-4）。Cu、Pb、Zn等元素有富集趋势，一般可达$10 \times 10^{-6} \sim 100 \times 10^{-6}$。早古生代地层和关田凹岩体及其北西向断裂与东西向断裂的交切地段有利于成矿。燕山期该方向断裂以张剪活动为主，产出棱角状构造角砾岩，局部发育成突出地表的硅化带。在东南一带切割燕山期花岗岩体，该时期断裂对元素富集作用不明显。

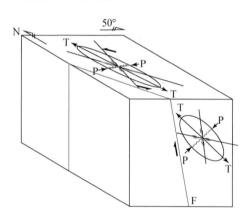

图3-4　伴生节理在旋转变形中的应变分析

半坑断裂（Fb）是规模较大的一条北西向断裂。其北西端起于腊树排，向南东延伸经高草地至凹头，长4.5km。宽度小于10m，断层面产状为255°∠60°~80°。遥感影像显示其呈直而宽的线形水系，长约7km；北西端延至古亭。断裂发育于奥陶系内，为走向断裂。北西段使奥陶系黄竹洞组与古亭灰岩呈断裂接触，前者处于北东盘。南东段使古亭组与半坑组呈断裂接触，前者处于北东盘。断裂北西段主要发育杂乱分布的棱角状构造角砾岩，中南段主要反映压剪变形，断面平直，具斜交断面的擦痕，断裂带可见不规则状方解石角砾岩，显示断裂先压–后张的特点。

淘锡坑矿区的岩体侵位方向和"准王牌"矿脉（18号脉）的整体方向也呈北西向展布，主要受此方向断裂构造的控制。

四、北东向断裂

北东向断裂在九龙脑矿田最为发育，并形成了文英–古亭和聂都–关田两个密集带。单条断裂长几千米至20km，间距200～250m，走向30°～45°。倾向多变，其中较大断裂和中部断裂倾向以北西为主，西北部和北部断裂倾向以南东为主，倾角50°～85°。切割了基底岩系和印支期、燕山期花岗岩及其他方向的褶皱、断裂（北北东向断裂除外）。

据构造岩、岩石变形特点和交切关系，北东向断裂有加里东期、燕山早期、燕山—喜马拉雅期三次主要的构造活动。其中，加里东期以剪切为主，切割较深，对应Cr异常，与北西向断裂呈共轭组合，受加里东期统一应力场控制，控制了关田岩体的侵位，也经历了后期多期活动的改造。燕山早期以右行张剪为主，产出大量典型的棱角状张性角砾岩，以大营子–沙潭断裂组（Fd-s）最为显著，此次活动控制了何树岭岩体的侵位，并在南部与北东东向断裂联合控制了燕山期的岩浆侵入活动，对Cu、Pb、Zn等8种元素有富集作用，与区内一些钨锡矿化有关。燕山—喜马拉雅期以左行压剪为主，沿断裂发育大量压剪性结构面、挤压透镜体、片理、劈理、揉皱和以碎裂岩、糜棱岩为主的构造岩，具明显的分带性（图3-5）；此期活动对先期构造产物改造和破坏作用明显（图3-5～图3-7）；不仅断面上擦痕–阶步构造发育，而小构造方面也多有显示（图3-8）。该阶段活动除对燕山期及之前的建造和构造进行强烈破坏改造外，与区内成矿关系密切，包括对Cu、Pb、Zn等元素产生了进一步的富集作用，引起绿泥石化、绿帘石化、钨锡矿化等多种矿化蚀变。燕山期马子塘岩体、印支期文英岩体中部及震旦系、寒武系、奥陶系是北东向断裂成矿的有利背景，而北东向断裂与北西向、北东东向断裂的交切部位是富集元素的有利部位。区内许多W、Sn矿床（点）受北东向断裂控制。如合江口–坪石断裂（Fh-p）斜贯九龙脑矿田，向南段延至瓦窑坑，北经三江口向北延伸，长度超过25km，宽1～40m，走向40°，倾向以西为主，倾角50°～85°，在何树岭与北东东向断裂复合，夹持北东向展布的透镜状地块。其北段切割中下寒武统和震旦系，中段切割加里东期岩体并被第四系覆盖，南段切割燕山期马子塘岩体；沿断裂发育大量张性角砾岩、片理、揉皱等，碎裂岩、糜棱岩发育，部分角砾岩转化成压扁角砾岩，两种不同性质的构造岩以平直断面间隔共存（图3-6），显示先张后左行逆冲的特征（图3-8）。此断裂于柯树岭控制了燕山早期岩浆侵入，南段又切割了燕山期岩体，在燕山—喜马拉雅旋回活动较为强烈。其中构造岩早期张剪作用对Pb、Mo等有明显的富集作用，后期压剪活动产生了对Mo、Pb、Cu等元素的富集。沿此断裂发育柯树岭矿床和木梓坪矿化点。区域变形显示该断裂形成于加里东期，并控制了关田岩体侵位。

淘锡坑矿区地表断裂明显地显示了北东向断裂先压剪后张剪的特征。断层面呈舒缓波状，产状为325°～350°∠50°～58°，断层面因挤压剪切形成明显的镜面，断裂岩为灰黑色的碳质断层泥，断层面上的阶步和擦痕显示由北向南的逆冲性质，而后期其北盘或上盘又沿断层面发生正断层性质的滑落，形成了负地形的地貌特征。

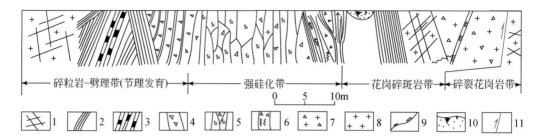

碎粒岩-劈理带(节理发育)　　　　　　强硅化带　　　　　　花岗碎斑岩带　　碎裂花岗岩带

0　　5　　10m

図 3-5　九龙脑矿田中黄斋北东向断裂（Fzh）剖面图

据 1 : 5 万关田圩幅，江西省地质矿产局，1985。1. 节理；2. 劈理；3. 石英脉；4. 碎粒岩；5. 强硅化石英体；
6. 张性角砾岩；7. 花岗碎裂岩；8. 花岗岩；9. 黄铁矿；10. 浮土；11. 断裂

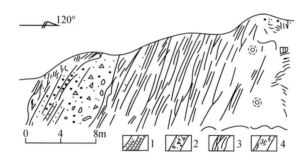

120°

0　　4　　8m

图 3-6　九龙脑矿田合江口–坪石断裂（Fh-p）构造岩分带（地质点 1680 点）

据 1 : 5 万关田圩幅，江西省地质矿产局，1985。1. 变余长石石英砂岩；2. 构造角砾岩；
3. 挤压片理带；4. 硅化石英脉带

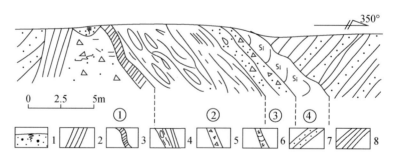

350°

0　　2.5　　5m

①　　　②　③　④

图 3-7　九龙脑矿田合江口–关田北东向断层构造分带素描图（淘锡坑公路边，地质点 2051 点）

据 1 : 5 万关田圩幅，江西省地质矿产局，1985。1. 残积物；2. 张节理；3. 石英脉；4. 透镜体；
5. 角砾岩；6. 硅化碎裂岩；7. 变余石英砂岩；8. 板岩

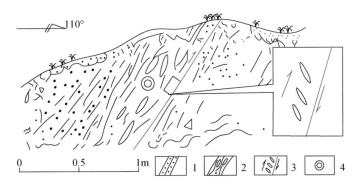

图 3-8　九龙脑矿田合江口–坪石北东向断层剖面素描图（地质点 1996 点）

据 1∶5 万关田圩幅，江西省地质矿产局，1985。1. 石英砂岩；2. 硅化破裂岩带；
3. 碎裂岩斜列小透镜体；4. 硅化

五、北东东向断裂

北东东向断裂主要分布于九龙脑矿田的中北部，切割了早古生代地层、泥盆系和加里东—燕山期岩体；并将东西向、北西向、南北向断裂切割，却被北东向、北北东向断裂切错。单条断裂规模大，延伸稳定，长度为 4～20km。走向舒缓波状，互相平行排列，间距 0.8～2km，走向 55°～90°，从西向东构造线略向北东偏转。倾向多变，单条断裂沿走向出现倾向相间变化，仅西部个别断裂倾向南南东，倾角 50°～85°。

露头现象显示北东东向断裂至少有过两次较强的构造运动。燕山早期以右行张剪正断活动为主，产出大量张性角砾岩和追踪张裂隙，圆洞断裂（Fy）中段有明显的显示。此次活动直接影响了燕山早期岩浆侵入。此外，还有大量燕山早期花岗岩小岩体沿此方向断裂分布，并对 Cu、Pb、Zn 等元素产生明显的富集作用。

燕山早期之后的断裂以左行压剪逆冲活动为主，沿断裂产出大量的舒缓波状断面、挤压透镜体等压性构造，碎裂岩、糜棱岩类发育。其运动方式除断面上擦痕阶步外，小构造方面也有显示。此外早期活动的产物——构造角砾岩多有圆化、定向等改造现象，局部可见片理–透镜体带破坏角砾岩带现象（图 3-9）。反映该期活动对先期构造有明显的破坏改造作用。该期活动对成矿元素富集有利。一般情况下，单条北东向断裂仅对 1～4 种元素有明显的富集作用。马子塘岩体边缘带和北东东向断裂与北东向断裂交切部位对成矿最有利。作为导矿和容矿构造，该向断裂形成一系列 W、Sn 矿点、Ag 多金属矿点和脉型水晶矿点等。

文英–密溪断裂（Fw-m）东北段叠加复合于古亭–高坪–密溪韧性逆冲–推覆断裂（Fg-g-m），长超过 27km，宽 1～50m。走向 60°～75°，西段倾向以南南东为主，中段倾向多变，东段倾向北西。倾角 50°～80°。断裂西段切割印支期的文英岩体，中段切割奥陶系、寒武系及加里东岩体，东段切割泥盆系。沿裂主要发育两种构造岩，一是在变质岩区常见的硅质胶结的棱角状构造角砾岩，二是砂岩、板岩类的压性碎裂岩和糜棱岩，还发育挤压透镜体和片理构造。其特征反映出断裂先张后压的特点（图 3-9）。在上左溪一带断裂局部产状为 350°∠75°，发育压扁角砾岩、碎斑岩，其北盘发育伴生挤压透镜体，定向排列，产状为 360°∠65°，与断裂配置指示断裂南盘斜上冲，平面左行移动，压剪性运动方式，断裂沿走向产状多变，并非都表现逆冲特征，但左行走滑性质稳定。

鉴于在其通过印支期文英岩体的地段发育大量的张性角砾岩，可认为先张–后压活动是燕山—喜马拉雅旋回的活动特点。该断裂在文英岩体与上寒武统水石组接触带出现 Pb 的富集趋势。

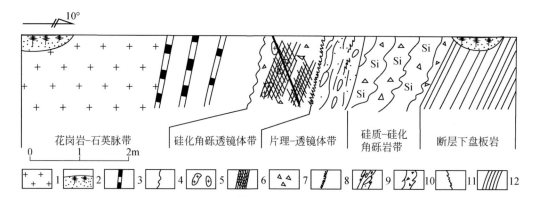

图 3-9　九龙脑矿田北北东向文英断裂（Fw）剖面图
据 1:5 万关田圩幅，江西省地质矿产局，1985，修改。1. 花岗岩；2. 浮土；3. 石英脉；
4. 凹凸不平断面；5. 花岗岩透镜体；6. 劈理；7. 角砾岩；8. 梳状石英细脉；9. 片理和挤压透镜体；
10. 硅化石英；11. 节理；12. 板岩

六、北北东向断裂

区内北北东向断裂属次要断裂，在九龙脑复式岩体中分布稀疏，由西向东数量、规模渐减，单条断裂长度为 2~7km，走向为 10°~25°。其西段以东倾为主，向东段倾向多变。倾角 25°~80°，遥感影像显示为狭窄沟谷。此组断裂呈左行压剪逆冲性质，断面平直，多具左行性质的擦痕与阶步，沿断裂发育透镜体和断层泥等，岩石薄片显示长石双晶弯曲和石英波状消光。蚀变弱，无矿化，其活动仅表现为改造作用，切割破坏燕山期岩体和寒武系、奥陶系，切错了北东向和北东东向断裂，是最晚形成的断裂，形成于燕山—喜马拉雅旋回。其中文英断裂（Fw）、茅花坑断裂（Fm）规模较大，而中洞断裂（Fz）活动性和变形明显。

节理是没有明显位移的断裂，对地质体只进行了破坏，并未产生错断等，但在赣南地区也可以被岩浆期后热液所充填而形成细脉–线脉矿体或者云母线，往往是寻找隐伏矿体的地表标志，如淘锡坑矿区地表出露的节理就被含矿石英脉及云英岩细脉充填。

第二节　九龙脑矿田的褶皱构造

一、基底褶皱构造

九龙脑矿田的基底褶皱构造较简单，主要发育东西向的关田背斜。该背斜在矿田北侧见其北翼、转折端及核部的一部分，其南翼跨入复式岩体南侧的聂都镇以南地区。区内背斜核部由上寒武统水石组构成，北翼由奥陶系组成。核部在南区李九坑-展脑一线，轴长超过24km，东西走向，向东倾伏，倾角50°左右。轴面近于直立，两翼大致对称，夹角大于70°，翼部倾角变化在50°~70°，属宽缓直立倾伏背斜。核部被加里东至燕山期多期岩浆活动侵入破坏，并为花岗岩和花岗闪长岩岩体占据。核部和翼部受多期断裂活动切割，并有不同方向的后期次级褶皱叠加。在核部及转折端产出较多的银、锡、钨矿床、矿点。根据崇余犹矿集区的褶皱变形特点推断，在加里东期，具体是在志留纪，通过北北西向主应力的挤压而形成北东向开阔的向斜构造，在二叠纪之后的印支期或燕山早期通过东西向的挤压而形成叠加褶皱。这一期同时形成了铅厂-稳下向斜，燕山晚期的断裂构造发育且控制成矿。关田东西向褶皱形成于加里东期，属南岭东西向褶皱的一部分。

九龙脑矿田基底变质岩系的褶皱枢纽走向主体呈北西-南东向，奥陶系展布方向最为显著。同时，变质岩系内分布露头上的小型褶皱也能清晰地反映这种趋势，并显示出加里东期主应力方向为北东-南西向。在淘锡坑矿区北部合江水电站桥头附近发育尖棱构造（图3-10），组成褶皱的薄层岩层作相似的弯曲，褶皱转折端呈尖棱状，两翼产状倾向一致；背斜的北东翼（即向斜的南西翼）陡，背斜南西翼（即向斜的北西翼）缓，翼间角40°~44°，轴面倾向北东，枢纽近水平，为斜歪水平褶皱。赤平投影分析向斜轴面产状为43°∠56°，枢纽产状为315°∠4°；背斜轴面产状为41°∠58°，枢纽产状为315°∠4°。根据褶皱两翼产状分析结果，主应力方向 δ_1 为232°∠57°，δ_2 为315°∠4°，δ_3 为42°∠33°。其成因是在区域北东-南西向（232°）主应力挤压作用下，岩层发生纵弯褶皱，而发生纵弯褶皱的岩层中，夹在刚性岩层间的韧性岩层在剪切力偶作用下，形成层间不对称小褶皱。反映了区域北西向构造带的应力系统。此方向褶皱与北西向展布的古亭组（O_3g）所在的褶皱形成机制一致，显示了加里东期构造应力方向为北东-南西向的挤压作用。

二、盖层褶皱

陡水-茶滩-崇义向斜（东翼）构造位于九龙脑复式岩体的东侧，在海西构造旋回中由泥盆系—二叠系组成沉积盖层，而由燕山期近东西向挤压作用发生褶皱变形，形成陡水-茶滩-崇义向斜（东翼）褶皱构造，而此向斜构造在褶皱变形后，构造主应力方向由东西向转折为南北向，使得该向斜沿着轴面轴向发生断裂，形成万安-崇义断裂（Fw-c），将向斜切割为东西两翼并发生明显的左行走滑，致使东西两翼错动超过20km，在断裂西侧为西翼——铅厂向斜，展布由北向南经过崇义-宝山-洪水寨构成铅厂向斜西翼的泥盆

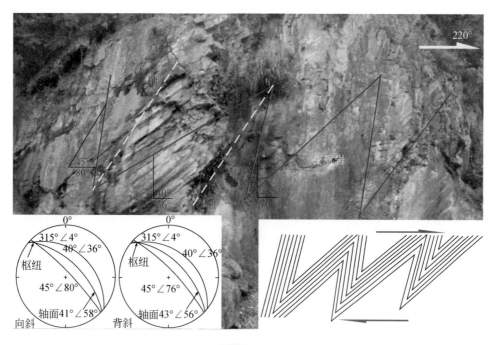

图 3-10　淘锡坑矿区北部合江水电站桥头南东侧尖棱褶皱

系，以较缓倾角明显角度不整合于下伏基底震旦系、寒武系及奥陶系之上。该向斜轴向近南北，轴部由石炭系、二叠系组成。在铅厂-稳下一线，轴长 16km，西翼较陡，倾角 30°~45°，东翼较缓，倾角 20°~34°，为不对称的向斜盆地；轴部及两翼受北北东向及北东向断裂切割，轴部有燕山期花岗岩侵入。东翼崇义-陡水一线的残破向斜也具有这一特征。

第三节　九龙脑矿田的侵入构造与容矿构造

一、侵入构造

在崇余犹钨锡矿集区的万安-崇义断裂之东，北西向断裂近等间距地控制了花岗岩体的侵位，如红桃岭（柳树下）岩体、张天堂岩体、天门山岩体、山牛塘岩体、西华山岩体等。在加里东期，也可能为关田岩体的侵位提供了构造条件。可见，断裂构造为岩浆岩的侵位提供了通道与空间。

二、容矿构造

石英脉型钨矿的容矿构造主要是断裂构造，无论是内带型黑钨矿石英脉（如西华山）还是外带型黑钨矿石英脉均如此；而云英岩型钨矿的容矿构造多为岩浆冷凝结晶之后在岩体顶部与顶盖围岩之间残留的空间，如崇义的茅坪钨矿床。

茅坪钨矿床由两部分构成，即上部的石英脉型钨锡矿床和深部的云英岩化花岗岩浸染型钨锡矿床，垂向分带上呈"上脉下体"的矿化特征，也属于"五层楼+地下室"模式（图3-11）。

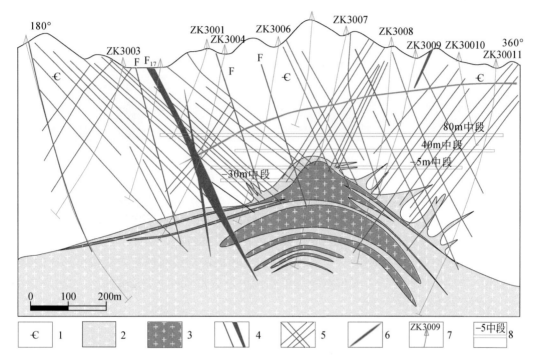

图3-11　茅坪矿区300号勘探线剖面图（据王定生等，2011修改）

1. 中下寒武统；2. 燕山早期花岗岩；3. 云英岩型矿体；4. 断层破碎带及编号；5. 钨矿石英脉；6. 闪长岩脉；
7. 钻孔编号；8. 采矿坑道及中段编号

石英脉型钨矿体主要产于燕山早期隐伏花岗岩的外接触带中，少数分布于深部隐伏岩体内。一般连续性较好，矿化程度高，也是茅坪钨矿床最重要的工业矿体类型。矿体呈脉状，其形态受断裂构造的控制，具脉状钨矿体"五层楼"模式的基本特征，由地表往下呈密集线脉状-细脉-中脉-大脉-稀疏大脉的形式，最终汇聚于隐伏花岗岩体的顶部。矿脉单体形态常见波状弯曲、膨大缩小、分支尖灭、分支复合、折曲状弯曲、树枝状分支、侧羽状分支；组合形态则可见平行排列、交叉排列和尖灭侧现及交叉呈"+"形或呈"X"形，部分互相穿插呈网格状等，其产状变化较大，有陡倾斜的也有缓倾斜的，与典型的"五层楼"模式的陡倾斜有明显区别（图3-12），而这种区别很可能与岩浆侵位时所发生的横弯褶皱产生的扇形断裂组合有关，这些断裂的陡缓变化控制了后期充填的含矿石英脉。

茅坪隐伏岩体埋深较大，顶板标高-300～-5m；呈岩钟状，顶层呈压扁应变，产状平缓，向四周倾斜；岩体与围岩呈过渡性的接触关系，围岩具有局部形变，有明显的褶皱、剪切等现象，表现出主动侵位的特点；顶部有大量岩浆侵位作用产生的发射状张性断裂（图3-12）。

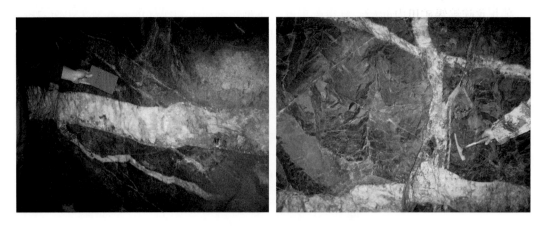

图 3-12　茅坪钨矿石英脉型黑钨矿形态特征

　　在茅坪钨矿的蘑菇头状云英岩岩盖内，石英、白云母矿物呈巨晶状，石英的粒径可达 60cm，在石英生长的环带间还有大量的辉钼矿（图 3-13），显示了云英岩冷凝过程中存在一个开阔的空间能够使石英生长成晶形完整、体积巨大的特征。如此大的空间也为云英岩型钨锡矿的沉淀提供了容矿空间。花岗岩体侵位是由底辟构造与横弯褶皱结合形成的典型底辟作用，早期岩体侵位后，侵位空间与早期侵位过程形成的张性断裂被后期热液充填，形成巨大的石英晶体。

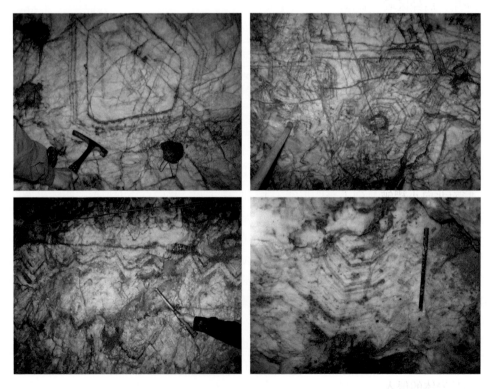

图 3-13　茅坪钨矿云英岩岩盖中巨型石英晶体

在九龙脑钨锡矿田内的淘锡坑钨矿床也是如此，钨矿床的分布受到了岩凸的控制。

不管是哪一种成矿类型，都与花岗岩体或花岗岩岩凸有关。如崇义断裂东侧的西华山-棕树坑，其深部连为一体，其顶凸位置近等间距分布（图 3-14），这与断裂构造的等间距性有关。

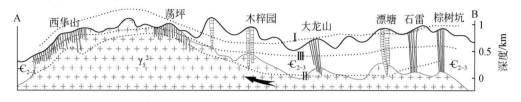

图 3-14 西华山-棕树坑地质剖面图（据杨明桂和卢德揆，1981，修改）

第四节 九龙脑矿田的构造演化历史

九龙脑矿田范围内的沉积、岩浆活动、构造变动及变质作用特点显示其地质历史可划分为三个构造层次，经历了三个旋回，即澄江-加里东旋回、海西-印支旋回、燕山—喜马拉雅旋回。

在澄江-加里东旋回，区域上处于应力伸展状态，矿田处于地槽发展阶段，地壳下降接受沉积作用，后经区域变质作用，形成基底构造层。包括北部和东部的震旦系、寒武系、奥陶系浅变质砂板岩；在关田一带出露加里东期花岗闪长岩体；关田背斜是九龙脑矿田范围内最大的褶皱，在其北部形成边界断裂，即古亭-淘锡坑断裂和古亭-高坪-密溪韧性断裂带。

在海西-印支旋回和燕山—喜马拉雅旋回，盖层构造层形成。首先，海西-印支旋回，九龙脑矿田处于地台发展阶段，沉积了主要由砂砾岩及部分碳酸盐岩组成的泥盆系；西部发育斑状黑云母花岗岩组成的文英岩体，其长轴方向为南北向，流线、捕虏体长轴均呈南北向延伸，同时在九龙脑复式岩体的东侧边界崇义断裂带形成了南北向的铅厂坳陷带，并沉积了泥盆系—三叠系；而北部古亭-下关一带，东部大水坑一带发育东西向张性断裂；其后受印支运动影响，在北部桐梓、月龙安一带发育了叠加于基底构造层关田背斜北翼之上的一些南北向小褶皱。到了燕山—喜马拉雅旋回，九龙脑矿田处于大陆边缘活动阶段，岩浆活动比较强烈，产物主要有燕山期马子塘、圆洞、车子凹、庙前、关田凹等十余个花岗岩体。该期构造运动形成了九龙脑复式花岗岩体，北东东向、北东向、北北东向断裂主要形成于该时期，其他方向断裂也有明显活动。在九龙脑复式岩体内部及外围形成了众多的钨锡矿床，九龙脑钨锡矿田基本形成。

震旦纪以来赣南地区经历了震旦纪—奥陶纪深海-次深海沉积阶段，沉积了震旦纪—寒武纪浊流相复理石建造，奥陶系含黄铁矿结核、硅碳质及杂砂岩的笔石页岩建造。晚奥陶世末—志留纪初加里东运动导致赣南挤压褶皱，地壳抬升，形成近南北向展布的紧密线状复式褶皱，产生南北向逆断层及东西向张性断层，志留纪—早泥盆世长期的隆升剥蚀状态，并伴有花岗闪长岩体的侵入。泥盆纪—中三叠世该区进入陆内阶段，泥盆纪处于海陆交互动荡沉积环境。中生代—新生代大陆边缘活动阶段，印支运动南北向挤压作用形成东西向构造线；

燕山运动以北西-南东向挤压作用为主，伴随大量的岩浆上侵和断裂作用，形成一系列的构造岩浆带及其控制的内生金属成矿带，燕山运动早期使区内晚三叠世—白垩纪无沉积。

经过以上三个阶段的构造演化过程，南岭东段乃至整个华南地区沉积的地层含钨丰度高（刘英俊等，1982），如赣南震旦系以高钨、铜含量为特征；寒武系陆源碎屑-火山岩和碎屑岩-碳酸盐岩也具高钨特征，其中崇义地区下寒武统石煤层中钨含量高达 0.02% ~ 0.05%（冶金部南岭钨矿专题组，1979），在赣南寒武系上部地层含有白钨矿和锡石（朱焱龄等，1981）。泥盆系内的陆源碎屑-火山岩及碳酸盐岩也富含钨，在广西大明山泥盆系底部的 WO_3 超过 0.01%；石炭系海陆过渡带碎屑岩和火山岩属含钨建造。如下石炭统梓山组在赣南形成沉积-叠加型层控钨矿，在赣东北东乡地区的中石炭统含钨甚高，与火山沉积岩有关的富铁锰沉积中钨含量已达工业品位。

这些含钨矿地层为南岭地区钨矿成矿提供了丰富的物质来源，但成矿的直接来源是燕山期花岗岩。重要的成矿期是燕山期（华仁民，2005），前人获得淘锡坑石英脉型黑钨矿的岩浆岩及其成矿时代为 153 ~ 164Ma（陈郑辉等，2006；郭春丽等，2007，2008；丰成友等，2011a，2011b），属于中晚侏罗世。燕山期，区域上万安-崇义断裂属于赣江断裂带的主要断裂（邓平等，2003），赣江断裂与郯庐断裂在空间展布、几何学和运动学性质方面有着很多共性，有可能就是郯庐断裂向南的延伸，由北向南逐渐变弱，渐于消失。郯庐断裂以及赣江断裂带的构造演化动力学机制是古太平洋板块对欧亚板块俯冲作用的陆内响应。这种俯冲作用出现在早侏罗世，以 8cm/a 的速率快速沿欧亚陆缘呈 28° ~ 42°（Natalin，1993）向北北西方向斜向俯冲运动，大陆被强烈挤压，在赣南形成了走向约 20° 的走滑断裂，一系列北东向走滑断裂，北西向张性断裂，在持续挤压作用下陆壳深部地壳发生重熔作用形成 S 型富钨锡的花岗岩，侵入不同方向断裂的交汇部位成岩成矿。伴随古太平洋板块沿北北西方向朝东亚陆缘的俯冲（Maruyama and Send，1986），中国东部北北东向的郯庐断裂左旋走滑加强，赣江雏形挤压-走滑带也变宽变长。万安-崇义断裂带发生了平移距离达 20km 的左旋平移，诱发了一些基性岩墙、酸性岩体的侵入和塘漂孜一带晚中生代火山岩的喷溢，并构成了中新生代断陷盆地的控制性边界。晚白垩世之后，由于库拉板块俯冲于欧亚大陆之下，位于洋壳上的一些陆块地体或海山与东亚陆缘发生强烈碰撞（Mizutani and Yao，1992），导致在大洋方向一侧出现新的俯冲带。主压应力为北西-南东向，但俯冲速度变慢，俯冲角度变大（Zhou and Li，2000；周新民和李武显，2000）。在此作用下，大陆内部的赣江断裂衍生出一系列北西向的张性断裂，本区处在弧后侧向扩展的构造背景中，大陆内部的上地幔玄武岩浆底侵作用也较强烈，使弧后区软流圈上涌，岩石圈变薄，壳幔混合作用普遍，发生从强烈走滑剪切向强烈伸展拉张的构造转变。形成一些引张断陷盆地，如晚白垩世临川-永丰掀斜盆地，局部地段还有基性岩脉、小岩基顺北北东向断裂侵入，为裂谷发育期（万天丰，1993；Gilder et al.，1999；陈跃辉，1998a，1998b）。新近纪以来，菲律宾板块从东向西朝欧亚板块的快速运动和碰撞，区域构造由伸展转为再次挤压（任纪舜等，1998；舒良树和周新民，2002），产生近东西向的挤压应力（周硕愚等，2000），持续不断的挤压使晚白垩世—古近纪断陷盆地抬升、消亡，同时也导致这些盆地展布形态发生改变，显示出右旋走滑特征，晚白垩世之后的构造活动可能使矿脉发生错断，改造。

第五节　九龙脑矿田典型矿区构造解剖

九龙脑矿田是以九龙脑复式岩体为成矿母岩，并受复杂构造控制，形成了包括矽卡岩型、热液脉型、破碎带蚀变岩型等钨锡多金属矿床（点）20 余处，如淘锡坑、九龙脑、柯树岭–仙鹅塘、樟东坑、天井窝和瓦窑坑等矿床（点）。其中天井窝–瓦窑坑钨矿区的矿石类型复杂多样（包括矽卡岩型、伟晶岩型和石英脉型），其成矿作用不仅受到岩浆侵位和围岩地层的影响，而且受到了断裂构造的控制。因此，对天井窝–瓦窑坑钨矿区进行构造解剖有利于九龙脑矿田的成矿规律研究。

天井窝钨矿区和瓦窑坑钨矿区位于赣州市崇义县城南西向约 55km 处，坐标为东经 114°06′00″~114°09′00″，北纬 25°28′00″~25°30′30″，处于九龙脑复式岩体的西南部位，二者呈八字式分布于九龙脑西南端的突出部位（图 3-15）。

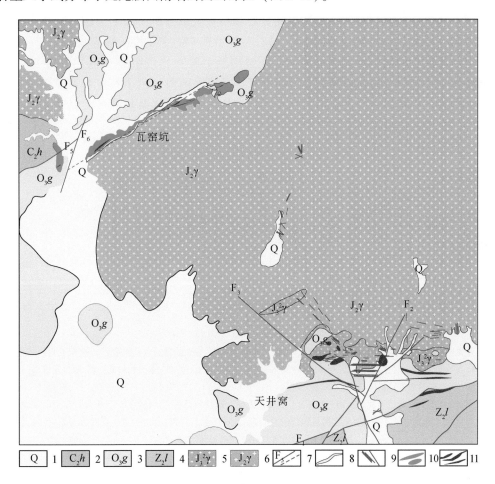

图 3-15　瓦窑坑–天井窝钨矿地质平面图

1. 第四系；2. 石炭系黄龙组；3. 奥陶系古亭组；4. 震旦系老虎塘组；5. 细粒斑状黑云母花岗岩；
6. 细–中粒黑云母花岗岩；7. 断裂构造；8. 石英脉；9. 钨矿石英脉；10. 矽卡岩；11. 矽卡岩矿体

1. 矿区构造

天井窝矿区地层以古亭组南倾单斜构造为主，而断层构造较为发育，主要有北东东向 F_1 断层、北北东向 F_2 断层、北西向 F_3 断层及北东向 F_4 断层。

F_1 断层斜穿矿区南部，切割了奥陶系古亭组和震旦系老虎塘组，且被 F_2 断层切错，为一区域性断裂。F_2 断层分布在矿区南部，切割了奥陶系古亭组、震旦系老虎塘组及花岗岩体，在矿区的岩体中分叉，交汇处因岩石破碎、凹陷而被第四系覆盖。F_3 断裂展布于矿区西北角，规模较大，延伸数百米，断层间岩石破裂，硅化强烈。切过花岗岩体和奥陶系古亭组，与 F_2 断层相交，断裂带内岩石破碎，平行于此断裂发育一组黑钨矿石英脉，在瓦窑坑矿区内发育的伟晶岩萤石-白钨矿脉的走向与之一致。F_4 断层位于矿区东南部，发育在震旦系老虎塘组中。在该区还发育一些小断裂，被石英脉及含矿石英脉充填而形成天井窝矿区的石英脉型钨矿。

天井窝矿区多组方向的断裂构造都经历多次活动，并对天井窝矿区的成矿裂隙起到了控制作用。从矿化裂隙与断裂构造的空间分布和相互关系分析，成矿裂隙的形成主要受北北东向 F_2 断层和北西向 F_3 断层的控制，是石英脉型钨矿的主要控矿构造。

瓦窑坑钨矿段的地层以古亭组为主，断裂构造主要为北东东向 F_5 断层和北北东向 F_6 断层（图3-15，图3-16）。F_5 断裂几乎贯穿了该矿段，西段切割了石炭系黄龙组与奥陶系古亭组，东段分隔花岗岩与古亭组，是重要的流体通道，为岩浆热液多次充填交代作用提供了条件。东西两段被 F_6 断裂右行走滑剪切错断。

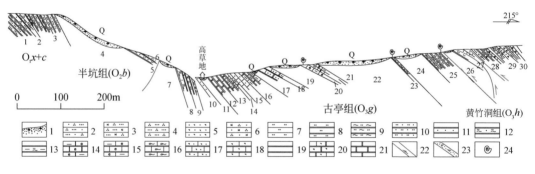

图3-16　崇义古亭组（O_3g）剖面

据1：5万关田圩幅，江西省地质矿产局，1985，修改。1. 浮土；2. 变余岩屑石英杂砂岩；3. 变余长石石英杂砂岩；4. 变余石英杂砂岩；5. 变余岩屑含砾砂岩；6. 变余长石石英砂岩；7. 变余粉砂岩；8. 粉砂质板岩；9. 条纹条带状含粉砂质板岩；10. 斑点状粉砂质板岩；11. 斑点状板岩；12. 斑点状绢云母板岩；13. 含碳绢云母板岩；14. 含碳含生物碎屑微晶灰岩；15. 含碳含生物碎屑及燧石结核微晶灰岩；16. 竹叶状大理岩化细晶灰岩；17. 变余砾屑灰岩；18. 变余砂屑灰岩；19. 大理岩化砾屑细晶灰岩；20. 大理岩化砂屑细晶灰岩；21. 大理岩；22. 断层；23. 破碎带；24. 化石

2. 岩浆岩

天井窝-瓦窑坑矿区岩浆活动以九龙脑岩体燕山期岩浆活动分布较广，表现强烈，具有多旋回活动特点，属于浅成-超浅成相中酸性侵入岩体。早期以酸性岩浆侵入为主（有

部分基性岩浆侵入其中），呈岩基状产出。岩性主要为燕山期中细粒斑状黑云母花岗岩和细粒斑状黑云母花岗岩，也是主要的含矿岩石。在岩体中还分布有少量脉状花岗斑岩。马子塘中细粒似斑状黑云母花岗岩呈灰白色，中粒似斑状结构、块状构造，斑晶含量（35%），成分主要为钾长石（10%左右）、斜长石（1.6%左右）、石英（2%左右），长石斑晶长轴一般为20mm，最大达50mm，石英斑晶为5~10mm；基质粒径为1~3mm，主要为钾长石（33%）、斜长石（30%）、石英（31%）、黑云母（4%）、白云母（2%），还有少量锆石、绢云母、磷灰石、独居石等。岩石遭受不同程度硅化、钠化、云英岩化蚀变，对 Nb、Ta、W、Sn 矿化有利，成岩年龄为 162.5Ma。

细粒黑云母花岗岩往往侵入于马子塘岩体内 [图 3-17（a）] 和奥陶系中，呈岩滴或岩脉产出。岩脉（滴）的产状为 55°∠50°~70°，受北西向和东西向两组构造的控制，岩脉（滴）与围岩的界线明显，而产于地层中的岩脉两侧围岩发生不同程度的角岩化或矽卡岩化。岩石呈白色-灰白色，斑状结构。斑晶占 20%，基质占 80%。斑晶主要为长石（占斑晶的 60%左右）、石英（占斑晶的 35%左右）、黑云母（占斑晶的 5%左右），大小混杂，粒径为 0.2~3mm；长石多为正长石与钠长石，表面泥化、绢云母化、硅化，个别长石与石英组成文象结构；石英呈浑圆状；黑云母被绿泥石和金红石交代，金红石呈红褐色、黑色。基质为微粒结构，粒径为 0.02~0.04mm，主要为长石（占基质 70%左右）、石英（占基质的 20%左右）、白云母（占基质的 10%左右）；长石表面弱泥化；石英呈他形；白云母呈细小鳞片状。锆石年龄为 147.9Ma，比其围岩马子塘中粒黑云母花岗岩的成岩年龄晚 14Ma，比闪长岩脉晚 9Ma，但与闪长岩的锆石年龄有部分重合，可能是闪长质岩浆岩的侵入导致马子塘岩体再次熔融、结晶分异，形成了含石榴子石的细粒黑云母花岗岩。

(a)　　　　　　　　　　　(b)

图 3-17　九龙脑矿田马子塘岩体地质特征

（a）黑云母花岗岩与含石榴子石花岗岩的接触关系；（b）闪长岩脉中的中细粒黑云母花岗岩捕房体

天井窝闪长岩产于马子塘岩体内部的沙溪洞村附近，其走向近东西向，倾向南或北，倾角 80°，呈透镜状，地表断续出露长约 1000m，其宽度为 0.5~3m，脉中含有中细粒似斑状花岗岩角砾［图3-17（b）］。岩石呈灰黑色，细粒斑状结构，主要矿物有角闪石（8%～15%）、斜长石（72%～77%）、黑云母（5%～8%）、辉石（2%）、石英（1%～3%）、钾长石（2%）、磁铁矿（1%～2%）、微量绿帘石及少量磷灰石。角闪石呈褐黄色长柱状，多透闪石化，呈纤维状集合体，残余细柱状晶形；斜长石主要为中长石，呈矩形或长条状，表面具较弱泥化，可见聚片双晶；钾长石较少见；辉石呈不规则粒状，充填于斜长石粒间；黑云母完全绿泥石化，呈假象结构；磷灰石微细粒，多呈针状。局部可见石英2mm左右的包体。微量榍石、磁铁矿、绿帘石等。锆石测年显示成岩年龄为157±3.1Ma，显示该区发生了强烈的壳幔混合作用，伴有地壳的减薄伸展活动，闪长质岩浆沿构造活动带侵入马子塘岩体内；部分物质可能源于印支期岩浆岩，或闪长岩由地幔物质与印支期岩浆岩"混合"形成；九龙脑复式岩体的深部可能存在印支期的岩体。

3. 控矿构造与成矿模型

瓦窑坑–天井窝钨矿区的控矿因素以断裂、地层褶皱和岩浆岩三种因素控制，三者相互之间存在密切的联系，而岩浆岩的多期多阶段侵位，促使了该区多种类型（伟晶岩型萤石–白钨矿、蚀变花岗岩型白钨矿、石英脉型辉钼矿–白钨矿、矽卡岩型钨钼矿、蚀变花岗岩型钨钼铌钽矿、石英脉型铅锌矿、矽卡岩型白钨矿）的形成，但钨矿的主体还是矽卡岩型和石英脉型，矽卡岩是由岩浆岩与奥陶系古亭组发生热液交代蚀变而成，石英脉为充填而成。

（1）构造控矿。区内断裂构造较为发育，矿体成脉状，近东西向排列，与北西向和北东向的两条断裂构造密切相关，在岩体与碳酸盐岩接触带中发育的矿体较厚，分布在奥陶系中呈脉状的矿体较薄，因此矿体由内向外厚度逐渐变薄。同时在岩体内分布的次生断裂，为成矿元素的运移提供了良好的通道，从侧面控制了矿体的形成，决定了成矿部位。

（2）岩浆岩。控矿区内岩浆岩主要为九龙脑复式岩体，主要形成于燕山期，是重要的成矿物质来源及控矿因素。岩体与矿化的关系较为密切。由于岩浆岩的侵入并伴随着成矿热液活动，在岩浆侵位的前端和两侧，岩体与围岩发生了较为明显的矿化与蚀变，其中的热液与围岩发生物质成分之间的交换，使得成矿元素富集成矿。成矿岩浆在上升侵位到奥陶系碳酸盐岩地层时，碳酸盐岩对岩浆具有"隔离"作用，阻止岩浆有用组分发生大规模的扩散，促使有用组分富集积累形成矿体，尤其是在碳酸盐岩围岩与岩体的凹陷部位。

（3）地层岩性。控矿区内地层岩性以奥陶系碳酸盐岩（灰岩）为主，是区内矿床重要的成矿物质基础，为后期成矿提供了大量的成矿有用组分。

根据矿区内所存在的各类构造特征、地层特征以及岩浆岩特征，可发现天井窝、瓦窑坑的古亭组为横弯褶皱对应的背斜两翼，矽卡岩顺层产出于背斜的两翼，含矿石英脉往往与古亭组斜交并充填于岩层中（图3-18）。奥陶系古亭组整体走向为北西向展布，很可能是加里东期北东–南西向主应力的挤压作用造成褶皱变形；燕山期发生多期次强烈的岩浆活动，使得瓦窑坑–天井窝地区早期褶皱变形的奥陶系古亭组发生横弯褶皱变形，多组断裂构造，岩浆热液及含矿热液与古亭组灰岩发生热液交代，也有顺层蚀变作用形成矽卡岩型钨矿，而多期岩浆热液充填于断裂中形成不同类型的脉状矿体。

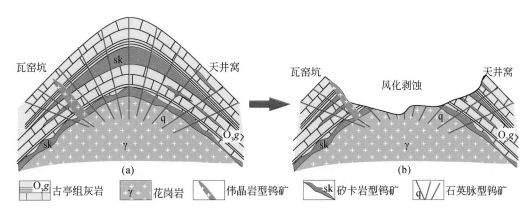

图3-18　九龙脑矿田天井窝-瓦窑坑式钨矿成矿模式

成矿演化可分为两个期次：

（1）加里东期北东-南西向水平挤压作用，导致奥陶系古亭组灰岩发生纵弯褶皱变形，在不同能干性的岩层之间发生了层间滑动，使得在其背斜核部形成背斜虚脱空间，地层中也产生不同方向的断裂构造，为燕山期岩浆及含矿热液的运移、充填提供了空间。

（2）燕山期岩浆多期次侵位形成九龙脑复式岩体，并使奥陶系古亭组灰岩发生横弯变形，并使得在地层中或岩体内出现大量的张性裂隙，促使含矿热液顺层交代、接触交代形成矽卡岩型钨矿，含矿岩浆充填形成伟晶岩矿脉及石英脉矿体。

第四章 九龙脑矿田岩浆活动

九龙脑矿田岩浆活动具有多期次、多阶段的特征，以侵入岩为主，加里东期、印支期、燕山期岩浆岩均有出露，且以燕山期岩浆活动最为强烈。岩石类型以酸性岩为主（图4-1）。

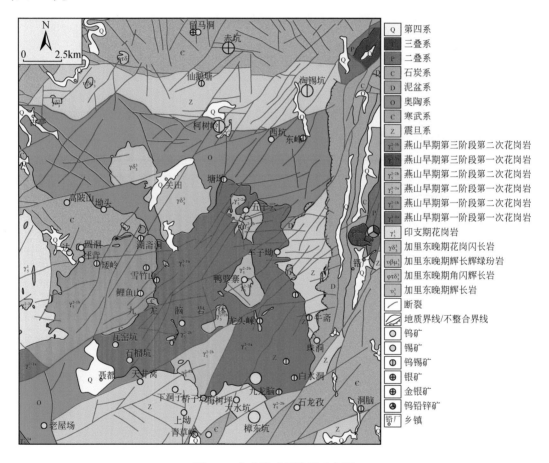

图4-1 九龙脑矿田地质矿产图

第一节 加里东期岩浆活动

九龙脑矿田内加里东期岩浆岩主要包括关田、莲塘、两卡坑、响郎中等岩体，出露于矿田中部偏西，侵入震旦系—奥陶系浅变质岩中（图4-1）。此外，还有一些岩脉，如铅厂地区的闪长岩脉。以下以关田岩体为例介绍。

一、岩体地质

关田岩体出露于矿田中部、九龙脑岩体北西方向的关田乡周边，中部被一北东东向断裂错断，呈葫芦状产出，长轴方向为北西向，侵入奥陶系浅变质岩中，南东侧被九龙脑岩体侵入（图4-2）。岩体地表风化强烈，风化层可厚达几十米，砖厂挖出的剖面几乎全是风化壳，仅沿河沟及居民建房材料中可见基岩。

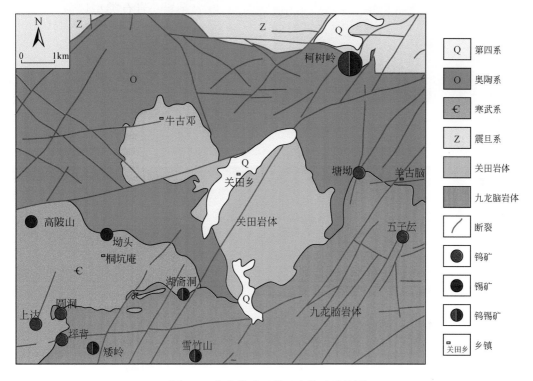

图4-2　九龙脑矿田关田岩体地质简图

关田花岗闪长岩呈深灰色，主要由石英、斜长石、钾长石、角闪石、黑云母组成，具块状构造、中粗粒结构（图4-3）。石英（25%左右）呈他形粒状，粒径2mm左右，充填于长石、黑云母、角闪石粒间，晶形受其控制，具波状消光，一级灰干涉色。斜长石（30%左右）呈自形-半自形板状，粒径1mm×0.5mm～3mm×1.5mm，发育聚片双晶、卡式双晶，部分斜长石强烈高岭土化、绢云母化（以更长石为主，未见中长石特征的环带结构）。钾长石（10%左右）呈自形-半自形板状，粒径4mm×2.5mm～8mm×4mm，发育卡式双晶、条纹结构、包含结构，常见钾长石内包含自形的细粒斜长石、黑云母、角闪石等。部分钾长石发生强烈的高岭土化、绢云母化。黑云母（10%左右）呈自形片状，粒径0.5mm×0.5mm～2mm×2mm，发育一组极完全解理，单偏光下深棕色-浅棕色多色性明显，正交偏光下呈二级蓝绿-二级紫红干涉色。常见黑云母中析出针状金红石，部分黑云母中包含柱状磷灰石。部分黑云母发生绿泥石化。角闪石（20%左右）呈自形、半自形、他形柱状，粒径为 2～3mm，发育两组解理。单偏光下浅黄绿色–草绿色多色性明显，正交偏光下由于本色掩盖多呈一级黄干涉色。常见角闪石穿过黑云母现象，角闪石晶形受黑云母限制，但二者相交部位没有显著的相互反应现象（没有新矿物生成）（图4-4）。

图4-3　关田岩体野外露头与典型样品照片

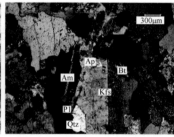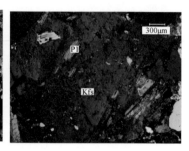

图4-4　关田花岗闪长岩显微照片
Am. 角闪石；Ap. 磷灰石；Bt. 黑云母；Kfs. 钾长石；Pl. 斜长石；Qtz. 石英

二、成岩年代学

LA-ICP-MS 锆石 U-Pb 定年分析结果显示，关田岩体的成岩时代为 417.1 ± 3.2Ma（图4-5）。

三、岩石地球化学

1. 主量元素地球化学特征

关田花岗闪长岩的 SiO_2 含量为 60.49%～62.25%，Al_2O_3 含量为 14.62%～14.68%，A/CNK 值为 0.78～0.83，属于准铝质岩石。在火成岩 SiO_2-ALK 分类命名图解（Middlemost，1994）中，关田岩浆岩落在花岗闪长岩与二长岩区域（图4-6）。在 SiO_2-$^TFeO/MgO$ 图上，关田花岗闪长岩均落在钙碱性区域（图4-7）。

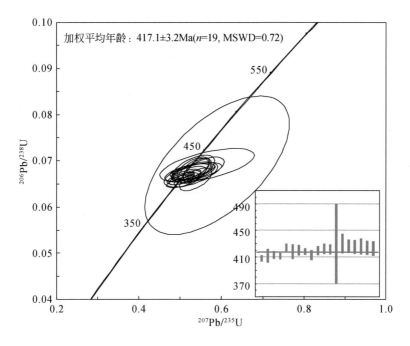

图 4-5　关田花岗闪长岩 LA-ICP-MS 锆石 U-Pb 测年结果

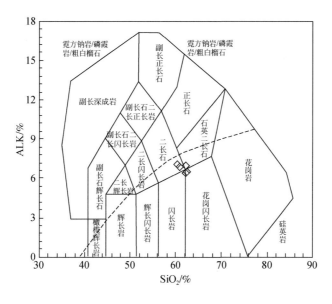

图 4-6　九龙脑矿田加里东期岩浆岩 TAS 命名图解（底图据 Middlemost，1994）

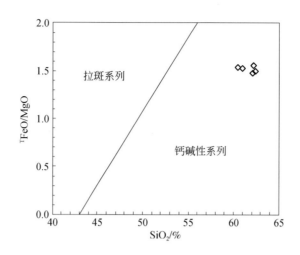

图 4-7　九龙脑矿田加里东期岩浆岩 SiO_2-$^TFeO/MgO$ 图解

2. 微量元素地球化学特征

关田花岗闪长岩的 ΣREE 值为 $161.74 \times 10^{-6} \sim 169.36 \times 10^{-6}$，$\delta Eu$ 值为 $0.77 \sim 0.81$，$(La/Yb)_N$ 值为 $13.31 \sim 13.48$，$(La/Sm)_N$ 值为 $4.28 \sim 4.42$，$(Gd/Yb)_N$ 值为 $2.00 \sim 2.03$。关田花岗闪长岩稀土元素总量较高，有弱的 Eu 负异常、显著的轻重稀土元素分馏。在稀土元素球粒陨石标准化配分曲线上呈右倾型（图 4-8）。

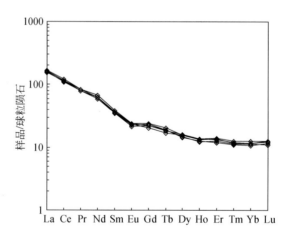

图 4-8　关田岩体稀土元素球粒陨石标准化配分曲线

球粒陨石数据来自 Sun 和 McDonough（1989）

在微量元素原始地幔标准化蛛网图上，关田花岗闪长岩中大离子亲石元素相对富集，高场强元素相对亏损（图 4-9）。Nb、Ta、P、Ti 负异常和 Th、U、K、Zr、Hf、Pb、Gd 正异常说明岩浆经过了磷灰石、钛铁矿等矿物的分离结晶作用。

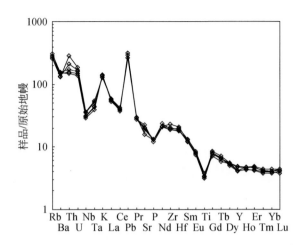

图 4-9　关田岩体微量元素原始地幔标准化蛛网图

原始地幔数据来自 Sun 和 McDonough（1989）

第二节　印支期岩浆活动

九龙脑矿田内的印支期岩浆岩主要为柯树岭岩体。

一、岩体地质

柯树岭岩体位于崇义县城西南约 16km，关田乡北东约 5km 处，柯树岭中桥附近，呈长轴近北东向的长条状产出，出露面积为 0.39km²，侵入上震旦统坝里组及上奥陶统黄竹洞组中（图 4-10）。岩石类型主要为中粗粒二云母花岗岩、中粗粒斑状黑云母花岗岩、细粒黑云母花岗岩（图 4-11）。断裂构造对岩体影响显著，北东向断裂将岩体错断，柯树岭矿区钻孔岩心中可见多段破碎带。

柯树岭岩体受北东、南北、东西向构造复合控制，直接与前泥盆纪变质岩接触，其接触面略作波状起伏，四周向变质岩内部倾斜，倾角很陡，多为 50°~80°，并有无数小岩枝穿插到变质岩中，沿接触带无强烈的蚀变现象，仅有微弱的硅化，说明花岗岩侵入时温度不是很高。岩体表现为钨锡矿化，并伴有铌钽矿化，是柯树岭钨锡矿床的成矿母岩。

柯树岭岩体在接触带见似伟晶岩边、冷凝边和围岩捕房体，近岩体围岩为角闪石角岩相，主要有石英二云母片岩和云母石英角岩，远岩体为钠长-绿帘石角岩相，主要为角岩化变余细-粗中粒长石石英杂砂岩、角岩化千枚状片岩、石英云母角岩、绿帘石绢云母千枚岩，带宽 100~1300m。

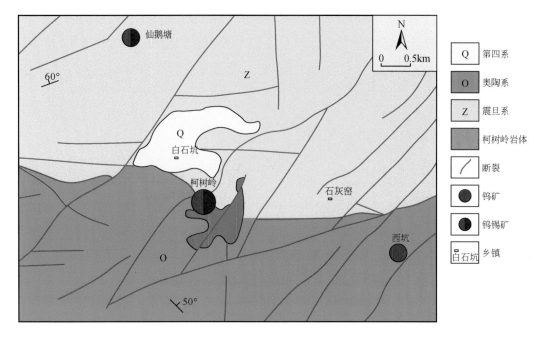

图 4-10　柯树岭岩体地质简图

图 4-11　柯树岭岩体青山矿段揭露的中粗粒斑状花岗岩与细粒花岗岩

二、成岩年代学

对采自柯树岭矿区 075 中段的中粗粒黑云母花岗岩进行了 LA-ICP-MS 锆石 U-Pb 定年，13 个数据点年龄集中分布于 228.1~220.5Ma，且均落在谐和线上，说明 228.1~220.5Ma 代表了岩浆结晶时间，其谐和年龄为 222.5±0.85Ma，加权平均年龄为 223.3±1.7Ma（MSWD=0.67）（图 4-12）。因此，柯树岭岩体为印支期岩浆活动的产物。

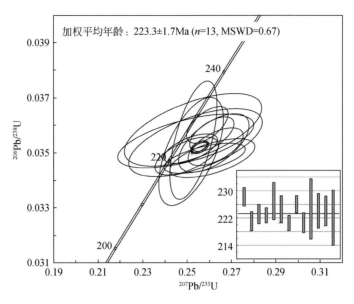

图 4-12　九龙脑矿田柯树岭印支期岩浆岩 LA-ICP-MS 锆石 U-Pb 测年结果

三、岩石地球化学

1. 主量元素地球化学特征

在火成岩 SiO_2-ALK 分类命名图解中，柯树岭岩浆岩落在花岗岩区域（图 4-13）。柯树岭花岗岩的 SiO_2 含量为 71.94% ~ 75.92%，Al_2O_3 含量为 13.29% ~ 14.92%，A/CNK 值为 1.15 ~ 1.60，属于过铝质岩石（图 4-14），在 SiO_2-K_2O 相关图上，中粗粒-中细粒斑状黑云母花岗岩落在钾玄岩系列区域，细粒黑云母花岗岩落在钙碱性-高钾钙碱性系列区域（图 4-15）。

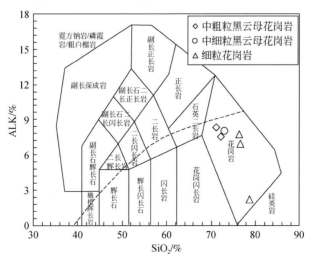

图 4-13　九龙脑矿田印支期岩浆岩 TAS 命名图解（底图据 Middlemost，1994）

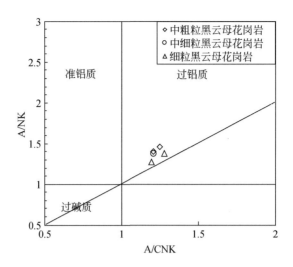

图 4-14 九龙脑矿田柯树岭花岗岩 A/CNK-A/NK 图解

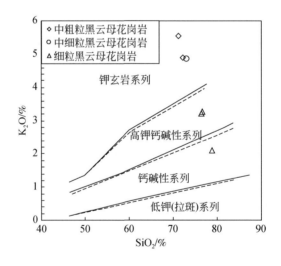

图 4-15 九龙脑矿田柯树岭花岗岩 SiO_2-K_2O 图解

2. 微量元素地球化学特征

根据微量元素地球化学特征,柯树岭花岗岩可以分为显著不同的两组:中粗粒-中细粒斑状黑云母花岗岩相较细粒黑云母花岗岩而言,具有高的微量元素含量。斑状黑云母花岗岩的 ΣREE 值为 $84.25 \times 10^{-6} \sim 164.49 \times 10^{-6}$,$\delta Eu$ 值为 $0.37 \sim 0.48$,$(La/Yb)_N$ 值为 $9.06 \sim 13.91$,$(La/Sm)_N$ 值为 $3.08 \sim 3.42$,$(Gd/Yb)_N$ 值为 $1.87 \sim 2.73$;细粒黑云母花岗岩的 ΣREE 值为 $6.13 \times 10^{-6} \sim 14.97 \times 10^{-6}$,$\delta Eu$ 值为 $0.55 \sim 2.22$,$(La/Yb)_N$ 值为 $1.27 \sim 3.54$,$(La/Sm)_N$ 值为 $1.83 \sim 2.48$,$(Gd/Yb)_N$ 值为 $0.67 \sim 1.05$。在稀土元素球粒陨石标准化配分曲线上,斑状黑云母花岗岩具有明显的 Eu 负异常,整体呈右倾型;细粒黑云母花岗岩呈两翼近平坦型,正 Eu 或负 Eu 异常(图 4-16)。

在微量元素原始地幔标准化蛛网图（图4-17）上，花岗岩均表现出 U、Ta、Pb 正异常和 Ba、Nb、La、Ce、Sr、Ti 负异常，说明岩浆演化过程中经历了长石、钛铁矿和稀土矿物（尤其是富含轻稀土元素的矿物，如独居石）的分离结晶作用。

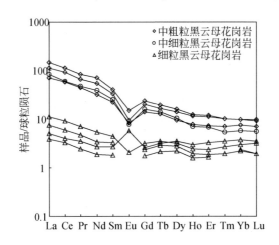

图 4-16　柯树岭岩体稀土元素球粒陨石标准化配分曲线

球粒陨石数据来自 Sun 和 McDonough（1989）

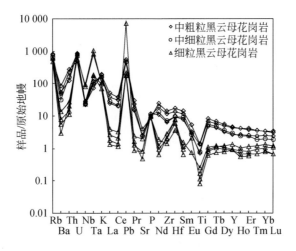

图 4-17　柯树岭岩体微量元素原始地幔标准化蛛网图

原始地幔数据来自 Sun 和 McDonough（1989）

第三节　燕山期岩浆活动

矿田内燕山早期岩浆岩十分发育，主要为出露于矿田中部的九龙脑复式岩体及天井窝地区、淘锡坑和赤坑、长流坑地区发育的基性–中基性岩脉等。

一、岩体地质

　　九龙脑复式岩体出露于矿田中部，距崇义县城西南约20km，呈大的不规则岩基状，出露面积约100km^2（图4-1）。岩体侵入震旦系—奥陶系浅变质岩中，南东侧小面积侵入泥盆系。不同期次花岗岩之间呈侵入接触，晚期岩体呈岩枝状侵入早期岩体中，界线分明，岩性突变，晚期岩体一侧常见冷凝边和早期岩体的捕房体。根据侵入接触关系，岩体从早到晚共分四期，分别为中粗粒黑云母花岗岩（γ_5^{2-1a}）、中粗粒斑状（含白云母）黑云母花岗岩（γ_5^{2-1b}）、细-中细粒斑状黑云母花岗岩（γ_5^{2-2a}）、细-中细粒（含黑云母、石榴子石）花岗岩（γ_5^{2-2b}）（图4-18）。岩石类型以中粗粒黑云母花岗岩和中粗粒斑状（含白云母）黑云母花岗岩为主，占岩体的绝大部分，细-中细粒斑状黑云母花岗岩和细-中细粒（含黑云母、石榴子石）花岗岩所占体积很少。

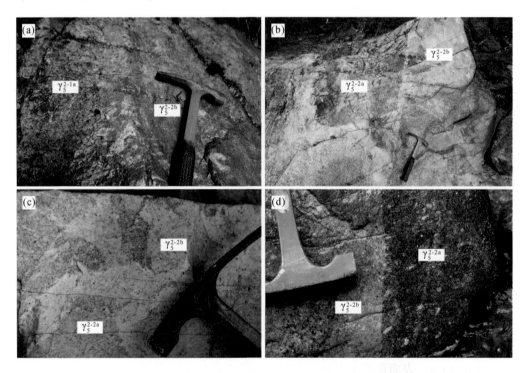

图4-18　九龙脑岩体不同期次花岗岩之间接触关系

（a）第四期细-中细粒（含黑云母、石榴子石）花岗岩（γ_5^{2-2b}）侵入第一期中粗粒黑云母花岗岩（γ_5^{2-1a}）；（b）和（c）第四期细-中细粒（含黑云母、石榴子石）花岗岩（γ_5^{2-2b}）中第三期细-中细粒斑状黑云母花岗岩（γ_5^{2-2a}）捕房体；（d）第三期细-中细粒斑状黑云母花岗岩（γ_5^{2-2a}）与第四期细-中细粒（含黑云母、石榴子石）花岗岩（γ_5^{2-2b}）之间岩性突变，界线分明

　　第一期岩体呈梯形，面积约70km^2，主要为中粗粒黑云母花岗岩，其北面、北西侵入奥陶系，东面、南面侵入震旦系-寒武系，北北西部侵入加里东期关田岩体中。岩体北部和东部围岩发育堇青石、红柱石和黑云母、绿泥石热变质带。岩石呈灰白色，具块状构

造、中粗粒花岗结构，由石英（45%左右）、钾长石（28%左右）、斜长石（20%左右）、黑云母（7%左右）及副矿物组成［图4-19（a）～（d）］。石英呈他形粒状，粒径4～8mm，边部轮廓不清晰，镶嵌生长；钾长石呈半自形-他形板状，粒度为3mm×3mm～2cm×1cm，多发生泥化，表面变浑浊，部分钾长石内部被云母或自形细粒钠长石或球状石英交代；斜长石呈自形板条状，粒径为2.5mm×1mm～5mm×2mm，部分被绢云母交代，且核部较边部更易蚀变；黑云母呈自形-半自形片状、他形填隙状，粒径2～5mm，深褐色-浅棕色多色性显著，内部常含大量磷灰石，部分发生绿泥石化，或内部被水滴状石英交代。

第二期岩体呈长轴北东向的椭圆形岩株状出露，面积约33km^2。岩体南西部呈港湾状侵入文英岩体中；东侧呈岩枝状侵入第一期岩体中，岩性界线分明，围岩硅化。岩体南东面受北东东向断裂破碎带控制，与第一期岩体和上寒武统水石组、上奥陶统古亭组呈断层接触。岩体北西面侵入寒武系水石组和奥陶系下黄坑组、长坑水组，围岩发育黑云母、绿泥石热变质带。岩石类型以中粒斑状（含白云母）黑云母花岗岩为主，呈浅肉红色，具块状构造、似斑状结构。斑晶为石英（5%左右）和钾长石（10%左右）；基质为石英（30%左右）、钾长石（35%左右）、斜长石（13%左右）、黑云母（5%左右）、白云母（2%左右）［图4-19（e）～（h）］。石英斑晶呈半自形-他形粒状，粒径5～8mm；钾长石斑晶呈自形板状，粒径2cm×0.8cm左右，常发生泥化，表面变浑浊，部分钾长石内部被自形-半自形钠长石或他形石英交代。基质中，石英呈他形粒状，粒径1～3.5mm；钾长石呈宽板状，粒径3.5mm×3mm左右；斜长石呈板状，粒径2.5mm×1mm左右，发育聚片双晶；黑云母呈自形或他形填隙状，粒径1.5mm×1mm～5mm×3mm，内部常包含较多副矿物，如锆石、磷灰石等，新鲜黑云母具有浅棕色-褐色多色性，部分黑云母发生绿泥石化；白云母呈镶边状生长于黑云母边部。

第三期岩体呈小岩滴状侵入第一期岩体中，主要分布于龙西、思茅坪、上石溪一带，岩性以中细粒斑状黑云母花岗岩为主。岩石呈灰白色，具块状构造、似斑状结构。斑晶主要为石英（1%～5%）、钾长石（10%左右）和斜长石（2%～8%），基质为石英（44%～50%）、钾长石（15%～18%）、斜长石（13%～22%）、黑云母（5%～7%）［图4-19（i）～（l）］。石英斑晶呈他形粒状，粒径4～7.5mm；钾长石斑晶呈自形-半自形板状，粒径5～10mm；斜长石斑晶呈自形板状，粒径5～8mm，发育简单双晶。基质中，石英呈半自形-他形粒状，粒径0.5～2mm；钾长石呈半自形-他形板状，粒径6mm×4mm～2mm×1mm，表面常发生泥化而变浑浊；斜长石呈自形-半自形板状，粒径1.5mm×0.6mm～2.5mm×2mm，发育聚片双晶；黑云母呈半自形-他形片状，粒径0.5～2.5mm，发育一组极完全解理，单偏光下呈浅棕色-深棕色多色性，呈填隙状生长于其他造岩矿物粒间，多发生不同程度的绿泥石化，并伴随磁铁矿的析出。

第四期岩体呈岩枝状侵入第一期和第三期岩体中，或者将第三期岩体裹挟其中（图4-18），总出露面积约6.5km^2。岩体形态受北东向、北北东向断裂/破碎带制约。岩性以细粒、中细粒黑云母花岗岩为主，局部含石榴子石。岩石呈浅灰白色、块状构造、细-中细粒结构，主要由石英（40%～50%）、钾长石（22%～24%）、斜长石（23%～30%）、黑云母（3%～4%）和少量石榴子石（1%左右）组成［图4-19（m）～（p）］。石英呈半

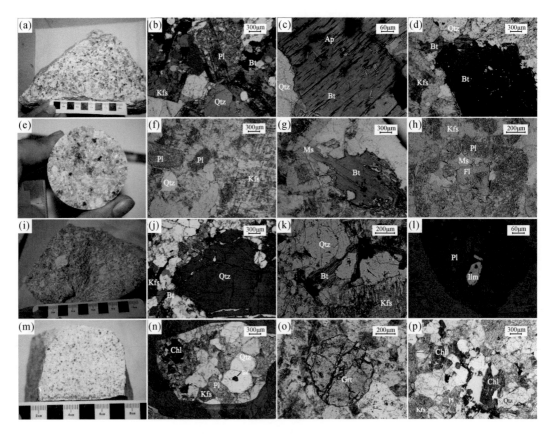

图 4-19　九龙脑岩体岩相学特征

（a）中粗粒黑云母花岗岩；（b）中粗粒黑云母花岗岩镜下特征，正交偏光；（c）黑云母中包含大量磷灰石，单偏光；（d）中粗粒黑云母花岗岩中自形和他形填隙状黑云母，单偏光；（e）中粗粒斑状（含白云母）黑云母花岗岩；（f）中粗粒斑状（含白云母）黑云母花岗岩，正交偏光；（g）中粗粒斑状（含白云母）黑云母花岗岩中黑云母及其边部原生白云母，单偏光；（h）中粗粒斑状（含白云母）黑云母花岗岩中交代斜长石的次生白云母，单偏光；（i）细-中细粒斑状黑云母花岗岩；（j）细-中粗粒斑状黑云母花岗岩，正交偏光；（k）细-中细粒斑状黑云母花岗岩中他形填隙状黑云母，单偏光；（l）细-中细粒斑状黑云母花岗岩中赋存于斜长石内部的钛铁矿，反射光；（m）细粒（含黑云母、石榴子石）花岗岩；（n）细粒（含黑云母、石榴子石）花岗岩镜下特征，单偏光；（o）细粒（含黑云母、石榴子石）花岗岩中的石榴子石，单偏光；（p）细粒（含黑云母、石榴子石）花岗岩中自形绿泥石，单偏光。Ap. 磷灰石；Bt. 黑云母；Chl. 绿泥石；Fl. 萤石；Grt. 石榴子石；Ilm. 钛铁矿；Kfs. 钾长石；Ms. 白云母；Pl. 斜长石；Qtz. 石英

自形-他形粒状，粒径 0.5~2.5mm，内部常包含微细粒磷灰石；斜长石呈自形-半自形板状，粒径 0.5mm×0.5mm~2mm×1.5mm，发育聚片双晶；钾长石呈半自形-他形短板状，粒径 1.5mm×1mm 左右；黑云母呈他形填隙于石英和长石粒间，粒径 0.5~2mm；石榴子石粒径 0.3~1.5mm，发育裂理，在单偏光下呈浅褐色-浅黄色，微带红色色调。石榴子石结晶较早，呈自形粒状，石英、长石等矿物的晶形在与石榴子石接触部位受石榴子石影响。

二、矿物化学特征

对九龙脑复式岩体各个期次花岗岩的主要矿物进行了电子探针主量元素和 LA-ICP-MS 微量元素分析，结果如下。

1. 长石

从第一期到第四期，花岗岩中钾长石的 SiO_2 含量分别为 64.61%～65.22%、65.11%～65.53%、64.68%～65.62%、64.78%～65.29%；K_2O 含量分别为 14.93%～15.44%、14.82%～15.34%、13.90%～15.31%、14.29%～15.37%；Na_2O 含量分别为 0.33%～1.09%、0.32%～0.70%、0.19%～1.37%、0.21%～0.96%（表 4-1）。Or 值分别为 90～97、93～97、87～98、91～98。各期次花岗岩中钾长石的成分相似，均以正长石为主（图 4-20）。第四期花岗岩中的钾长石含有较高的 Rb（1724.60×10^{-6}～1908.77×10^{-6}）；第三期花岗岩中钾长石含有较高含量的 Sr（98.77×10^{-6}）和 Ba（574.77×10^{-6}）。

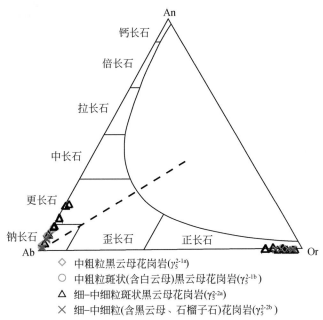

图 4-20　九龙脑岩体各类花岗岩中长石的 An-Ab-Or 三角图

从第一期到第四期，花岗岩中斜长石的 SiO_2 含量分别为 66.87%～67.83%、64.67%～69.09%、62.68%～67.84%、65.65%～68.24%；Al_2O_3 含量分别为 19.88%～20.94%、19.89%～22.19%、19.97%～24.70%、19.49%～22.20%；Na_2O 含量分别为 9.99%～10.72%、9.85%～10.61%、8.71%～10.55%、10.06%～10.68%；CaO 含量分别为 0.53%～1.72%、0.36%～1.90%、0.58%～4.03%、0.23%～1.26%；K_2O 含量分别为 0.09%～0.15%、0.03%～0.15%、0.10%～1.65%、0.09%～0.17%（表 4-2）。第一期、

表 4-1　九龙脑岩体中各类花岗岩中钾长石的电子探针分析结果

（单位：%）

岩性	分析点号	SiO_2	TiO_2	Al_2O_3	FeO	MnO	MgO	CaO	Na_2O	K_2O	P_2O_5	Total	An	Ab	Or
中粗粒黑云母花岗岩（γ_5^{2-1a}）	JLN-22-1-1	65.06	0.00	18.58	0.10	0.01	0.00	0.00	0.65	14.93	0.00	99.34	0	6	94
	JLN-22-2-1	65.22	0.12	18.58	0.12	0.01	0.00	0.12	1.09	15.06	0.03	100.35	1	10	90
	JLN-22-4-4	64.61	0.00	18.97	0.00	0.03	0.00	0.01	0.33	15.44	0.00	99.38	0	3	97
中粗粒斑状（含白云母）黑云母花岗岩（γ_5^{2-1b}）	DYL601-180-1-3-4	65.11	0.00	17.92	0.06	0.03	0.00	0.00	0.32	15.34	0.00	98.78	0	3	97
	DYL601-180-1-5-3	65.53	0.00	18.70	0.09	0.00	0.00	0.00	0.59	14.93	0.00	99.84	0	6	94
	DYL601-180-1-6-1	65.34	0.00	18.03	0.08	0.00	0.00	0.05	0.70	14.82	0.00	99.03	0	7	93
中细粒斑状黑云母花岗岩（γ_5^{2-2a}）	JLN-1-1-3	65.01	0.04	19.18	0.00	0.00	0.00	0.03	0.88	14.21	0.01	99.36	0	9	91
	JLN-1-2-2	64.84	0.06	18.92	0.04	0.00	0.00	0.04	0.49	14.99	0.00	99.38	0	5	95
	JLN-1-7-2	65.05	0.04	18.53	0.05	0.04	0.00	0.06	0.67	14.71	0.01	99.15	0	6	93
细粒斑状黑云母花岗岩（γ_5^{2-2a}）	JLN-13-2-4	64.72	0.00	18.88	0.02	0.03	0.00	0.01	0.28	15.24	0.00	99.17	0	3	97
	JLN-13-4-1	64.68	0.03	18.76	0.05	0.00	0.00	0.11	1.08	14.36	0.00	99.06	1	10	89
	JLN-13-9-3	65.04	0.00	18.67	0.00	0.00	0.00	0.04	1.37	13.90	0.01	99.03	0	13	87
	JLN-13-10-5	65.62	0.01	18.56	0.04	0.00	0.00	0.00	0.56	14.93	0.00	99.71	0	5	95
	JLN-13-12-1	65.02	0.00	18.10	0.19	0.02	0.00	0.02	0.19	15.31	0.00	98.86	0	2	98
细粒（含石榴子石、黑云母）花岗岩（γ_5^{2-2b}）	JLN-6-3-2	65.29	0.13	18.77	0.00	0.02	0.00	0.00	0.96	14.29	0.03	99.50	0	9	91
	JLN-6-6	64.78	0.00	18.62	0.02	0.01	0.00	0.00	0.48	15.27	0.00	99.18	0	5	95
	JLN-6-10-3	64.78	0.05	18.51	0.00	0.00	0.00	0.00	0.28	15.18	0.00	98.80	0	3	97
中细粒（含黑云母、石榴子石）花岗岩（γ_5^{2-2b}）	JLN-16-1-2	64.95	0.03	18.51	0.03	0.01	0.00	0.00	0.74	14.79	0.00	99.05	0	7	93
	JLN-16-2-3	64.91	0.00	18.59	0.02	0.00	0.00	0.02	0.21	15.37	0.00	99.12	0	2	98

表 4-2　九龙脑岩体中各类花岗岩中斜长石的电子探针分析结果

（单位：%）

岩性	分析点号	SiO$_2$	TiO$_2$	Al$_2$O$_3$	FeO	MnO	MgO	CaO	Na$_2$O	K$_2$O	P$_2$O$_5$	Total	An	Ab	Or
中粗粒黑云母花岗岩（γ$_5^{2-1a}$）	JLN-22-1-2	67.49	0.00	20.81	0.05	0.01	0.01	1.53	10.15	0.11	0.00	100.15	8	92	1
	JLN-22-2-2	67.83	0.00	20.19	0.00	0.00	0.02	0.53	10.48	0.09	0.00	99.14	3	97	1
	JLN-22-4-2	66.87	0.09	20.94	0.03	0.00	0.01	1.72	9.99	0.15	0.00	99.81	9	90	1
	JLN-22-4-3	67.67	0.05	19.88	0.05	0.01	0.01	0.58	10.72	0.10	0.00	99.07	3	97	1
中粗粒斑状（含白云母）黑云母花岗岩（γ$_5^{2-1b}$）	DYL601-180-1-3-3	69.09	0.13	19.89	0.00	0.02	0.00	0.36	10.61	0.03	0.00	100.15	2	98	0
	DYL601-180-1-5-2	64.67	0.00	22.19	0.00	0.00	0.01	1.90	9.85	0.15	0.00	98.76	10	90	1
	DYL601-180-1-6-2	68.15	0.01	20.73	0.05	0.00	0.02	1.10	10.06	0.08	0.00	100.20	6	94	0
中粗粒斑状黑云母花岗岩（γ$_5^{2-2a}$）	JLN-1-1-2	62.98	0.00	24.70	0.18	0.04	0.16	0.58	9.30	1.65	0.02	99.62	3	87	10
	JLN-1-2-1	62.90	0.04	23.65	0.07	0.01	0.00	4.03	8.71	0.24	0.00	99.65	20	78	1
	JLN-1-3-2	66.48	0.07	21.29	0.00	0.00	0.00	1.99	9.73	0.11	0.01	99.68	10	89	1
	JLN-1-7-1	62.68	0.07	23.69	0.02	0.00	0.00	3.83	8.72	0.13	0.00	99.15	19	80	1
细粒斑状黑云母花岗岩（γ$_5^{2-2a}$）	JLN-13-2-1	67.28	0.03	20.95	0.04	0.02	0.02	1.32	9.85	0.10	0.02	99.61	7	93	1
	JLN-13-4-2-1	67.84	0.00	19.97	0.00	0.00	0.00	0.61	10.55	0.17	0.02	99.17	3	96	1
	JLN-13-9-2	64.83	0.00	21.63	0.04	0.00	0.00	2.80	9.57	0.15	0.02	99.04	14	85	1
	JLN-13-10-4	65.53	0.03	21.85	0.08	0.00	0.00	2.16	9.93	0.12	0.00	99.70	11	89	1
细粒含石榴子石、黑云母花岗岩（γ$_5^{2b}$）	JLN-6-3-1	66.03	0.00	22.20	0.04	0.00	0.00	0.23	10.45	0.17	0.00	99.13	1	98	1
	JLN-6-10-2	65.65	0.00	21.65	0.00	0.04	0.01	1.06	10.68	0.13	0.02	99.25	5	94	1
中细粒（含黑云母、石榴子石）花岗岩（γ$_5^{2-2b}$）	JLN-16-1-3	67.09	0.02	20.57	0.05	0.00	0.00	1.26	10.06	0.15	0.00	99.19	6	93	1
	JLN-16-2-2	68.24	0.07	19.49	0.05	0.01	0.00	0.23	10.68	0.09	0.00	98.84	1	98	1
	JLN-16-5-2	67.87	0.03	20.07	0.05	0.00	0.00	0.85	10.27	0.16	0.02	99.31	4	95	1

第二期、第四期花岗岩中的斜长石以钠长石（$Ab_{98\sim90}An_{1\sim10}Or_{0\sim1}$）为主，具有相似的 SiO_2、Al_2O_3、CaO、Na_2O 含量。第三期花岗岩中主要为更长石（$Ab_{89\sim78}An_{11\sim20}Or_{1\sim10}$），少数为钠长石（$Ab_{96\sim93}An_{3\sim7}Or_1$），且其 SiO_2、Al_2O_3、CaO、Na_2O 含量变化范围较其他期次花岗岩中的斜长石大（图4-21）。微量元素上，四期花岗岩中斜长石的 ΣREE 值分别为 $3.62\times10^{-6}\sim17.25\times10^{-6}$、$20.63\times10^{-6}\sim24.87\times10^{-6}$、$10.36\times10^{-6}\sim74.70\times10^{-6}$、$6.70\times10^{-6}\sim59.30\times10^{-6}$。$\delta Eu$ 值为 $0.54\sim5.59$、$0.39\sim0.73$、$0.47\sim6.30$、$0.20\sim0.24$。第一期、第二期、第四期花岗岩中斜长石的 δEu 值依次降低，Eu 负异常逐渐增大，说明岩浆演化程度逐渐增高。第三期花岗岩中斜长石的 δEu 值与第一期相当，指示其可能与前三者不是同源演化关系。此外，第三期花岗岩中斜长石的 Rb（$7.67\times10^{-6}\sim164.80\times10^{-6}$）、$Sr$（$67.73\times10^{-6}\sim259.82\times10^{-6}$）、$Ba$（$12.86\times10^{-6}\sim249.66\times10^{-6}$）含量均较其他斜长石高。

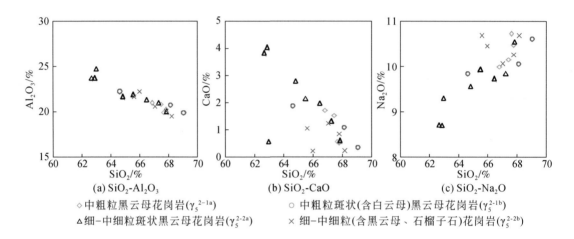

(a) SiO_2-Al_2O_3　　　　　　(b) SiO_2-CaO　　　　　　(c) SiO_2-Na_2O

◇ 中粗粒黑云母花岗岩（γ_5^{2-1a}）　　　　○ 中粗粒斑状（含白云母）黑云母花岗岩（γ_5^{2-1b}）
△ 细-中细粒斑状黑云母花岗岩（γ_5^{2-2a}）　　× 细-中细粒（含黑云母、石榴子石）花岗岩（γ_5^{2-2b}）

图4-21　九龙脑岩体各类花岗岩中斜长石的 SiO_2-Al_2O_3、SiO_2-CaO、SiO_2-Na_2O 图

2. 云母

从第一期到第四期，花岗岩中黑云母的 SiO_2 平均含量分别为34.69%、34.97%、34.42%、35.71%，Al_2O_3 平均含量分别为17.52%、18.30%、17.91%、21.04%，^TFeO 平均含量分别为25.23%、23.81%、25.13%、24.07%，MgO 平均含量分别为3.54%、2.43%、3.70%、0.88%，TiO_2 平均含量分别为2.04%、3.04%、2.96%、0.88%，K_2O 平均含量分别为8.81%、9.00%、8.27%、8.78%，Na_2O 平均含量分别为0.08%、0.11%、0.09%、0.11%，$Mg^{\#}$〔$Mg/（Mg+Fe^{2+}+Fe^{3+}）$〕平均值分别为0.20、0.15、0.21、0.05，$Fe^{3+}/（Fe^{2+}+Fe^{3+}）$ 平均值分别为0.11、0、0.02、0.08，F 平均含量分别为1.63%、1.30%、0.46%、1.38%，ΣREE 值分别为 $4.53\times10^{-6}\sim60.80\times10^{-6}$、$8.45\times10^{-6}\sim19.76\times10^{-6}$、$25.35\times10^{-6}\sim599.14\times10^{-6}$、$12.18\times10^{-6}\sim4242.64\times10^{-6}$（表4-3）。对比不同期次花岗岩中黑云母的成分可以发现，第一期花岗岩中黑云母的铁、镁、氟含量和 $Mg^{\#}$、$Fe^{3+}/（Fe^{2+}+Fe^{3+}）$ 值较高，而铝、钛含量较低；

表 4-3　九龙脑岩体花岗岩中黑云母的电子探针分析结果

（单位:%）

岩性	分析点号	SiO₂	TiO₂	Al₂O₃	FeO	MnO	MgO	CaO	Na₂O	K₂O	P₂O₅	F	Cl	合计	备注
中粗粒黑云母花岗岩（γ₅²⁻¹ᵃ）	JLN-22-1-3	34.50	2.00	17.61	24.67	1.70	3.30	0.01	0.08	9.05	0.00	1.39	0.03	94.32	
	JLN-22-3-1	34.89	2.17	17.38	25.34	1.51	3.62	0.03	0.09	8.71	0.00	1.90	0.00	95.64	
	JLN-22-3-2	34.87	2.17	17.61	25.17	1.59	3.52	0.03	0.06	9.00	0.04	1.37	0.00	95.42	
	JLN-22-3-3	34.49	1.81	17.46	25.73	1.48	3.73	0.02	0.09	8.48	0.00	1.87	0.02	95.16	
中粗粒斑状（含白云母）黑云母花岗岩（γ₅²⁻¹ᵇ）	DYL601-180-1-1-1	34.89	4.07	17.74	23.64	2.09	2.48	0.00	0.06	9.17	0.00	1.21	0.02	95.39	
	DYL601-180-1-2-1	35.05	2.01	18.85	23.98	1.93	2.38	0.00	0.16	8.83	0.00	1.38	0.01	94.56	
中细粒斑状黑云母花岗岩（γ₅²⁻²ᵃ）	JLN-1-3-1	34.34	3.47	15.02	25.21	0.57	3.67	0.00	0.05	9.11	0.02	1.23	0.03	92.71	
	JLN-1-7-3	34.28	2.96	19.04	25.08	0.54	3.71	0.04	0.07	8.36	0.00	0.02	0.03	94.13	
	JLN-1-9-1	34.71	2.29	20.22	24.01	0.60	3.78	0.07	0.14	8.87	0.00	1.04	0.03	95.77	
	JLN-1-9-2	33.55	3.23	17.69	24.36	0.55	3.35	0.07	0.08	8.23	0.00	0.68	0.01	91.80	
	JLN-13-10-1	35.44	3.41	16.95	24.52	1.04	3.67	0.05	0.17	8.78	0.01	0.38	0.03	94.44	
细粒斑状黑云母花岗岩（γ₅²⁻²ᵃ）	JLN-13-10-2	33.24	1.96	18.00	28.18	0.90	4.59	0.07	0.08	5.82	0.02	0.00	0.01	92.87	
	JLN-13-3-3	34.84	3.08	18.44	25.08	0.97	3.40	0.00	0.03	8.55	0.00	0.02	0.02	94.43	
	JLN-13-3-4	34.92	3.26	17.88	24.64	0.98	3.43	0.00	0.08	8.44	0.00	0.31	0.03	93.97	
细粒（含石榴子石、黑云母）花岗岩（γ₅²⁻²ᵇ）	JLN-6-10-1	37.41	0.47	24.65	20.26	1.55	0.36	0.01	0.09	8.79	0.03	1.56	0.02	95.19	
	JLN-6-4	37.08	0.45	25.82	19.68	1.63	0.28	0.04	0.15	8.72	0.03	1.71	0.00	95.59	
中细粒（含黑云母、石榴子石）花岗岩（γ₅²⁻²ᵇ）	JLN-16-1-4	36.93	0.54	22.90	20.17	1.66	0.48	0.01	0.14	9.06	0.02	0.24	0.01	92.17	
	JLN-16-1-5	36.20	0.67	23.88	21.28	1.70	0.48	0.00	0.08	9.11	0.00	0.59	0.00	94.00	
	JLN-16-2-4-1	33.16	1.50	14.18	32.15	1.91	1.83	0.00	0.08	8.48	0.00	1.97	0.05	95.31	包裹于石英斑晶内
	JLN-16-2-4-2	33.46	1.65	14.80	30.86	1.84	1.86	0.01	0.13	8.49	0.02	2.18	0.05	95.35	

第二期花岗岩中黑云母的钛、锰、钾、氟含量和 $Mg^\#$ 值较高，而铁、镁、钙含量和 $Fe^{3+}/$（$Fe^{2+}+Fe^{3+}$）值较低；第三期花岗岩中黑云母的钛、铁、镁、钙含量和 $Mg^\#$ 值较高，而铝、锰、钾、氟含量和 $Fe^{3+}/$（$Fe^{2+}+Fe^{3+}$）值偏低；第四期花岗岩中黑云母的硅、铝、钠、钾、氟含量和 $Fe^{3+}/$（$Fe^{2+}+Fe^{3+}$）值高，而钛、铁、镁、钙含量和 $Mg^\#$ 值低。此外，第一期、第二期花岗岩中的黑云母含有较高的 Sn 含量，分别为 $292.11\times10^{-6} \sim 423.20\times10^{-6}$ 和 $137.79\times10^{-6} \sim 461.77\times10^{-6}$。第四期花岗岩中的黑云母 W、Sn、Nb、Ta 含量均较高，分别为 $6.79\times10^{-6} \sim 451.52\times10^{-6}$、$114.21\times10^{-6} \sim 524.76\times10^{-6}$、$402.77\times10^{-6} \sim 7466.60\times10^{-6}$、$79.65\times10^{-6} \sim 801.06\times10^{-6}$。

在黑云母分类图（图4-22）中，第一期与第三期花岗岩中的黑云母落在富铁黑云母区域；第二期花岗岩中的黑云母落在铁叶云母区域；第四期花岗岩中的黑云母两个落在铁叶云母区域，其余落在铝铁叶云母区域，镜下特征显示两个铁叶云母被石英斑晶所包裹。

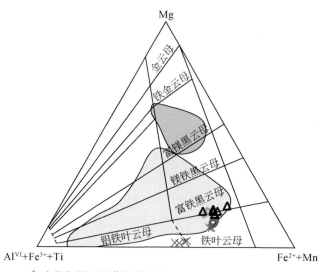

◇ 中粗粒黑云母花岗岩（$\gamma_5^{2\text{-}1a}$）
○ 中粗粒斑状（含白云母）黑云母花岗岩（$\gamma_5^{2\text{-}1b}$）
△ 细-中细粒斑状黑云母花岗岩（$\gamma_5^{2\text{-}2a}$）
✕ 细-中细粒（含黑云母、石榴子石）花岗岩（$\gamma_5^{2\text{-}2b}$）
▽ 南岭地区与Cu(-Mo)-Pb-Zn-Au-Ag成矿有关岩浆岩
▱ 南岭地区与W-Sn-Mo-Bi成矿有关岩浆岩

图4-22 九龙脑岩体各类花岗岩中黑云母分类图解（底图据刘昌实，1984）

第二期中粗粒斑状（含白云母）黑云母花岗岩（$\gamma_5^{2\text{-}1b}$）中的白云母主要有两种产状：一种呈镶边状生长于黑云母边部，有规则的端面，应为原生白云母；另一种呈粒度较小的片状，交代长石，为次生白云母。二者相比，原生白云母具有高铁、锰、镁、氟、氯和低铝特征，其 $^T FeO$ 含量为 7.79% ~ 7.81%、MnO 含量为 0.68% ~ 0.70%、MgO 含量为 1.18% ~ 1.27%、F 含量为 1.21% ~ 1.34%、Cl 含量为 0.02% ~ 0.03%、Al_2O_3 含量为

28.69% ~ 29.79%，Mg#值为 0.21 ~ 0.23，较与之共生的黑云母 Mg# （DYL601-180-1-2-1，0.15）高。次生白云母的 ^{T}FeO 含量为 4.75% ~ 5.47%、MnO 含量为 0.27% ~ 0.36%、MgO 含量为 0.57% ~ 0.77%、F 含量为 0.16% ~ 0.94%、Al_2O_3 含量为 31.53% ~ 33.33%，基本不含 Cl，Mg#值为 0.18 ~ 0.20（表4-4）。原生白云母与次生白云母均含有较高的 Sn （254.47×10^{-6} ~ 368.00×10^{-6}）和较低的 W （13.53×10^{-6} ~ 22.30×10^{-6}）、Nb （32.01×10^{-6} ~ 46.74×10^{-6}）、Ta （9.14×10^{-6} ~ 11.68×10^{-6}）。

表4-4　九龙脑岩体中粗粒斑状黑云母花岗岩中白云母的电子探针分析结果 （单位:%）

		原生白云母		次生白云母		
		DYL601-180-1-2-2	DYL601-180-1-2-3	DYL601-180-1-3-1	DYL601-180-1-6-3	DYL601-180-1-6-4
SiO_2		45.89	46.06	45.39	46.93	45.77
TiO_2		0.06	0.07	0.16	0.05	0.00
Al_2O_3		28.69	29.79	31.53	32.17	33.33
FeO		7.79	7.81	5.47	4.75	4.88
MnO		0.68	0.70	0.36	0.27	0.32
MgO		1.27	1.18	0.77	0.57	0.62
CaO		0.06	0.08	0.05	0.01	0.02
Na_2O		0.39	0.24	0.22	0.20	0.30
K_2O		9.51	9.64	9.86	9.68	9.79
P_2O_5		0.01	0.00	0.02	0.01	0.00
F		1.34	1.21	0.94	0.16	0.45
Cl		0.03	0.02	0.00	0.00	0.00
合计		95.71	96.80	94.78	94.81	95.49
按22个O计算	Si	6.3007	6.2487	6.2070	6.3530	6.1769
	Al^{IV}	1.6993	1.7513	1.7930	1.6470	1.8231
	Al^{VI}	2.9429	3.0116	3.2888	3.4862	3.4782
	Ti	0.0063	0.0072	0.0168	0.0052	0.0000
	Fe	0.8942	0.8862	0.6254	0.5377	0.5512
	Mn	0.0795	0.0807	0.0422	0.0311	0.0368

续表

		原生白云母		次生白云母		
		DYL601-180-1-2-2	DYL601-180-1-2-3	DYL601-180-1-3-1	DYL601-180-1-6-3	DYL601-180-1-6-4
按22个O计算	Mg	0.2607	0.2376	0.1572	0.1156	0.1247
	Ca	0.0088	0.0122	0.0076	0.0009	0.0032
	Na	0.1030	0.0626	0.0570	0.0520	0.0790
	K	1.6661	1.6683	1.7201	1.6727	1.6858
	Mg#	0.23	0.21	0.20	0.18	0.18

3. 石榴子石

石榴子石属于锰铝榴石–铁铝榴石系列,其分子含量:Pyr(镁铝榴石)为0.03%～0.52%,Gro(钙铝榴石)为1.48%～3.96%;Alm(铁铝榴石)为42.18%～47.18%,Spe(锰铝榴石)为51.09%～55.71%(表4-5),与西华山花岗岩中石榴子石的成分十分相似(Yang et al.,2013)。单颗石榴子石从核部到边部,X_{Mn}值[Mn/(Mn+Fe+Mg+Ca)]和X_{Fe}值[Fe/(Mn+Fe+Mg+Ca)]具有反复升高、降低变化,总体呈现X_{Mn}值先升后降、X_{Fe}值缓慢升高,但变化幅度微小的趋势(图4-23)。此外,石榴子石中常含微量的Nb_2O_5(0～0.12%)。原位微量元素分析结果显示,石榴子石富集Y、REE、W、U、Nb、Ta,尤其是在核部,其最高值分别为14434.48×10^{-6}、10739.16×10^{-6}、105.95×10^{-6}、64.04×10^{-6}、1143.53×10^{-6}、226.92×10^{-6}(图4-24),反映在第四期花岗岩结晶的早期,岩浆富集Y、REE、W、U、Nb、Ta等成矿元素。此外,锰铝榴石中Y_2O_3含量超过1%常被认为与伟晶岩环境有关(Wakita et al.,1969)。

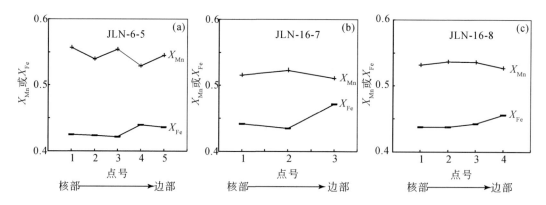

图4-23　九龙脑岩体花岗岩中石榴子石从核部到边部的X_{Mn}值与X_{Fe}值变化特征

表4-5 九龙脑岩体中石榴子石的电子探针分析结果

（单位:%）

成分	JLN-6-1	JLN-6-5					JLN-6-7-1	JLN-6-12-1	JLN-6-12-2	JLN-16-2-6	JLN-16-7			JLN-16-8			
	1	1	2	3	4	5					1	2	3	1	2	3	4
SiO$_2$	35.72	34.92	35.11	35.27	34.56	34.97	35.92	33.83	34.41	34.58	33.84	35.28	35.31	35.05	34.56	35.36	34.86
TiO$_2$	0.04	0.00	0.18	0.00	0.05	0.03	0.05	0.10	0.05	0.00	0.07	0.04	0.03	0.04	0.00	0.01	0.00
Al$_2$O$_3$	20.00	20.36	19.38	20.72	19.59	19.73	20.24	19.01	19.48	19.91	18.96	19.84	20.44	19.95	19.81	20.46	20.23
FeO	18.90	18.17	18.55	17.63	18.89	18.58	18.85	18.52	18.93	19.83	18.89	18.79	20.49	18.66	18.66	19.20	19.76
MnO	22.32	23.49	23.31	22.88	22.44	22.93	22.51	22.00	22.58	21.83	21.78	22.29	21.91	22.37	22.60	22.95	22.57
MgO	0.13	0.02	0.03	0.01	0.02	0.05	0.02	0.06	0.01	0.07	0.11	0.08	0.06	0.06	0.05	0.02	0.04
CaO	0.73	0.56	1.21	0.76	1.01	0.55	0.86	1.03	0.89	0.86	1.25	1.33	0.50	0.93	0.77	0.70	0.53
Na$_2$O	0.19	0.06	0.03	0.05	0.09	0.05	0.22	0.10	0.06	0.06	0.07	0.10	0.04	0.14	0.16	0.05	0.08
K$_2$O	0.09	0.03	0.00	0.00	0.01	0.03	0.00	0.07	0.01	0.03	0.00	0.00	0.00	0.04	0.05	0.02	0.02
P$_2$O$_5$	0.00	0.00	0.00	0.00	0.00	0.00	0.00	0.00	0.00	0.00	0.00	0.00	0.00	0.00	0.00	0.00	0.00
F	0.19	0.00	0.00	0.00	0.00	0.00	0.00	0.00	0.00	0.00	0.00	0.00	0.03	0.14	0.00	0.14	0.00
Cl	0.01	0.01	0.00	0.00	0.01	0.00	0.00	0.01	0.00	0.00	0.00	0.00	0.01	0.01	0.01	0.00	0.01
Nb$_2$O$_5$	0.013	0.071	0.079	0.039	0.092	0.039	0.045	0.060	0.064	0.116	0.045	0.019	0.047	0.000	0.054	0.054	0.051
合计	98.32	97.68	97.88	97.36	96.75	96.95	98.70	94.79	96.47	97.28	95.01	97.77	98.88	97.37	96.73	98.95	98.13
镁铝榴石	0.52	0.09	0.11	0.06	0.09	0.19	0.10	0.24	0.03	0.28	0.48	0.32	0.25	0.24	0.23	0.07	0.14
铁铝榴石	44.31	42.54	42.40	42.18	43.98	43.62	44.05	43.86	44.07	45.93	44.19	43.47	47.18	43.79	43.77	44.26	45.56
钙铝榴石	2.19	1.66	3.55	2.32	3.01	1.65	2.57	3.11	2.66	2.56	3.73	3.96	1.48	2.78	2.31	2.07	1.56
锰铝榴石	52.98	55.71	53.94	55.44	52.92	54.53	53.28	52.79	53.24	51.23	51.60	52.25	51.09	53.19	53.69	53.60	52.73
X_{Fe}	0.44	0.43	0.42	0.42	0.44	0.44	0.44	0.44	0.44	0.46	0.44	0.43	0.47	0.44	0.44	0.44	0.46
X_{Mn}	0.53	0.56	0.54	0.55	0.53	0.55	0.53	0.53	0.53	0.51	0.52	0.52	0.51	0.53	0.54	0.54	0.53

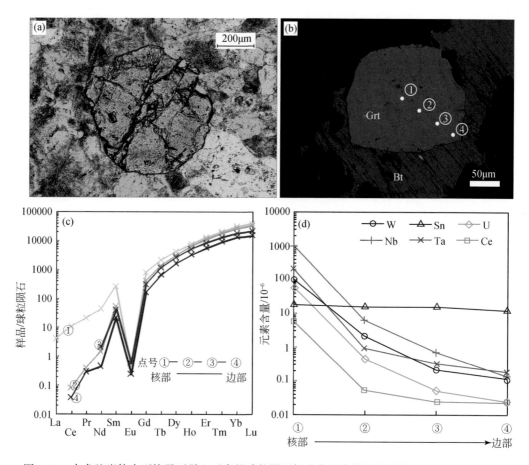

图 4-24　九龙脑岩体中石榴子石稀土元素的球粒陨石标准化配分曲线及微量元素含量变化特点

4. 绿泥石

九龙脑花岗岩中的绿泥石主要有两种产状：一种是作为黑云母的蚀变矿物，仍保留黑云母假象；另一种是呈自形-半自形柱状、粒状，粒径 0.25~2.5mm，横切面呈自形六边形状，单偏光下呈绿色，有弱的多色性。纵切面呈板状，单偏光下具黄绿色-绿色多色性，正交偏光下呈二级蓝绿干涉色。与黑云母蚀变形成的绿泥石不同，这种绿泥石自形程度高，常成片分布，可能为后期热液活动的产物。电子探针分析结果显示，两种绿泥石的化学成分十分相似。第一期花岗岩中的绿泥石为蠕绿泥石（铁绿泥石），其 Fe/（Fe+Mg）值为 0.84；第三期花岗岩中的绿泥石为蠕绿泥石（铁绿泥石）-铁镁绿泥石，其 Fe/（Fe+Mg）值为 0.78~0.79；第四期花岗岩中的绿泥石为鲕绿泥石，其 Fe/（Fe+Mg）值为 0.95~0.97（表4-6，图4-25）。

表4-6　九龙脑岩体不同类型花岗岩中绿泥石的电子探针分析结果　　（单位:%）

岩性	分析点号	SiO$_2$	TiO$_2$	Al$_2$O$_3$	FeO	MnO	MgO	CaO	Na$_2$O	K$_2$O	P$_2$O$_5$	F	Cl	合计	Fe/(Fe+Mg)	T/℃	产状
中粗粒黑云母花岗岩（γ$_5^{2-1a}$）	JLN-22-2-4	22.89	0.04	21.98	36.42	1.98	3.91	0.01	0.07	0.03	0.00	0.00	0.00	87.33	0.84	385	
	JLN-22-4-5	22.35	0.09	21.43	36.65	2.72	4.02	0.03	0.20	0.21	0.00	0.08	0.02	87.78	0.84	400	
细粒斑状黑云母花岗岩（γ$_5^{2-2a}$）	JLN-13-12-2	24.92	0.00	17.17	37.69	0.96	5.80	0.09	0.05	0.04	0.00	0.00	0.01	86.73	0.78	300	
	JLN-13-4-2-2	23.36	0.18	19.48	37.60	1.32	6.01	0.05	0.05	0.03	0.00	0.02	0.00	88.09	0.78	370	交代黑云母
	JLN-13-6-3	25.10	0.06	19.31	35.54	1.15	5.29	0.12	0.13	0.06	0.03	0.00	0.00	86.77	0.79	308	
细粒(含石榴子石,黑云母)花岗岩（γ$_5^{2-2b}$）	JLN-6-2-1	22.80	0.00	21.41	39.05	2.61	0.65	0.04	0.07	0.04	0.00	0.00	0.01	86.68	0.97	365	
	JLN-6-7-2	22.82	0.00	21.95	39.35	2.67	0.60	0.00	0.01	0.02	0.00	0.00	0.00	87.41	0.97	372	
	JLN-16-2-5	21.92	0.01	21.24	39.21	4.58	0.67	0.00	0.07	0.04	0.00	0.04	0.00	87.78	0.97	397	
	JLN-16-4-3	21.84	0.00	20.45	39.28	3.58	0.69	0.08	0.13	0.06	0.00	0.00	0.00	86.11	0.97	385	
	JLN-16-6-1	22.84	0.07	21.07	38.89	3.39	0.91	0.08	0.12	0.05	0.01	0.00	0.00	87.42	0.96	368	
中细粒(含黑云母,石榴子石)花岗岩（γ$_5^{2-2b}$）	JLN-16-6-2	22.68	0.07	19.90	38.96	4.58	0.65	0.00	0.01	0.03	0.00	0.00	0.00	86.89	0.97	360	自形
	JLN-16-6-3	22.93	0.00	20.79	38.57	2.94	1.14	0.06	0.06	0.04	0.00	0.02	0.00	86.56	0.95	359	
	JLN-16-6-4	22.18	0.10	20.24	40.25	2.94	1.29	0.02	0.11	0.05	0.01	0.12	0.01	87.33	0.95	382	
	JLN-16-6-5	22.59	0.14	20.59	40.14	2.83	1.26	0.02	0.06	0.02	0.00	0.08	0.01	87.73	0.95	375	
	JLN-16-6-6	22.47	0.12	21.13	39.15	3.16	0.99	0.07	0.06	0.05	0.00	0.00	0.00	87.20	0.96	379	

注：T 根据 Cathelineau,1988 计算。T=321.98Al^{IV}/2-61.92。

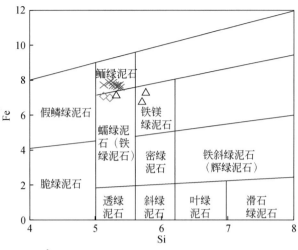

图 4-25　九龙脑岩体中绿泥石分类图解（底图据 Deer et al.，1982）

5. 副矿物

　　九龙脑花岗岩中的副矿物主要有锆石、磷灰石、钛铁矿、稀土矿物、钍铀矿物、铌钽矿物、金红石、锡石等。其中，锆石呈自形柱状，粒径0.2～0.35mm，常见于黑云母或石英内部，有时见锆石与褐钇铌矿、晶质铀矿共生 ［图4-27（f）］。电子探针分析结果（表4-7）表明，从第一期到第四期，九龙脑花岗岩中的锆石 Si/Zr（原子数比值）平均值分别为 1.01、1.09、1.06、1.12，Zr/Hf（原子数比值）平均值分别为 192.83、152.43、167.17、57.35，显示从早期到晚期（第三期花岗岩除外），锆石中 Hf 置换 Zr 的比例逐渐增大。锆石普遍含少量的 HfO_2（0.54%～2.75%）、Ta_2O_5（0.03%～2.37%）、UO_2（0.10%～2.36%）和微量的 Nb_2O_5（0～0.28%），且 Nb_2O_5、Ta_2O_5 含量随岩浆演化有升高的趋势，UO_2 含量与岩浆演化的关系则不甚明显（图4-26）。

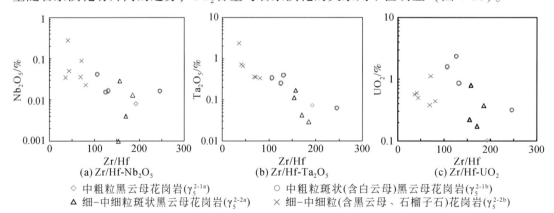

图 4-26　九龙脑岩体中锆石 Zr/Hf-Nb_2O_5、Zr/Hf-Ta_2O_5、Zr/Hf-UO_2 相关图

表 4-7 九龙脑岩体中锆石的电子探针分析结果

（单位:%）

岩性	分析点号	SiO_2	TiO_2	Al_2O_3	FeO	MnO	MgO	CaO	Na_2O	K_2O	P_2O_5	F	Cl	Nb_2O_5	Ta_2O_5	ZrO_2	HfO_2	UO_2	合计	Si/Zr	Zr/Hf
中粗粒黑云母花岗岩（γ_5^{2-1a}）	JLN-22-4-6	32.05	0.01	0.01	0.39	0.00	0.04	0.03	0.05	0.04	0.16	0.00	0.00	0.01	0.07	65.28	0.58	0.10	98.83	1.01	192.83
	DYL601-180-1-1-2	32.83	0.04	0.01	0.13	0.03	0.02	0.06	0.04	0.04	0.13	0.34	0.00	0.02	0.06	64.95	0.54	0.32	99.56	1.04	245.64
中粗粒斑状（含白云母）黑云母花岗岩（γ_5^{2-1b}）	DYL601-180-1-2-4	32.88	0.09	0.14	0.85	0.26	0.05	0.50	0.24	0.03	1.05	0.19	0.00	0.02	0.26	59.09	0.81	2.36	98.81	1.14	125.74
	DYL601-180-1-4-1	32.95	0.08	0.01	0.12	0.04	0.01	0.14	0.06	0.00	0.48	0.11	0.00	0.02	0.39	63.16	0.87	0.87	99.33	1.07	131.56
	DYL601-180-1-5-1	33.10	0.06	0.18	0.04	0.03	0.01	0.09	0.06	0.00	1.47	0.26	0.00	0.04	0.34	60.78	0.99	1.61	99.08	1.12	106.76
中细粒黑云母花岗岩（γ_5^{2-2a}）	JLN-1-5	33.27	0.00	0.58	0.11	0.00	0.04	0.06	0.06	0.36	0.15	0.00	0.01	0.01	0.03	63.17	0.58	0.37	98.79	1.08	185.96
细粒斑状黑云母花岗岩（γ_5^{2-2a}）	JLN-13-12-3	32.92	0.05	0.02	0.07	0.00	0.03	0.09	0.06	0.03	0.10	0.09	0.01	0.03	0.16	63.91	0.71	0.80	99.09	1.06	157.73
	JLN-13-3-6	33.20	0.04	0.03	0.36	0.05	0.01	0.02	0.01	0.06	0.10	0.00	0.01	0.00	0.11	64.15	0.71	0.22	99.07	1.06	154.04
	JLN-13-7	32.90	0.00	0.00	0.00	0.00	0.01	0.31	0.00	0.01	0.18	0.32	0.00	0.00	0.04	64.78	0.65	0.17	99.37	1.04	170.93
细粒（含石榴子石、黑云母）花岗岩（γ_5^{2-2b}）	JLN-6-11-2	33.43	0.06	0.07	0.06	0.01	0.06	0.14	0.10	0.00	0.62	0.11	0.02	0.09	0.36	62.06	1.49	1.11	99.78	1.10	71.30
中细粒（含黑云母、石榴子石）花岗岩（γ_5^{2-2b}）	JLN-16-1-8	33.38	0.21	0.06	0.82	0.07	0.02	0.16	0.06	0.01	0.68	0.24	0.00	0.28	0.73	58.16	2.38	0.60	97.86	1.18	41.69
	JLN-16-1-9	32.97	0.17	0.62	0.01	0.02	0.02	0.05	0.37	0.00	0.43	0.00	0.00	0.04	2.37	59.03	2.75	0.57	99.40	1.14	36.70
	JLN-16-4-1	33.04	0.13	0.00	0.08	0.00	0.03	0.01	0.02	0.02	0.19	0.03	0.00	0.04	0.37	63.81	1.57	0.39	99.73	1.06	69.39
	JLN-16-5-3	32.87	0.20	0.06	0.03	0.00	0.00	0.01	0.05	0.00	0.39	0.39	0.00	0.02	0.34	62.83	1.33	0.44	98.97	1.07	80.59
	JLN-16-6-7	33.12	0.17	0.00	1.04	0.05	0.03	0.08	0.07	0.01	0.83	0.00	0.00	0.05	0.67	59.91	2.30	0.50	98.83	1.13	44.42

磷灰石呈细长针状、短柱状，长 0.05 ~ 0.2mm，常赋存于石英或黑云母内 [图 4-19 (c)]。CaO 含量为 53.09% ~ 54.65%，P_2O_5 含量为 40.31% ~ 40.85%。F 含量高，为 2.55% ~ 3.36%。此外，还含有微量的 Cl (0.01% ~ 0.02%)、ZrO_2 (0.04% ~ 0.14%)、UO_2 (0.01% ~ 0.03%) (表 4-8)。

钛铁矿仅见于第三期花岗岩中，主要有两种产状：一种是呈自形柱状赋存于长石中，应为岩浆早期或主岩浆期形成 [图 4-19 (l)]；另一种是呈不规则微细粒状或叶片状赋存于绿泥石化黑云母中，应为岩浆晚期形成。二者在化学成分上相差不大，TiO_2 含量为 49.33% ~ 50.90%，FeO 含量为 33.78% ~ 40.64%，Ti/Fe 值为 1.09 ~ 1.35，MgO 含量低 (0 ~ 0.03%) 而 MnO 含量高 (8.74% ~ 12.50%)，属于富锰的钛铁矿。此外，还含有少量的 Nb_2O_5 (0.13% ~ 1.22%) 和微量的 Ta_2O_5 (0 ~ 0.36%)、CuO (0.01% ~ 0.04%)、CoO (0 ~ 0.23%)、SnO_2 (0 ~ 0.05%)、WO_3 (0 ~ 0.05%) (表 4-9)。

稀土矿物主要为褐钇铌矿、磷钇矿、独居石、褐帘石。褐钇铌矿在第一期、第二期花岗岩中零星分布，在第四期花岗岩中普遍出现，主要以微细包体 (15 ~ 100μm) 的形式赋存于造岩矿物中，如石英、黑云母、长石、石榴子石，有时与晶质铀矿共生 [图 4-27 (e)]。磷钇矿见于第二期、第四期花岗岩中，一种是呈微细包体 (5 ~ 50μm) 形式赋存于黑云母中，有时与锆石共生；另一种呈自形粒状 (100μm 左右) 与造岩矿物共生 [图 4-27 (j)(l)]。独居石在第二期、第四期花岗岩中零星分布，主要呈 50μm 左右的包体赋存在黑云母中；在第三期花岗岩中普遍可见，呈自形-半自形粒状，粒径 20 ~ 400μm，且以 100 ~ 150μm 为主，赋存于石英或黑云母内部，或与造岩矿物共生 [图 4-27 (g)(h)]。褐帘石仅零星见于第三期花岗岩中，赋存于造岩矿物内部 [图 4-27 (i)]。

钍铀矿物主要为铀钍石和晶质铀矿，在各期花岗岩中均有分布 [图 4-27 (a) ~ (e)]。铀钍石或呈半自形-他形粒状 (20 ~ 50μm) 包裹在绿泥石化黑云母中，或与造岩矿物镶嵌生长。晶质铀矿主要有三种产状：①自形-半自形粒状包裹于黑云母中，粒径 100μm 左右；②作为长石、锆石、褐钇铌矿中的微细包体 (5 ~ 25μm)；③与锆石共生，粒径 20μm 左右。作为大离子亲石元素，U 相对不易以类质同象形式进入造岩矿物中 (Wang et al.，2003)。晶质铀矿的出现指示岩浆初始富 U。

铌钽矿物除了上述提到的褐钇铌矿，还有见于第四期花岗岩中的烧绿石，其呈自形粒状 (40μm 左右) 与黑云母共生，在背散射图像下显示环带结构 [图 4-27 (j)]。

金红石和锡石见于第四期花岗岩中。金红石与绿泥石、锆石、褐钇铌矿共生，呈自形粒状，粒径 50μm 左右 [图 4-27 (k)]。锡石仅见 1 粒，与黑云母共生，粒径 10μm 左右。

表 4-8　九龙脑岩体中磷灰石的电子探针分析结果

（单位:%）

岩性	分析点号	SiO$_2$	TiO$_2$	Al$_2$O$_3$	FeO	MnO	MgO	CaO	Na$_2$O	K$_2$O	P$_2$O$_5$	F	Cl	ZrO$_2$	HfO$_2$	UO$_2$	合计
中粗粒黑云母花岗岩（γ$_5^{2-1a}$）	JLN-22-3-4	0.90	0.00	0.11	0.57	0.78	0.01	53.09	0.24	0.10	40.43	3.36	0.01	0.054	0.000	0.025	99.68
中粗粒斑状（含白云母）黑云母花岗岩（γ$_5^{2-1b}$）	DYL601-180-1-1-4	0.24	0.00	0.01	0.30	1.97	0.01	53.92	0.24	0.07	40.31	2.76	0.02	0.116	0.012	0.013	99.98
细粒斑状黑云母花岗岩（γ$_5^{2-2a}$）	JLN-13-4-2-5	0.20	0.00	0.00	0.24	0.43	0.01	54.01	0.15	0.02	40.84	3.12	0.01	0.036	0.000	0.012	99.06
	JLN-13-10-3	0.15	0.01	0.01	0.22	0.48	0.00	54.65	0.10	0.00	40.85	2.55	0.01	0.143	0.158	0.012	99.35

表 4-9　九龙脑岩体细粒斑状黑云母花岗岩（γ$_5^{2-2a}$）中钛铁矿的电子探针分析结果

（单位:%）

分析点号	SiO$_2$	TiO$_2$	Al$_2$O$_3$	FeO	MnO	MgO	CaO	Na$_2$O	K$_2$O	P$_2$O$_5$	F	Cl	Nb$_2$O$_5$	Ta$_2$O$_5$	UO$_2$	CuO	CoO	SnO$_2$	WO$_3$	合计	Ti/Fe
JLN-13-1	0.04	50.90	0.03	38.58	10.86	0.03	0.00	0.03	0.02	0.00	0.00	0.00	0.128	0.000	0.036	0.006	0.094	0.030	0.000	100.78	1.19
JLN-13-4-2-3	0.08	50.74	0.03	36.34	10.54	0.03	0.11	0.00	0.12	0.00	0.26	0.00	0.716	0.000	0.024	0.042	0.000	0.000	0.005	99.03	1.26
JLN-13-6-1	0.48	50.70	0.33	33.78	12.50	0.01	0.01	0.00	0.03	0.00	0.00	0.01	1.106	0.106	0.004	0.033	0.023	0.024	0.000	99.35	1.35
JLN-13-8-1	0.10	50.25	0.02	38.71	9.05	0.03	0.23	0.00	0.00	0.00	0.00	0.00	1.221	0.356	0.000	0.033	0.048	0.005	0.000	99.82	1.17
JLN-13-8-2	0.07	49.33	0.06	40.64	8.74	0.00	0.00	0.02	0.00	0.00	0.00	0.01	1.207	0.149	0.000	0.006	0.226	0.050	0.054	100.55	1.09

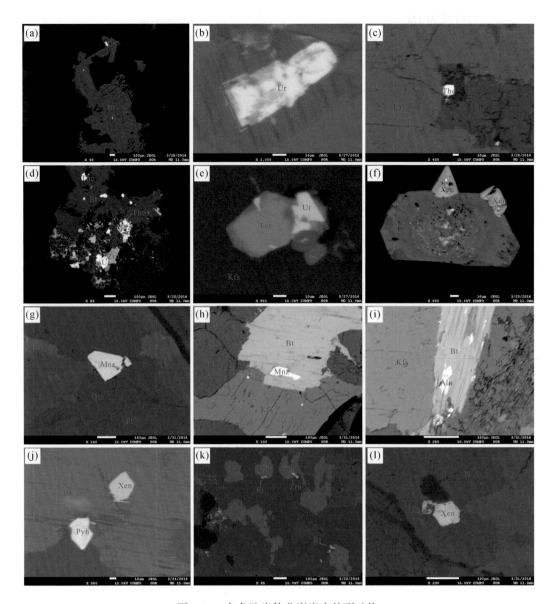

图 4-27　九龙脑岩体花岗岩中的副矿物

（a）和（b）黑云母中的晶质铀矿；（c）长石晶隙中的钍石；（d）绿泥石化黑云母中包裹的铀矿物；（e）钾长石中包裹的晶质铀矿和褐钇铌矿；（f）磷钇矿与锆石共生；（g）造岩矿物晶隙中的独居石；（h）黑云母中包裹的独居石；（i）绿泥石化黑云母中包裹的褐帘石；（j）黑云母中包裹的磷钇矿和烧绿石；（k）金红石与绿泥石共生；（l）造岩矿物晶隙中的磷钇矿。Aln. 褐帘石；Bt. 黑云母；Chl. 绿泥石；Fer. 褐钇铌矿；Kfs. 钾长石；Mnz. 独居石；Pl. 斜长石；Pyh. 烧绿石；Qtz. 石英；Rt. 金红石；Tho. 钍石；Ur. 晶质铀矿；Xen. 磷钇矿；Zrn. 锆石

三、成岩年代学

对九龙脑岩体四期花岗岩进行了 LA-ICP-MS 锆石 U-Pb 定年，其中第一期中粗粒黑云

母花岗岩成岩时代为160.9±0.6Ma，第二期中粗粒斑状（含白云母）黑云母花岗岩成岩时代为158.6±0.7Ma，第三期中细粒斑状黑云母花岗岩成岩时代为157.0±1.5Ma，第四期中细粒（含石榴子石）黑云母花岗岩的成岩时代为154.1±1.2Ma（图4-28）。

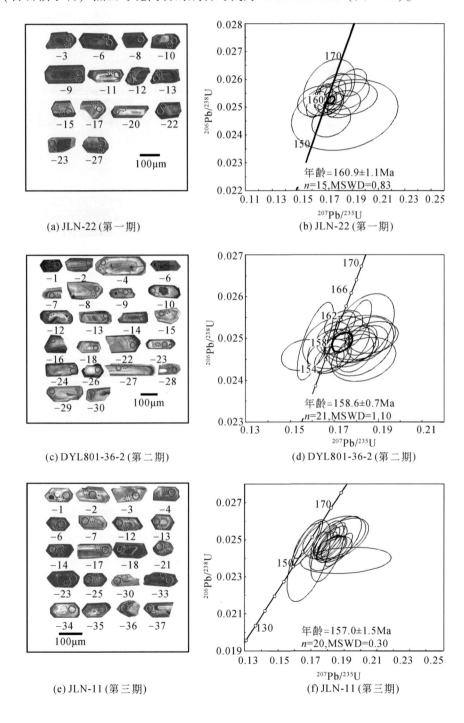

(a) JLN-22（第一期）　　(b) JLN-22（第一期）

(c) DYL801-36-2（第二期）　　(d) DYL801-36-2（第二期）

(e) JLN-11（第三期）　　(f) JLN-11（第三期）

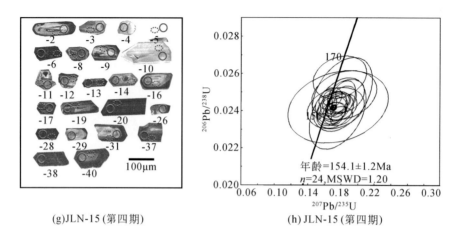

(g)JLN-15(第四期)　　　　　　　　(h) JLN-15(第四期)

图 4-28　九龙脑复式岩体花岗岩的 LA-ICP-MS 锆石 U-Pb 定年结果

实线圆圈代表 U-Pb 定年点位；虚线椭圆代表 Lu-Hf 分析点位

四、岩石地球化学

1. 主量元素地球化学特征

在火成岩 SiO_2-ALK 分类命名图解中，九龙脑复式岩体四期岩浆岩均落在花岗岩区域。九龙脑岩体花岗岩的 SiO_2 含量为 74.13%~79.13%，Al_2O_3 含量为 11.79%~13.73%，（Na_2O+K_2O）含量为 7.33%~8.79%，A/CNK 值为 0.97~1.18，A/NK 值为 1.12~1.31，属于准铝质–过铝质岩石、高钾钙碱性–钾玄岩系列（图 4-29）。

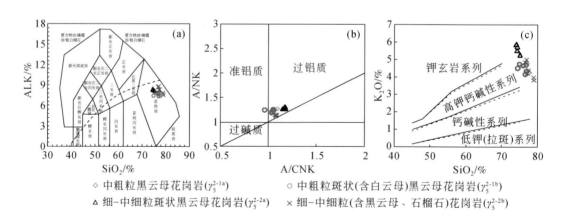

◇ 中粗粒黑云母花岗岩(γ_5^{2-1a})　　　　○ 中粗粒斑状(含白云母)黑云母花岗岩(γ_5^{2-1b})

△ 细–中细粒斑状黑云母花岗岩(γ_5^{2-2a})　　× 细–中细粒(含黑云母、石榴石)花岗岩(γ_5^{2-2b})

图 4-29　九龙脑复式岩体岩石化学分类图解

2. 微量元素地球化学特征

九龙脑岩体第一期、第二期花岗岩具有相似的微量元素地球化学特征（图4-30）。第一期、第二期花岗岩的稀土元素球粒陨石标准化配分曲线呈两翼近平坦的海鸥型，具有明显的 Eu 负异常，其 ΣREE 值为 $114.7\times10^{-6} \sim 148.45\times10^{-6}$，$\delta$Eu 值为 $0.07 \sim 0.17$，$(La/Yb)_N$ 值为 $0.95 \sim 2.53$，$(La/Sm)_N$ 值为 $1.29 \sim 2.25$，$(Gd/Yb)_N$ 值为 $0.72 \sim 0.91$。

第三期细–中细粒斑状黑云母花岗岩稀土元素的球粒陨石标准化配分曲线呈右倾型，具负 Eu 异常，其 ΣREE 值为 $239.17\times10^{-6} \sim 264.40\times10^{-6}$，$\delta$Eu 值为 $0.29 \sim 0.32$，$(La/Yb)_N$ 值为 $13.61 \sim 19.51$，$(La/Sm)_N$ 值为 $4.68 \sim 4.97$，$(Gd/Yb)_N$ 值为 $1.64 \sim 2.33$。独居石的结晶可能是导致本期花岗岩轻稀土元素显著富集的主要因素。

第四期细–中细粒（含黑云母、石榴子石）花岗岩稀土元素的球粒陨石标准化配分曲线呈左倾型，Eu 负异常明显，其 ΣREE 值为 $52.57\times10^{-6} \sim 71.15\times10^{-6}$，$\delta$Eu 值为 0.04，$(La/Yb)_N$ 值为 $0.09 \sim 0.68$，$(La/Sm)_N$ 值为 $0.82 \sim 1.55$，$(Gd/Yb)_N$ 值为 $0.14 \sim 0.48$。褐钇铌矿、磷钇矿、褐帘石、石榴子石等富重稀土元素矿物的结晶可能是导致本期花岗岩重稀土元素显著富集的主要因素。

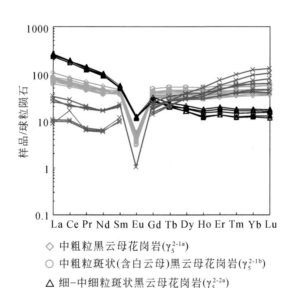

◇ 中粗粒黑云母花岗岩(γ_5^{2-1a})

○ 中粗粒斑状(含白云母)黑云母花岗岩(γ_5^{2-1b})

△ 细–中细粒斑状黑云母花岗岩(γ_5^{2-2a})

✕ 细–中细粒(含黑云母、石榴子石)花岗岩(γ_5^{2-2b})

图4-30　九龙脑花岗岩稀土元素球粒陨石标准化配分曲线

球粒陨石数据来自 Sun 和 McDonough（1989）

在微量元素原始地幔标准化蛛网图（图4-31）上，九龙脑花岗岩显示显著的 Ba、Nb、Sr、P、Eu、Ti 负异常，说明岩浆经过了长石、磷灰石、钛铁矿等矿物的分离结晶。

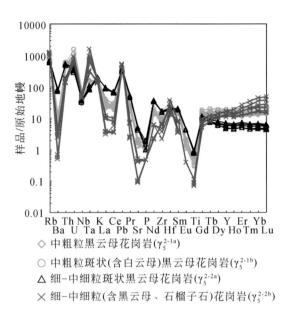

图 4-31　九龙脑花岗岩微量元素原始地幔标准化蛛网图

原始地幔数据来自 Sun 和 McDonough（1989）

五、同位素地球化学

1. 锆石的 Hf 同位素

对锆石的 LA-MC-ICP-MS 原位 Lu-Hf 同位素分析结果显示，九龙脑四期花岗岩的 $(^{176}Hf/^{177}Hf)_i$ 值依次为 0.282278 ~ 0.282401、0.282225 ~ 0.282375、0.282169 ~ 0.282440、0.282283 ~ 0.282416，$\varepsilon_{Hf}(t)$ 值依次为 -13.9 ~ -9.5、-15.9 ~ -10.6、-17.9 ~ -8.2、-13.9 ~ -9.1，一阶段模式年龄分别为 1250 ~ 1409Ma、1236 ~ 1458Ma、1158 ~ 1537Ma、1199 ~ 1368Ma，二阶段模式年龄分别为 1809 ~ 2084Ma、1872 ~ 2205Ma、1724 ~ 2329Ma、1779 ~ 2079Ma。

2. 全岩 Sr-Nd 同位素地球化学特征

九龙脑复式岩体除第四期花岗岩由于 Rb/Sr 值高，$^{87}Sr/^{86}Sr$ 值无法测定外，其余花岗岩的 $(^{87}Sr/^{86}Sr)_i$ 值为 0.7046 ~ 0.7157，$\varepsilon_{Nd}(t)$ 值为 -10.7 ~ -9.8。

第四节　小　　结

通过对九龙脑矿田加里东期、印支期、燕山期岩浆岩系统的岩体地质、岩石学、矿物学、年代学、地球化学研究，得出以下结论：

（1）九龙脑矿田内加里东期岩浆岩主要呈小岩滴形式产出，岩性主要为花岗闪长岩、辉石闪长岩、辉长辉绿岩、角闪辉长岩等；印支期岩浆岩呈小岩株形式产出，岩性为中粗粒斑状黑云母（白云母）花岗岩；燕山期岩浆岩呈复式岩基、岩株、岩脉形式产出，岩性复杂，有中粗粒斑状黑云母花岗岩、中细粒斑状黑云母花岗岩、细粒花岗岩、细粒含石榴子石花岗岩、正长花岗岩、煌斑岩、辉绿岩、闪长岩等。

（2）LA-ICP-MS 锆石 U-Pb 定年结果显示，加里东期岩浆岩形成于早泥盆世（417.1Ma）；印支期岩浆岩形成于晚三叠世（223.3Ma）；燕山期岩浆岩形成于晚侏罗世（160.9～154.1Ma）。

（3）加里东期关田岩体花岗闪长岩具有低硅、富铁镁、低铁镁比值的特征，稀土元素总量高，Eu 负异常不明显，稀土元素配分曲线呈右倾型；矿物组成中，暗色矿物以角闪石为主，其次为黑云母；副矿物以磁铁矿和榍石为主；普遍发育暗色包体；具有 I 型花岗岩的岩石学、岩相学和地球化学特点。

（4）印支期柯树岭花岗岩具有高硅、富铝、低铁镁的特征，其 A/CNK 值大于 1.1，部分岩石中含白云母。岩石学和地球化学特征显示其为 S 型花岗岩。

（5）九龙脑岩体不同类型的花岗岩，整体上显示高硅、贫铁镁、高铁镁比值的特征，A/CNK 值偏低。岩石中含原生白云母、钛铁矿、锰铝榴石–铁铝榴石、独居石等。矿物组合与地球化学特征均指示九龙脑花岗岩为 S 型花岗岩。

第五章 九龙脑矿田石英脉型钨多金属矿床

石英脉型钨矿尤其是石英脉型黑钨矿是南岭东段的标志性矿床，在九龙脑矿田也不例外。尽管九龙脑矿田处于赣南向湘南过渡的部位，并出现了石英脉型钨多金属矿床和砂卡岩型钨多金属矿床同时出现的情况，但石英脉型的钨矿还是主要的，包括淘锡坑钨锡矿床、九龙脑钨钼矿床、梅树坪钨钼矿床和长流坑钨铜矿床。

第一节 淘锡坑钨锡矿床

淘锡坑钨锡矿床位于江西省崇义县城西南约 15km，构造位置上处于北北东向九龙脑–营前岩浆岩带与东西向古亭–赤土区域构造–岩浆–成矿带的交汇部位，是九龙脑矿田中最大的钨锡矿床。

一、矿区地质特征

1. 矿区地层

矿区出露地层较简单，主要为震旦系、寒武系、奥陶系，仅在矿区东南部出露有泥盆系、石炭系及二叠系（图 5-1）。沿沟谷低洼处有第四系覆盖，地层总体产状为倾向 $250°\sim290°$，倾角 $24°\sim80°$。地层由老到新分述于下。

震旦系：为矿区主要的赋矿地层，由坝里组（Z_1b）和老虎塘组（Z_2l）构成（图 5-1）。

坝里组（Z_1b）主要岩性为中–厚层变质长石石英砂岩夹板岩、粉砂质板岩及粉砂岩。老虎塘组（Z_2l）可划分为上、中、下 3 个岩性段：下岩段为灰绿色、暗灰色中薄层状硅质板岩、粉砂质板岩与中厚层状变余石英杂砂岩呈韵律互层；中岩段为灰紫色厚–巨厚层状变余岩屑石英杂砂岩、细粒长石石英杂砂岩、长石石英砂岩、岩屑石英砂岩夹粉砂质板岩、板岩、变余粉砂岩；上岩段为深灰–灰色含碳粉砂岩与含碳板岩、含碳粉砂质板岩、硅质板岩、硅质岩互层。与寒武系呈不整合或断层接触。厚度>712m。

寒武系：分布于矿区北部和西北部，由下统牛角河组（$\mathbb{C}_1nj$）和中统高滩组（$\mathbb{C}_2gt$）构成。

下统牛角河组（$\mathbb{C}_1nj$）分布于区内的西北部，分为上、下两个岩段。下岩段下部为深灰–灰黑色厚层变余不等粒岩屑石英或长石石英杂砂岩与黑色薄层状硅质岩、硅质板岩、碳质板岩互层，底部为石煤层，走向上常相变为高碳质板岩，层位稳定，是寒武系底界标志层；上部为灰–灰黑色厚–巨厚层变余不等粒岩屑石英杂砂岩、岩屑杂砂岩、长石石英杂砂岩夹中薄层粉砂质绢云母板岩、硅质板岩和含碳绢云母板岩，厚度>561.1m。上岩段下部为灰–灰黑色薄层状泥质绢云母板岩、硅质板岩、碳质板岩，含菱铁矿粉砂岩与变余不

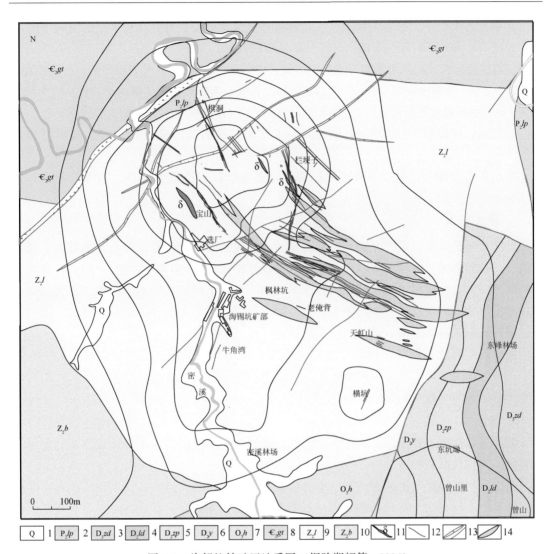

图 5-1　淘锡坑钨矿区地质图（据陈郑辉等，2006）

1. 第四系；2. 中二叠统乐平组；3. 上泥盆统嶂崃组；4. 中泥盆统罗段组；5. 中泥盆统中棚组；6. 中泥盆统云山组；
7. 上奥陶统黄竹洞组；8. 中寒武统高滩组；9. 上震旦统老虎塘组；10. 下震旦统坝里组；11. 闪长岩脉；12. 矿脉；
13. 断裂及断层破碎带；14. 矿化标志带

等粒长石石英杂砂岩互层或夹层；上部为灰绿色-灰黑色厚层变余细粒或不等粒岩屑石英杂砂岩、岩屑杂砂岩夹粉砂质板岩、绢云母板岩、含碳板岩、硅质板岩，厚 396.1m。中统高滩组（ϵ_2gt）分上下岩段，下岩段为变质石英（长石）砂岩夹绢云母板岩、粉砂质板岩；上岩段为变质石英（长石）砂岩、粉砂岩与绢云母板岩互层，下部夹硅质板岩。

奥陶系：出露上统黄竹洞组（O_3h），主要分布在矿区的南部的密溪一带。其下部岩性为浅灰绿色中-薄层状粉砂质板岩、薄层状绢云母板岩夹中层状变余粉砂岩。中部为灰至青灰色中至厚层状条纹条带状粉砂质板岩、绢云板岩夹少量变余长石石英杂砂岩、石英杂砂岩及数层砾岩透镜体，顶、底为数十米至百余米变余杂砂岩与板岩互层，杂砂岩具递变层理；其上部岩性为浅灰色至灰绿色薄层状粉砂质板岩、绢云母板岩、含碳绢云母板岩，其中夹若干层变余砾岩、砂砾岩、含砾杂砂岩及含砾板岩等，砾岩多呈透镜体产出。

泥盆系：分布于矿区东南部，与震旦系呈断层接触。其中，中统罗段组（D_2l）为石英砂岩、钙质粉砂岩、页岩夹灰岩、白云岩组成；中统中棚组（D_2z）的岩石类型为石英砂岩夹粉砂岩、页岩；中统云山组（D_2y）为石英砾岩、含砾石英砂岩；上统麻山组（D_3m）为瘤状灰岩、钙质砂页岩夹泥晶灰岩；上统嶂紫组（D_3zd）为石英细砂岩、粉砂岩夹粉砂质页岩。

二叠系：仅出露中统乐平组（P_2lp），主要岩性杂砂岩、碳质粉砂岩夹碳质页岩及煤层。

第四系全新统（Q_4）：为残坡堆积物，分布于矿区内山麓、河谷、沟等低洼处，厚 $2\sim10m$。

2. 矿区构造

矿区主要是由震旦系、寒武系、部分泥盆系组成的紧闭倒转复式背斜，轴部由上震旦统组成，轴向南北，东倒西倾、向北倾伏，轴线经密溪村-牛角湾-合江口一线，并在背斜的两翼，发育一些次级或更次一级的近于平行的不对称小褶皱。显示矿区地层遭受过强烈挤压和塑性变形的特征。矿区内断裂发育，型式复杂，规模不大，活动时间较长，既有控矿、储矿断裂又有成矿期后破坏性断裂构造。

其中控矿构造根据空间展布可分以下四组，即南北向断裂、北西向断裂、北东向断裂、东西向断裂。以上几个方向的矿脉组在平面上相互交织，形成了明显的棋盘格式，在106m 标高和56m 标高尤其显著。

3. 岩浆岩

据地表和深部工程揭露，淘锡坑矿区的岩浆岩为深部隐伏的花岗岩体及伴随的各种酸性岩脉、闪长岩脉和煌斑岩脉。

花岗岩岩体隐伏于矿区深部，呈小岩株状产出，北西西向侵位于震旦系、寒武系及部分泥盆系中。标高-150m 以上的形态呈近椭圆状，长约4000m，宽2800m 左右。在矿区西北部宝山、棋洞、烂埂子一带，该花岗岩体呈圆形小岩突产出，顶面标高在-100~50m。岩体的岩石组成以中细粒黑云母花岗岩为主，局部为中-细粒白云母花岗岩、钠长石花岗岩，各类岩石之间界线相对清晰。钨矿脉穿插充填于岩体中，在矿脉两侧的花岗岩中明显出现几厘米至数十厘米宽的暗化云英岩带，并有石英脉插入围岩中（图5-2）。

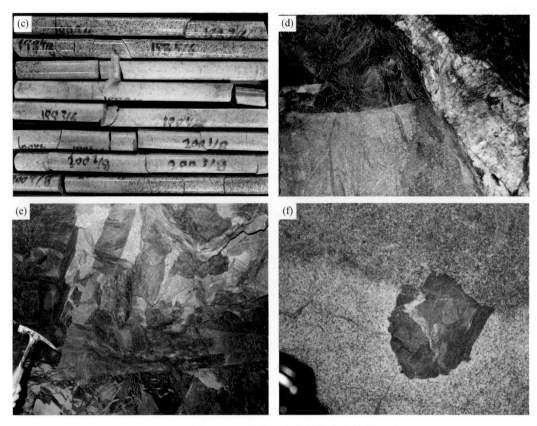

图 5-2　淘锡坑矿区隐伏花岗岩的体产出特征照片

（a）中-细粒黑云母花岗岩；（b）中-细粒白云母花岗岩；（c）钠长花岗岩与黑云母花岗岩接触带；（d）黑云母花岗岩与围岩、含矿石英脉接触、穿插关系；（e）岩体与围岩接触带，细粒花岗岩中包裹有围岩的角砾；（f）黑云母花岗岩中围岩的捕虏体

细晶岩脉：分布在花岗岩体内，穿切花岗岩和外带围岩，并被矿脉所切穿、形成于矿脉形成之前（图 5-3）；与花岗岩及变质砂岩之间的界线截然清晰，脉的边缘因碱质交代作用，生成几厘米至十几厘米宽的似伟晶岩状"长石石英带"。细晶岩为灰白色、浅灰黑色，具有全晶质他形粒状、细粒状结构，主要组成矿物为石英、碱性长石、斜长石、白云母等，为岩浆活动晚期与花岗岩有成因联系的浅成脉岩。

图 5-3　淘锡坑矿区细晶岩脉的产出特征照片

（a）156 水平，Vn3 号脉切穿细晶岩脉；（b）细晶岩脉被矿脉所穿过，156 中段；（c）细晶岩脉中包裹有黑色浅变质杂砂岩的团块，呈长条状；（d）细晶岩脉与云英岩化花岗岩之间界线清晰，边部可见细长条带，显示出细晶岩脉边部出现云英岩化

闪长岩脉：在烂埂子、棋洞（西山）等地有成矿前的浅灰色石英闪长岩脉出露，走向北西为主，倾向南西，倾角 70°左右，沿走向呈侧幕状排列，脉长 150～350m，宽 14～22m，被含矿石英脉切割。岩石为浅灰色-深灰绿色，半自形细粒结构，次辉绿结构。

煌斑岩脉：岩脉出露于淘锡坑沟，侵位于深部隐伏花岗岩与震旦系浅变质砂（板）岩中。脉体走向北东，倾向南东，倾角 75°～85°，长 24～50m，宽 1.7～4m，与围岩界线清晰截然（图 5-4）；煌斑岩中可见花岗岩的捕房体，未见到其与细晶岩脉之间的穿插关系，但见到煌斑岩截穿含矿石英脉，并可被石英脉所截穿，反映其与钨矿化在时间上有密切关系。

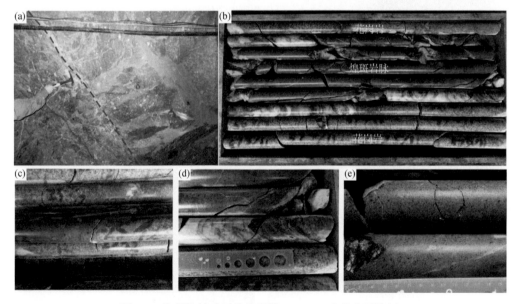

图 5-4　淘锡坑钨矿区煌斑岩脉 ZKn3961 中的出露特征

（a）煌斑岩脉与地层接触界线；（b）煌斑岩脉与花岗岩的接触关系，ZKn3961 钻孔 112.59～116.79m；（c）煌斑岩脉（右）与花岗岩的接触界面，ZKn3961 钻孔 47.8m；（d）煌斑岩脉与花岗岩体的上下接触面贯入石英脉，局部见小晶洞；（e）灰绿色煌斑岩

　　煌斑岩中暗色矿物组成为单斜辉石（≥35%）、普通角闪石（≤10%）、黑云母（≥5%），无论是斑晶还是基质中，矿物自形程度高。其中单斜辉石比较新鲜，呈半自形-自形柱状（图5-5），粒径在0.03~0.8mm；普通角闪石普遍发生强烈的绿泥石化、绿帘石化，有时

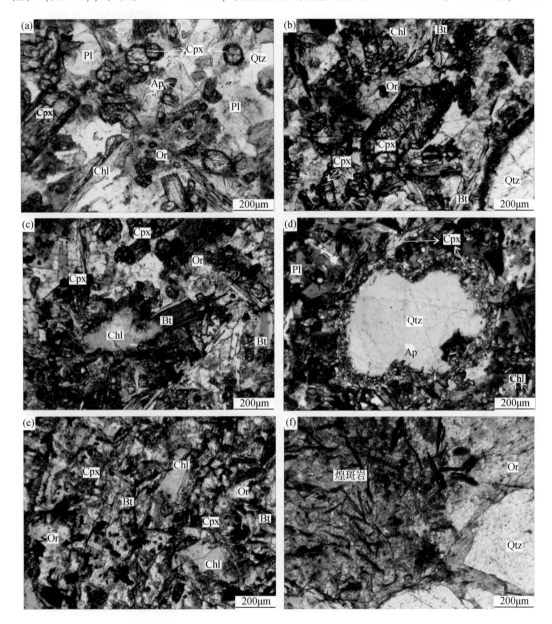

图5-5　淘锡坑钨矿区煌斑岩相学显微照片

（a）岩石具煌斑结构，暗色矿物辉石呈自形粒状，单偏光；（b）岩石中自形柱状辉石，单偏光；（c）岩石中黑云母发生强烈绿泥石化，可见黑云母残片，单偏光；（d）煌斑岩中"似杏仁状"石英捕房晶，包裹他形粒状磷灰石，边缘具栉壳状辉石镶边，正交偏光；（e）钻孔ZKn3961-47.8m，与花岗岩接触部位的细粒煌斑岩，单偏光；（f）钻孔ZKn3961-47.8m，煌斑岩脉与花岗岩的接触面上碎裂的石英、长石，粒间被黑云母等矿物穿插，单偏光。Qtz. 石英；Pl. 斜长石；Or. 正长石；Bt. 黑云母；Chl. 绿泥石；Cpx. 单斜辉石；Ap. 磷灰石

可见角闪石的长柱状纵切面及近六边形横截面假象，粒径在 0.01 ~ 0.15mm；黑云母为片状、黄褐色，发生绿泥石化，部分可见未被绿泥石交代的黄褐色黑云母的残留 [图 5-5 (c)]。浅色矿物主要为酸性斜长石 (≤5%)、正长石 (35% 左右)、石英 (≤5%)，也可见呈"似杏仁"石英捕虏晶，粒径为 1 ~ 2mm，边缘呈浑圆状或熔蚀的港湾状，具有细粒栉壳状辉石的暗色镶边，并可见石英中包裹有他形粒状的磷灰石 [图 5-5 (d)]。以上特征表明"似杏仁状"石英并非岩浆本身结晶形成，可能为煌斑岩浆捕获早期长英质岩石而来。副矿物主要为针状磷灰石、磁铁矿 (1% ~ 2%)。磷灰石呈针状，长宽比值大于 10，多被斜长石包裹，针状磷灰石是岩浆快速冷凝结晶的标志，指示岩浆经历了一个快速冷却的过程。

二、矿体地质特征

1. 矿体类型、产状和规模

在淘锡坑钨矿床，钨矿体的产出有两种类型，即黑钨矿石英脉型和云英岩型。以黑钨矿石英脉型为主，矿体主要产于震旦系浅变质砂 (板) 岩中，向下延伸于隐伏花岗岩体内。

1) 石英脉型矿体

按照矿体赋矿围岩的不同，可将矿脉分为两种产状，一是产于隐伏花岗岩体内，矿脉向上没有穿出岩体，称为内带石英脉型钨矿体；二是矿脉产于震旦系浅变质砂 (板) 岩内，或产于外接触带的浅变质砂岩中但向下延伸至深部隐伏花岗岩体内，称为外带石英脉型钨矿体。

按矿脉空间展布位置的不同，将矿区矿脉分为宝山、棋洞、烂埂子和枫林坑四大脉组；平面上呈北西散开、南东收敛的"帚状"，其中宝山、棋洞、烂梗子三个脉组位于矿区西北部，枫林坑脉组在矿区的东南部 (图 5-1)。矿脉产出特征见图 5-6。坑道内矿体形态变化不大，延伸较深。矿体呈脉状，单脉在平面上较平直略呈舒缓波状弯曲，局部见弯折，大部分矿体见分支、尖灭侧现等现象；在剖面上为薄至厚板状，也见分支复合现象，地表脉体细小密集、往下脉体变厚变少，部分单脉形态呈透镜状，从地表至 156m 标高矿脉逐渐增大，向下至岩体内逐渐尖灭。矿脉的脉幅变化较大，矿体厚度由 0.3 ~ 0.5m 变大到 1.7 ~ 1.9m，WO_3 品位由浅部到深部有变富的趋势。沿北东东向剖面切过的主要矿脉厚度自上而下变化不大，显示矿脉相对稳定。

2) 云英岩型矿体

云英岩型矿体发育于花岗岩岩突顶部接触带的云英岩或云英岩脉中，主要矿石矿物成分为黄铜矿、辉钼矿、黑钨矿和白钨矿；脉石矿物为石英、白云母、萤石等。其中内接触带的云英岩中普遍见有浸染状 (星点) 黄铜矿和辉钼矿，局部含量较高，并构成工业矿体；深部内外接触带附近中常见有规模不等的云英岩脉，部分脉中有黑钨矿化、黄铜矿化和辉钼矿化，少量可达工业品位。云英岩型矿石的结构构造类型主要是粒状变晶结构、交代结构、浸染状 (星点) 构造及块状构造。该类型在淘锡坑钨矿区并不发育。

图 5-6　淘锡坑钨矿区 V11 矿脉产出特征照片

（a）黑钨矿"砂包"，006 中段；（b）矿脉与围岩界线清晰，硫化物分布在矿脉中部，056 中段；（c）柱状黑钨矿集合体，106 中段；（d）矿脉的尖灭侧现，156 中段；（e）黑钨矿垂直脉壁呈梳状分布，206 中段；（f）矿脉的局部膨大缩小，356 中段

2. 矿石矿物组成及产出特征

1）矿石类型

矿区矿石类型较为简单，主要为原生矿石。根据矿石矿物的组成，矿石的自然类型可分为黑钨矿矿石、硫化物矿石；根据矿石构造，分为浸染状黑钨矿矿石、脉状石英–黑钨矿矿石、块状硫化物–黑钨矿矿石、条带状石英–黑钨矿矿石。

2）矿石矿物组成及产出特征

根据野外调研，结合室内光薄片的鉴定，矿脉以黑钨矿石英脉型为主，内带型、外带型矿脉在矿石矿物组成上基本一致，矿石矿物有黑钨矿（图5-7）、白钨矿、锡石、黄铜矿、毒砂、辉钼矿、黄铁矿、闪锌矿、磁黄铁矿、自然铋、辉铋矿及铋硫盐矿物等；脉石矿物有石英、白云母、方解石、萤石、石榴子石、黄玉、绿柱石、叶蜡石等。

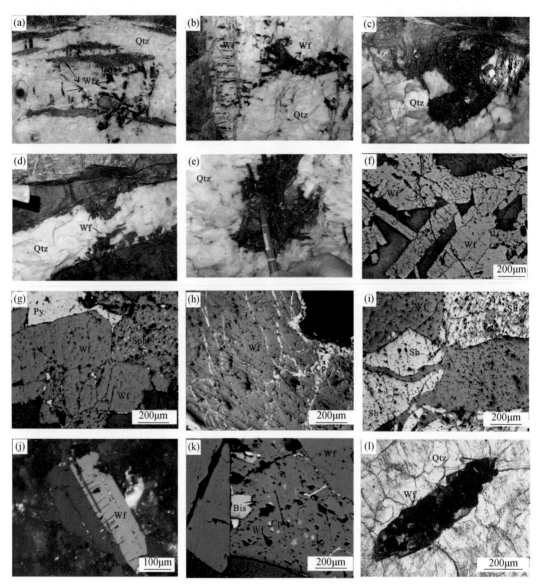

图 5-7　淘锡坑矿区主要矿石矿物黑钨矿的产出特征照片

（a）晚期黑钨矿呈小柱状分布在矿脉中部，056m 中段 Vn3 脉；（b）两期黑钨矿，早期黑钨矿结晶较粗大，晚期黑钨矿呈梳状垂直脉壁产出，056m 中段 Vn3 脉；（c）黑钨矿聚集呈团块状"砂包"产出，106 中段 V18 号脉；（d）黑钨矿垂直脉壁呈放射状产出，156m 中段 Vm24 脉；（e）黑钨矿聚集呈"砂包"产出，106 水平 V11 矿脉；（f）板条状黑钨矿，206 水平 V11 号脉，反射光；（g）黑钨矿被黄铁矿、闪锌矿熔蚀交代，356 水平 V11 号，反射光；（h）黄铜矿呈细脉状沿黑钨矿裂隙充填交代，356m 中段 V23 脉，反射光；（i）黑钨矿碎裂，裂隙被白钨矿充填交代，356 水平 V11 号脉，反射光；（j）黑钨矿的简单双晶，56m 中段 Vn17 脉，反射光；（k）辉铋矿沿黑钨矿与闪锌矿的接触面穿孔交代闪锌矿，356 水平 V11 号，反射光；（l）白钨矿交代黑钨矿，保留黑钨矿板状晶形，356 水平 V11 号，透射光

Cp. 黄铜矿；Py. 黄铁矿；Sh. 白钨矿；Wf. 黑钨矿；Sch. 闪锌矿；Qtz. 石英；Bis. 辉铋矿

3. 矿石的结构构造

矿石的结构以自形-半自形粒状结构、交代结构为主，包括交代残留结构和交代乳滴状结构，其次是出溶结构、半自形粒状结构和嵌晶结构（图5-7）。构造以致密块状构造为主，少量的线状-条带状构造、浸染状构造、角砾状-扁豆状构造和晶洞构造。

4. 围岩蚀变类型及分带特征

在成矿过程中，成矿流体的迁移总是伴随着交代作用，导致围岩中的主要元素发生溶解—迁移—富集沉淀。不同的蚀变类型代表着不同的矿化富集阶段（朱焱龄等，1981）。淘锡坑矿内带型矿脉围岩为黑云母花岗岩，外带型矿脉围岩为粉砂质板岩、长石杂砂岩等。围岩性质不同，蚀变类型也不相同。

内带型矿脉主要表现为水平分带，即从含矿石英脉的脉侧蚀变在水平方向出现明显对称分带，即从矿脉两侧表现为矿脉→富云母云英岩→富石英云英岩（正常云英岩）→云英岩化花岗岩→黑云母花岗岩。垂直方向上，蚀变分带不很明显，从钻孔资料揭露的岩石特征上看，云英岩化蚀变是随矿脉深度的增加而减弱的。

外带型矿脉在脉侧水平方向上，蚀变分带不明显，主要有黑云母化、电气石化、硅化、绢云母化、绿泥石化等。垂直方向上，有一定的变化规律，表现为从岩体顶面向上，受热蚀变作用的影响，蚀变的强度逐渐减弱，大致可以划分三个：角岩蚀变带→强角岩化蚀变带→角岩化-弱角岩化蚀变带。

三、矿床地球化学

1. 花岗岩的地球化学特征

对矿区花岗岩及细晶岩的化学成分进行了分析（表5-1～表5-3），结果显示，淘锡坑矿区隐伏花岗岩体由中细粒斑状黑云母花岗岩、中细粒白云母花岗岩、钠长石花岗岩组成，属于铝过饱和岩石，钠长花岗岩相对高硅，略富钠低钾。在火成岩 SiO_2-ALK 分类命名图解（图5-8）上，均投在亚碱性系列花岗岩区域。相比而言，淘锡坑的黑云母花岗岩、钠长花岗岩投点相对集中，白云母花岗岩、细晶岩脉样品的碱质含量相对较低。在 SiO_2-K_2O 图解（图5-9），淘锡坑岩体和九龙脑岩体一致，均落入高钾钙碱性系列岩石范围，钠长花岗岩和细晶岩落在钙碱性系列。花岗岩在 A/CNK-A/NK 图解（图5-10）中，显示准铝质-弱过铝质特征，细晶岩显示出过铝质特征。

郭春丽等（2008，2010）对九龙脑岩体的中粒似斑状黑云母花岗岩的成分进行了分析，在 SiO_2-ALK 分类命名图解上落入花岗岩区域，在花岗岩的 SiO_2-K_2O 图解上落入高钾钙碱性系列。相对于淘锡坑隐伏花岗岩体，九龙脑岩体中黑云母花岗岩的岩石特征与似斑状黑云母花岗岩更为接近，尤其是黑云母花岗岩在化学成分上基本是一致的。

表5-1　九龙脑矿田海锡坑花岗岩和细晶岩主量分析结果表

（单位:%）

岩性	中粒似斑状黑云母花岗岩								白云母花岗岩				钠长花岗岩	细晶岩	
样品号	ZK401-1*	ZK401-2*	TXK-1**	TXK-2**	TXK-3**	TXK-4**	ZKn3962-14	TK55***	ZK802-1***	ZK802-3***	ZKn3962-259.41	ZKn3962-298.89	ZKn3962-344.8	156-17	156-V17-3
SiO_2	75.59	75.61	75.97	75.65	75.95	75.50	75.95	75.02	75.26	77.87	73.09	74.93	79.03	73.28	77.02
TiO_2	0.04	0.04	0.02	0.03	0.02	0.05	0.04	0.04	0.03	0.03	0.03	0.02	0.02	0.03	0.03
Al_2O_3	13.22	12.91	13.08	13.31	13.25	13.26	13.52	14.93	13.45	12.75	13.57	13.58	12.13	15.19	13.30
$^TFe_2O_3$	1.20	1.07	0.68	0.86	0.75	1.38	1.06	1.40	0.98	1.28	0.80	0.90	0.16	1.79	1.41
MnO	0.09	0.09	0.06	0.07	0.08	0.12	0.08	0.11	0.08	0.12	0.12	0.12	0.01	0.08	0.15
MgO	0.08	0.06	0.02	0.03	0.03	0.06	0.03	0.05	0.44	0.14	0.01	0.01	0.01	0.15	0.07
CaO	0.65	0.60	0.57	0.62	0.64	0.53	0.52	0.59	0.93	0.76	0.40	0.36	0.41	0.38	0.87
Na_2O	3.93	3.84	3.89	3.69	3.81	3.09	3.72	3.61	3.09	2.27	4.04	3.72	4.80	4.36	2.26
K_2O	4.67	4.64	4.45	4.62	4.45	4.63	4.57	4.00	4.02	4.10	4.08	4.35	2.99	2.52	2.87
P_2O_5	0.01	0.01	0.01	0.02	0.01	0.02	0.01	0.01	0.01	0.02	0.01	0.01	0.01	0.01	0.02
烧失量	0.88	0.86	0.85	0.85	0.85	1.15	0.73	0.65	0.17	1.32	4.15	0.70	0.41	1.22	1.66
合计	100.4	99.74	100.2	100.5	100.5	101.1	100.2	100.4	99.5	100.7	100.3	98.7	100.0	99.06	99.7
A/CNK	1.04	1.04	1.07	1.09	1.08	1.20	1.13	1.32	1.21	1.33	1.15	1.18	1.02	1.43	1.58
A/NK	1.15	1.14	1.17	1.20	1.20	1.31	1.22	1.45	1.43	1.56	1.23	1.25	1.09	1.53	1.95
ALK	8.60	8.48	8.34	8.31	8.26	7.72	8.29	7.61	7.11	6.37	8.12	8.07	7.79	6.88	5.13
K_2O/Na_2O	1.19	1.21	1.14	1.25	1.17	1.50	1.23	1.11	1.30	1.81	1.01	1.17	0.62	0.58	1.27

注:$^TFe_2O_3$表示全铁，LOI表示烧失量；$A/CNK=(Al_2O_3/102)/(Na_2O/62+K_2O/94.2+CaO/56.1)$；$A/NK=(Al_2O_3/102)/(Na_2O/62+K_2O/94.2)$；ALK表示全碱，$ALK=Na_2O+K_2O$

* 据郭春丽等（2010）；** 据郭春丽等（2008）；*** 据邹欣（2006）；其余为实测

表 5-2　淘锡坑花岗岩和细晶岩脉的微量元素分析结果表

(单位：10^{-6})

岩性	样品号	Li	Be	B	Sc	Cr	Nb	In	Cs	Ta	W	Tl	Bi	Th	U	Co	Ni	Cu	Mo	Cd
似斑状黑云母花岗岩	ZK401-1	53.5	9.32		4.6	5.66	29	0.24	22.2	7.44	7.01	3.32	1.84	37	26.5	0.84	1.54	2.86	1.74	0.28
	ZK401-2	109	7.64		4.95	5.95	27.6	0.26	27	9.01	7.54	3.31	0.76	35	20.4	0.75	1.09	3.7	0.35	0.1
	TXK-1	69.8	6.54		4.61	1.07	34.2		23.9	8.53		3.02	10.29	20.2	22.28	0.46	0.89	0.57	0.55	
	TXK-2	139.9	5.71		3.68	0.11	31.4		31.8	8.87		3.22	1.21	23.5	22.52	0.75	0.04	1.48	0.73	
	TXK-3	131.8	8.3		3.54	0.45	27.2		29.2	7.95		3.16	1.63	25.3	19.63	0.49	2.62	10.65	0.71	
	TXK-4	274.3	3.14		5.49	0.4	25.3		37.1	8.51		3.49	0.74	24.4	18.34	0.59	0.48	26.56	1.97	0.57
中细粒白云母花岗岩	ZKn3962-174	136	5.91		6.23	3.46	51	0.19	36.6	16.9	511	4.37	192	24.9	27.3	55.7	1.71	3.02	0.952	4748
	ZK802-03	109	8.43	6.1	3.1	10	32.4		36.1	9.28				21.58	25.67	1.2	3.4			954
	TK55	158	7.71	6.8	8.4	14	48.9		40.9	14.24				20.91	24.73	1.1	9.2			165
	ZK802-01	95	6.08	8.6	5.2	5	43.2		31.4	14.96				20.18	28.54	0.76	3.8			
钠长石花岗岩	ZKn3962-259.41	605	5.57		5.97	2.5	46.7	0.14	164	17.7	348	6.29	8.17	11.7	20.5	31.8	1.13	1.05	0.32	0.19
	ZKn3962-298.89	393	8.65		6.42	2.09	39.1	0.24	46.4	23.7	332	6.18	35.2	14.5	18.2	34.4	1.14	3.1	0.29	0.21
	ZKn3962-344.77	19	3.54		1.17	2.01	38.4	0.01	8.51	14.4	445	2.38	2.11	11.8	17.7	47.6	1.34	1.07	3.23	0.03
细晶岩	156-17	232.8	25.23		1.83	8.73	21.78	1.60	31.44	55.56	24.52		125.9	5.37	12.20	0.75	1.97	6.86		0.27
	156-V17-3	118.7	15.63		1.19	6.02	12.27	1.82	41.83	27.84	20.31		98.99	6.53	5.81	1.11	2.41	6.40		0.22

岩性	样号	Pb	Zn	Rb	Zr	Hf	Ga	Ba	Sr	Sn	Ti	V	Cl	F	F/Cl	Rb/Sr	Zr/Hf	Nb/Ta	资料来源
似斑状黑云母花岗岩	ZK401-1	63	49	749	83	3.56	21	78	9.18	39						81.59	23.31	3.90	郭春丽等(2008)
	ZK401-2	72	42	753	82	3.47	22	88	8.45	38						89.11	23.63	3.06	
	TXK-1	48.3	35.8	674	59.7	3.89	22.3	24	12.6							53.49	15.35	4.01	
	TXK-2	37.04	65.2	728	60.6	3.54	22.5	34	15.6							46.67	17.12	3.54	
	TXK-3	43.92	67	704	55.9	3.3	21.8	30	15							46.93	16.94	3.42	
	TXK-4	33.63	98.2	807	67.7	3.55	24.7	39	14.4							56.04	19.07	2.97	
中细粒白云母花岗岩	ZKn3962-174	196	42.5	721	52.3	4.5	24.8	33.5	11			2.99				65.55	11.62	3.02	实测
	ZK802-03			681	60	3.91	12.2	47	27.33	37.1	196.4	5.8	20	4170	208.5	24.92	15.35	3.49	
	TK55			756	56.6	3.63	16.8	83	13.08	51.2	312.6	5.23	31	3849	124.2	57.80	15.59	3.43	
	ZK802-01			635	58.3	4.15	13.3	54	30.72	28.46	213	6.08	25	3553	142.1	20.67	14.05	2.89	
钠长石花岗岩	ZKn3962-259.41	49.4	41.3	1062	33.3	3.68	26.6	4.09	3.41			0.65				311.43	9.05	2.64	邹欣 (2006)
	ZKn3962-298.89	56.5	41.9	1050	30	3.72	29.7	6.56	4.56			0.71				230.3	8.06	1.65	
	ZKn3962-344.77	41.3	4.41	378	35.4	4.16	18.5	7.98	7.66			0.77				49.35	8.51	2.67	
细晶岩	156-17	19.86	73.80	1609	34.86	7.10	50.23	41.54	24.43			2.26				65.85	4.91	0.39	实测
	156-V17-3	6.66	29.05	1572	24.26	4.58	39.15	113.6	34.52			1.81				45.54	5.27	0.44	

表 5-3 淘锡坑花岗岩和细晶岩的稀土元素分析结果及参数表

（单位：10^{-6}）

岩性	黑云母花岗岩							白云母花岗岩			钠长花岗岩			细晶岩	
样品号	ZK401-1*	ZK401-2*	TXK-1**	TXK-2**	TXK-3**	TXK-4**	ZKn3962-174	ZK802-03***	TK55	ZK802-01***	ZKn3962-259.41	ZKn3962-298.89	ZKn3962-344.77	156-17	156-V17-3
La	17.80	16.50	15.30	16.96	17.29	21.63	23.20	19.68	21.68	17.58	16.80	17.80	15.00	10.05	12.77
Ce	41.60	37.80	33.19	38.54	41.02	48.89	53.60	50.90	55.60	46.00	38.40	44.90	36.90	33.33	48.09
Pr	5.59	5.01	4.27	4.94	5.66	6.67	6.89	5.30	5.70	4.60	5.11	6.43	4.93	5.47	7.59
Nd	22.50	20.20	19.82	24.10	26.89	29.90	27.00	20.70	21.70	16.80	19.90	26.60	19.90	28.78	39.05
Sm	7.08	6.33	6.61	7.81	8.87	8.97	8.75	8.11	8.11	6.21	8.70	12.00	7.45	9.53	12.94
Eu	0.09	0.09	0.03	0.07	0.07	0.08	0.08	0.09	0.10	0.09	0.02	0.02	0.03	0.11	0.35
Gd	8.21	8.24	9.95	11.12	11.68	11.01	4.82	8.70	7.30	6.70	5.39	7.17	4.79	6.76	9.71
Tb	1.78	1.87	2.02	2.16	2.30	2.12	1.20	2.27	1.78	0.82	1.81	2.34	1.31	1.24	1.72
Dy	12.10	12.90	14.54	15.14	15.49	14.68	7.23	15.50	11.50	12.80	13.10	15.70	8.41	5.66	8.36
Ho	2.47	2.61	3.20	3.35	3.37	3.18	1.26	3.10	2.20	2.59	2.32	2.73	1.46	0.75	1.22
Er	8.05	8.69	9.41	9.24	9.43	9.18	4.05	9.52	6.85	8.41	7.30	8.79	4.56	2.02	3.40
Tm	1.28	1.40	1.50	1.43	1.47	1.46	0.68	1.63	1.24	1.58	1.37	1.72	0.81	0.41	0.68
Yb	8.80	9.78	9.99	9.39	9.49	9.94	4.53	10.52	8.54	10.82	9.27	12.20	5.41	3.01	5.21
Lu	1.33	1.45	1.51	1.44	1.43	1.49	0.64	1.81	1.47	1.95	1.28	1.75	0.74	0.52	0.86
Y	84.00	79.00	82.02	83.16	89.90	82.33	32.80	83.79	61.66	70.87	68.50	76.00	31.50	31.92	54.43
ΣREE	138.68	132.87	131.34	145.69	154.46	169.20	143.92	157.83	153.77	136.95	130.77	160.15	111.69	107.7	151.94
ΣLREE	94.66	85.93	79.22	92.42	99.80	116.14	119.52	104.78	112.89	91.28	88.93	107.75	84.21	87.27	120.78
ΣHREE	44.02	46.94	52.12	53.27	54.66	53.06	24.41	53.05	40.88	45.67	41.84	52.40	27.48	20.37	31.16
ΣLREE/ΣHREE	2.15	1.83	1.52	1.73	1.83	2.19	4.90	1.98	2.76	2.00	2.13	2.06	3.06	4.28	3.88
$(La/Yb)_N$	1.37	1.14	1.03	1.22	1.23	1.47	3.46	1.26	1.72	1.10	1.22	0.99	1.87	2.26	1.66
δEu	0.04	0.04	0.01	0.02	0.02	0.03	0.03	0.03	0.04	0.04	0.01	0.01	0.01	0.04	0.09
δCe	0.97	0.97	0.95	0.98	0.97	0.95	0.99	1.15	1.15	1.18	0.97	0.98	1.00	1.03	1.11

*据郭春丽等（2008）；**据郭春丽等（2010）；***据邹欣（2006）；其余为实测

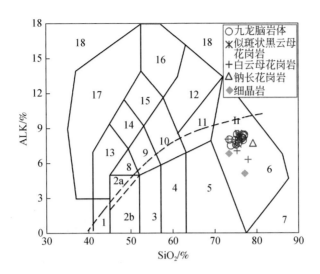

图 5-8　淘锡坑钨矿花岗岩的 SiO_2-ALK 分类命名图解

1. 橄榄辉长岩；2a. 碱性辉长岩；2b. 亚碱性辉长岩；3. 辉长闪长岩；4. 闪长岩；5. 花岗闪长岩；6. 花岗岩；7. 硅英岩；8. 二长辉长岩；9. 二长闪长岩；10. 二长岩；11. 石英二长岩；12. 正长岩；13. 副长石辉长岩；14. 副长石二长闪长岩；15. 副长石二长正长岩；16. 副长正长岩；17. 副长深成岩；18. 霓方钠岩/磷霞岩/粗白榴岩

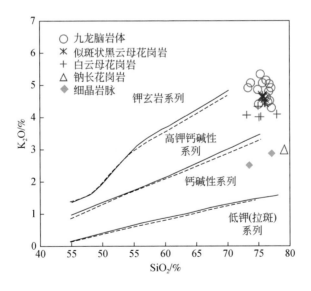

图 5-9　淘锡坑矿区花岗岩的 SiO_2-K_2O 图解

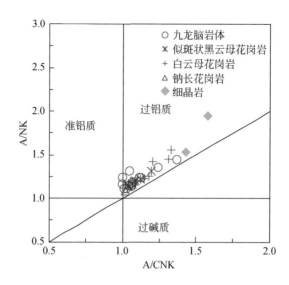

图 5-10　淘锡坑矿区花岗岩的 A/NK-A/CNK 判别图

花岗岩中微量元素成分分析结果（表 5-2），显示出 Li、Cs、Rb、Sr、Rb/Sr 值由黑云母花岗岩→白云母花岗岩→钠长花岗岩有由低→高→低的变化趋势。细晶岩脉中 Li、Cs 含量变化较大，F/Cl 值显著高于矿区内的花岗岩，Rb/Sr 值低于黑云母花岗岩和白云母花岗岩，与钠长花岗岩相当。另外，细晶岩脉中 Zr/Hf、Nb/Ta 值也均低于花岗岩。花岗岩中 W 含量变化较大，Sn 含量略低于细晶岩。同时，结果显示细晶岩中的 Rb、Bi、Sc、Ta 等元素含量较花岗岩有所增加。这些现象均表明，随着花岗质岩浆的演化，花岗岩中有大量的成矿物质进入热液流体中，随流体进行了迁移。

利用原始地幔（Sun and McDonough，1989）对微量元素进行标准化处理，得到样品的标准化蛛网图（图 5-11）。图中显示，花岗岩、细晶岩的特征是一致的，均表现为相对原始地幔明显富集高场强元素 Rb、Th、U、Ta，但是在出现 Ta 强烈富集的同时，Nb 富集程度不高，相对亏损大离子亲石元素 Ba 和 Sr。相比而言，在白云母花岗岩中，Ba、Sr 的亏损更明显。

郭春丽等（2008）对九龙脑岩体花岗岩微量元素进行对比（图 5-12），蛛网图形态基本一致，反映它们可能属于同源岩浆演化产物，但九龙脑岩体中部分样品的 Hf 富集程度较高。花岗岩均 Sr 亏损，指示斜长石分离结晶后的残余岩浆，因为 Sr 与 Ca 化学性质相似，相容于斜长石；P 亏损指示岩浆起源于亏损地幔或地壳岩石；Ti 贫化表示岩浆物质来源于地壳，因为 Ti 不易进入熔体而残留在源区。图 5-12 中，花岗岩稍亏损 Zr，因为 Zr 易进入熔体或保留于熔体中，指示可能有上地幔物质参与。

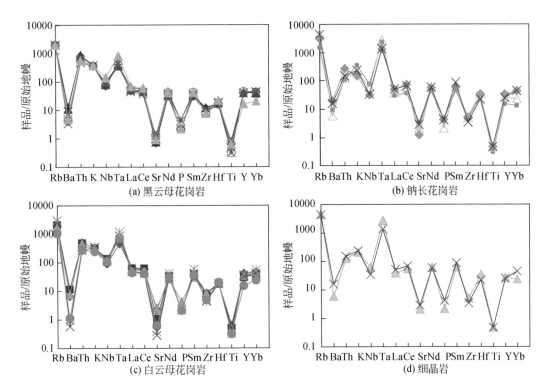

图 5-11 淘锡坑钨矿区花岗岩、细晶岩中微量元素原始地幔标准化蛛网图

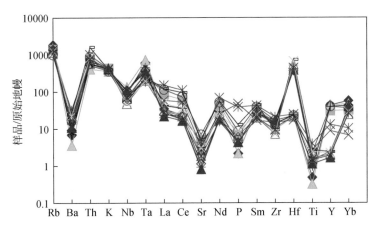

图 5-12 九龙脑岩体中黑云母花岗岩的微量元素原始地幔标准化蛛网图

分析样品的稀土元素含量及相关参数见表 5-3。球粒陨石标准化（Taylor and Mclemann，1985）之后，稀土元素配分模式曲线见图 5-13。结果显示：淘锡坑岩体中的中细粒黑云母花岗岩、中细粒白云母花岗岩、钠长花岗岩的稀土元素球粒陨石标准化配分曲线基本一致，均表现为强烈的 δEu 亏损、无到弱的 Ce 正异常、较水平的轻稀土富集型"V"配分模式（图 5-13），岩石中 ΣREE、δEu、δCe、（La/Yb）$_N$ 总体变化不大。相比而言，钠长花岗岩 ΣREE 略低。细晶岩的球粒陨石标准化配分模式也表现为轻稀土富集，具有强烈

δEu 负异常的"V"配分模式。郭春丽等（2008）分析了九龙脑岩体中稀土元素含量，与淘锡坑花岗岩、细晶岩的稀土元素含量及相关参数对比，九龙脑岩体→淘锡坑花岗岩→细晶岩中稀土总量 ΣREE、重稀土总量（ΣHREE）、(La/Yb)$_N$ 表现为低→高→高的趋势，轻稀土总量（ΣLREE）升高，说明岩浆演化晚期熔体更富集稀土元素。花岗岩、细晶岩中强烈的 Eu 异常，表明岩石在自交代过程中存在熔体与富热水流体的相互作用。另外，花岗岩与细晶岩具相同的稀土元素配分曲线配分模式，佐证了细晶岩脉与花岗岩是同一岩浆在不同演化阶段的产物。

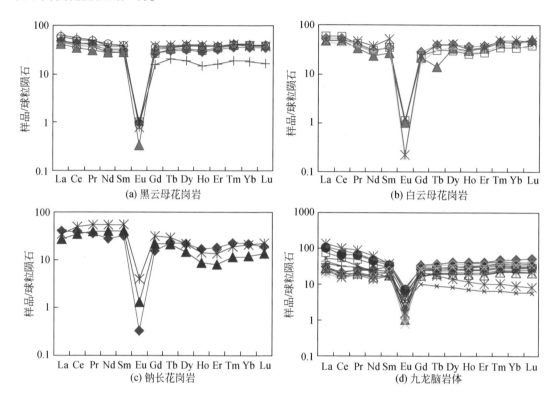

图 5-13　淘锡坑钨矿区花岗岩、细晶岩的稀土球粒陨石标准化配分模型

淘锡坑矿区花岗岩的岩石地球化学特征研究显示，其主量元素、微量元素、稀土元素等方面的特征与九龙脑岩体基本是一致的，均具高钾钙碱性系列、准铝-过铝质花岗岩特征，在稀土元素配分模式、微量元素蛛网图等方面也是一致的。Rb/Sr、Rb/Ba、Zr/Hf、Nb/Ta 等值，可以反映岩浆分异演化的程度（表 5-4），Rb/Sr 值在九龙脑岩体中最低，为19.87；淘锡坑花岗岩中，白云母花岗岩最高，平均达 129.02，远远大于中国东部上地壳平均值的 0.31（高山等，1999），表明岩体均源自陆壳物质；矿区煌斑岩中平均为 0.37，略高于中国东部上地壳平均值，表明它有幔源物质参与。Nb/Ta 值比较低，均低于正常花岗岩和大陆地壳的平均值 11（郭春丽等，2011a）。

表 5-4　淘锡坑矿区花岗岩不同演化阶段主要微量元素平均含量变化表　　（单位：10^{-6}）

岩性	九龙脑岩体	黑云母花岗岩	白云母花岗岩	钠长花岗岩	细晶岩	煌斑岩
Th	32.96	27.19	17.77	11.8	5.9	9.79
U	14.28	22.42	23.53	17.7	9.0	2.97
Rb	473.86	733.71	836.80	378	1590.5	309.46
Zr	88.00	65.89	47.64	35.4	29.6	135.44
Hf	54.86	3.69	3.82	4.16	5.8	3.73
Ba	116.64	46.64	38.93	7.98	77.6	966.38
Sr	37.56	12.32	15.82	7.66	29.5	838.04
Rb/Sr	19.87	62.77	129.02	49.35	55.69	0.37
Zr/Hf	11.94	18.15	12.42	8.51	5.1	36.42
Nb/Ta	4.40	3.42	2.82	2.67	0.4	13.38
Rb/Ba	5.85	85.77	88.14	45.9	94.66	0.32
ΣREE	127.02	145.17	147.89	111.69	172.1	219.75
ΣLREE	89.49	98.24	101.13	84.21	132.5	195.88
ΣHREE	37.53	46.93	46.77	27.48	39.7	23.87
ΣLREE/ΣHREE	3.07	2.31	2.18	3.06	3.4	8.24
$(La/Yb)_N$	2.99	1.64	1.29	1.99	1.5	11.83
δEu	0.14	0.03	0.02	0.01	0.1	0.91
δCe	0.86	1.00	1.10	1.05	1.1	0.90

注：九龙脑分析数据据郭春丽，2010

2. 煌斑岩的地球化学特征

为了进一步确定煌斑岩中主要组成矿物的种属，对主要组成矿物进行电子探针成分分析。测试在中国地质科学院矿产资源研究所电子探针室完成，仪器型号为 JXA-8230。

分析结果见表 5-5。根据辉石分类命名方案（Morimoto，1988），本区煌斑岩辉石属于 Ca-Mg-Fe 辉石族，在 Wo-En-Fs 图中［图 5-14（a）］，无论斑晶和基质数据点都落于透辉石和普通辉石区（Wo=40~46、En=44~53、Fs=4~10）；黑云母为富镁的黑云母，属于黑云母-金云母系列［图 5-14（b）］；根据长石成分［图 5-14（c）］，主要为正长石（$Ab_{2-3}Or_{97-98}$）和钠-更（奥）长石（$Ab_{85-95}An_{4-14}$）；角闪石普遍强烈绿泥石化、绿帘石化，未获得氧化物含量。结合岩相学鉴定与矿物化学成分，进一步将该煌斑岩定名为绿泥石化闪辉正煌岩。

表 5-5 淘锡坑矿区煌斑岩中主要矿物的电子探针分析结果 （单位:%）

分析号	矿物名称	Na₂O	MgO	Al₂O₃	SiO₂	P₂O₅	K₂O	CaO	TiO₂	FeO	MnO	Cr₂O₃	F	合计
48-1-4	黑云母	0.26	15.03	16.28	37.61	0	9.53	0.05	3.02	14.03	0.08	0.02	1.17	95.9
48-1-5		0.18	17.61	15	38.73	0	9.6	0.06	2.99	9.49	0.07	0	2.22	93.7
48-3-3		0.19	18.54	15.39	38.54	0	8.42	0.04	3.48	8.97	0.04	0.11	1.67	93.7
48-2-4		0.21	16.71	14.95	37.28	0.03	9.41	0.38	3.18	10.46	0.04	0.02	1.58	92.7
48-2-5		0.17	17.91	15.43	39.1	0.03	8.42	0.01	3.4	9.45	0.02	0.02	1.83	94.0
115.37-1-5		0.2	17.49	15.56	38.8	0	9.79	0.02	2.78	10.35	0.01	0.02	2.25	95.0
115.37-1-6		0.11	12.39	16.17	36.75	0	9.59	0.02	2.58	16.83	0.2	0.01	0.84	94.7
115.37-2-4		0.3	15.96	15.81	38.01	0.01	9.02	0.02	2.76	12.25	0.04	0.01	1.83	94.2
115.37-2-5		0.22	14.74	16.26	37.53	0	8.82	0.02	2.75	13.75	0.16	0.01	1.09	94.3
115.37-4-4		0.26	14.5	15.79	38.09	0	8.99	0.08	2.6	12.77	0.11	0.07	1.59	93.3
115.37-4-5		0.24	13.36	16.01	36.74	0.02	9.71	0.14	2.58	14.89	0.1	0.06	1.09	93.9
48-1-3	正长石	0.19	0	18.18	65.55	0	15.54	0.05	0.02	0.1	0	0.03	0	99.7
48-3-5		0.31	0	18.1	65.05	0.02	15.9	0.04	0	0.05	0	0.01	0	99.5
48-2-7		0.28	0	18.29	64.98	0.01	16.17	0.01	0	0.1	0	0.05	0.07	99.9
115.37-1-3		0.25	0	18.52	64.7	0.01	15.86	0.03	0	0	0	0.01	0	99.4
115.37-1-4		0.26	0	17.99	64.58	0	16.51	0.01	0	0.06	0	0	0	99.4
115.37-3-4		0.23	0	18.47	65.81	0	14.74	0.06	0.01	0	0	0.02	0.31	99.3
48-3-6		9.99	0.02	20.37	66.41	0	0.11	3.06	0	0.1	0	0	0.04	100.1
48-3-7		10.94	0	20.62	67.35	0.01	0.1	0.87	0	0.15	0	0.01	0.13	100.1
1809.3-NA-1	碱性长石	7.76	0.01	19.86	68.77	0	0.1	0.04	0.01	0	0	0.02	0.13	96.6
1809.3-NA-2		11.38	0	19.41	67.97	0.02	0.11	0.04	0	0.1	0	0	0	99.0
1809.3-NA-3		11.68	0	19.52	68.76	0	0.1	0.06	0	0.04	0.01	0	0.09	100.2
1809.3-NA-3		10.65	0.05	19.33	67.83	0.01	0.06	0.04	0	0.04	0.01	0.52	0	98.5
1813.2-NA-1		11.55	0.01	19.86	68.38	0	0.11	0.05	0.01	0	0.03	0.01	0	100.0
1813.2-NA-2		11.79	0	19.4	71.61	0.01	0.16	0.12	0	0.03	0	0.02	0	103.1
1813.2-NA-3		11.62	0	19.04	68.21	0	0.19	0.02	0	0	0	0	0	99.1
48-1-1	辉石斑晶	0.17	16.59	1.68	53.45	0	0.01	22.35	0.29	4.39	0.08	0.11	0.08	99.1
48-1-2		0.17	16.63	1.62	54.63	0.02	0	21.54	0.27	4.75	0.12	0.12	0.17	99.9
48-2-1		0.15	15.76	1.84	53.81	0	0.01	21.92	0.41	5.13	0.18	0.06	0.1	99.3
48-2-1		0.18	18.46	2.27	52.39	0	0.01	19.85	0.34	5.91	0.17	0.6	0	100.2
48-2-2		0.16	17.83	1.3	55.69	0.01	0.03	21.04	0.25	3.83	0.09	0.27	0.19	100.5
48-2-2		0.18	17.62	1.29	53.36	0.01	0.03	20.61	0.23	2.59	0.11	0.32	0	96.4
48-2-3		0.12	16.24	1.9	54.08	0.01	0.01	22.05	0.36	5.27	0.16	0.07	0.17	100.3
115.37-1-1		0.25	17.22	2.9	54.55	0.01	0	21.15	0.3	3.03	0.05	0.34	0	99.8
115.37-1-1		0.24	16.64	2.87	53.33	0.04	0.01	20.98	0.27	2.69	0.07	0.32	0.03	97.5

续表

分析号	矿物名称	Na₂O	MgO	Al₂O₃	SiO₂	P₂O₅	K₂O	CaO	TiO₂	FeO	MnO	Cr₂O₃	F	合计
115.37-1-2	辉石斑晶	0.18	16.73	1.6	53.29	0.03	0.01	21.34	0.24	4.67	0.11	0.05	0	98.3
115.37-4-8		0.24	18.25	2.53	54.54	0.02	0.02	20.69	0.27	2.53	0.08	0.51	0	99.7
115.37-4-8		0.23	17.85	2.82	54.01	0	0	20.04	0.31	2.55	0.1	0.47	0	98.4
115.37-4-8		0.27	18.26	2.67	53.46	0.03	0.01	20.57	0.31	4.02	0.11	0.56	0	100.3
48-3-1	辉石基质	0.19	14.87	4.02	51.48	0.01	0	21.64	0.67	6.19	0.1	0.07	0.05	99.2
48-3-2		0.17	15.31	2.27	53.48	0.03	0.01	21.58	0.33	6.01	0.14	0.04	0.1	99.4
115.37-2-8		0.15	16.85	1.6	54.63	0.01	0.01	21.55	0.26	4.91	0.17	0.15	0.28	100.3
115.37-4-9		0.22	15.42	3.24	52.91	0	0.01	21.72	0.55	5.77	0.06	0.1	0	100.0
115.37-4-1	镶边辉石	0.19	15.84	2.92	52.56	0.01	0	21.75	0.36	5.12	0.11	0.16	0.05	99.0
115.37-4-2		0.15	15.86	1.47	54.5	0.03	0.02	21.87	0.36	4.81	0.09	0.04	0	99.2
115.37-4-3		0.14	15.89	0.94	54.38	0.04	0.01	21.39	0.24	5.24	0.15	0.03	0.1	98.5

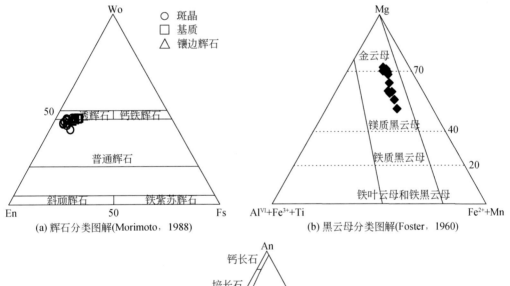

(a) 辉石分类图解(Morimoto，1988)

(b) 黑云母分类图解(Foster，1960)

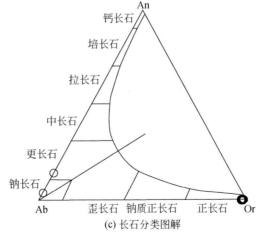

(c) 长石分类图解

图 5-14 淘锡坑煌斑岩主要组成矿物分类图解

岩石地球化学分析样品分别采自烂埂子矿段 56m 中段、钻孔 ZKn3961 孔深 48m 和 115.37m 处。主量元素分析结果表明（表 5-6），样品中 SiO_2 含量变化于 50.24%～51.05%，TiO_2 为 0.68%～0.7%，含量较低，K_2O 含量为 3.34%～3.90%，Na_2O 含量为 1.15%～1.40%，全碱（K_2O+Na_2O）含量为 4.49%～5.18%，K_2O/Na_2O 为 2.49～3.05，属于高钾系列。

利用 SiO_2-（Na_2O+K_2O）图解 [图 5-15（a）] 和 $K/(K+Na)$-K/Al 图解（路凤香等，1991），分析样品落在钙碱性系列和钾质煌斑岩区域中 [图 5-15（b）]。说明淘锡坑闪辉正煌岩属于钙碱性钾质低钛煌斑岩。

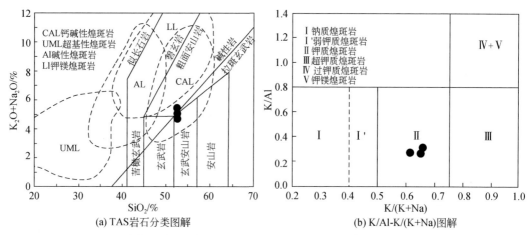

图 5-15　淘锡坑煌斑岩样品的 TAS 岩石分类图解和 K/Al-$K/(K+Na)$ 图解
（a）底图据 Rock et al.，1991；（b）底图据路凤香等，1991

稀土元素分析结果显示（表 5-6），岩石中 ΣREE 含量为 201.09×10^{-6}～244.16×10^{-6}，$\Sigma LREE$ 含量为 179.88×10^{-6}～216.62×10^{-6}，$\Sigma HREE$ 含量为 21.11×10^{-6}～27.54×10^{-6}。轻重稀土分馏明显，具有弱的 δEu 和 δCe 负异常，反映岩浆演化过程中斜长石的分离结晶作用不强。稀土元素球粒陨石标准化型式图（图 5-16）表现出轻稀土富集重稀土相对亏损的右倾型分布特征。

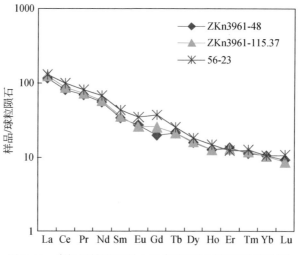

图 5-16　淘锡坑煌斑岩稀土元素球粒陨石标准化配分图

表5-6　淘锡坑煌斑岩主量元素和稀土微量元素分析结果

样品号	ZKn3961-48	ZKn3961-115.37	56-23	样品号	ZKn3961-48	ZKn3961-115.37	56-23
SiO_2	50.24	50.62	51.05	Bi	1.82	1.73	7.41
TiO_2	0.68	0.70	0.68	U	2.82	2.68	3.42
Al_2O_3	12.75	12.83	13.08	Nb	10.50	11.00	9.07
$^TFe_2O_3$	7.68	7.80	7.96	Ta	0.71	0.68	0.99
MnO	0.19	0.17	0.18	Zr	143.00	139.00	124.31
MgO	8.90	9.07	9.13	Hf	3.94	4.03	3.23
CaO	8.86	9.64	9.30	Th	9.54	9.47	10.36
Na_2O	1.28	1.15	1.40	La	42.80	45.60	48.33
K_2O	3.90	3.34	3.48	Ce	77.80	83.20	95.88
P_2O_5	0.51	0.52	0.52	Pr	9.52	10.00	11.27
LOI	4.19	4.51	2.81	Nd	39.60	41.80	48.11
合计	99.18	100.35	99.59	Sm	7.91	8.16	10.01
K_2O+Na_2O	5.18	4.49	4.88	Eu	2.35	2.26	3.03
K_2O/Na_2O	3.05	2.90	2.49	Gd	6.05	7.81	11.35
$Mg^\#$	67.38	67.46	67.15	Tb	1.22	1.23	1.46
Sc	31.40	31.70	35.47	Dy	6.04	6.25	6.90
V	249.00	254.00	265.96	Ho	1.07	1.08	1.26
Cr	524.00	527.00	791.36	Er	3.37	3.25	3.10
Co	42.10	43.60	43.15	Tm	0.40	0.42	0.45
Ni	117.00	113.00	209.87	Yb	2.62	2.58	2.61
Cu	60.30	36.60	15.85	Lu	0.35	0.33	0.41
Zn	114.00	90.20	149.15	W	59.60	74.50	3.45
Ga	15.20	15.80	16.31	Y	27.40	27.60	30.59
Rb	316.00	218.00	394.37	ΣREE	201.10	213.97	244.17
Sr	695.00	769.00	1050.11	ΣLREE	179.98	191.02	216.63
Mo	2.68	1.97	0.71	ΣHREE	21.12	22.95	27.54
Cd	0.27	0.18	0.10	ΣLREE/ΣHREE	8.52	8.32	7.87
Cs	42.30	16.40	13.34	$(La/Yb)_N$	11.04	11.94	12.51
Ba	1034.00	873.00	992.15	δEu	1.00	0.85	0.87
Pb	51.50	14.10	37.14	δCe	0.87	0.88	0.94

注：主量元素单位为%，稀土微量元素单位为10^{-6}

微量元素含量及其原始地幔标准化蛛网图（图5-17）显示，闪辉正煌岩不相容元素明显高于原始地幔，强烈亏损 Ta、Zr、Hf、Ti 等高场强元素和相对富集 Rb、Ba、K、Sr、P 等大离子亲石元素和高场强元素 LREE。过渡族元素含量变化范围较小，其中 Sc、Co、Cr、V、Ni 均在世界钙碱性煌斑岩微量元素含量范围（Rock et al., 1991）。成矿元素 W、Mo 含量低，为矿床提供钨钼可能性不大。

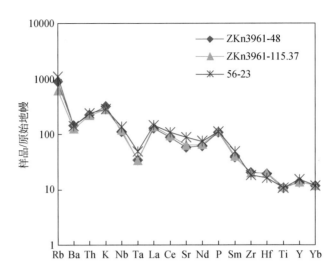

图 5-17　淘锡坑煌斑岩微量元素原始地幔标准化蛛网图

淘锡坑矿区煌斑岩强烈亏损 Nb、Ta、Ti 等高场强元素、相对富集 Rb、Sr 等大离子亲石元素和高场强元素 LREE，尤其是具有较高的 $Mg^{\#}$ 值（67.15~67.46），过渡金属元素 V、Sc、V、Cr、Co 等相对富集，指示其地幔成因；煌斑岩在侵位过程中可能会受到地壳物质的影响（杨一增等，2013），微量元素比值反映出：Nb/Ta 值（9.12~16.15）介于地幔（17.39~17.78）和地壳（10.91）之间（Rudnick，1995）、Zr/Hf 值（34.49~38.52）与地壳值（35.68）（Rudnick，1995）相似，Rb/Sr 值（0.28~0.15）远高于原始地幔值（0.025）（Rapp，1995），指示本区煌斑岩起源于地幔，可能受到地壳物质影响，岩石中的石英捕虏晶也指示具有一定程度地壳物质的混合。

3. 蚀变围岩的地球化学

矿床中内带型和外带型矿体因赋矿围岩的岩石类型不同，出现不同的蚀变和矿化特征，对矿区蚀变围岩开展了系统的主量、微量、稀土元素含量分析，测定的结果见表 5-7~表 5-15。

（1）外带型矿脉其赋矿围岩原岩主要为石英砂岩、粉砂岩和板岩，后期逐渐变质为浅变质石英砂岩、变质石英砂岩，局部蚀变强烈，经热变质为电气石岩。

岩石的主量元素分析结果（表 5-7）显示：从未蚀变的粉砂岩、细砂岩到蚀变较强的变质石英砂岩、电气石岩，SiO_2 含量明显降低，Al_2O_3、$^TFe_2O_3$、TiO_2、Na_2O、K_2O、$^TFe_2O_3$ +MgO 升高，其他氧化物含量并没有较明显的变化。

表 5-7　淘锡坑矿区赋矿地层样品主量元素分析结果　　（单位:%）

样品号	TK29	TK33	TK51	TK68	TK72	TK08	TK31	206-10[*]	356-18[*]
岩性	粉砂岩	细砂岩	粉砂岩	粉砂岩	微变质粉砂岩	变质石英砂岩	变质粉砂岩	黑云母化变质粉砂岩	电气石岩
SiO_2	58.62	87.45	90.38	84.59	70.3	74.39	54.5	60.4	49.87

续表

样品号	TK29	TK33	TK51	TK68	TK72	TK08	TK31	206-10*	356-18*
岩性	粉砂岩	细砂岩	粉砂岩	粉砂岩	微变质粉砂岩	变质石英砂岩	变质粉砂岩	黑云母化变质粉砂岩	电气石岩
TiO_2	0.73	0.73	0.16	0.45	0.69	0.59	0.69	0.83	0.96
Al_2O_3	19.06	7.07	4.83	7.34	14.88	11.61	12.6	16.47	23.33
CaO	0.06	0.03	0.07	0.08	0.06	0.15	10.81	0.58	1.83
Na_2O	0.3	0.32	0.11	0.27	0.21	1.24	0.62	1.21	1.17
K_2O	6.51	2.01	1.3	1.45	2.76	3.69	2.47	4.43	2.02
MgO	4.35	0.31	0.24	1.57	2.02	2.04	9.07	3.33	3.62
MnO	0.09	0.05	0.03	0.04	0.03	0.12	0.3	0.09	0.36
Fe_2O_3	0.95	1.12	1.49	1.22	3.05	1.6	0.54	8.4	10.99
FeO	6.76	0.2	0.41	0.7	1.6	2.34	7.13	0.94	1.22
$^TFe_2O_3$	7.71	1.32	1.9	1.92	4.65	3.94	7.67	9.34	12.22
P_2O_5	0.09	0.09	0.03	0.07	0.09		0.12	0.2	0.14
LOI	1.91	1.28	1.11	1.86	4.18	1.48	0.65	2.13	3.35
合计	99.43	100.66	100.16	99.64	99.85	99.34	99.5	99	98.87
ALK	6.81	2.33	1.41	1.72	2.97	4.93	3.09	5.64	3.19
K_2O/Na_2O	21.7	6.28	11.82	5.37	13.14	2.98	3.98	3.66	1.73
$^TFe_2O_3+MgO$	12.06	1.63	2.14	3.49	6.67	5.98	16.74	12.67	15.84

注：$^TFe_2O_3$ 表示全铁，LOI 表示烧失量；ALK 表示全碱，$ALK = Na_2O + K_2O$

* 为实测，其余据邹欣（2006）

微量元素分析结果（表5-8）显示：细砂岩、粉砂岩中成矿元素 W、Sn、Nb、Ta 含量明显低于变质粉砂岩、变质石英砂岩、电气石岩，Li、F、Cl、Ti、Co、Ni 等的含量在变质粉砂岩、变质石英砂岩、电气石岩中，也均有不同程度的增高，仅有 Zr、Hf 含量降低。利用 Sun 和 McDonough（1989）原始地幔值标准化处理得到岩石的原始地幔标准化蛛网图（图5-18），显示岩石相对原始地幔富集 Rb、Ba、Th、U 等高场强元素，相对亏损大离子亲石元素 Sr，但从细砂岩、粉砂岩到变质粉砂岩、变质石英砂岩、电气石岩，高场强元素 Rb、Th、U 的富集增强，Ba 逐渐相对亏损，仅在个别变质石英砂岩中相对富集，大离子亲石元素 Sr 亏损逐渐减弱。

表 5-8 淘锡坑矿区赋矿围岩样品微量元素分析结果 （单位：10^{-6}）

样品号	TK51	TK29	TK68	TK33	TK72	TK31	TK08	206-10	356-18
样品名	粉砂岩	粉砂岩	粉砂岩	细砂岩	微变质粉砂岩	变质粉砂岩	变质石英砂岩	黑云母化变质粉砂岩	电气石岩
B	46.6	407.3	35.8	89.2	12.8	4.8	407.3		
Ba	770	2190	314	545	299	6430	633	676	160

续表

样品号	TK51	TK29	TK68	TK33	TK72	TK31	TK08	206-10	356-18
样品名	粉砂岩	粉砂岩	粉砂岩	细砂岩	微变质粉砂岩	变质粉砂岩	变质石英砂岩	黑云母化变质粉砂岩	电气石岩
Be	4.78	4.56	2.3	1.78	6.62	3.5	13.8	4.62	9.21
Cd	0.04	0.13	0.06	0.13	0.09	0.74	0.15	0.82	16.93
Cl	16	86	33	24	28	49	61		
Co	1.16	10.73	2.81	1.7	11.51	30.09	3.76	27.49	29.54
Cr	28	92	43	38	104	46	61	148.3	173.6
Cs	12.1	75.7	12.2	6.8	27.2	15	79.8	76.47	35.17
F	1406	3151	643	402	1057	1654	4340		
Ga	17.4	45.1	11.9	14.8	21.8	189.4	19.1	29.63	52.53
Hf	2.43	5.13	5.65	43.12	4.85	5.57	5.64	5.09	4.96
Li	95	225	213	24	147	20	249	219	693
Nb	4.6	15.5	6.4	12.5	14.8	17.2	11.5	12.89	10.43
Ni	6.1	50.5	14.5	10.8	34.2	99.3	19.2	89.53	105.7
Rb	118	436	147	75	336	98	540.5	359	684.8
Sc	4.4	14.4	6.9	6.7	17.4	18	9.8	23.2	20.5
Sn	39.6	15.9	2.1	6.2	4	75.3	59.9		
Sr	13.5	22.7	14.3	23.5	11.5	239.8	32.1	64.3	97.72
Ta	0.3	1.24	0.64	1.38	1.2	1.12	0.95	1.32	1.21
Th	5.14	9.41	9.77	33.66	13.54	18.93	11.39	19.16	20.52
Ti	1190	4890	2931	4574	4447	4268	3763		
U	2.13	2.61	2.61	4.3	3.29	1.47	2.28	4	4.23
V	39.5	129	56.1	41.2	130.6	74.3	78.8	162.6	205.4
Zr	83	158	190	1175	146	153	194	173	162.6
Cu								109.3	32.93
Zn								184.1	1776
In								0.18	0.51
W								16.7	41.55
Pb								12.96	12.39
Bi								1.11	4.68
资料来源				邹欣，2006					实测

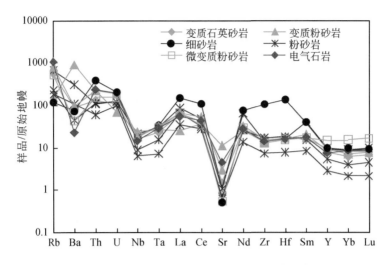

图 5-18 外带型矿脉赋矿地层微量元素的原始地幔标准化蛛网图（标准据 Sun and McDonough，1989）

稀土元素含量分析结果见表 5-9，稀土元素含量球粒陨石标准化配分曲线见图 5-19。结果显示：稀土元素球粒陨石标准化配分曲线表现为轻稀土富集型，具有明显的 δEu 负异常、中等到弱的 δCe 异常的"V"型配分模式。从细砂岩、粉砂岩到变质石英砂岩、变质粉砂岩、电气石岩，稀土总量 ΣREE、ΣLREE、ΣLREE/ΣHREE、(La/Yb)$_N$ 降低，ΣHREE 增高，δEu 负异常减弱，由弱的 Ce 负异常逐渐转变为无到弱的 Ce 正异常。

表 5-9 淘锡坑矿区赋矿地层样品稀土元素分析结果及参数表 （单位：10^{-6}）

样品号	TK51 *	TK29 *	TK68 *	TK33 *	TK72 *	TK31 *	206-10	TK08 *	356-18
岩性	粉砂岩	粉砂岩	粉砂岩	细砂岩	微变质粉砂岩	变质粉砂岩	黑云母化变质粉砂岩	变质石英砂岩	电气石岩
La	24.21	59.68	46.53	102.21	45.58	17.47	45.95	42.95	37.89
Ce	49.7	87.2	56.4	191.7	60.5	66.1	93.77	74.3	79.71
Pr	4.9	17.9	9.8	23.2	10.6	8.7	10.90	9.8	9.30
Nd	18.7	87.1	35.4	102.7	40.7	35.2	45.06	37.5	38.88
Sm	3.79	17.68	6.84	17.47	7.58	7.58	9.13	7.47	7.91
Eu	0.72	3.48	1.34	2.63	1.5	1.59	1.89	1.41	1.60
Gd	3.5	13.3	6	13.8	7.6	6.6	10.39	6.9	8.73
Tb	0.54	2.17	0.96	1.97	1.53	1.22	1.43	1.14	1.24
Dy	2.7	11	5	9.8	11	7	7.78	6.3	7.24
Ho	0.48	1.87	0.87	1.68	2.58	1.34	1.56	1.25	1.53
Er	1.35	5.22	2.46	4.91	8.35	3.91	4.34	3.59	4.38
Tm	0.18	0.73	0.34	0.71	1.3	0.58	0.63	0.51	0.67
Yb	1.07	4.46	2	4.3	7.67	3.47	4.10	3.03	4.32
Lu	0.16	0.73	0.34	0.7	1.25	0.58	0.62	0.52	0.68
Y	13.11	44.84	24.8	42.28	67.93	43.13	39.17	35.44	34.78
ΣREE	112.00	312.52	174.28	477.78	207.74	161.34	237.55	196.67	204.08

样品号	TK51[*]	TK29[*]	TK68[*]	TK33[*]	TK72[*]	TK31[*]	206-10	TK08[*]	356-18
岩性	粉砂岩	粉砂岩	粉砂岩	细砂岩	微变质粉砂岩	变质粉砂岩	黑云母化变质粉砂岩	变质石英砂岩	电气石岩
ΣLREE	102.02	273.04	156.31	439.91	166.46	136.64	206.70	173.43	175.30
ΣHREE	9.98	39.48	17.97	37.87	41.28	24.70	30.85	23.24	28.78
ΣLREE/ΣHREE	10.22	6.92	8.70	11.62	4.03	5.53	6.70	7.46	6.09
δEu	0.59	0.67	0.63	0.50	0.60	0.67	0.59	0.59	0.59
δCe	1.06	0.65	0.62	0.93	0.65	1.31	0.99	0.85	1.01
(La/Yb)$_N$	16.23	9.60	16.69	17.05	4.26	3.61	8.04	10.17	6.29

* 据邹欣，2006；其余为实测

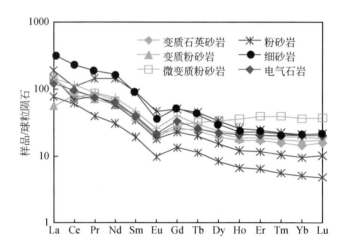

图 5-19　外带型矿脉赋矿地层稀土元素的球粒陨石标准化配分曲线（标准据 Sun and McDonough，1989）

（2）云英岩化主要出现在内带型矿脉两侧花岗岩、隐伏花岗岩体的顶部，或呈脉状产出。对不同产出特征云英岩中主量元素含量的分析（表 5-10）显示，由花岗岩至云英岩，岩石中 SiO_2、K_2O、TiO_2、CaO、P_2O_5 的含量没有明显的变化，但 Al_2O_3、Na_2O 略有降低，$^TFe_2O_3$、MnO、MgO 含量、A/NK、A/CNK 具有明显的升高；在云英岩中，云英岩脉的主要成分与花岗岩接近，脉侧云英岩与顶部内接触带云英岩相比，相对富集 $^TFe_2O_3$。

微量元素分析结果见表 5-11、表 5-12。云英岩及云英岩化花岗岩中成矿元素 W、Sn、Cu、Pb、Zn、Mo、Rb、Bi 等含量较花岗岩有所增加，表明随着花岗岩浆的演化，花岗岩中有大量的成矿物质进入热液流体中，随流体发生转移，为矿床的形成提供了物质基础。与花岗岩相比 Nb、Ta 在云英岩中并不富集，表明 Nb、Ta 的富集主要发生于岩浆演化阶段。

稀土元素分析结果显示（表 5-13），云英岩及云英岩化花岗岩的稀土元素含量相近，均表现为轻稀土富集，强烈的铕负异常。比较而言，矿脉两侧及岩体顶部内接触带云英岩比云英岩脉的铕负异常更强；云英岩及云英岩化花岗岩稀土配分模式与矿区花岗岩也基本一致，表明岩体的蚀变及其流体与岩浆熔体的相互作用，并没有改变岩石的稀土元素球粒陨石标准化配分模式，也进一步佐证了云英岩蚀变分带是同一岩浆在不同演化阶段的产物。

表5-10　淘锡坑矿区不同产状云英岩的主量元素分析结果

（单位:%）

类型	脉侧云英岩					内接触带云英岩					云英岩脉	
样品号	56-Vn7-6	56-V18-13	006-V26-2	006-V26-5	56-10-5	XS106-7*	XS106-6*	XS106-2*	BS56-5*	BS56-2*	106-01	256-2-01
SiO_2	77.65	76.20	77.14	72.72	74.59	77.51	72.56	73.8	75.78	75.85	75.41	76.61
TiO_2	0.05	0.09	0.05	0.05	0.04	0.03	0.02	0.03	0.06	0.03	0.03	0.02
Al_2O_3	11.22	12.33	11.95	14.60	13.28	12.4	15.05	13.57	12.66	12.46	14.37	13.46
$^TFe_2O_3$	4.47	3.72	3.64	3.96	2.68	1.8	2.84	2.82	1.51	2.77	0.71	1.61
MnO	0.24	0.25	0.04	0.06	0.21	0.28	0.39	0.68	0.17	0.23	0.16	0.32
MgO	0.06	0.06	0.20	0.19	0.18	0.06	0.08	0.05	0.14	0.2	0.17	0.14
CaO	0.65	0.72	0.90	0.06	0.48	0.47	0.44	0.4	0.53	0.51	0.47	1.17
Na_2O	0.09	0.06	0.25	0.07	2.16	0.12	0.12	0.1	2.32	0.11	5.24	0.19
K_2O	3.59	4.09	3.72	4.69	2.96	4.14	5.11	4.53	4.52	3.98	1.85	4.43
P_2O_5	0.02	0.02	0.02	0.03	0.02	0.01	0.01	0.01	0.01	0.01	0.02	0.02
LOI	2.01	1.97	2.18	2.22	1.78	2.25	0.17	0.63	0.5	2.11	0.8	1.34
合计	100.05	99.51	100.09	98.65	98.38	99.94	99.73	99.59	99.73	99.72	99.71	99.59
A/CNK	2.15	2.11	1.97	2.75	1.74	2.24	2.30	2.34	1.31	2.30	1.25	1.86
Na_2O+K_2O	3.68	4.15	3.97	4.76	5.12	4.26	5.23	4.63	6.84	4.09	7.09	4.62
A/NK	2.78	2.72	2.69	2.81	1.96	2.65	2.63	2.68	1.45	2.77	1.35	2.63
K_2O/Na_2O	39.89	68.17	14.88	67.00	1.37	34.50	42.58	45.30	1.95	36.18	0.35	23.32

表5-11　淘锡坑矿区云英岩的微量元素含量分析结果　（单位：10^{-6}）

类型	云英岩脉		内接触带云英岩						脉侧云英岩			
样品号	256-2-01*	106-1*	56-10-4	BS56-5	XS106-7**	XS106-6**	XS106-2**	BS56-2**	006-V盲26-2	006-V盲26-5	56-Vn7-6-1	56-V18-13
Li	315.9	98.3	282.6	286.0	464.0	606.0	631.0	386.0	209.0	272.0	450.3	467.4
Be	123.4	32.1	5.3	46.5	7.0	7.6	6.8	6.0	8.0	7.2	5.8	6.1
B	34.5	8.1										
Sc	46.1	27.3	3.6	6.8	21.4	5.1	11.1	8.5	7.0	7.9	3.5	5.6
Cr	6.3	17.0	4.0	7.0	6.0	6.5	4.8	7.0	2.5	1.3	16.3	6.6
Nb	11.4	28.2	31.3	55.5	43.1	42.2	51.1	57.8	38.9	55.7	27.6	39.1
In			3.1	1.0	2.2	4.4	7.5	2.4	2.6	2.9	6.4	6.2
Cs	2.1	2.1	58.4	43.0	58.9	79.8	75.9	61.4	69.0	92.6	94.7	102.1
Ta	26.5	48.8	14.1	20.5	15.5	31.0	7.4	23.9	12.4	10.3	12.4	13.4
W			18.3	578.0	27.5	30.8	1134.0	164.0	372.0	488.0	36.2	21.9
Tl				4.0	4.6	5.9	5.5	4.1	4.4	5.5		
Bi	11.6	4.9	19.9	178.0	79.5	43.3	48.8	31.4	82.1	242.0	83.7	535.6
Th	14.3	13.2	15.8	18.0	38.0	42.0	45.0	29.0	21.7	22.5	18.5	17.1
U		6.6	30.6	20.2	15.8	15.1	15.1	20.0	17.6	23.3	24.7	17.4
Co	1.7	1.3	0.9	1.3	0.9	1.2	1.1	2.1	36.6	41.0	1.3	0.9
Ni	3.4	6.6	2.8	1.4	1.2	1.2	1.1	1.5	1.5	0.7	2.1	1.3
Cu	32379.0		266.2	21.2	46.2	622.0	407.0	326.0	1848.0	528.0	2630.8	1980.4
Mo				36.1	1.1	0.4	0.5	2.5	4.2	21.6		
Cd	10.0	10.0	11.8	1.0	0.5	18.1	27.5	2.2	6.8	3.1	8.9	3.8

续表

类型	云英岩脉		内接触带云英岩						脉侧云英岩			
样品号	256-2-01*	106-1*	56-10-4	BS56-5**	XS106-7**	XS106-6**	XS106-2**	BS56-2**	006-V盲26-2	006-V盲26-5	56-Vn7-6-1	56-V18-13
Pb			34.7	244.0	125.0	104.0	72.0	88.0	86.7	301.0	129.1	1226.6
Zn			911.7	114.0	134.0	1119.0	1542.0	179.0	457.0	252.0	813.1	349.8
Rb	1087.2	554.5	1707.2	985.0	1273.0	1630.0	1532.0	1109.0	887.0	1083.0	1900.3	2317.5
Zr	36.5	31.8	27.4	65.0	51.0	49.0	52.0	54.0	42.3	43.7	41.9	49.3
Hf	7.2	5.5	3.0	2.8	3.0	3.1	3.2	3.0	3.4	3.3	3.9	3.5
Ga	23.1	23.3	40.0	30.0	50.0	56.0	54.0	45.0	36.3	50.0	40.0	43.3
Ba	139.7	66.7	22.3	127.0	124.0	175.0	153.0	107.0	24.8	27.5	17.3	20.7
Sr	14.8	42.5	34.3	16.6	2.1	1.0	5.2	2.7	3.0	2.9	9.5	2.5
Sn	135.0	47.3		86.0	195.0	292.0	238.0	217.0				
Ti	77.1	151.3										
V	4.2	4.4	1.7						2.3	3.9	1.8	3.6
Cl	22.0	20.2										
F	9252.9	3553.2										
F/Cl	421.6	175.6										
Rb/Sr	73.3	13.0	49.8	59.3	594.9	1598.0	293.5	415.4	292.7	380.0	199.7	916.0
Zr/Hf	5.1	5.8	9.3	23.1	17.2	16.0	16.1	17.9	12.4	13.2	10.8	14.1
Nb/Ta	0.4	0.6	2.2	2.7	2.8	1.4	6.9	2.4	3.1	5.4	2.2	2.9

**据郭春丽等（2008）；*据邹氢欣（2006）；其余为实测

表 5-12　淘锡坑矿区花岗岩与云英岩中微量元素含量平均值对比表（单位：10^{-6}）

类型	九龙脑岩体	淘锡坑花岗岩				云英岩		
		黑云母花岗岩	白云母花岗岩	钠长花岗岩	细晶岩	脉状	内接触带	脉侧
Li	71.4	130.6	272.0	19.0	175.8	207.1	442.60	349.69
Be	8.8	6.7	7.3	3.5	20.4	77.8	13.19	6.78
B			7.2			21.3		
Sc	4.3	4.7	5.8	1.2	1.5	36.7	9.40	5.99
Cr	1.8	2.4	6.7	2.0	7.4	11.6	5.87	6.66
Nb	28.7	32.2	42.1	38.4	17.0	19.8	46.84	40.32
In		0.2	0.2	0.0	1.7		3.43	4.55
Cs	22.2	29.7	63.8	8.5	36.6	2.1	62.91	89.60
Ta	7.0	9.6	16.0	14.4	41.7	37.7	18.73	12.10
W		175.2	340.0	445.0	22.4		325.44	229.54
Tl	2.2	3.4	6.2	2.4			4.81	4.95
Bi	2.3	29.8	21.7	2.1	112.5		66.82	235.85
Th	33.0	27.2	17.8	11.8	5.9	8.3	31.31	19.94
U	14.3	22.4	23.5	17.7	9.0	13.7	19.46	20.74
Co	0.9	8.5	13.9	47.6	0.9	1.5	1.22	19.96
Ni	2.2	1.2	3.7	1.3	2.2	5.0	1.54	1.40
Cu	4.5	7.0	2.1	1.1	6.6		281.44	1746.78
Mo		1.0	0.3	3.2			8.12	12.90
Cd		0.3	1173.5	0.0	0.2	16194.5	10.17	5.65
Pb	53.1	70.6	53.0	41.3	13.3		111.28	435.86
Zn	28.8	57.1	41.6	4.4	51.4		666.61	467.98
Rb	473.9	733.7	836.8	378.0	1590.5	820.8	1372.7	1546.95
Zr	88.0	65.9	47.6	35.4	29.6	34.2	49.73	44.30
Hf	54.9	3.7	3.8	4.2	5.8	6.3	3.01	3.53
Ga	18.1	22.7	19.7	18.5	44.7	23.2	45.84	42.42
Ba	116.6	46.6	38.9	8.0	77.6	103.2	118.05	22.57
Sr	37.6	12.3	15.8	7.7	29.5	28.7	10.32	4.48
Sn		38.5	38.9			91.2	205.60	
Ti			240.7			114.2		
V	5.0	3.0	3.7	0.8	2.0	4.3	1.75	2.90
CL			25.3			21.1		
F			3857.3			6403.1		
F/Cl			158.3			298.6		
Rb/Sr	12.6	62.8	129.0	49.3	55.7	43.2	501.81	447.10
Zr/Hf		18.1	12.4	8.5	5.1	5.4	16.58	12.61
Nb/Ta	4.4	3.4	2.8	2.7	0.4	0.5	3.07	3.43
Rb/Ba	5.9	85.8	88.1	45.9	94.7	88.3	90.25	68.62

表5-13　淘锡坑矿区云英岩中稀土元素含量及相关参数

（单位：10^{-6}）

类型	云英岩脉			内接触带云英岩						脉侧云英岩		
样品号	256-2-01*	156-17*	56-10-4	BS56-5**	XS106-7**	XS106-6**	XS106-2**	BS56-2**	006-V盲26-2	006-V26-5	56-Vn7-6-1	56-V18-13
La	16.74	10.05	21.60	22.40	24.90	22.70	28.50	17.40	23.70	28.40	14.00	22.14
Ce	64.9	33.33	56.44	52.20	69.00	67.50	86.40	44.10	50.50	60.50	34.67	54.85
Pr	10.5	5.47	7.69	6.82	9.69	9.58	12.60	6.03	6.59	7.67	4.96	7.37
Nd	37	28.78	28.82	26.30	38.50	37.40	49.80	23.00	25.70	29.30	25.05	29.33
Sm	12.42	9.53	10.68	8.40	12.40	11.00	14.90	7.69	8.30	9.47	8.65	11.03
Eu	0.31	0.11	0.16	0.11	0.06	0.08	0.04	0.08	0.07	0.08	0.47	0.11
Gd	7.4	6.76	10.30	9.21	11.60	8.35	12.30	7.51	4.68	5.76	10.50	11.68
Tb	1.52	1.24	1.93	1.97	2.39	1.62	2.43	1.53	1.15	1.15	2.48	2.26
Dy	8.3	5.66	10.78	12.50	13.80	10.10	15.40	9.31	6.81	6.17	13.50	13.29
Ho	1.41	0.75	2.02	2.29	2.35	1.82	2.85	1.65	1.16	1.07	2.93	2.58
Er	4.9	2.02	5.74	7.75	7.49	6.43	10.40	5.54	3.85	3.63	8.00	7.52
Tm	1.12	0.41	1.08	1.32	1.35	1.32	2.13	1.00	0.65	0.63	1.52	1.31
Yb	9.84	3.01	7.92	9.94	10.40	11.50	19.10	7.96	4.12	4.45	9.13	9.33
Lu	1.83	0.52	1.26	1.52	1.59	1.80	2.95	1.17	0.59	0.64	1.52	1.42
Y	69.26	31.92	58.12	69.00	85.00	69.00	85.00	63.00	34.00	26.60	76.04	89.44
ΣREE	178.19	107.65	166.42	162.73	205.52	191.20	259.80	133.97	137.86	158.91	137.39	174.22
ΣLREE	141.87	87.27	125.39	116.23	154.55	148.26	192.24	98.30	114.86	135.42	87.00	124.84
ΣHREE	36.32	20.37	41.03	46.50	50.97	42.94	67.56	35.67	23.01	23.49	49.58	49.38
ΣLREE/ΣHREE	3.91	4.28	3.06	2.50	3.03	3.45	2.85	2.76	4.99	5.76	1.77	2.53
(La/Yb)$_N$	1.15	2.39	1.96	1.52	1.62	1.33	1.01	1.48	4.13	4.58	1.10	1.70
δEu	0.09	0.04	0.05	0.04	0.02	0.02	0.01	0.03	0.03	0.03	0.15	0.03
δCe	1.11	1.09	1.07	0.98	1.04	1.07	1.06	1.01	0.97	0.99	1.02	1.05

（3）以006中段盲26号脉穿脉剖面为例，研究从矿脉→脉侧云英岩→云英岩化花岗岩的岩石化学成分、元素迁移和富集特征，主量元素、微量元素和稀土元素含量的分析结果分别见表5-14、表5-15、表5-16。结果显示，矿脉中除了SiO_2的含量高于脉两侧的云英岩和云英岩化花岗岩外，Al_2O_3、^TFeO、Na_2O、CaO、MnO、K_2O均低于矿脉两侧。脉侧蚀变中，随着蚀变的增强，^TFeO的含量明显是增加的。成矿元素W的含量由矿脉向两侧蚀变带降低，且早期矿脉的含量高于晚期；Cu、Pb、Zn、Bi的含量在晚期石英脉中含量高于早期富含W的石英脉，反映了两期成矿阶段中，W元素早于Pb、Zn、Bi富集，与矿化阶段的划分相吻合。相对于脉侧的蚀变岩石，脉侧灰黑色的云英岩中，Cu、Pb、Zn、Bi的含量明显高于云英岩化花岗岩。其他微量元素，如Li、Rb、Sr、Ba、Th、U、Nb、Ta等含量由云英岩化花岗岩→脉侧云英岩→矿脉，表现为含量降低的趋势。稀土元素含量变化与微量元素基本一致，矿脉中稀土元素的含量较低，其中脉侧云英岩、云英岩化花岗岩中ΣREE、$\Sigma LREE$、$\Sigma HREE$、$\Sigma LREE/\Sigma HREE$、$(La/Yb)_N$、δEu、δCe均基本一致，均高于石英脉，且早期含钨石英脉→晚期富含硫化物的石英脉，其ΣREE、$\Sigma LREE$、$\Sigma HREE$、$\Sigma LREE/\Sigma HREE$、$(La/Yb)_N$等均有降低的趋势。可见稀土元素含量的变化可以反映成矿物质由花岗岩→蚀变云英岩→矿脉的成矿过程。

表 5-14   淘锡坑矿区 006 中段 Vm26 号及两侧蚀变岩石主量元素分析结果（单位：%）

类型	云英岩化花岗岩	富石英云英岩	晚期石英脉	主成矿期矿脉	富石英云英岩	云英岩化花岗岩
样品号	006-Vm26-1	006-Vm26-2	006-Vm26-3	006-Vm26-4	006-Vm26-5	006-Vm26-6
SiO_2	76.78	77.14	98.01	97.11	72.72	77.15
TiO_2	0.05	0.05	0.01	0.01	0.05	0.05
Al_2O_3	12.97	11.95	0.76	0.51	14.60	12.40
$^TFe_2O_3$	1.61	3.64	0.62	0.57	3.96	1.77
MnO	0.12	0.20	0.03	0.06	0.19	0.13
MgO	0.04	0.04	<0.01	<0.01	0.06	0.08
CaO	0.62	0.90	0.01	0.04	0.06	0.64
Na_2O	2.92	0.27	<0.01	<0.01	0.07	1.33
K_2O	4.36	3.72	0.17	0.11	4.69	4.93
P_2O_5	0.02	0.02	<0.01	0.01	0.03	0.02
LOI	1.03	2.18	0.40	0.30	2.22	1.45
合计	100.52	100.09	100.01	98.72	98.65	99.95

表 5-15   006 中段 Vm26 号及两侧蚀变微量稀土元素分析结果   （单位：10^{-6}）

类型	云英岩化花岗岩	云英岩	晚期石英脉	主矿脉	云英岩	云英岩化花岗岩
样品号	006-Vm26-1	006-Vm26-2	006-Vm26-3	006-Vm26-4	006-Vm26-5	006-Vm26-6
Li	148	209	37.4	21.3	272	156

续表

类型	云英岩化花岗岩	云英岩	晚期石英脉	主矿脉	云英岩	云英岩化花岗岩
样品号	006-Vm26-1	006-Vm26-2	006-Vm26-3	006-Vm26-4	006-Vm26-5	006-Vm26-6
Be	4.92	8.01	0.84	5.99	7.16	13.1
Sc	6.6	6.95	0.39	1.1	7.9	6.87
Cr	2.26	2.49	3.5	0.75	1.26	1.52
Nb	36.5	38.9	2.9	30.9	55.7	58.2
In	0.486	2.64	1.14	0.98	2.9	1.07
Cs	42	69	2.8	0.6	92.6	49.6
Ta	13.3	12.4	0.64	1.37	10.3	22.2
W	488	372	968	1615	488	398
Tl	4.23	4.38	0.33	0.04	5.51	5.08
Bi	19.4	82.1	132	21.8	242	20.1
Th	23.2	21.7	1.09	1.73	22.5	25.7
U	22.6	17.6	1.46	3.34	23.3	35.7
Co	52.5	36.6	87.5	96.5	41	38.2
Ni	1.44	1.54	2.26	1.43	0.71	1.31
Cu	12.6	1848	638	331	528	56.6
Mo	9.01	4.2	29.6	4.3	21.6	2.57
Cd	1.13	6.77	14.4	1.71	3.14	2.09
Pb	61.6	86.7	1209	26	301	86.5
Zn	127	457	683	96.8	252	233
Rb	806	887	41	24.4	1083	932
Zr	44.4	42.3	2.4	2.7	43.7	46.7
Hf	3.62	3.41	0.35	0.08	3.32	4.01
Ga	28	36.3	2.9	2	50	29
Ba	34.8	24.8	2.4	2.8	27.5	40.7
Sr	9.78	3.03	1.18	1.52	2.85	11.7
V	0.553	2.31	1.35	0.87	3.94	2.6
La	23.4	23.7	1.11	3.62	28.4	25.3
Ce	51.7	50.5	2.53	7.49	60.5	56.1
Pr	6.66	6.59	0.34	0.96	7.67	7.23
Nd	25.3	25.7	1.47	3.92	29.3	27.9
Sm	8.13	8.3	0.62	1.45	9.47	9.6
Eu	0.08	0.065	0.01	0.03	0.08	0.084

类型	云英岩化花岗岩	云英岩	晚期石英脉	主矿脉	云英岩	云英岩化花岗岩
样品号	006-Vm26-1	006-Vm26-2	006-Vm26-3	006-Vm26-4	006-Vm26-5	006-Vm26-6
Gd	4.38	4.68	0.39	0.97	5.76	6.26
Tb	1.14	1.15	0.13	0.28	1.15	1.5
Dy	6.86	6.81	0.92	1.7	6.17	8.77
Ho	1.21	1.16	0.17	0.32	1.07	1.53
Er	3.8	3.85	0.54	0.98	3.63	4.9
Tm	0.637	0.645	0.1	0.24	0.626	0.863
Yb	4.27	4.12	0.73	1.63	4.45	5.8
Lu	0.6	0.594	0.1	0.25	0.638	0.768
Y	33	34	4.94	4.79	26.6	35.9
ΣREE	138.17	137.86	9.16	23.83	158.91	156.61
$\Sigma LREE$	115.27	114.86	6.09	17.46	135.42	126.21
$\Sigma HREE$	22.90	23.01	3.07	6.36	23.49	30.39
$\Sigma LREE/\Sigma HREE$	5.03	4.99	1.98	2.75	5.76	4.15
$(La/Yb)_N$	3.93	4.13	1.09	1.59	4.58	3.13
δEu	0.04	0.03	0.05	0.06	0.03	0.03
δCe	1.00	0.97	1	0.97	0.99	1.00

4. 流体包裹体地球化学

本次研究以淘锡坑钨矿床主成矿阶段矿石矿物黑钨矿、脉石矿物石英为对象。通过开展不同矿脉、同一矿脉不同中段黑钨矿、石英中流体包裹体岩相学、显微测温,对石英开展单个包裹体的激光拉曼和群体包裹体成分测定、氢氧同位素分析,探讨了成矿流体的性质、来源、空间演化特征和成矿机制。

采集的样品涵盖了四个脉组,具有空间代表性。外带型矿体主要采自西山矿段 V18、枫林坑 V7、宝山 V11、烂梗子 V2 脉;内带型钨矿体采自 56 中段 Vn17、Vn7、Vn3。

1) 流体包裹体形态特征

按照流体包裹体与主矿物的关系,可将淘锡坑钨矿床石英脉中的包裹体分为原生、次生和假次生三类,原生流体包裹体一般体积较大,包裹体形态一般为蝌蚪状、椭圆状、负晶形等,呈孤立状随机分布于矿物内或者呈线状、带状分布于矿物的生长环带内,包裹体长轴方向平行于主矿物的生长环带。

脉石矿物石英中发育丰富的流体包裹体,根据 Roedder(1985)和卢焕章等(2004)提出的流体包裹体在室温下相态分类准则及冷冻回温过程中的相态变化,可将本次淘锡坑钨矿床流体包裹体划分为 H_2O-NaCl 型包裹体(Ⅰ型)、H_2O-NaCl-CO_2 型包裹体(Ⅱ型)和纯 CO_2 体系包裹体(Ⅲ型)三种类型的包裹体,含石盐子晶的多相包裹体较少见(图 5-20)。

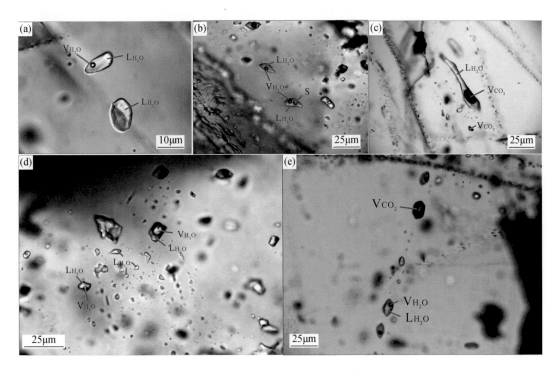

图 5-20　淘锡坑钨矿床含矿石英脉中的流体包裹体类型

（a）纯液相 H_2O-NaCl 包裹体与两相 H_2O-NaCl 包裹体共生；（b）含子晶 H_2O-NaCl 包裹体和两相 H_2O-NaCl 包裹体共生；（c）两相 H_2O-NaCl-CO_2 包裹体和纯 CO_2 包裹体共生；（d）大量纯液态包裹体和富气相、富液相的 H_2O-NaCl 包裹体共生；（e）CO_2 包裹体与 H_2O-NaCl 包裹体共生

　　利用红外显微镜对黑钨矿的流体包裹体进行了观察。受切片方向、厚度和不透明矿物透光性所限，仅有两片能清晰观测，分别为西山矿段 V18 脉 156 中段和 V14 脉 256 中段，共获得 63 组数据。观察到黑钨矿原生流体包裹体主要为气液两相包裹体（图 5-21）。同时存在少量次生包裹体。

　　2）流体包裹体温度、盐度与密度测定

　　（1）均一温度

　　对外带型和内带型矿脉主成矿阶段的脉石矿物石英中气液两相流体包裹体开展测温工作，共获得数据 345 个。石英均一温度频率直方图显示（图 5-22），温度分布范围相当宽，100～420℃均有分布，集中在 100～240℃。具体到不同类型矿脉中，外带型石英脉在200～240℃有明显的突起，次峰为 140～160℃；内带型石英脉均一温度主要集中在 100～240℃，反映淘锡坑钨矿内带、外带型矿体成矿流体的温度较低，但外带成矿温度整体略高于内带，可能与矿液回返有关；外带型矿体均一温度有多个峰值，可能与成矿多阶段有关。

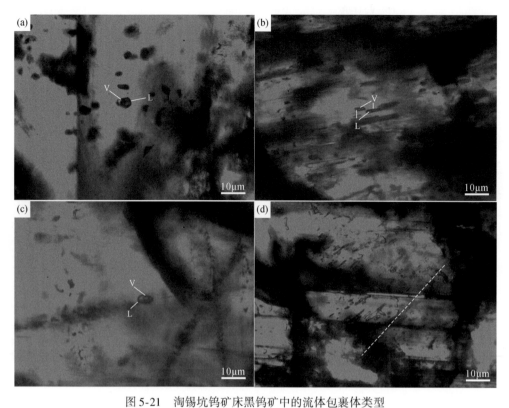

图 5-21　淘锡坑钨矿床黑钨矿中的流体包裹体类型

（a）孤立椭圆形原生包裹体；（b）长条状原生包裹体；（c）孤立原生包裹体与线状排列次生包裹体；
（d）大量不规则形态、面状定向排布的次生包裹体

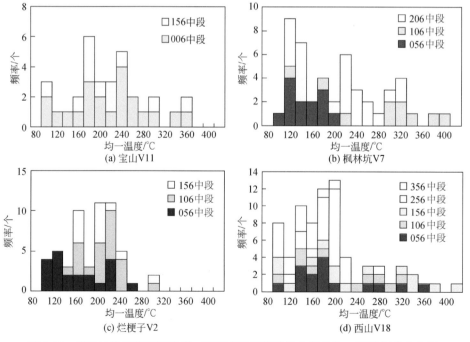

图 5-22　淘锡坑钨矿床不同矿段、不同矿脉石英流体包裹体均一温度频率直方图

　　分别对西山矿段 V18、枫林坑 V7、宝山 V11、烂梗子 V2 脉不同中段的矿脉中石英的均一温度进行了统计，结果（图 5-22）显示，不同矿脉不同中段均一温度的分布与整体趋势类似，均具有宽泛的变化范围，尤其在枫林坑 V7 和西山 V18 脉更加明显，具多峰值；但对于不同矿脉，均一温度变化在不同中段表现略有差异，从垂向上对比（图 5-22），各矿脉从深部到浅部，除了宝山 V11 变化不明显之外，V7、V18、V2 脉的均一温度在 106 ~ 156 中段出现温度拐点，表现为拐点之下，均一温度由深部向浅部有增高的趋势，拐点之上，均一温度由深部向浅部是降低的，而拐点处恰为内外带岩性的接触界面附近。反映成矿温度在界面处达到峰值（图略）。

　　对 V18、V14 脉中的矿石矿物黑钨矿进行包裹体测试，获得黑钨矿的均一温度频率直方图（图 5-23），显示黑钨矿中流体包裹体均一温度区间变化相对较小，集中于 220 ~ 340℃，高出脉石矿物石英约 120℃。黑钨矿次生包裹体温度 140 ~ 180℃，低于原生包裹体。将西山矿段 V18 的 156 中段黑钨矿中流体包裹体的测温结果与同矿脉的脉石矿物石英进行对比（图 5-24），显示出黑钨矿中原生包裹体均一温度高于石英中的包裹体。

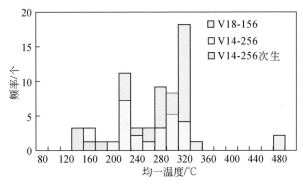

图 5-23　淘锡坑黑钨矿均一温度频率直方图

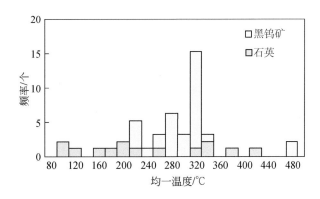

图 5-24　淘锡坑西山矿段 156 中段 V18 脉共生黑钨矿和石英流体包裹体均一温度频率直方图

（2）盐度

　　石英中两相流体包裹体的盐度分布在 0 ~ 14% NaCleqv，集中在 0 ~ 9% NaCleqv，表现为主成矿期流体具有中低盐度特征（图 5-25）。

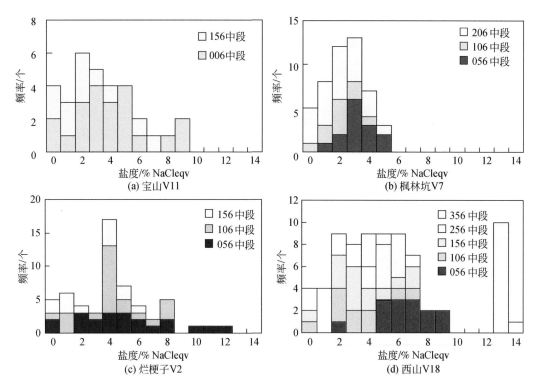

图 5-25　淘锡坑钨矿床不同中段、不同矿脉石英流体包裹体盐度频率直方图

按照外带型、内带型石英脉统计盐度值（图5-25），外带型脉盐度大部分集中于1%～8% NaCleqv；内带型脉集中于3%～8% NaCleqv，内带型脉盐度整体略高于外带型脉。不同矿段、不同矿脉相比（图5-25），枫林坑 V7 矿脉具较低盐度（0～5% NaCleqv）。相比而言，淘锡坑56m 中段略高于106m、206m 中段；宝山 V11 脉在006m 中段、156m 中段的盐度相差不大，变化在0～10% NaCleqv；烂埂子 V2 和西山矿段 V18 脉，盐度表现为两个区域，0～10% NaCleqv 与前两个矿段一致，但出现了10%～14% NaCleqv 集中区，且西山高于烂埂子矿段。对于西山 V18 脉，盐度在不同中段有不同表现，以岩体与地层接触面106m 中段附近为转折点，106m 中段以下以岩体为赋矿围岩，盐度由深部向浅部有降低趋势，106m 中段以上以变质砂岩为赋矿围岩，矿脉中盐度由深部向浅部有升高趋势。这种变化趋势与均一温度变化刚好相反，反映同一矿脉在不同围岩环境中温度、盐度的变化。

据红外显微镜下观察测定，黑钨矿原生包裹体盐度为0～8% NaCleqv（图5-26）。除了次生包裹体，一部分原生包裹体也表现出接近0℃的冰点，以中-低盐度成矿流体为特征。其中西山矿段 V18 的156m 中段中黑钨矿与共生石英相比，两者差别不大（图5-27）。

（3）密度

根据包裹体的密度计算（刘斌和沈昆，1999），矿区密度为0.44～1.02g/cm³，平均为0.87g/cm³，总体上显示，内带型矿脉的密度略高于外带型，均一温度略低于外带型。

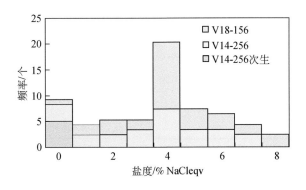

图 5-26　淘锡坑黑钨矿中流体包裹体盐度频率直方图

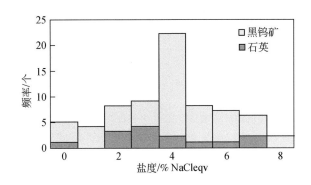

图 5-27　西山矿段 156 中段 V18 脉共生黑钨矿和石英的盐度频率直方图

综合流体包裹体的均一温度、盐度、密度的分析结果，反映矿床各个中段流体包裹体均一温度和盐度并没有明显由底部向上连续的渐变规律，各个中段的均一温度、盐度的跨度范围都比较大。不同矿段不同矿脉之间对比结果均显示出多期成矿的特征。各矿脉从深部到浅部，集中于 106～156m 出现拐点，恰巧为内外带岩性的接触界面附近。总的来说，矿床的外带型矿脉成矿温度整体略高于内带矿脉，外带型盐度比内带型具有更多峰值。

3）流体包裹体的成分

选择淘锡坑矿床 5 件脉石矿物石英中具有代表性的流体包裹体，开展成分分析。拉曼谱图见图 5-28，图上显示宽泛的液相 H_2O 包络峰、典型的 CO_2、H_2、N_2 谱峰以及 CH_4 谱峰。显示淘锡坑矿床气–液两相包裹体中，气相成分以 CO_2 为主，并存在还原性气体 CH_4 和 H_2S，以及少量的 N_2；液相成分以 H_2O 为主，有少量 CO_2；纯气相包裹体主要为 CO_2 和 H_2（图 5-28）。

脉石矿物石英中群体包裹体气相成分中 CO_2、H_2O 含量差别较大，但均显示气相成分主要是 H_2O，其次为 CO_2。液相成分中阳离子主要为 Na^+，其次为 K^+，少量的 Ca^{2+}、Mg^{2+}，呈现 $Na^+>K^+>Ca^{2+}$、Mg^{2+} 特点，Na^+/K^+ 为 0.5×10^{-6}～148×10^{-6}，阴离子以 Cl^- 为主，含有少量 SO_4^{2-} 和 F^-，呈现出 $Cl^->SO_4^{2-}>F^-$ 的特点。因此，成矿流体为富含 CO_2 的 H_2O-CO_2-NaCl 体系。对 4 条典型矿脉中石英包裹体成分随标高的变化情况统计，可见不同矿脉的变化不尽相同。气相成分中 CO_2、H_2O；液相成分阳离子 Na^+、K^+、Ca^{2+} 以及阴离子 Cl^- 各表

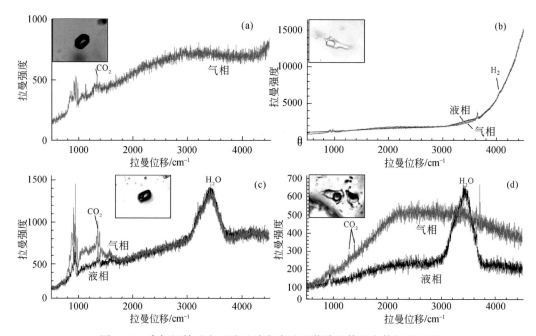

图 5-28　淘锡坑钨矿主要成矿阶段含矿石英脉流体包裹体拉曼图谱

（a）106 中段 V30 脉中气相包裹体；（b）106 中段 V30 脉中气液两相包裹体；（c）356 中段 V23 脉中

气液两相包裹体；（d）356 中段 V23 脉中气液两相包裹体

现出不同的分布规律。但包裹体成分的变化在 106～156m 中段均呈现出明显的变化点，这一特征与微量元素等含量变化是一致的，反映在岩体与围岩接触界面附近，成矿的物理化学条件存在明显差异。

5. 成矿流体来源的氢氧同位素示踪

氢氧同位素测试在核工业北京地质研究所分析测试研究中心完成。利用流体包裹体的均一温度及 Clayton 等（1972）石英和水之间的氧同位素平衡方程。本次分析石英样品中的 $\delta^{18}O$ 值与以往研究相比（图 5-29），样品的 $\delta^{18}O_{H_2O}$ 值偏离正常岩浆水值，发生了明显的"氧漂移"，所有分析点均投入岩浆水与大气降水的过渡区域。对 5 条典型矿脉石英流体包裹体的 $\delta^{18}O$、δD 组成进行测定，测试在核工业北京地质研究院分析测试研究中心完成。利用流体包裹体的均一温度及 Clayton（1972）石英和水之间的氧同位素平衡方程，将石英中 $\delta^{18}O$ 换算成平衡水的 $\delta^{18}O_{H_2O}$。内带型矿脉 Vn3 中 δD 值变化范围为 -76.2‰～ -61.6‰，均值为 -69.42‰，$\delta^{18}O_{H_2O}$ 变化范围为 0.1‰～5.2‰，均值为 3.67‰；外带型矿脉中 δD 值变化范围为 -79.6‰～-60.2‰，均值为 -71.19‰，$\delta^{18}O_{H_2O}$ 的变化范围为 0.7‰～7‰，均值为 4.56‰，内、外带矿脉相差不大。本次分析结果与以往的研究相比（图 5-29），样品的 $\delta^{18}O_{H_2O}$ 值偏离正常岩浆水值，发生了明显的"氧漂移"，所有分析点均投入到岩浆水与大气降水的过渡区域。矿脉中 $\delta^{18}O_{H_2O}$、$\delta^{18}O$、δD 组成随标高的变化情况见图 5-30；可见不同矿脉有一定的相似性，即均表现为由深部到浅部，在 $\delta^{18}O_{H_2O}$ 表现出先增大后降低的趋势，106～156m 中段岩性界面为明显的变化点，反映出深部岩体中岩浆热液水逐渐占优势，围岩地层中大气降水对矿脉的影响逐渐加强。

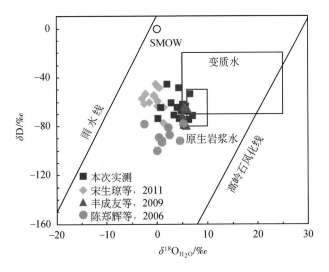

图 5-29　淘锡坑钨矿区石英 δD-$\delta^{18}O_{H_2O}$ 图解

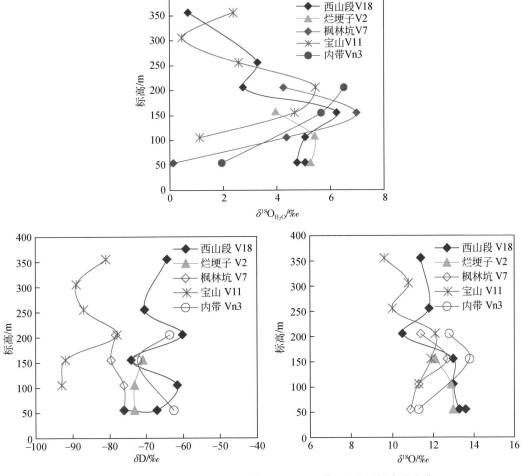

图 5-30　淘锡坑钨矿区石英中 $\delta^{18}O_{H_2O}$、δD、$\delta^{18}O$ 组成随标高的变化

四、成矿条件及矿床成矿机制

1. 地层与成矿的关系

在淘锡坑矿区，地层对成矿的作用表现在两个方面：①岩石中富含 W、Sn、Cu、Zn 等成矿元素，与区域地层丰度及地壳克拉克值相比较（表5-16），分别高出数倍至数十倍。赋矿围岩为矿床的形成提供了部分 W、Sn、Cu、Zn、Fe 等成矿物质；②围岩性质影响矿化类型，对矿体的矿化富集和形态等也起着一定的控制作用（朱焱龄等，1981）。淘锡坑矿区外带型矿脉的赋矿围岩为变质石英砂岩、粉砂岩、板岩、泥质岩等，岩石质密且脆性较大，在构造的脆弱地段，含矿热液易以充填交代的方式，形成脉状钨矿床。同时，热液在沿着裂隙上升运移、充填的过程中，还会不断对两侧的围岩发生渗滤交代作用，产生物质的带出和带入，引起围岩发生不同的蚀变作用。

表 5-16　淘锡坑外接触带型赋矿围岩矿化元素含量　　　　（单位：10^{-6}）

地层	W	Sn	Cu	Pb	Zn
淘锡坑震旦系	29.13	46.40	71.11	12.67	979.79
区域地层丰度	3.24	3.7	37.2	18.41	96.59
地壳克拉克值	1.1	1.7	63	12	91

2. 矿区花岗岩与成矿的关系

矿体分布总体趋势是向上发散向下收敛，向下可延伸至岩体内部。矿区深部花岗岩与矿体之间关系密切，是内带型矿脉的赋矿围岩。淘锡坑成矿岩体为高硅、富碱、富挥发分 F、Cl 以及富含成矿元素 W、Sn、Mo、Bi、Nb、Ta 等，具有准铝质-过铝质、高钾钙碱性系列特征的陆壳改造型花岗岩，与南岭地区钨锡成矿作用相关的花岗岩特征一致（陈毓川等，1998；华仁民等，2005b，2006；郭春丽等，2011a）。矿区花岗岩与华南燕山晚期花岗岩的平均值及世界酸性岩维氏平均值相比，W、Sn、Cu、Pb、Zn、Rb、Bi、Nb、Ta 元素含量较高，尤其是 W 含量分别高出 52.89 倍、183.39 倍；Sn 含量分别高出 3.9 倍、12.9 倍，Bi 含量分别高出 11.55 倍、2540 倍，Cu、Pb、Zn、Rb、Nb、Ta 等元素则均高出数倍至数十倍，且 W、Sn、Cu、Pb、Zn、Rb、Bi、Nb、Ta 等主要成矿元素随着岩浆演化，从花岗岩到云英岩化花岗岩含量增加了数倍至数十倍，因此，淘锡坑花岗岩被认为是矿区钨多金属成矿的主要物质来源。矿区岩浆岩富含 W、Sn，而 W、Sn 元素均具有亲氧、亲硫的性质，在地壳深部，W、Sn 主要与 Si、Al、Ti、Ca、K、Na、P 等元素结合。岩浆中贫 Ti、Fe、Mg 等，限制了成矿元素的聚集，而碱金属与挥发组分有利于 W、Sn 向着岩浆分异演化晚阶段富集，使成矿元素在岩浆分异演化至热液作用过程中大量进入流体相，随着岩浆的演化、岩突顶部断裂系统的形成，岩浆侵位到较为开放的环境，W、Sn 易与氧结合形成牢固的 W-O 配位，溶解度增高，造成矿化富集。

3. 成岩时代

1）花岗岩的成岩时代

淘锡坑深部花岗岩一直以来被认为是九龙脑岩体的一个分支，深部可能与九龙脑岩体相连。郭春丽等（2008，2010）利用 SHRIMP 锆石 U-Pb 同位素定年方法，在淘锡坑矿区枫林坑矿段钻孔 ZK4011 之 686m 深度位置采集两个样品，编号分别为 FLK-ZK4011-1 和 FLK-ZK4011-2。获得 FLK-ZK4011-1 的成岩年龄为 158.7±3.9Ma（$n=13$），FLK-ZK4011-2 的成岩年龄为 157.6±3.5Ma（$n=13$），两者在误差范围内一致，与九龙脑岩体的年龄 159.4±2.2Ma（$n=17$）（郭春丽等，2008）一致，代表淘锡坑深部隐伏岩体成岩年龄。

2）煌斑岩脉的成岩时代

用于 LA-MC-ICP-MS 锆石 U-Pb 同位素年龄测定的样品采自烂埂子矿段 056m 中段。锆石微区原位定点测试分别在中国地质科学院矿产资源研究所成矿作用与资源评价重点实验室和长安大学西部矿产资源与地质工程教育部重点实验室完成。

锆石阴极发光图像见图 5-31，分析结果分别见表 5-17 和表 5-18。煌斑岩的 LA-MC-ICP-MS 锆石 U-Pb 定年，获得了两组年龄数据：223.3～228.5Ma 和 158.2～159.6Ma（图 5-32）。根据锆石的 CL 图像，印支期锆石具核边结构，具继承锆石特征；燕山期锆石晶形较完整，环带清晰。结合野外地质产状，将煌斑岩中锆石的结晶年龄定为 158.2～159.6Ma。

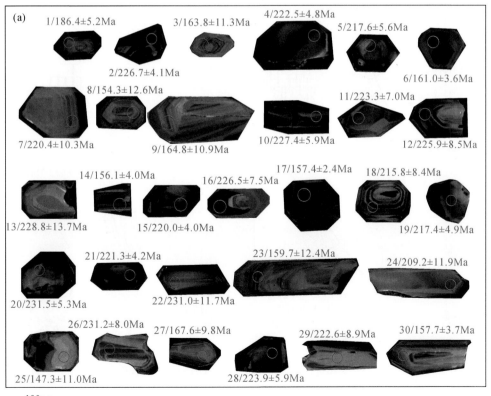

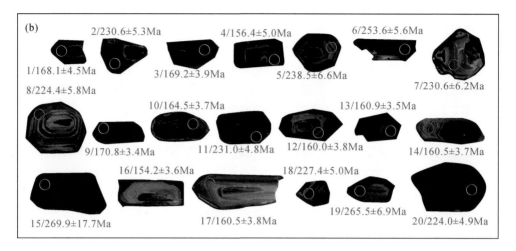

图 5-31　淘锡坑钨矿区煌斑岩脉中锆石的阴极发光图

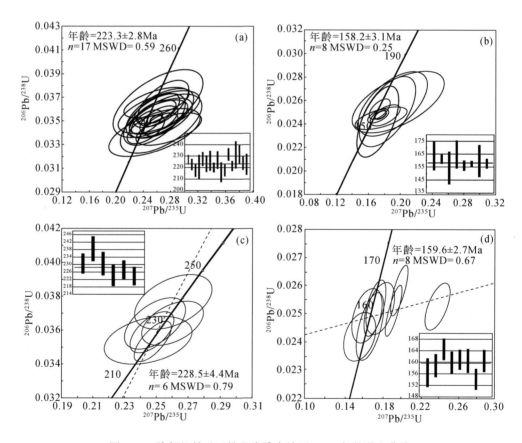

图 5-32　淘锡坑钨矿区煌斑岩脉中锆石 U-Pb 年龄谐和曲线

表 5-17　淘锡坑钨矿区煌斑岩锆石 LA-ICP-MS 锆石 U-Pb 同位素分析数据

序号	测点号	同位素含量/10⁻⁶			同位素比值						同位素年龄/Ma						Th/U
		Pb	^{232}Th	^{238}U	^{207}Pb/^{206}Pb 比值	1σ	^{207}Pb/^{235}U 比值	1σ	^{206}Pb/^{238}U 比值	1σ	^{207}Pb/^{206}Pb 年龄	1σ	^{207}Pb/^{235}U 年龄	1σ	^{206}Pb/^{238}U 年龄	1σ	
1	56-23-1	14.2	174	355	0.138	0.0123	0.6171	0.0761	0.0293	0.0008	2202	155.9	488	47.8	186.4	5.3	0.49
2	56-23-2	14.9	332	341	0.0526	0.0038	0.2586	0.0192	0.0358	0.0007	322.3	138.9	233.5	15.5	226.7	4.2	0.98
3	56-23-3	5.3	199	161	0.0572	0.0084	0.1904	0.0284	0.0257	0.0018	498.2	296.1	177	24.2	163.8	11.4	1.24
4	56-23-4	8.1	179	194	0.0547	0.0038	0.2625	0.0185	0.0351	0.0008	398.2	155.5	236.6	14.9	222.5	4.8	0.92
5	56-23-5	9	184	221	0.0572	0.0056	0.2769	0.0317	0.0343	0.0009	498.2	184.2	248.2	25.2	217.6	5.6	0.83
6	56-23-6	13.1	92	541	0.0505	0.0023	0.1738	0.0088	0.0253	0.0006	216.7	107.4	162.7	7.6	161	3.6	0.17
7	56-23-7	3.1	51	86	0.0542	0.0056	0.2658	0.0395	0.0348	0.0017	376	233.3	239.3	31.7	220.4	10.3	0.59
8	56-23-8	6.5	161	256	0.0575	0.0083	0.1716	0.0174	0.0242	0.002	509.3	315.7	160.8	15	154.3	12.6	0.63
9	56-23-9	5	92	186	0.0551	0.0085	0.1971	0.0378	0.0259	0.0017	416.7	348.1	182.7	32.1	164.8	10.9	0.49
10	56-23-10	29.7	369	795	0.0538	0.0057	0.2586	0.0226	0.0359	0.001	361.2	238.9	233.5	18.2	227.4	5.9	0.46
11	56-23-11	8.1	193	197	0.0543	0.0061	0.2653	0.0306	0.0353	0.0011	388.9	255.5	238.9	24.5	223.3	7	0.98
12	56-23-12	11.1	241	274	0.0538	0.0064	0.2638	0.0328	0.0357	0.0014	361.2	265.7	237.7	26.4	226	8.5	0.88
13	56-23-13	3.3	57	83	0.1135	0.016	0.541	0.0615	0.0361	0.0022	1857	257.1	439.1	40.5	228.8	13.8	0.69
14	56-23-14	10.7	308	383	0.0516	0.0058	0.1757	0.0213	0.0245	0.0006	333.4	172.2	164.4	18.4	156.1	4	0.8
15	56-23-15	11.9	250	301	0.0565	0.0036	0.2654	0.0165	0.0347	0.0006	472.3	140.7	239	13.3	220	4	0.83
16	56-23-16	19.8	42	586	0.0542	0.0085	0.2626	0.0397	0.0358	0.0012	388.9	309.2	236.8	31.9	226.5	7.5	0.07
17	56-23-17	26	411	1040	0.0503	0.0024	0.1722	0.0087	0.0247	0.0004	209.3	111.1	161.3	7.5	157.4	2.4	0.39
18	56-23-18	10.7	224	278	0.0559	0.0098	0.256	0.0443	0.034	0.0014	455.6	198	231.4	35.8	215.8	8.4	0.81
19	56-23-19	12.3	280	309	0.0525	0.0039	0.2433	0.0183	0.0343	0.0008	305.6	176.8	221.1	15	217.4	4.9	0.91

续表

序号	测点号	同位素含量/10⁻⁶			同位素比值						同位素年龄/Ma						Th/U
		Pb	²³²Th	²³⁸U	²⁰⁷Pb/²⁰⁶Pb 比值	1σ	²⁰⁷Pb/²³⁵U 比值	1σ	²⁰⁶Pb/²³⁸U 比值	1σ	²⁰⁷Pb/²⁰⁶Pb 年龄	1σ	²⁰⁷Pb/²³⁵U 年龄	1σ	²⁰⁶Pb/²³⁸U 年龄	1σ	
20	56-23-20	7.6	152	186	0.0536	0.0071	0.259	0.0317	0.0293	0.0008	366.7	298	233.8	25.5	231.5	5.3	0.82
21	56-23-21	13.7	314	341	0.0518	0.0032	0.2449	0.0152	0.0349	0.0007	276	142.6	222.5	12.4	221.3	4.3	0.92
22	56-23-22	6	128	150	0.055	0.011	0.2611	0.0435	0.0365	0.0019	413	392.6	235.6	35	231	11.8	0.85
23	56-23-23	8	141	312	0.0571	0.0112	0.1837	0.0231	0.0251	0.002	498.2	381.4	171.2	19.8	159.7	12.5	0.45
24	56-23-24	5.3	113	143	0.0749	0.0133	0.3431	0.0678	0.033	0.0019	1066	363.1	299.5	51.3	209.2	12	0.79
25	56-23-25	3.9	90	150	0.0972	0.017	0.3024	0.0528	0.0231	0.0018	1572	365	268.2	41.2	147.4	11	0.6
26	56-23-26	4.9	69	129	0.0565	0.0069	0.269	0.0247	0.0365	0.0013	472.3	274.8	241.9	19.8	231.2	8	0.53
27	56-23-27	6.4	193	230	0.0646	0.0137	0.235	0.046	0.0263	0.0016	761.1	459.2	214.3	37.9	167.6	9.9	0.84
28	56-23-28	9.7	214	246	0.0547	0.0059	0.2619	0.0284	0.0354	0.001	398.2	216.6	236.2	22.9	223.9	5.9	0.87
29	56-23-29	6.3	125	156	0.0545	0.0073	0.2558	0.03	0.0351	0.0014	394.5	337.9	231.3	24.3	222.6	8.9	0.8
30	56-23-30	7.4	175	286	0.054	0.0038	0.1807	0.0124	0.0248	0.0006	368.6	156.5	168.7	10.7	157.7	3.8	0.61

注: 测试单位为中国地质科学院矿产资源研究所

表 5-18　淘锡坑钨矿区煌斑岩锆石 LA-ICP-MS 锆石 U-Pb 同位素分析数据

序号	测点号	同位素含量/10⁻⁶			同位素比值						同位素年龄/Ma						Th/U
		Pb	²³²Th	²³⁸U	²⁰⁷Pb/²⁰⁶Pb 比值	1σ	²⁰⁷Pb/²³⁵U 比值	1σ	²⁰⁶Pb/²³⁸U 比值	1σ	²⁰⁷Pb/²⁰⁶Pb 年龄	1σ	²⁰⁷Pb/²³⁵U 年龄	1σ	²⁰⁶Pb/²³⁸U 年龄	1σ	
1	TX-1	54.4	709	834	0.0792	0.0028	0.2850	0.0102	0.0264	0.0007	1175.9	75.0	254.6	8.0	168.1	4.5	0.85
2	TX-2	40.6	480	447	0.0523	0.0028	0.2601	0.0130	0.0364	0.0009	298.2	122.2	234.8	10.5	230.6	5.3	1.07
3	TX-3	80.5	831	2336	0.0597	0.0016	0.2193	0.0064	0.0266	0.0006	590.8	59.2	201.3	5.4	169.2	3.9	0.36

续表

序号	测点号	同位素含量/10⁻⁶			同位素比值						同位素年龄/Ma						Th/U
		Pb	^{232}Th	^{238}U	^{207}Pb/^{206}Pb		^{207}Pb/^{235}U		^{206}Pb/^{238}U		^{207}Pb/^{206}Pb		^{207}Pb/^{235}U		^{206}Pb/^{238}U		
					比值	1σ	比值	1σ	比值	1σ	年龄	1σ	年龄	1σ	年龄	1σ	
4	TX-4	40.9	988	1248	0.0497	0.0025	0.1690	0.0094	0.0246	0.0008	189.0	121.3	158.5	8.2	156.4	5.0	0.79
5	TX-5	21.7	246	283	0.0530	0.0037	0.2604	0.0162	0.0377	0.0011	327.8	157.4	235.0	13.1	238.5	6.6	0.87
6	TX-6	73.1	641	551	0.0970	0.0045	0.5347	0.0234	0.0401	0.0009	1566.4	85.3	434.9	15.5	253.6	5.6	1.16
7	TX-7	10.1	107	198	0.0497	0.0023	0.2489	0.0128	0.0364	0.0010	189.0	104.6	225.7	10.4	230.6	6.2	0.54
8	TX-8	20.8	225	275	0.0520	0.0038	0.2446	0.0184	0.0354	0.0009	283.4	166.6	222.2	15.0	224.4	5.8	0.82
9	TX-9	298.0	696	7379	0.0901	0.0021	0.3346	0.0088	0.0268	0.0005	1428.1	44.0	293.1	6.7	170.8	3.4	0.09
10	TX-10	93.2	721	3621	0.0563	0.0015	0.1998	0.0060	0.0258	0.0006	464.9	59.3	184.9	5.1	164.5	3.7	0.20
11	TX-11	94.4	455	1102	0.0989	0.0042	0.5068	0.0253	0.0365	0.0008	1603.4	78.2	416.3	17.1	231.0	4.8	0.41
12	TX-12	62.8	497	2472	0.0564	0.0015	0.1938	0.0057	0.0251	0.0006	464.9	59.3	179.9	4.9	160.0	3.8	0.20
13	TX-13	184.0	889	6131	0.0686	0.0021	0.2399	0.0086	0.0253	0.0006	887.0	62.2	218.4	7.1	160.9	3.5	0.14
14	TX-14	16.8	208	480	0.0506	0.0022	0.1741	0.0075	0.0252	0.0007	233.4	101.8	163.0	6.5	160.5	4.1	0.43
15	TX-15	235.7	700	3233	0.0834	0.0037	0.5954	0.0596	0.0428	0.0029	1279.6	87.0	474.3	37.9	269.9	17.7	0.22
16	TX-16	6.3	92	186	0.0470	0.0033	0.1583	0.0110	0.0242	0.0006	55.7	150.0	149.2	9.6	154.2	3.6	0.49
17	TX-17	16.4	213	377	0.0527	0.0029	0.1798	0.0098	0.0252	0.0006	316.7	125.9	167.9	8.5	160.5	3.8	0.56
18	TX-18	56.3	706	541	0.0502	0.0018	0.2470	0.0093	0.0359	0.0008	205.6	83.3	224.1	7.5	227.4	5.0	1.30
19	TX-19	53.6	149	1477	0.0607	0.0017	0.3490	0.0108	0.0420	0.0011	631.5	59.3	304.0	8.1	265.5	6.9	0.10
20	TX-20	24.1	81	933	0.0505	0.0013	0.2475	0.0078	0.0354	0.0008	216.7	54.6	224.5	6.4	224.0	4.9	0.09

注：测试单位为长安大学西部矿产资源与地质工程教育部重点实验室

综上所述，淘锡坑煌斑岩脉早期继承锆石年龄为 223.3~228.5Ma，而华南印支期岩浆活动的年龄在 278~204Ma，集中于 224Ma 之前侵位（郭春丽，2010）。这意味着本区在印支期就存在岩浆活动，而且与区域上的岩浆活动时间接近。燕山期（170~150Ma）在岩石圈伸展–减薄的地球动力学背景下，玄武质岩浆底侵引发地壳熔融形成大规模的陆壳重熔型花岗岩类，也诱发强烈的幔源岩浆活动。起源于地幔的煌斑岩浆注入酸性岩浆中，在侵位过程中可能受到一定的陆壳混染，并侵位至近地表形成了本区的煌斑岩脉（158.2~159.6Ma），与赣南地区钨锡成矿花岗岩为同一构造背景下的产物。

4. 成岩成矿时限

将研究获得的矿床的成岩成矿年龄数据进行统计（表 5-19，图 5-33）。可见淘锡坑深部隐伏花岗岩岩体的成岩时代为 158.7±3.5~157.7±3.9Ma、云英岩的锆石 U-Pb 年龄为 152.7±1.5~155.0±1.4Ma，最晚期煌斑岩脉的成岩时代为 158.2±3.1~159.6±2.7Ma。而不同测试方法获得的钨矿床的成矿时代与岩体成岩年龄，在误差范围内基本是一致的。这说明淘锡坑矿床成岩成矿于燕山早期，属燕山早期晚侏罗世岩浆作用的产物。矿区深部的花岗岩在空间上，既是内带型矿脉的赋矿围岩，又是外带型矿脉的成矿母岩，控制着矿脉带的分布。在南岭地区岩浆活动表现为多期多阶段性，燕山期为重要的成矿时期，某一次岩浆的侵位成岩、成矿过程往往需要经历 5~20Ma。由此推测，与钨锡矿化有关的燕山期花岗质岩浆可能在 160Ma 以前就开始侵位、分异演化，在结晶分异过程中，分异出富硅质、挥发组分的含矿热水溶液，并沿断裂裂隙向减压方向急剧上升、运移至地表浅部；在上升过程中快速冷却，再次发生分异结晶形成云英岩脉，而高挥发分的含矿流体继续向前向上运移，最后冷凝形成含钨的矿化石英脉。同一期岩浆侵位过程中生成的顺序是花岗岩→细晶岩→云英岩脉/壳→云母边含矿石英脉（矿富）→含矿石英脉。

表 5-19   淘锡矿矿床成岩成矿时代

矿床	矿区/采样位置	测试对象	测试方法	成矿年龄/Ma	资料来源
九龙脑岩体	黑云母花岗岩	锆石	SHRIMP 锆石 U-Pb	154.9Ma	
淘锡坑成岩年龄	中粒似斑状黑云母花岗岩	锆石	SHRIMP 锆石 U-Pb	157.6±3.5 158.7±3.9	郭春丽等，2008
	云英岩	云母	$^{40}Ar/^{39}Ar$ 同位素	155±1.4 153.4±1.3 152.7±1.5	郭春丽等，2007
	煌斑岩	锆石	LA-ICP-MS	223.3±2.8~228.5±4.4 158.2±3.1~159.6±2.7	鲁麟等，2017
淘锡坑成矿年龄	淘锡坑钨矿床烂垻子矿段	辉钼矿	Re-Os	154.4±3.8	陈郑辉，2006
		黑钨矿	Re-Os	164.0±2.7	
	淘锡坑钨矿床枫林坑和西山矿段	石英	Rb-Sr	154±4 157±3 161±4	郭春丽等，2007
	淘锡坑矿区枫林坑区段 306m 中段 V30 号脉体	石英	Rb-Sr	88±1.6	陈郑辉，2006

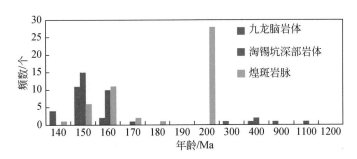

图 5-33　淘锡坑地区岩浆岩中锆石 U-Pb 年龄统计图

5. 构造活动与成矿的关系

1）构造活动与成矿的多期多阶段

淘锡坑钨矿成岩成矿的多期多阶段性特征，揭示了岩浆及矿液充填的脉动性，也表明在成矿过程中有着阶段性的构造活动。矿液充填的"脉动性"，其实质是断裂构造活动的"脉动性"；容矿裂隙多次活动导致不同演化阶段的矿液多次充填，对富矿体的形成提供了充分的热液来源和容矿空间（章崇真，1975）。这种矿液运移和沉淀的阶段性反映了断裂构造间歇性发展的特点。成岩成矿作用的分期、分阶段性取决于从岩浆到矿液的一系列演化发展过程中的构造脉动。构造是外因，岩浆作用是内因。岩浆中内在的组分是成矿的物质基础，而构造是控制成岩成矿演化、提供成矿空间必不可少的外部条件。正是构造引导着岩浆的侵入，从而决定着岩体的形态、产状、规模和侵位高度。当然，岩浆的侵入也不是完全被动的，它自身能量的变化，必然反过来促使构造的发展，而构造的发展又为岩浆的侵入不断开辟新的空间和通道（朱焱龄等，1981）。

2）区域成矿构造应力分析

崇余犹矿集区北北东向万安–崇义断裂、北东向大余–南城断裂和遂川–临川深断裂、东西向崇义–南康断裂（古亭–赤坑断裂）以及北西向崇义–铁石口断裂带对钨矿床控制作用显著，尤其是万安–崇义断裂，将崇余犹矿集区分为东西两部分。万安–崇义断裂东侧有西华山矿田，上千条矿脉走向呈 65°～80°与 90°～95°两组方向，两组"X"共轭节理吻合。其成因机制是由北东东、北西西两个方向的两对力偶，使得花岗岩发生雁行式张裂。区域性东西向压力持续作用，导致一系列雁行式裂隙进一步扩张、并联而构成延续较长的矿脉。同样，在万安–崇义断裂东侧的石雷矿区内，黑钨矿石英脉脉群、脉带、脉组间以右行斜列展布为特征。石雷矿区应力场主要表现为右旋走滑作用形成的压扭性应力场。基本上是在非共轴的一对力偶作用下形成的断裂构造，可能与西华山 65°～80°走向矿脉是一个应力体系。万安–崇义断裂西侧九龙脑矿田的淘锡坑钨矿是典型代表。依据淘锡坑黑钨矿石英脉的走向、产状、形态分析，认为控矿构造主要是在北西–南东向挤压力作用下，产生一系列的断裂构造，万安–崇义断裂发生明显的左行走滑，从而产生不同方向以左行走滑为主体特征的剪性断裂。富含钨锡的花岗质岩浆演化侵位充填到断裂构造中，构成几组不同方向的矿脉组。

6. 硫同位素示踪

硫同位素分析在核工业北京地质研究院分析测试研究中心完成，主要测试仪器为

MAT253 质谱仪。淘锡坑矿区内的 $\delta^{34}S$ 值范围相对集中，表明成矿热液中沉淀的硫化物硫源单一，且这种成矿热液以 H_2S 占绝对优势，或者具有独特狭窄的物理化学条件范围。因此，成矿流体主要与隐伏花岗岩体有关。对淘锡坑钨矿区硫同位素组成分析发现，外带型同一条脉不同标高硫同位素整体上具有从下而上逐渐降低的趋势，推测可能受后期大气降水的影响，流体 f_{O_2} 增高，从而造成硫化物的 $\delta^{34}S$ 减小，同时也可能表明成矿流体应由深部向浅部运移。

7. 成矿物理化学条件

根据流体包裹体研究，淘锡坑矿区脉石矿物石英中原生包裹体的均一温度变化于 100～420℃，相对集中在 100～240℃，少量出现在 280～380℃，可能代表了矿脉形成的两个阶段；盐度为 0～14% NaCleqv，集中在 1%～10% NaCleqv，表现出中低盐度特征。对于不同类型的矿脉，外带型矿脉的均一温度略高于内带型，而盐度以内带型（3%～8% NaCleqv）略高于外带型（1%～8% NaCleqv）。而在花岗岩与变质砂岩围岩接触带附近，矿脉的均一温度、盐度均出现了变化拐点，反映同一矿脉在不同的围岩环境中温度、盐度存在变化。

矿石矿物黑钨矿中流体包裹体均一温度集中于 220～340℃，高出脉石矿物石英均一温度约 120℃，盐度 0～8% NaCleqv 与石英中包裹体相当。

8. 找矿与成矿模式

1）找矿模式

20 世纪 60 年代初，以赣南木梓园钨矿和漂塘钨矿、粤北梅子窝钨矿为原型，钨矿地质工作者提出了石英脉型钨矿床的"五层楼"模式。许建祥等（2008）、王登红等（2010b）在"五层楼"模式的基础上，提出了"五层楼+地下室"的钨矿找矿新模式，并在赣南和南岭其他地区得到了广泛传播和应用，对南岭地区的钨矿找矿勘查起到了积极的促进作用。

淘锡坑钨矿区出露的赋矿地层为震旦系浅变质碎屑岩，包括坝里组和老虎塘组的变质石英砂岩、粉砂岩、板岩等，主要构造形态为一简单的紧闭褶皱，断裂构造发育、型式复杂，隐伏成矿岩体的主要岩性为黑云母花岗岩。矿化类型有两种：一是石英脉型黑钨矿，一是云英岩型矿化，以前者为主。石英脉型矿脉产状陡倾、形态上受裂隙控制，总体上呈上宽下窄的"帚状"，以产于外接触带的变质石英砂岩中为主，并下延伸进入岩体中，如代表性 V18 脉。矿脉的形态从上到下，发育线脉带、细脉带、中脉带、大脉带、稀疏大脉带等，具备了"五层楼"模式。同时隐伏花岗岩突起部位的内侧或者边部的云英岩化、钠长石化带中，发育云英岩型钨矿化，矿体呈似层状、透镜状、不规则状；或者有含矿石英脉穿入蚀变花岗岩，但未穿过岩体与围岩的接触面，即前面所称的内带型矿脉。若按照王登红等（2010b）对"五层楼+地下室"的定义，"在具备（或大致具备）'五层楼'格局脉状矿体的矿区，有可能存在层状、似层状、透镜状产出的矿体，前者以直立、近直立矿脉为主，后者以水平、近水平矿脉为主，至于二者是否是同时、同一物质来源、同一成矿作用的产物，并不特别强调"；同时，也提出"地下室"具有多样性，既可以是岩体型的似层状矿体，也可以是层间破碎带的似层状矿体，还可以是岩体附近沿层交代的矿体等，则可将该找矿模式适用的矿种范围进行扩展。而对应于淘锡坑矿床，深部云英岩型矿体、内带型矿体构成"地下室",因此淘锡坑矿床也符合"五层楼+地下室"的格局,可以依此指导找矿。

2)成矿模式

在淘锡坑矿床,矿体明显受控于以隐伏岩体突起顶部为中心的围岩外接触带北西向张扭性或张性断裂裂隙系统。矿体的产出有石英脉型、云英岩型两种类型,以石英脉型为主,根据矿体产出赋矿围岩不同,又存在以震旦系浅变质砂岩为赋矿围岩的外带石英型脉、以深部花岗岩为赋矿围岩的内带石英脉型矿体,两种矿脉在矿物组合上基本一致,但内带型矿脉中硫化物的含量有增加。根据成矿特征等方面的对比,可认为这两种类型的矿脉属于同源异体。

南岭地区与钨锡成矿作用相关的花岗岩,属于高硅、富碱、富挥发分、铝过饱和的陆壳改造型花岗岩(华仁民等,2005b,2006;郭春丽等,2011a),富含 W、Sn、Mo、Bi、Be 等成矿元素(陈毓川等,1998)。矿区深部花岗岩岩石化学分析结果显示,其为富硅、富碱高钾钙碱性系列岩浆岩,具有准铝质–弱过铝质特征。随着岩浆演化,从花岗岩到细晶岩脉、云英岩,成矿元素 W、Sn、Cu、Pb、Zn、Rb、Bi、Nb、Ta 等的含量增加了数倍至数十倍,说明淘锡坑花岗岩在成分特征上,与南岭地区成矿花岗岩是一致的,为成矿的母岩。同时,硫同位素特征表明,内、外带硫化物的来源一致,均具岩浆硫特征。氢氧同位素分析结果显示,主成矿期流体以岩浆源为主,且有大气降水混入。

流体包裹体的温度、盐度分析结果显示,流体具有中低温度、中低盐度的特征,单个包裹体的拉曼光谱成分分析显示,气相成分以 CO_2 和 H_2 为主,其次为 CH_4、N_2、H_2,液相成分以 H_2O 为主,少量 CO_2;群体包裹体的成分分析,显示流体离子类型大致呈 Na^+-K^+-Cl^--SO_4^{2-} 型,成矿元素 W 最可能的搬运形式是 WO_4^{2-},而 Sn、Be、Mo 则可能主要呈 $[BeF_4]^{2-}$、$[Sn(F,OH)_6]^{2-}$、$[MoS_4]^{2-}$ 等较稳定的络阴离子形式迁移;当成矿流体演化为酸性和弱酸性时,或者氧自由离子足够多时,钨则可能又转变为 WOF_4、WO_2F_2 或 $WOCl_4$、WO_2Cl_2 等形式随着成矿流体迁移。矿床的形成是成矿流体上升充填与交代围岩双重作用的结果。

那么,淘锡坑石英脉型黑钨矿的控矿断裂属于哪一种呢?根据前面所述,淘锡坑钨矿床花岗岩体、细晶岩脉、云英岩脉、含矿石英脉的侵位方式属于被动侵位类型,显然控矿断裂属于构造型成矿断裂而非流体型控矿断裂。流体包裹体地球化学和氢、氧、硫同位素地球化学研究显示,成矿物源来自隐伏花岗岩,主成矿流体有岩浆水和大气降水混合特征(宋生琼等,2011),说明成岩成矿过程有先存断裂构造中大气降水的参与。因此,淘锡坑钨矿的控矿断裂构造以构造动力为主,形成了网格状断裂构造系统,然后岩浆侵位并分异成矿热液充填到断裂中成岩成脉。

刘战庆等(2016)根据矿区构造特征和产状统计,构建淘锡坑钨矿床的构造演化与成矿关系模型(图5-34),图中1→4,反映了区域应力场形成的共轭断裂构造组系统;岩浆上拱将变质基底的共轭断裂构造顶起,形成"几何方体"构造,与此同时岩浆分异产生的细晶岩脉、石英黑钨矿脉体沿共轭断裂充填形成岩脉及矿脉;当区域构造应力再次活动,可将围岩与先期花岗岩体切割成块,变质岩体部分断裂继承性发生走滑,而早期已固结岩体在对应的断裂构造发生错断,晚期岩浆在已有的早期岩体及变质基底断裂构造中充填成矿体和云英岩脉体,从而形成了内带和外带含矿石英脉;成岩成矿后区域构造作用构造错动,将岩脉矿脉破坏,但错动距离不大,未改变岩脉矿脉的产状。

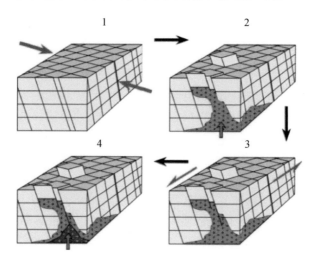

图 5-34　淘锡坑钨矿构造演化与成矿关系示意图(据刘战庆等,2016)

综合以上成果,矿床的成矿过程描述如下:深部携带大量成矿物质的花岗质岩浆在上升侵位和熔体结晶过程中,其自身演化分异出来的挥发组分、富硅质的含矿热水溶液聚集于岩体突起顶部,内压急剧增大。当内压小于静岩压力时由于变砂质围岩的屏蔽(阻挡)作用,首先富硅质、挥发组分的含矿溶液沿岩体突起顶面交代花岗岩本身,形成面型云英岩化及其交代岩石,同时发生以 Mo、W 为主的高温热液交代成矿作用,产出云英岩型细脉浸染状钼钨矿体。随着气液的不断增加,当内压大于静岩压力时,岩突顶部断裂裂隙系统形成及开放,产生放射状断裂裂隙系统,使得压力条件骤然降低,以水蒸气和 CO_2 挥发分为主的成矿热水溶液体系便失去平衡而产生减压沸腾作用(液体与蒸汽相的物理分离作用),导致富 CO_2 等挥发组分的、较高温压和低盐度或密度的及与钨锡矿化有关的早期流体形成,并沿断裂裂隙向减压方向急速上升运移至较高部位,形成含矿石英细(线)脉;早期流体大量挥发组分的逸散减少及温、压逐渐降低,极大地改变了成矿溶液的物理化学性质,使剩余的成矿热水溶液的盐度或密度不断增高,退缩至下部形成与硫化物密切相关的晚期流体沉淀成矿及叠加于早期矿脉之上;最终少量的残余流体在深部断续形成与铋矿化有关的低温萤石-碳酸盐岩脉,结束了矿区黑钨矿石英脉型成矿热水溶液垂直逆向分带的矿化分异活动过程(王登红等,2011)。

第二节　九龙脑钨钼矿床

九龙脑钨钼矿床位于九龙脑岩体的东南缘,矿体产出于九龙脑黑云母花岗岩体的内外接触带,包括九龙脑和樟东坑两个矿段,因此也称为樟东坑-九龙脑矿床,简称"樟-九"钨矿。九龙脑钨矿发现于 1967 年,是赣南崇余犹世界级钨多金属矿集区的重要组成部分,内带与外带矿化均发育,被认为是"五层楼+地下室"勘查模型侧向分带的典型代表(王登红等，2010b）。其附近发育有梅树坪、大水坑、桥子坑、下洞子、石龙牧等石英脉型钨矿床，均与九龙脑复式岩体具有重要的时空和成因联系，是本区有利的找矿远景区。前人对该矿床的基础地质有较详细的描述（幸世军等，2010；吴燕荣等，2011；黄小娥等，2011a，2011b），还有部分学者分别对九龙脑矿段和樟东坑矿段成矿年龄进行测定（丰成友等，2012；李光来等，2014），对"五层楼+地下室"结构中矿物成分的分带规律、成矿花岗岩时代、成岩成矿关系等未给予重视，在一定程度上制约了找矿工作的深入开展。

一、矿床地质

矿床产于九龙脑岩体南端与震旦系的接触带。区内地层单一，为寒武系中统高滩组（$\mathcal{C}_2gt$）变质石英砂岩、板岩及二者互层。矿床构造发育处于唐埔向斜北东东端的次级构造中，以穿过矿区中部的樟东坑复式背斜为主轴线，西北部还有一与之平行的复式向斜，东南翼被一系列的北东向断裂错断而变得直立（图5-35）。矿区内断裂有近南西–北

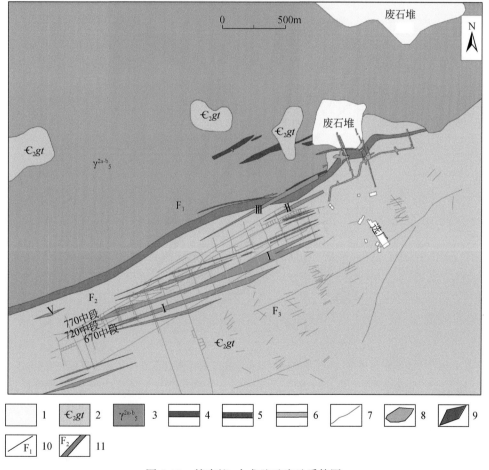

图 5-35　樟东坑–九龙脑矿床地质简图

据荡坪钨业地质科资料修改。1. 废石堆；2. 寒武系高滩组；3. 燕山期花岗岩；4. 720 中段；5. 670 中段；6. 770 中段；7. 含钨网状脉；8. 含钨网状脉；9. 云英岩石英细脉带；10. 断裂编号；11. 硅化破碎带及编号

东向和北北东-南南西向等。三条近东西向、倾向正南的断裂控制了矿体的产出，其中F_1、F_2断层将矿床划分为九龙脑矿段和樟东坑矿段。九龙脑矿段发育于F_1断层下盘的岩体内部，寒武系高滩组与九龙脑岩体南缘的内接触带，樟东坑矿段发育于F_2上盘的九龙脑外接触带的寒武系高滩组之中，F_3断层为樟东坑矿段南界（图5-36）。北西-南东向断裂-裂隙带是矿区内主要的容矿构造。矿区主要出露燕山早期第二阶段第一次侵入岩，呈岩基状出露于九龙脑矿田中部，属九龙脑岩基的一部分，与地层呈侵入接触，波状弯曲近东西向展布，岩体南端为粗粒黑云花岗岩，向北逐渐过渡为二云母花岗岩。钻孔揭露隐伏花岗岩至少可分为两种岩性，一是花岗岩主体，岩性为中细粒黑云母花岗岩，岩体顶面海拔为126～276m；二是见于矿区深部370m标高附近从岩体顶部向上延伸的火焰状花岗岩脉，为细粒黑云花岗岩，与主体岩性一致，但生成时间稍晚。

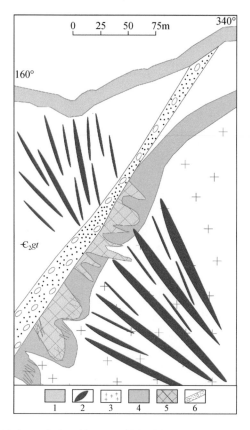

图5-36　九龙脑矿田樟东坑-九龙脑钨矿106勘探线剖面图（据荡坪钨业地质科资料修改）
1. 寒武系；2. 石英脉型矿体；3. 中粒黑云母花岗岩；4. 云英岩化带；5. 云英岩型矿体；6. 破碎带

二、矿体特征

九龙脑矿床由内带石英脉型、云英岩细脉、外带石英脉型矿体组成，自南向北依次排列分布，具有典型的"五层楼+地下室"侧向分带特征（图5-36）。九龙脑矿段具典型的

"地下室"矿化特征，目前编号矿体共10条，其中V1、V1-1、V'1、V"1、V1、V4脉产于岩体与地层接触带上和破碎带中，属于云英岩细脉带矿体。内带石英脉型矿脉分别为V3、V5、V6、V7、V8，呈北东向分布，形态较为复杂［图5-37（c）~（f）］。樟东坑矿段具有"五层楼"矿化特征，探明工业矿体90条，呈北东向排列，分为北、中、南组，其间隔约为100m，各组之间时有稀疏小脉出现。中组为主干脉组，不仅规模最大，工业矿脉也最多［图5-37（a）、（b）］。各矿体简要特征详见表5-20。

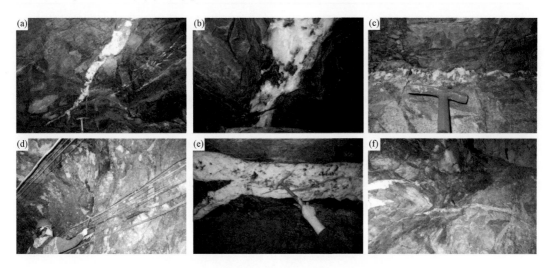

图5-37　九龙脑矿田樟东坑-九龙脑钨矿床矿脉特征

（a）樟东矿段矿脉的尖灭现象；（b）樟东坑矿段石英脉的膨大现象；（c）九龙脑矿段云英岩化；（d）九龙脑矿段岩体与地层的破碎带；（e）九龙脑矿段矿脉的分支；（f）九龙脑矿段矿脉的复合

表5-20　九龙脑矿田樟东坑-九龙脑钨矿床矿体特征

矿段	类型	矿脉	倾向	倾角	描述
九龙脑矿段	云英岩细脉	V1	南东	60°~76°	脉体沿倾向呈宽缓波状，局部地段矿脉具膨大收缩，分支复合，该组矿脉地表厚度大于5cm，脉宽最大处约8.1m，一般为2~5m
		V1-1	南东	60°~76°	沿走向呈宽缓波状弯曲，与围岩分界较明显，局部呈渐变关系，具膨胀缩小，脉体最宽处6m，一般为2~3.8m
		V1′、V1″、V4			V1′、V1″、V4号矿体仅有钻孔控制，产状分别为8°∠66°、320°∠75°、10°∠64°，带宽分别为1m、0.55m、1m。黑钨矿化连续性较好
	内带石英脉型	V3	3°	65°~70°	常成组成带分布，各矿大致呈右行侧幕状平行排列，脉距一般10~35m。矿体形态较为复杂，尤其沿走向较沿倾向复杂得多，膨缩、弯曲、分支复合、尖灭侧现等现象常见，局部为网脉状
		V5	10°		
		V6	350°		
		V7	10°		
		V8	10°		

矿段	类型	矿脉	倾向	倾角	描述
樟东坑矿段	外带石英脉型	分为北、中、南三个脉组	南东	75°~85°	中组为主干脉组，工业矿脉最多，绝大多数矿脉为不连续的单脉。在两复脉之间有稀疏的细脉分布，就一条矿脉而言，其脉体形态主要是尖灭侧现、膨大、缩小、分支复合和尖灭重现为其特征，尖灭侧现较为普遍

三、矿石特征

樟东坑矿段有益组分为黑钨矿、辉钼矿、黄铁矿、黄铜矿，垂向上表现为"上钨下钼"。矿石构造以团块状构造、对称条带状构造为主，矿石结构以交代结构、交代残余结构、固溶体分离结构、自形粒状结构最为常见［图5-38（a），（b），（e），（f）］。九龙脑矿段主要金属矿物有黑钨矿、白钨矿、锡石、辉钼矿、辉铋矿、黄铜矿、黄铁矿、闪锌矿及毒砂，其中锡石、辉钼矿、黄铜矿为伴生矿物。矿石结构主要有自形–半自形、他形晶粒结构，交代残余结构。矿石构造主要有致密块状构造、浸染状构造、晶洞状或梳状构造、角砾状构造和条带状构造［图5-38（c），（d），（g），（h）］。

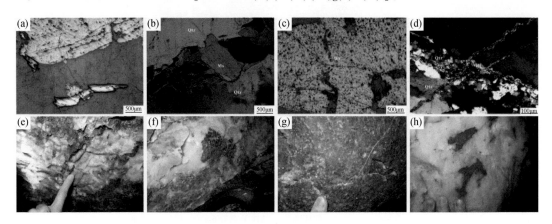

图 5-38 九龙脑矿田樟东坑–九龙脑钨矿矿物学特征

（a）樟东坑矿段自形–半自形黑钨矿；（b）樟东坑矿段石英脉中产出有细小脉状的云母脉；（c）九龙脑钨矿自形–半自形结构；（d）九龙脑矿段黑钨矿后期被石英脉穿插而过；（e）樟东坑矿段辉钼矿化；（f）樟东坑矿段黑钨矿化；（g）九龙脑矿段黄铜矿化；（h）九龙脑矿段黑钨矿化

根据矿体产出特征、矿物组成、矿物之间的共生关系，本区矿化分为两期，各期又分为三个阶段。外带形成期包括石英–黑钨矿阶段、石英–黑钨矿–硫化物阶段、石英–硫化物阶段；内带形成期包括石英–黑钨矿阶段、石英–黑钨矿–硫化物阶段、石英–硫化物阶段。矿区与成矿关系密切的围岩蚀变主要为云英岩化、绢云母化、硅化、碱性长石化等蚀变。

四、黑钨矿矿物成分分析

九龙脑矿段内带石英脉中黑钨矿含 WO_3 74.156%~75.653%，平均73.79%；含 MnO 9.597%~13.944%，平均11.80%；含 FeO 11.264%~15.726%，平均13.93%。樟东坑外带石英脉型黑钨矿含 WO_3 74.709%~75.321%，平均75.45%；含 MnO 7.789%~8.645%，平均7.87%；含 FeO 16.039%~16.786%，平均16.72%。可见，内带和外带黑钨矿的 WO_3 含量大致相当，内带稍低。内带黑钨矿的 FeO 含量较外带高，MnO 含量则低（表5-21）。

表 5-21　樟东坑-九龙脑钨矿床黑钨矿单矿物主要化学成分电子探针分析结果

矿体	样品编号	WO_3/%	FeO/%	MnO/%
内带石英脉型矿体	jln-1	75.59	11.26	13.94
	jln-2	75.65	15.16	9.59
	jln-3	74.43	15.73	9.69
	jln-4	74.56	14.69	10.50
	jln-5	74.55	12.81	12.73
	jln-6	74.15	13.14	12.52
	jln-7	75.59	11.26	13.94
	平均值	73.79	13.93	11.80
外带石英脉型矿体	zdk-1	75.01	16.32	8.6
	zdk-2	74.71	16.0	8.81
	zdk-3	75.32	16.18	8.81
	zdk-4	75.29	16.79	7.79
	平均值	75.45	16.72	7.87

西华山钨矿为区内著名的内带型矿床，盘古山为典型的外带型矿床。西华山钨矿黑钨矿的 WO_3 含量为72.25%~75.9%，平均74.57%；FeO 含量为6.73%~15.05%，平均13.05%，且以12.35%~14.54%居多；MnO 含量为8.23%~11.13%，平均10.20%。盘古山钨矿 WO_3 含量为74.79%~76.39%，成分变化不大，平均74.57%；FeO 含量为6.54%~22.79%，平均13.05%；MnO 含量为2.06%~11.92%，平均10.20%（吴燕荣等，2011）。盘古山钨矿床的黑钨矿 WO_3 含量为74.79%~76.39%，FeO 含量为6.54%~22.79%，MnO 含量为2.06%~17.5%（方贵聪等，2014）。与九龙脑黑钨矿成分对比研究发现，典型外带型矿床 Mn/Fe 值明显低于内带型矿床。

五、成岩年代学研究

对采自九龙脑矿床九龙脑矿段740m标高（样品号 JLN-1）的中细粒似斑状黑云钾长花岗岩进行了锆石定年（图5-39）。结果显示（图5-40），所有点都投影于谐和曲线上或曲线附近，表明这些锆石颗粒形成后的 U-Pb 同位素体系是封闭的，没有 U 或 Pb 同位素的明显丢失或加入。$^{206}Pb/^{238}U$ 年龄与 $^{207}Pb/^{235}U$ 年龄高度谐和一致，$^{206}Pb/^{238}U$ 和 $^{207}Pb/^{235}U$ 的谐和度为 90%~99%，$^{206}Pb/^{238}U$ 年龄分布在 154.8~145.2Ma（表 5-22），加权平均年龄为 151.1±2.2Ma，代表其结晶年龄。

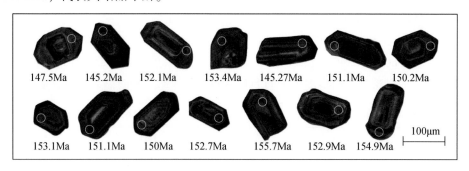

147.5Ma　145.2Ma　152.1Ma　153.4Ma　145.27Ma　151.1Ma　150.2Ma

153.1Ma　151.1Ma　150Ma　152.7Ma　155.7Ma　152.9Ma　154.9Ma

100μm

图 5-39　樟东坑-九龙脑粒黑云母花岗岩锆石阴极发光图

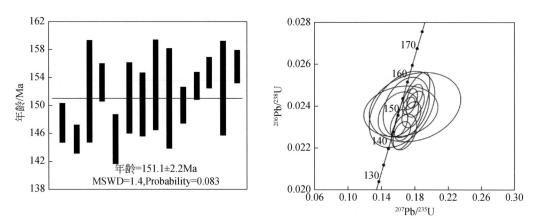

年龄=151.1±2.2Ma
MSWD=1.4,Probability=0.083

图 5-40　樟东坑-九龙脑钨矿区中粒黑云母花岗岩锆石 U-Pb 年龄谐和曲线和加权平均值

六、矿床成因

1. 成岩成矿时代

本次研究首次获得九龙脑矿区的成岩年龄为 151.1±2.2Ma，成岩作用发生于晚侏罗世。在燕山早期西太平洋板块南东-北西向俯冲应力作用下，九龙脑花岗质岩浆在 160Ma 以前开始侵位、分异演化出酸性岩浆岩，并侵入古亭-船肚里断裂带与崇义-九龙脑断裂带的复合部位（赵正等，2013；郭春丽等，2007；陈郑辉等，2006；Guo et al.，2012）。岩体侵入部位的围岩为震旦系，在花岗岩体与浅变质岩岩层接触带上，在富矿化剂和成矿流体的作用下，在岩体顶部发生钠长石化和云英岩化，并形成含钨多金属石英脉。推测在一定的地质时间间隔范围内，构造条件相对稳定，花岗岩岩浆的结晶分异作用持续进行，后期成矿物质不断补给，从而保证了矿床具有较为完整的"五层楼+地下室"模式。此时为燕山中期第一阶段，也正是南岭及相邻地区 W、Sn、Nb-Ta、Pb-Zn 等有色-稀有金属矿化的主成矿期。

表 5-22　樟东坑-九龙脑矿区花岗岩锆石 U-Pb 测年数据

测点	含量/10⁻⁶			Th/U	比值						年龄/Ma						谐和度/%
	Pb	Th	U		$^{207}Pb/^{235}U$	1σ	$^{206}Pb/^{238}U$	1σ	$^{207}Pb/^{206}Pb$	1σ	$^{207}Pb/^{206}Pb$	1σ	$^{207}Pb/^{235}U$	1σ	$^{206}Pb/^{238}U$	1σ	
JLN-1	77.71	474.11	2677.79	0.17	0.0231	0.0067	0.0057	0.4701			216.74	99.98	151.83	5.87	147.59	2.85	97
JLN-2	79.83	1069.97	2701.25	0.39	0.0227	0.0066	0.0037	0.3432			283.39	76.84	154.64	5.80	145.23	1.99	93
JLN-3	30.21	408.16	951.51	0.42	0.0238	0.0128	0.0064	0.6784			433.38	163.87	166.30	11.09	152.14	7.37	91
JLN-4	124.20	1734.66	4182.89	0.41	0.0240	0.0070	0.0041	0.4394			364.87	81.47	167.77	6.04	153.40	2.60	91
JLN-5	33.47	523.94	1143.71	0.45	0.0227	0.0101	0.0055	0.4093			316.72	122.20	156.86	8.85	145.27	3.58	92
JLN-6	18.09	440.11	1193.92	0.36	0.0237	0.0290	0.0054	0.1924			187.12	377.73	153.04	25.34	151.11	5.12	98
JLN-7	10.53	595.08	586.61	1.01	0.0235	0.0154	0.0065	0.3174			172.31	222.19	150.81	13.53	150.23	4.50	99
JLN-8	4.54	147.81	306.24	0.48	0.024	0.0200	0.0072	0.3691			375.98	275.88	162.30	17.33	153.07	6.45	94
JLN-9	8.51	296.26	615.17	0.48	0.0237	0.0241	0.0067	0.3195			194.53	327.73	151.84	21.15	151.09	7.15	99
JLN-10	146.68	2177.33	7073.75	0.31	0.0235	0.0077	0.0012	0.3926			346.35	93.51	163.62	6.72	150.14	2.59	91
JLN-11	242.10	2701.36	10965.88	0.25	0.0239	0.0050	0.0028	0.4346			333.39	73.12	161.21	4.38	152.88	1.93	94
JLN-12	338.65	8584.47	13357.14	0.64	0.0243	0.0057	0.0028	0.4278			264.88	75.91	163.04	4.99	154.85	2.17	94
JLN-13	12.94	354.19	570.61	0.62	0.0239	0.0358	0.0030	0.2229			600.02	269.41	167.66	30.89	152.66	6.72	90
JLN-14	180.24	1464.49	8479.84	0.17	0.0244	0.0060	0.0030	0.4629			320.43	113.87	167.71	5.18	155.73	2.38	92

位于九龙脑岩体附近的樟东坑–九龙脑石英脉型黑钨矿矿床、宝山矽卡岩型白钨矿矿床、淘锡坑石英脉型黑钨矿矿床是九龙脑矿集区较为典型的 3 个矿床，淘锡坑钨矿中辉钼矿的 Re-Os 同位素成矿年龄为 154.4±3.8Ma，淘锡坑花岗岩的锆石 U-Pb 年龄为 158.7±3.9～157.6±3.5Ma，成岩成矿时差约 3Ma；宝山矽卡岩型钨矿的岩体年龄为 156.6±3.9Ma，成矿年龄为 161.0±1.9Ma，二者也接近（丰成友等，2011b）；樟东坑–九龙脑钨矿成矿岩体及内、外带矿体成矿年龄三者在误差范围内也是高度一致的（李光来等，2014）。自九龙脑复式岩体向外有逐渐变年轻趋势，岩浆以九龙脑岩体为中心向外扩散，具脉动式演化特征。

2. 内带和外带的矿化对比

黑钨矿主要由 WO_3、FeO、MnO 组成，$FeWO_4$ 和 $MnWO_4$ 以类质同象存在，黑钨矿–钨锰铁矿–钨锰矿这一固溶体的各个成员所代表的形成温度变化很大，且温度低时钨元素先结晶，高温时铁元素先结晶（李逸群和颜晓钟，1991）。樟东坑–九龙脑钨矿床两矿段黑钨矿的成分具有与西华山、盘古山钨矿相似的分布趋势（许泰和李振华，2013；叶诗文等，2014），外带矿脉 Mn/Fe 值低于内带，说明九龙脑矿段主成矿期成矿温度稍微低于樟东坑矿段，樟东坑–九龙脑钨矿成矿温度介于西华山钨矿和盘古山钨矿之间，且更接近西华山钨矿。成矿流体具逆向演化特征，成矿温度自地层向岩体呈逐渐降低趋势，且黑钨矿中的铁锰成分变化成连续序列，显示为同一次构造岩浆–演化的产物（图 5-41）。

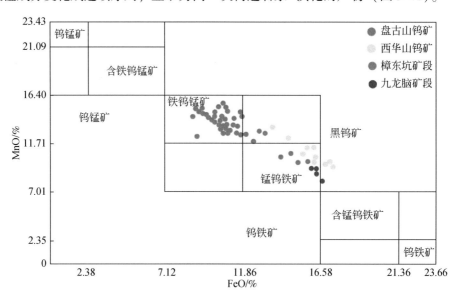

图 5-41　樟东坑–九龙脑钨矿床黑钨矿的 MnO、FeO 比值投点图

七、成矿模式及找矿方向

前人将樟东坑–九龙脑钨矿两矿段作为两个独立的矿床来研究，认为二者具有不同的成矿过程（吴永乐等，1987）。樟东坑矿段和九龙脑矿段在成因上密切相关，实际上是同

一期岩浆活动不同阶段的产物，证据包括：①横穿整个矿区的 F_1、F_2 断裂将樟东坑–九龙脑矿钨矿床分为两段，在破碎带中发育云英岩型矿体，断层上盘、下盘发育石英脉型矿体，证明 F_1、F_2 为成矿前断裂，且是重要的导矿和储矿构造；②成矿相关岩体均为燕山早期中粒黑云母花岗岩，成岩年龄、内外带成矿年龄在误差范围内高度一致，成矿作用紧随岩体侵位发生；③内、外带矿物组合类型基本一致，仅含量上有所差别，内带以黑钨矿、黄铜矿为主，而外带以黑钨矿、辉钼矿为主；④内、外带黑钨矿 Mn-Fe 呈连续线性变化，是成矿热液逐渐演化的结果，外带成矿温度高于内带，成矿热液逆向演化。

燕山早期，地壳部分熔融形成富钨的花岗质岩浆，沿深大断裂向浅部地壳运移，随着温度、压力逐渐下降，酸性挥发分逸失，氧逸度升高，钨在中粒黑云母花岗岩中大量富集，形成九龙脑矿集区的成矿母岩。伴随大量造岩矿物的结晶，成矿岩浆演化出富含挥发分的成矿热液，沿 F_1、F_2 断裂运移，率先充填于 F_1、F_2 上盘的次级东西向断裂中，形成了樟东坑矿段。这与南岭地区石英脉型钨矿多赋存在断裂上盘的规律相一致（陈毓川等，2014）。伴随着深部岩浆的第二次脉动，成矿热液向前期就位的九龙脑岩体内部运移，在断裂下盘成矿有利地段富集成矿，形成内带矿体（图5-42）。

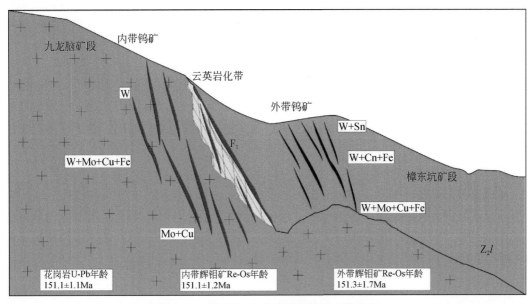

图 5-42　樟东坑–九龙脑钨矿床成矿模式图

在成岩成矿时代、矿化类型和成矿地质条件上，樟东坑–九龙脑钨矿内外带与区内典型的内带型西华山钨矿和外带型盘古山钨矿颇为相似，两个典型矿床的垂向延伸均接近1000m（Guo et al.，2011）。预测樟东坑外围具有较大的找矿前景，九龙脑岩体内也具有一定的找矿潜力。

第三节　梅树坪钨钼矿床

梅树坪钨钼矿床位于九龙脑岩体南缘，东部毗邻洪水寨、九龙脑和樟东坑等钨矿区，西部毗邻天井窝、瓦窑坑等矿区。矿区行政区划属崇义县关田镇下关村管辖。

一、矿区地质

1. 地层

矿区地层较简单,主要出露震旦纪地层,沿沟谷低洼处有第四系覆盖。地层总体产状倾向80°~110°,倾角50°~55°。上震旦统老虎塘组分布于梅树坪钨矿区南东部,分布面积约占三分之一,岩性为灰黑色变余长石石英砂岩、暗绿-黑色千枚岩及薄层状板岩。

2. 构造

矿区构造主要表现为断裂构造,规模较大的有 F_1、F_2、F_3 三条。F_1 断裂分布于矿区中部梅树坪一带,走向北北东,倾向275°~280°,倾角72°~75°,延长大于2000m,宽1~17m,一般7~8m,见硅化硅质条带。断面舒缓波状,见挤压透镜体,断裂性质为压扭性,与区域断裂相吻合。F_2 断裂分布于矿区梅树坪东侧,走向北北东,倾向280°~290°,倾角70°~75°,延长大于1300m,宽1~15m,一般3~5m,断面舒缓波状,带内主要由构造角砾岩和石英脉组成,见挤压透镜体,断裂性质为压扭性。F_3 断裂分布于矿区南东角,走向北东东,倾向160°,倾角40°~60°,在矿区延长约2000m,宽1~16m,一般6~7m,带内由构造角砾岩组成,带两侧发育有与断裂面平行的片理构造,片理面上重叠有水平擦痕,显示断裂性质为先压后扭。成矿裂隙较发育,主要有两组:一组走向40°~50°,倾向北西,倾角60°~70°,多发育在矿区北部九龙脑一带;另一组走向90°~100°,倾向北或北北东,倾角65°~75°,该组裂隙遍及矿区。两组裂隙均被石英脉充填,其中以第二组为本矿区主要成矿裂隙,普遍具有矿化,并切割第一组或与第一组相互切割(图5-43)。

3. 岩浆岩

矿区岩浆活动较为强烈,侵入岩的分布较广泛,出露的面积占矿区总面积的70%,主要分布于矿区的北部和北西部,为中侏罗世侵入的九龙脑岩体的一部分,整个九龙脑岩体呈北东向延伸,呈岩基产出,为一个复式岩体,北侧及北东侧为沙溪岩体,南西侧为天井窝岩体。此外矿区内还见有少量的细粒花岗岩脉(图5-44)。

4. 矿化特征

矿化类型主要有石英脉型钨(包括黑钨和白钨)钼矿化,细粒花岗岩中有浸染状白钨矿化。

532和323是矿区目前两个主采中段。本区圈定主要含钨石英脉矿体14条,矿脉总体产状倾向北北西,延长150~600m不等,延深80~160m,脉幅0.1~0.3m,最厚为1m,矿脉倾向360°,倾角30°~40°。总体来说矿区矿脉形态比较复杂,呈薄板状、透镜状产出;在平面和垂向上,矿脉有尖灭侧现、尖灭再现、分支复合特点,局部膨大缩小,走向上矿脉呈右侧斜列产出。在花岗岩与变质岩接触带的花岗岩是含钨石英脉的集中分布区。矿区内的石英脉型矿床,脉幅较小,平均厚度约0.39m,WO_3 品位中等偏富,米百分值多在0.30~1.40;走向倾向上分段富集、贫富不均;平面上表现为中间矿脉较富,南北矿脉矿化强度逐渐减弱;垂向上则表现为上部较贫、下部变富的特点。

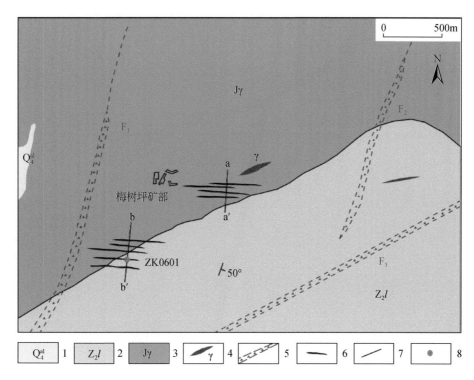

图 5-43　九龙脑矿田梅树坪钨钼矿床地质图

1. 第四系全新统；2. 上震旦统老虎塘组；3. 中粗粒（斑状）黑云母花岗岩；4. 细粒黑云母花岗岩；
5. 断裂破碎带；6. 含钨石英脉；7. 勘探线；8. 钻孔

图 5-44　九龙脑矿田梅树坪矿区花岗岩标本

（a）502 中段的中粗粒斑状黑云母花岗岩；（b）灰白色粗粒斑状黑云母花岗岩（标本）

梅树坪矿区 532 中段的 V16 脉体倾向 0°，走向 90°，倾角 37°~40°，脉幅 0.1~0.2m。石英脉的两侧与围岩接触部位的云英岩化带宽约 0.1m，云英岩与石英脉的接触部位黄铜矿、辉钼矿、白钨矿较为富集（图 5-45）。

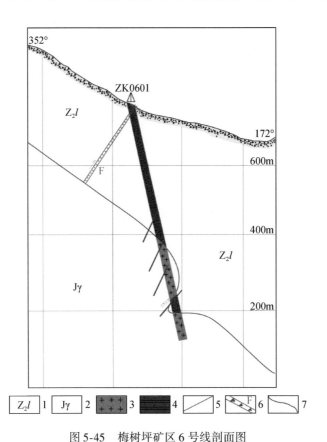

图 5-45　梅树坪矿区 6 号线剖面图

1. 震旦系老虎塘组；2. 中侏罗世花岗岩；3. 中粗粒斑状黑云花岗岩；4. 长石石英砂岩；
5. 矿体；6. 断层破碎带；7. 地质界线

局部可见长英质脉和伟晶岩化。长英质脉倾向 0°，走向 82°，倾角 30°，可见少量的黑钨矿和辉钼矿产出。脉体形态较为简单，局部可见脉幅膨大缩小。可见走向近南北的石英细脉，石英细脉的间隔较长，与主矿脉没有明显的切割关系。细脉中矿物含量较少，与围岩的接触带上可见少量的黑钨矿，且荧光灯下有少量的白钨矿沿着石英脉和黑钨矿的边缘发育。

在 502 中段的采空区，石英脉走向 285°，倾向 25°，脉宽 0.4m。采空区附近可见东西走向近平行的石英脉，走向 75°，倾向 345°，倾角 50°，脉宽 0.25m，延伸约 20m，上盘有强烈的云英岩化。主要矿物为黑钨矿，未见白钨矿化（图 5-46，图 5-47）。

矿化在水平方向的变化：矿区内矿化整体不均匀，在水平方向上 WO_3 品位变化规律并非十分明显，但大体上以矿区中部品位较高，北部和南部矿脉品位次之，如矿区中部的 V50 和 V60 比北部的 V80、南部的 V30 和 V29 品位要高。由于矿区内单脉短小，矿体延伸最长不超过 160m，品位变化多表现为中间富，向两端逐渐变贫以至尖灭。

矿化在垂向上的变化：就矿区而言，标高在 559～664m 的矿体（如 V50、V60），WO_3 品位较富，而低于 559m 标高和高于 664m 标高的矿体（如 V29 和 V80），WO_3 品位较贫。就单条矿脉而言，往深部矿化略变富。

图 5-46　梅树坪矿区 502 中段石英脉带两侧的云英岩化

图 5-47　梅树坪矿区 502 中段南北走向平行的石英细脉，脉壁有少量的黑钨矿

　　本矿床的矿化可划分为三个阶段：①高中温阶段（早期）。主要矿物有石英、黑钨矿，次要矿物有辉钼矿、白钨矿、黄铁矿，微量矿物有黄玉、白云母、长石、闪锌矿、黄铜矿、方铅矿、方解石等。②中低温阶段（晚期）。主要矿物有方解石和石英，次要矿物有黄铁矿、萤石、绿泥石等。③次生阶段。次生矿物较少，主要见于地表和近地表，有高岭土、钨华、钼华、褐铁矿、铜蓝等。

　　梅树坪矿区金属矿物为黑钨矿、辉钼矿、白钨矿、黄铜矿、黄铁矿等，以黑钨矿、白钨矿、辉钼矿化为主。黑钨矿晶形较好，单体呈板柱状，集合体呈放射状和条带状，局部可见黑钨矿的表面发生绿泥石化，局部可见黄铁矿、黄铜矿呈浸染状分布在黑钨矿的边部。矿区白钨矿分为两种类型——石英脉型和花岗岩型。辉钼矿单体呈鳞片状产出，品位富，主要产在石英脉中，局部可见辉钼矿产在石英脉和围岩的接触带上。白钨矿品位较富，大多呈浸染状交代黑钨矿，局部可见花岗岩中有条带状和星点状分布的白钨矿（图 5-48）。

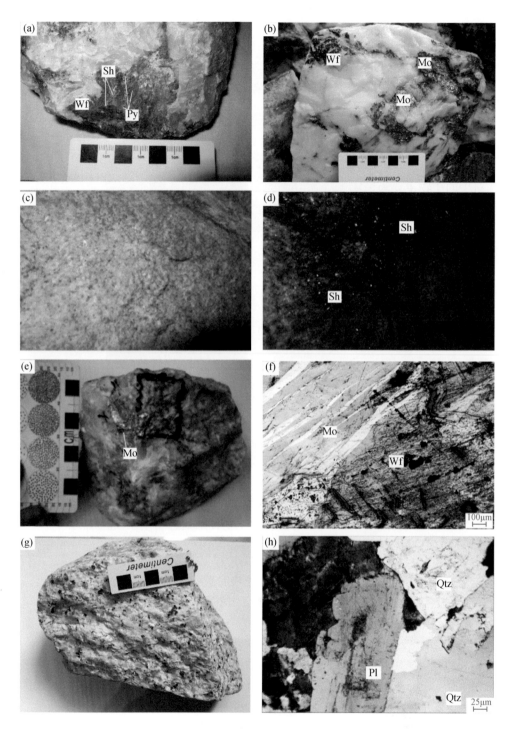

图 5-48　梅树坪矿区矿石标本

（a）白钨矿交代黑钨矿矿石（日光）；（b）石英脉中条带状的钼钨矿化；（c）花岗岩中浸染状的白钨矿化（日光）；
（d）花岗岩中浸染状的白钨矿化（荧光灯鉴定）；（e）辉钼矿样品；（f）辉钼矿镜下反射光；（g）中粗粒斑状黑云岗岩样
品；（h）中粗粒斑状黑云花岗岩镜下正交偏光。Wf. 黑钨矿；Sh. 白钨矿；Mo. 辉钼矿；Py. 黄铁矿；Pl. 斜长石；Qtz. 石英矿区中矿体的围岩均为花岗岩，主要有中细粒斑状黑云母花岗岩和中粒斑状黑云母花岗岩，极少量为细粒花岗岩。围岩蚀变的种类较多，常见云英岩化和硅化，其次有钾长石化、绿泥石化、萤石化、白云母化等。矿脉旁侧云英岩化较强烈，蚀变带宽一般为 10～20cm，局部达 40～50cm。蚀变分带不够明显，局部云英岩化外侧见有钾长石化，也有少数矿脉旁侧的围岩蚀变以钾长石化为主。

二、矿物学特征

矿石中的矿物主要为黑钨矿、辉钼矿、黄铜矿、黑云母、长石、石英等（图 5-49）。

黑钨矿呈褐灰色，自形程度较好。黑钨矿自形程度差者呈粒状，单偏光下不透明，反射光下呈灰白色，常与黑云母和石英共生。黑钨矿与辉钼矿共生在石英脉中。辉钼矿呈灰白色弯曲的叶片状晶体，零星分布在石英中。可见黑钨矿与辉钼矿共生在石英脉中。还可见长条状的辉钼矿。黄铜矿自形程度较好，呈现粒状，粒度大小为 0.3～1mm 不等。偶见黄铜矿零星出现在石英中。斜长石自形–半自形板柱状，粒径为 0.2～0.8mm，聚片双晶发

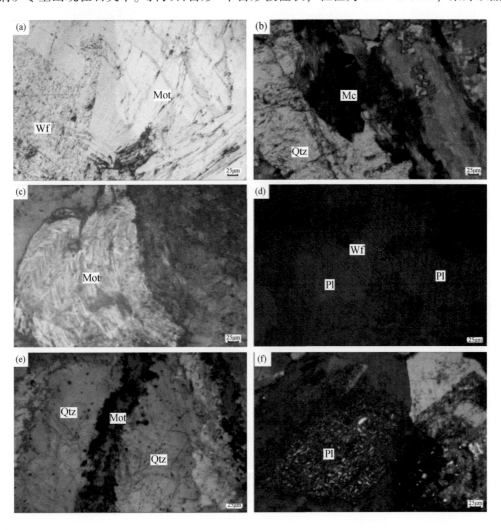

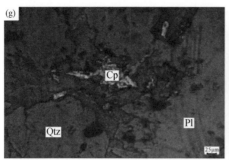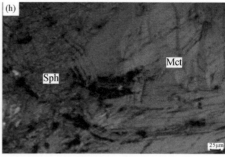

图 5-49　梅树坪矿区矿石矿物镜下特征

（a）黑钨矿与辉钼矿共生；（b）黑云母的绿泥石化；（c）辉钼矿；（d）黑钨矿零星分布；（e）长条状的辉钼矿；（f）长石表面的泥化；（g）黄铜矿；（h）辉钼矿和闪锌矿共生。Cp. 黄铜矿；Mc. 云母；Mot. 辉钼矿；Pl. 斜长石；Qtz. 石英；Sph. 闪锌矿；Wf. 黑钨矿

育，细密平直，普遍绢云母化、土化，蚀变强烈者表面浑浊但双晶纹仍清晰可辨。钾长石自形–半自形板柱状，粒径 0.2~0.8mm，卡斯巴双晶发育，表面发生泥化，呈尘土状。石英他形粒状，表面干净，波状消光，充填于长石空隙中；浅色矿物粒径大小不近相等，部分为 0.2~0.8mm，属细粒。

三、成岩成矿时代

对采自梅树坪矿区坑道中属于九龙脑岩体的粗粒黑云母花岗岩（YK-J2D-2）进行了锆石 LA-ICP-MS 定年，对石英脉型矿石中的辉钼矿进行了 Re-Os 同位素定年，测试方法详见前人的研究（蒋少涌和杨竞红，2000；屈文俊和杜安道，2003；杜安道，等2007；侯可军等，2009；李晶等，2010；丰成友等，2015）。结果（表5-23，表5-24，图5-50，图5-51）表明，锆石谐和年龄为 156.7±0.95Ma，加权平均年龄为 156.5±1.8Ma，代表含矿岩体的侵入结晶年龄。梅树坪的 6 件辉钼矿的 Re-Os 等时线年龄为 157.3±1.6Ma，模式年龄为 155.5±2.4~157.5±2.3Ma，加权平均年龄为 156.28±0.93Ma，二者在误差范围内高度一致，属同源岩浆演化不同阶段的产物。此外梅树坪钨矿床成矿年龄与矿集区内钨锡成矿年龄高度一致，形成于华南地区中生代成矿作用大规模爆发期（华仁民等，2005a；陈郑辉等，2006；郭春丽等，2007；许建祥等，2007；丰成友等，2007a，2007b，2011a，2011b，2012，2015；Huang et al.，2011；周雪桂等，2011；吴俊华等，2011；李光来等，2014）。该矿床辉钼矿中 Re 同位素含量为 $0.46×10^{-6}~1.73×10^{-6}$，表明成矿物质主要来源于地壳，且有少量幔源物质参与（吴俊华等，2011）。

表 5-23　梅树坪岩体粗粒黑云母花岗岩 LA-ICP-MS 锆石 U-Pb 同位素定年结果

测点	$\omega_B/10^{-6}$		同位素比值						年龄/Ma	
	Th	U	$^{207}Pb/^{206}Pb$	1σ	$^{207}Pb/^{235}U$	1σ	$^{206}Pb/^{238}U$	1σ	$^{206}Pb/^{238}U$	$^{206}Pb/^{238}U$
MSP-C-1	319.48696	631.22211	0.05075	0.00254	0.17168	0.00788	0.02509	0.00047	159.71508	2.94589
MSP-C-2	328.15621	566.93049	0.05061	0.00304	0.16424	0.00876	0.02415	0.00056	153.81740	3.55508

续表

测点	$\omega_B/10^{-6}$		同位素比值						年龄/Ma	
	Th	U	$^{207}Pb/$ ^{206}Pb	1σ	$^{207}Pb/$ ^{235}U	1σ	$^{206}Pb/$ ^{238}U	1σ	$^{206}Pb/$ ^{238}U	$^{206}Pb/$ ^{238}U
MSP-C-3	226.93065	255.25837	0.05159	0.00474	0.17260	0.01662	0.02485	0.00096	158.23114	3.02099
MSP-C-4	152.02570	247.00189	0.05218	0.00623	0.16222	0.01738	0.02356	0.00102	156.10389	4.40783
MSP-C-5	575.98722	1072.96818	0.05176	0.00194	0.17415	0.00583	0.02470	0.00037	157.27653	2.35564
MSP-C-6	151.50619	175.16374	0.05782	0.00516	0.17792	0.01256	0.02444	0.00087	155.68150	3.48607
MSP-C-7	138.02897	227.94890	0.05648	0.00376	0.18490	0.01028	0.02579	0.00094	164.15790	3.89616
MSP-C-8	219.05265	383.37953	0.05164	0.00311	0.16512	0.00874	0.02401	0.00054	154.95101	3.42081
MSP-C-9	325.50751	584.10474	0.05053	0.00243	0.16328	0.00740	0.02409	0.00044	153.46376	2.75395
MSP-C-10	202.78917	507.34916	0.05212	0.00294	0.16899	0.00797	0.02463	0.00053	156.85930	3.33288
MSP-C-11	553.34314	1185.27662	0.05128	0.00223	0.17366	0.00712	0.02464	0.00038	156.93315	2.38986
MSP-C-12	353.60632	901.96971	0.05074	0.00269	0.17292	0.00920	0.02488	0.00050	158.44861	3.13016
MSP-C-13	135.69679	326.41079	0.05619	0.00450	0.17669	0.01083	0.02533	0.00070	161.24446	4.41217

注：测试工作在自然资源部成矿作用与资源评价重点实验室完成，计算年龄采用$^{206}Pb/^{238}U$年龄

表5-24　梅树坪辉钼矿 Re-Os 同位素定年结果

原样名	样重/g	Re/(ng/g)		$Os_{普}/(ng/g)$		$^{187}Re/(ng/g)$		$^{187}Os/(ng/g)$		模式年龄 t/Ma	
		测定值	不确定度	测定值	不确定度	测定值	不确定度	测定值	不确定度	测定值	不确定度
MSP-1	0.04918	1567	12	0.0006	0.0065	985.2	7.4	2.588	0.025	157.5	2.3
MSP-2	0.15290	1733	14	0.0005	0.0018	1089	8	2.848	0.024	156.8	2.2
MSP-3	0.15040	1592	15	0.0004	0.0008	1001	9	2.609	0.021	156.3	2.3
MSP-4	0.30083	930.4	10.1	0.0002	0.0007	584.8	6.3	1.522	0.012	156.0	2.5
MSP-6	0.30048	463.3	4.2	0.0002	0.0008	291.2	2.7	0.7561	0.0062	155.6	2.3
MSP-7	0.18420	517.9	4.1	0.0003	0.0007	325.5	2.6	0.8442	0.0085	155.5	2.4

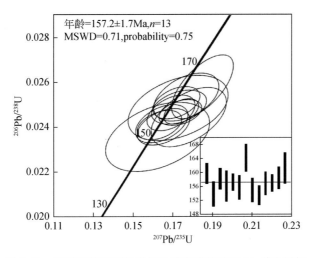

图5-50　梅树坪粗粒斑状黑云母花岗岩锆石 U-Pb 谐和图解

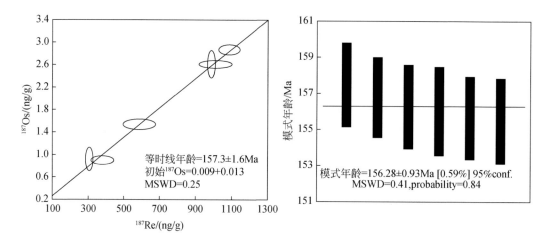

图 5-51　梅树坪辉钼矿 Re-Os 等时线年龄和模式年龄

四、矿床地球化学

1. 流体包裹体

梅树坪矿区发育内带石英大脉型黑钨矿矿化和细粒浸染状白钨矿矿化。石英脉中包裹体的形态为椭圆形、长柱状、不规则状，以椭圆状、不规则状为主；大小为 4~23.4μm，主要集中在 4~10μm（图 5-52）；气液比占 10%~40%，主要集中在 10%~15%（表 5-25）。

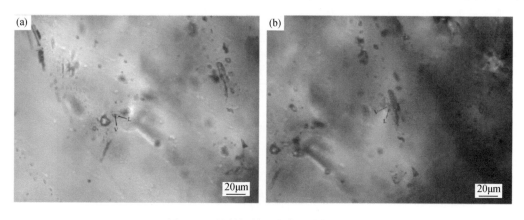

图 5-52　梅树坪钨矿流体包裹体照片

梅树坪矿区石英流体包裹体均一温度范围在 240.6~317℃，集中在 260~320℃；盐度范围在 2.74%~11.58% NaCleqv，集中在 5%~7% NaCleqv；流体密度集中在 0.7~0.9g/cm³（图 5-53，图 5-54）。

表 5-25　梅树坪矿区石英中流体包裹体显微测温结果

样品编号	矿化类型	矿物共生组合	类型	形态	大小/μm	气液比/%	冰点/℃	均一温度 T_h/℃	盐度/% NaCleqv
msp-c	石英脉型黑钨矿	石英、钾长石、酸性斜长石	LV	近椭圆	9	15	-1.6	281.5	2.74
			LV	不规则	15	40	-3.5	317	5.71
msp-c	石英脉型黑钨矿	石英、钾长石、酸性斜长石	LV	椭圆	6	15	-5.7	275	8.81
			LV	不规则	9	10	-2.6	262.9	4.34
			LV	圆形	10	15	-7.9	266.1	11.58
			LV	不规则	23.4	10	-4.5	299	7.17
			LV	长柱状	4	30	-3.4	269.5	5.56
			LV	圆形	10	10	-2.1	240.6	3.55
			LV	不规则	4.6	30	-2.8	300.5	4.65

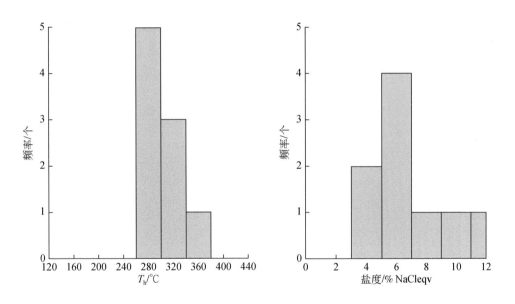

图 5-53　梅树坪矿区石英流体包裹体均一温度-盐度直方图

2. 石英氢氧同位素

流体的 δD_{V-SMOW} 值可直接测定，$\delta^{18}O_{H_2O}$ 值通过石英-水氧同位素分馏方程计算求得。其中，梅树坪流体包裹体 δD_{V-SMOW} 为-55‰~-46‰，流体 $\delta^{18}O_{H_2O}$ 为-0.2‰~2.4‰（表5-26），在氢氧同位素图解中样品主要集中在岩浆水与大气降水线之间，紧靠岩浆水左侧，表明成矿流体以岩浆水为主，混入少量大气降水（图5-55）。

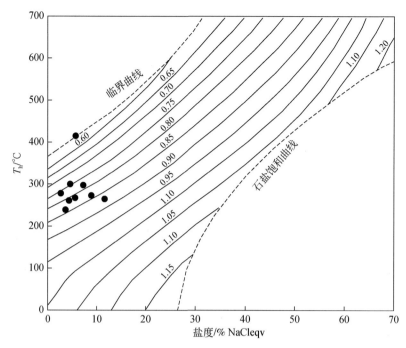

图 5-54　梅树坪矿区石英中流体包裹体均一温度–盐度和密度分布图

表 5-26　梅树坪钨矿石英氢氧同位素一览表

编号	测试样品	$\delta D_{V\text{-}SMOW}$/‰	$\delta^{18}O_{V\text{-}SMOW}$/‰	T/℃	$\delta^{18}O_{H_2O}$/‰
MSP-5	石英	−55.3	10.2	279	1.8
MSP-6	石英	−52.6	10.8	279	2.4
MSP-13	石英	−50.7	9.4	279	1.1
MSP-25	石英	−46.5	8.1	279	−0.2

注：$\delta^{18}O_{H_2O}=\delta^{18}O_{石英}-(3.38\times10^6/T^2-2.9)$（张宏飞和高山，2012）

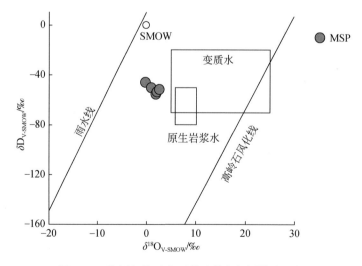

图 5-55　梅树坪钨矿床石英流体氢氧同位素图解

五、岩石地球化学

梅树坪矿区主要发育粗粒似斑状黑云母花岗岩，局部可见细粒黑云母花岗岩（表5-27）。花岗岩的 SiO_2 含量和碱含量（ $SiO_2 = 75.70\% \sim 76.92\%$ ）在图 5-56 中落入高钾钙碱性范围，表明岩体属高钾钙碱性过铝质花岗岩类。

表 5-27　梅树坪矿区含矿花岗岩主微量元素含量

样品原号	MSP-c2	MSP-502-C1	MSP-502-X1
SiO_2/%	75.70	76.92	75.87
Al_2O_3/%	12.53	12.80	12.77
CaO/%	0.79	0.61	0.67
Fe_2O_3/%	1.17	0.41	0.75
FeO/%	0.18	0.40	0.54
K_2O/%	4.92	4.62	4.67
MgO/%	0.12	0.07	0.12
MnO/%	0.08	0.05	0.07
Na_2O/%	3.33	3.72	3.75
P_2O_5/%	0.02	0.01	0.01
TiO_2/%	0.06	0.04	0.07
CO_2/%	0.33	0.17	0.17
H_2O^+/%	0.42	0.80	0.48
LOI/%	0.47	0.58	0.66
F/%	0.13	0.096	0.26
Cl/10^{-6}	75	61	46
Dy/10^{-6}	10.35	12.50	9.38
Ho/10^{-6}	2.19	2.80	2.13
Er/10^{-6}	7.04	8.95	7.01
Tm/10^{-6}	1.13	1.46	1.12
Yb/10^{-6}	7.79	9.77	7.72
Lu/10^{-6}	1.20	1.48	1.15
Hf/10^{-6}	5.45	3.62	4.58
Ta/10^{-6}	17.84	33.46	42.24
W/10^{-6}	5.78	5.54	4.79
Tl/10^{-6}	2.01	1.96	1.90
Pb/10^{-6}	53.27	63.72	48.54

样品原号	MSP-c2	MSP-502-C1	MSP-502-X1
Bi/10^{-6}	27.94	9.67	1.04
Th/10^{-6}	37.16	18.90	22.36
U/10^{-6}	20.53	22.63	31.55

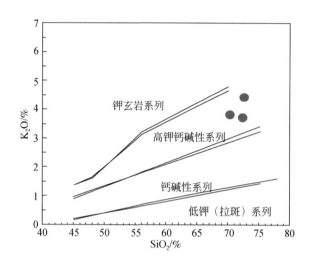

图 5-56　梅树坪花岗岩类 $K_2O\text{-}SiO_2$ 图解

梅树坪花岗岩的稀土总量 ΣREE 总体较低（$75.15\times10^{-6}\sim122.55\times10^{-6}$），重稀土相对富集，球粒陨石标准化配分曲线具有明显的左倾趋势，$(La/Yb)_N$ 值变化为 $0.51\sim1.51$。岩石的 Eu 呈现明显的负异常，花岗岩具有较高的 Cs、Rb、U 等大离子亲石元素含量和较低的 Ba、Sr、Ti 含量。在原始地幔标准化蛛网图中，显示明显的 Rb、Nb、U 正异常和 K、Ba、Sr、P、Ti 负异常（图 5-57）。

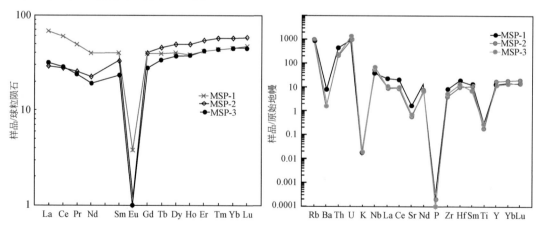

图 5-57　梅树坪矿区含矿花岗岩的稀土元素球粒陨石标准化配分图和微量元素原始地幔标准化蛛网图

六、矿床成因分析

本矿床产于花岗岩与震旦系变质岩接触带的花岗岩中。中细粒斑状黑云母花岗岩是本区的成矿母岩，其多阶段的侵入活动带来了大量的含矿热液。矿脉主要分布于矿区的北部和北西部，为九龙脑岩体成岩成矿组合的一部分。整个九龙脑岩体呈北东向延伸，呈岩基产出，为一个复式岩体，北、北东为沙溪岩体，南西侧为天井窝岩体。矿床成因上具脉动式成矿特征，矿体围绕燕山期成矿岩体内、外接触带成群成带产出，有利围岩是基底岩系中的碎屑岩类。矿床中单个矿体一般规模小、变化大，受不同方向构造裂隙的复合控制，矿体在垂向上具有"西华山式"上富下贫特征。

成矿过程大致为：深部岩浆沿大断裂上升，含矿岩浆热液沿断裂带充填，同时交代置换围岩中 W、Sn、Pb 及 Ag 等成矿元素并迁移。一方面使围岩发生云英岩化、碱性长石化、弱绢云母化和硅化，另一方面因交代充填而形成大量的黑钨矿、绿柱石、锡石、辉钼矿、白云母、黄玉等气化高温热液矿物，呈浸染状和致密块状分布充填于云英岩细脉带及石英脉中。

本矿床矿化以含钨石英细脉型和含钨石英大脉型为主，矿脉中含有黑钨矿、辉钼矿、辉铋矿、锡石、毒砂、黄铜矿、黄铁矿等金属矿物及石英、黄玉、白云母等气化高温热液矿物。围岩蚀变以硅化和云英岩化为主。矿床成因类型为气化高温热液期裂隙充填型石英脉黑钨矿床，工业类型为黑钨矿–辉钼矿–石英大脉型（图5-58）。

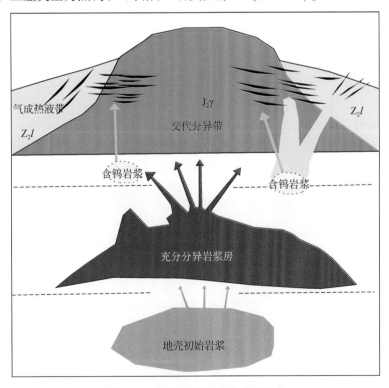

图 5-58　梅树坪钨钼矿床成矿模式

第四节　长流坑钨铜矿床

长流坑钨矿地处赣南崇义县过埠镇，位于九龙脑复式花岗岩体北约 14km 处（图 5-59），属于小型石英脉型 W-Sn-Cu 多金属矿床，形成于燕山早期，是九龙脑钨矿田的重要组成部分。

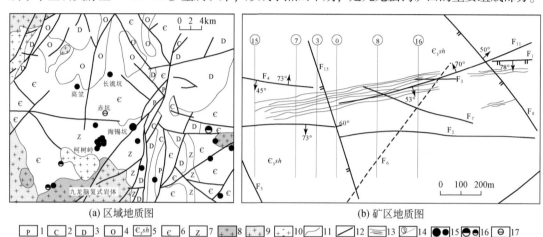

(a) 区域地质图　　　　　　　　　(b) 矿区地质图

图 5-59　长流坑钨矿床区域地质图及矿区地质图（江西省地质矿产勘查开发局赣南地质调查大队，2013）
1. 二叠系硅质岩和砂岩；2. 石炭系灰岩和砂岩；3. 泥盆系砂岩夹页岩；4. 奥陶系粉砂质板岩；5. 上寒武统水石组变质砂岩、板岩夹灰岩；6. 寒武系变质杂砂岩和板岩；7. 震旦系变质砂岩和板岩；8. 燕山早期第三阶段细粒斑状黑云母二长花岗岩；9. 燕山早期第二阶段中细粒黑云母二长花岗岩；10. 加里东晚期中粒花岗闪长岩；11. 地层界线；12. 断层；13. 矿化石英脉；14. 勘探线及其编号；15. 大型/中小型钨矿床；16. 大型/中小型锡矿床；17. 中小型铅锌矿

一、矿床地质

长流坑矿区地层较简单，主要为上寒武统水石组和第四系。水石组为一套次深海含碳泥质陆源碎屑的类复理石建造，岩性主要为石英细砂岩、条带状板岩、含碳板岩、石英砂质灰岩透镜体，岩石角岩化发育，呈细粒变晶结构（图 5-60）。

图 5-60　长流坑矿区角岩化砂岩手标本及显微照片

　　长流坑矿区断裂构造较发育，主要表现为近东西向、北北西向，次为北东向。近东西向断裂对钨矿石英脉的产状有明显控制作用，石英脉两侧常有产状一致的断裂发育。近东西向矿化石英脉往往被南北向断裂所错断，错断石英脉的断裂带中常被方解石所充填，表明近东西向构造形成较早，属于成矿前构造。矿区3号和0号勘探线附近破碎带最为发育，大小不等，规模最大一处宽度可达30m［图5-61（a）］，带中充填了石英、方解石、萤石，可见大量白云母，并发育有褐铁矿化、黄铜矿化、黄铁矿化、毒砂，产状200°∠83°。被断裂错断的矿脉，西段往往向北移，东段向南移，错距0.1～2m不等［图5-61（b）］。

(a) 破碎带　　　　　　　　　　　　　(b) 仰视图

图5-61　长流坑矿区宽约30m的破碎带及断裂两盘错断方向

　　矿区内未见岩浆岩出露，根据已施工的两个钻孔，ZK001至-290m、ZK801至-314m均未揭露岩体，推测与成矿有关的花岗岩体隐伏于标高-400m以下。但234中段3线掌子面向北水平钻60m孔深处揭露了闪长岩脉，宽约1m，灰绿色，细粒结构，块状构造，主要由斜长石和普通角闪石组成（图5-62）。

图5-62　长流坑矿区234中段水平钻孔揭露的闪长岩脉

　　长流坑矿区的矿化主要是外带石英脉型钨矿，同时发育矽卡岩型多金属矿化。目前，钻孔和平硐已控制7条钨矿石英脉，倾向170°～190°，倾角60°～85°，脉幅5～16cm，走向延长400～600m，倾向延深150～330m，矿石品位Cu 0.016%～3.12%，Sn 0.012%～

0.88%，WO₃ 0.03% ~ 0.567%（表5-28）。

表5-28　长流坑钨铜矿区主要矿体特征一览表

矿体号	控制标高/m	走向延长/m	延深/m	产状/(°)		平均厚度/m	平均品位/%		
				倾向	倾角		Cu	Sn	WO₃
V1	230 ~ 80	600	150	170 ~ 190	75 ~ 85	0.12	0.028	0.88	0.03
V2	230 ~ 60	600	170	170 ~ 190	75 ~ 85	0.16	0.016	0.02	0.122
V3	230 ~ 20	600	210	170 ~ 190	75 ~ 85	0.13	0.168	0.10	0.071
V4	230 ~ 0	600	230	170 ~ 190	75 ~ 85	0.20	1.46	0.164	0.287
V5	230 ~ -70	600	300	170 ~ 190	75 ~ 85	0.05	3.12	0.012	0.354
V6	230 ~ -90	600	320	170 ~ 190	75 ~ 85	0.06	0.3	0.016	0.567
V7	230 ~ -100	400	330	170 ~ 190	75 ~ 85	0.13	0.022	0.014	0.201

矿脉形态：在234中段，矿化石英脉脉幅一般为2 ~ 5cm，少数可达10cm以上；在3线和7线可见脉体密集发育，脉距3 ~ 21m不等。矿化石英脉形态在走向和纵向上常呈膨大缩小现象，但同一条脉通常具有由东向西、由浅至深脉幅增大的特点（图5-63）。

(a) 由东向西增大　　　　　　　　　(b) 由浅至深增大

图5-63　长流坑矿区234中段的矿化石英脉
脉幅由东向西增大、由浅至深增大的现象

矿脉产状：7号勘探线揭示矿脉的倾角有南陡北缓的特征，变化范围85°→78°→70°→65°→60°。

矿物组合：长流坑矿区内矿石中常见矿物十余种，金属矿物主要为黄铜矿、黑钨矿、白钨矿、锡石（图5-64），其次为黄铁矿、孔雀石等。非金属矿物主要为石英，次为萤石、正长石、白云母、方解石。黄铜矿为主要矿石矿物，黄铜色，金属光泽，硬度较低，粒度一般为1 ~ 3cm，呈团块状、条带状或浸染状聚合体。黑钨矿也是主要的矿石矿物，铁黑色–暗褐色，晶体呈自形–半自形板状，长轴一般在 0.4~5cm，个别是小薄板状、粒状，多产于矿脉边缘或中央，黑钨矿常与黄铁矿、锡石、石英共生。锡石为主要的矿石矿物，灰褐色、玻璃光泽，晶体呈自形–半自形粒状，粒径一般为 0.1~0.5cm，主要零星分布于矿脉边部，也有呈浸染状出现于近矿围岩之中，常与白云母、黄铜矿、黑钨矿等共生。石英为主要的脉石矿物，呈无色、灰白色、乳白色、烟灰色，油脂光泽强，透明度好，块状构造或梳状构造，矿脉上部多见晶洞构造。不含矿或贫矿石英的光泽和透明度较差。萤石呈浅紫色、淡绿色或无色，一般为块状或粒状，自形较好，在脉中较多，其形成具多世代性。

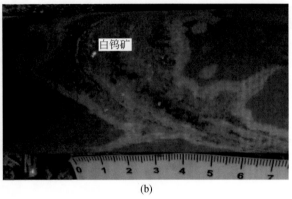

图 5-64　长流坑钨矿的黄铜矿、黑钨矿、方铅矿、磁黄铁矿、白钨矿特征

　　矿石结构：主要为充填结构、自形粒状结构，他形–半自形结构，其次是交代结构、交代残余结构、碎裂结构、固溶体分离结构等（图 5-65）。

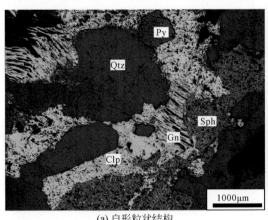
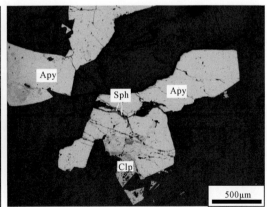

(a) 自形粒状结构　　　　　　　　　　　(b) 填充结构

图 5-65　矿物结构

黄铜矿在闪锌矿中呈固溶体分离结构、黄铁矿呈自形粒状结构，毒砂呈半自形粒状结构、闪锌矿在毒砂裂隙中呈充填结构。
Py. 黄铁矿；Qtz. 石英；Sph. 闪锌矿；Gn. 方铅矿；Clp. 黄铜矿；Apy. 毒砂

　　矿石构造：主要有块状构造 ［图 5-66（a）］、梳状构造 ［图 5-66（b）］、条带状构造、细脉状构造、网脉状构造、角砾状构造。

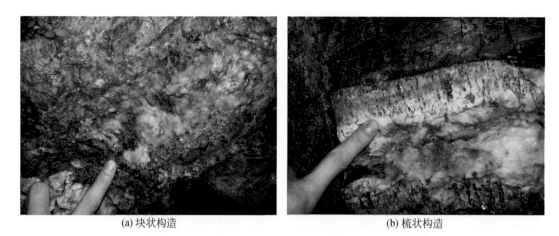

(a) 块状构造   (b) 梳状构造

图 5-66 长流坑矿区 184 中段矿石的块状构造和梳状构造

围岩蚀变主要有大理岩化、矽卡岩化、硅化、云母化、绢云母化、绿帘石化等，局部可见绿泥石化和碳酸盐化（图 5-67）。大理岩化和矽卡岩化呈条带状，可见 5 带，每带宽

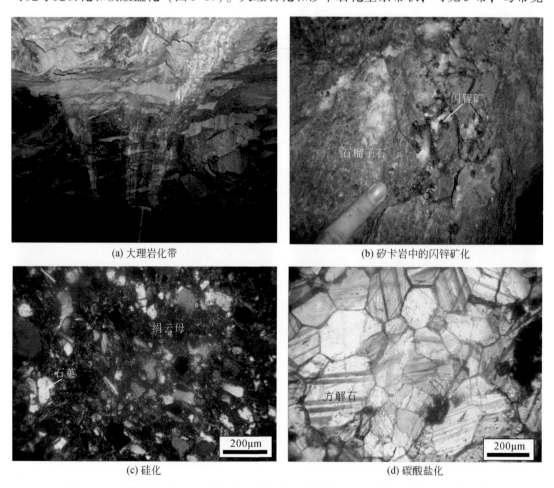

(a) 大理岩化带   (b) 矽卡岩中的闪锌矿化

(c) 硅化   (d) 碳酸盐化

图 5-67 长流坑钨矿的大理岩化带、矽卡岩中的闪锌矿化、砂岩的硅化和碳酸盐化

0.5～1m，集中在 7 号勘探线附近，产状 208°∠78°，一般顺层产出。每条蚀变带之间间距 0.7～1m，带中局部会出现较富的闪锌矿化、白钨矿化。矽卡岩化以发育透辉石、透闪石、绿泥石、石榴子石以及一些针柱状矿物等为特征，石榴子石难以见到晶形，表明蚀变程度还相对较弱。矽卡岩化岩石中可见较强的黑钨矿、白钨矿、闪锌矿等矿化，多处可达工业品位。矽卡岩化普遍，表明矽卡岩型钨矿具有一定的成矿潜力，矽卡岩化岩石对找矿具有重要的指示意义。

二、成矿时代

长流坑矿区用于测年的白云母样品（样品号 CLK-3）采自 0 号勘探线钻孔 ZK003 孔深 365m 处的云母线脉。脉体产于寒武系角岩化砂岩中，宽约 0.5cm，轴心夹角 35°，主要由白云母、绢云母和石英组成（图 5-68），并含少量萤石、黑钨矿、白钨矿和黄铜矿。云母线之上及之下可见黑钨矿、黄铜矿、白钨矿、磁黄铁矿等，属成矿期云母线，其年龄可代表成矿时间。白云母 $^{40}Ar/^{39}Ar$ 测年结果见表 5-29。获得的坪年龄为 152Ma，反等时线年龄为 151.9Ma，两者高度吻合（图 5-69）。

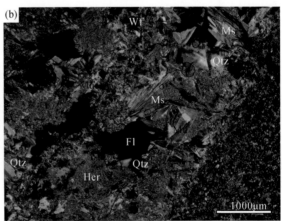

图 5-68　长流坑钨铜矿床钻孔 ZK003 中的白云母线脉手标本及显微照片

Qtz. 石英；Her. 绢云母；Ms. 白云母；Fl. 萤石；Wf. 黑钨矿

表 5-29　长流坑钻孔 ZK003 中白云母样品（CLK-3）的 $^{40}Ar/^{39}Ar$ 测年数据

$T/℃$	$(^{40}Ar/^{39}Ar)_m$	$(^{36}Ar/^{39}Ar)_m$	$(^{37}Ar_0/^{39}Ar)_m$	$(^{38}Ar/^{39}Ar)_m$	$^{40}Ar/\%$	F	$^{39}Ar/10^{-14}$	$^{39}Ar(Cum.)/\%$	年龄/Ma	$\pm 1\sigma/Ma$
700	612.6134	2.0515	1.3893	0.397	1.06	6.4882	0.02	0.07	46	61
760	123.649	0.3644	0.0111	0.0781	12.92	15.9759	0.05	0.29	112	10
800	117.3613	0.3249	0.218	0.074	18.19	21.3572	0.21	1.17	148.6	2.7
840	58.8548	0.1265	0.0877	0.0375	36.49	21.4784	0.64	3.83	149.4	1.5
880	28.1093	0.021	0.0144	0.0166	77.92	21.9019	1.75	11.08	152.2	1.5

续表

$T/℃$	$(^{40}Ar/^{39}Ar)_m$	$(^{36}Ar/^{39}Ar)_m$	$(^{37}Ar_0/^{39}Ar)_m$	$(^{38}Ar/^{39}Ar)_m$	$^{40}Ar/\%$	F	$^{39}Ar/10^{-14}$	$^{39}Ar(Cum.)/\%$	年龄/Ma	$±1σ/Ma$
920	22.666	0.0027	0.0156	0.0132	96.44	21.8589	3.34	24.93	151.9	1.5
960	22.1384	0.0011	0.0123	0.0128	98.53	21.8138	5.5	47.77	151.6	1.5
1000	22.1002	0.0007	0.0078	0.0127	99.05	21.8904	6.35	74.11	152.1	1.5
1040	22.2663	0.0013	0.0221	0.013	98.22	21.8707	2.82	85.81	152	1.5
1080	22.58	0.0019	0.0396	0.013	97.45	22.0047	1.21	90.83	152.9	1.5
1150	22.6842	0.0023	0.0068	0.0129	97	22.003	1.06	95.24	152.9	1.5
1250	23.05	0.004	0.0679	0.0136	94.91	21.8782	0.79	98.51	152	1.5
1400	25.0475	0.0094	0	0.0149	88.83	22.2508	0.36	100	154.5	1.8

注：下标 m 代表测定的同位素比值，单矿物质量 28.75mg，照射常数 $J=0.004019$，$F=^{40}Ar^*/^{39}Ar$ 值；Cum. 为累积比率

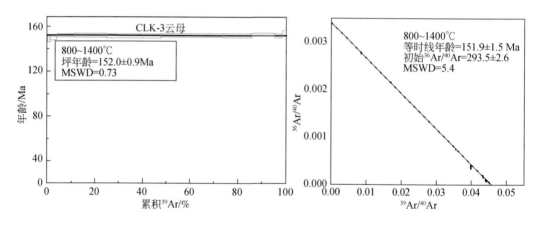

图 5-69　长流坑钨铜矿云母的 ^{40}Ar-^{39}Ar 坪年龄和等时线年龄图

　　九龙脑矿田的主要花岗岩体（九龙脑岩体）形成于 154.9Ma（郭春丽等，2011a），该岩体北侧的淘锡坑钨矿床发育隐伏花岗岩体，形成于 158.7Ma（Guo et al.，2011），矿床形成于 154.4Ma（陈郑辉等，2006）；九龙脑岩体南侧的洪水寨云英岩型钨矿形成于 156.3Ma，九龙脑内带石英脉型钨矿形成于 151.5Ma，樟东坑外带石英脉型钨矿形成于 151.3Ma（丰成友等，2011a，2011b），表明矿田于晚侏罗世发生了广泛而强烈的花岗岩浆侵入和钨多金属成矿活动。长流坑钨矿成矿年龄为 151.9Ma，与淘锡坑、洪水寨、九龙脑、樟东坑等钨矿的形成时代基本一致，表明这些矿床均是该阶段构造-岩浆-成矿活动的产物，也是华南燕山早期钨多金属成矿作用大爆发（毛景文等，2007；Mao et al.，2011）的响应。尽管长流坑钨矿中未发现与矿体直接接触的花岗岩体，但石英脉型、矽卡岩型矿化及地层的角岩化已表明深部隐伏花岗岩体的发育，该岩体与淘锡坑隐伏岩体可能均为九龙脑岩体的向北延伸部分，三者深部呈大岩基相连。可见，尽管长流坑钨矿距离九龙脑岩体较远，但两者仍存在密切的成因关系。这也指出了深部找矿的方向，即总体上九龙脑矿

田北部隐伏岩体和矿体均较深。

三、原生晕轴向分带模式

用于原生晕研究的 69 件样品由赣南地质调查大队采自矿区 3 号勘探线的 ZK301、ZK302、ZK303 三个钻孔中的矿化脉（体），其中 23 件采于 ZK301，17 件采于 ZK302，29 件采于 ZK303，以岩心劈半法进行，样品质量一般在 200~300g。样长视矿化脉（体）宽度而定，当矿化体较短时，采全劈下的一半；当矿化体较长时，沿岩心分段连续采样，并要穿过矿化体的全部厚度，合并形成一件组合样，必要时对同一个矿化体的各分段分别采集一个组合样。样品破碎工作由江西省地矿局赣南中心实验室完成。

系统的微量元素测试工作在国家地质实验测试中心的 SPECTROXEPOS 台式偏振 X 射线荧光光谱仪上完成，测试元素包括 P、S、Ti、W、Mo、Sn、Sb、Pb、Bi、Cu、Ca、V、Cr、Mn、Co、Ga、Ge、As、Sr、Y、Zr、Nb、Cs、Ba、Hf、Hg、Tl、Th、U、Cl 等。

测试数据根据矿化体的空间产出特征经 MapGIS 软件的空间 DTM 分析作出各元素的原生晕剖面图，图中主要由元素原生晕的外带、中带和内带组成，其中外带含量的下限即为该元素的异常下限。求取该异常下限时，首先采用直方图法逐步剔除含量特高值和含量特低值，直至剩下的数据基本服从正态分布，然后求出剩下数据的平均值和标准离差，一般取异常下限=平均值+2×标准离差，原生晕中带的下限=2×异常下限，原生晕内带的下限=4×异常下限。当然，该求法中的 2 倍、4 倍并非一成不变，还需不断调试，以突出原生晕剖面元素含量的最佳分带效果。

求出各元素异常下限、异常外带、中带和内带（表 5-30），并绘制各元素原生晕异常图后，对所有异常图进行对比、分析和归类，根据异常空间分带关系可将矿区元素归为 4 类：矿中元素、矿头元素、矿前元素和非指示元素。

表 5-30 长流坑钨矿成晕元素浓度分带

元素	元素含量/10^{-6}			
	异常下限	外带	中带	内带
W	200	200~1000	1000~10000	>10000
Bi	200	200~400	400~800	>800
Sb	5	5~6	6~7	>7
Tl	2.5	2.5~3.5	3.5~5	>5
Ca	60000	60000~80000	80000~160000	>160000
Sr	200	200~400	400~800	>800
Mn	1200	1200~2400	2400~3600	>3600
Cu	800	800~1600	1600~4800	>4800
Mo	5	5~20	20~50	>50
Hg	1.2	1.2~1.5	1.5~2	>2

元素	元素含量/10^{-6}			
	异常下限	外带	中带	内带
Co	200	200 ~ 400	400 ~ 800	>800
Pb	15	15 ~ 30	30 ~ 60	>60
Ba	150	150 ~ 200	200 ~ 300	>300
Cl	60	60 ~ 80	80 ~ 100	>100
Y	10	10 ~ 15	15 ~ 30	>30
Th	7	7 ~ 11	11 ~ 15	>15
Zr	60	60 ~ 120	120 ~ 180	>180
V	20	20 ~ 60	60 ~ 80	>80

注：求取该异常下限时，首先采用直方图法逐步剔除含量特高值和含量特低值，直至剩下的数据基本服从正态分布，然后求出剩下数据的平均值和标准离差，异常下限=平均值+a×标准离差，外带=异常下限~a×异常下限，中带=a×异常下限~b×异常下限，内带>b×异常下限。一般取 $a=2$，$b=4$，当某一元素的内带、中带和外带效果不显著时，需要调整 a、b 值的大小

矿中元素是指其异常中心产在矿体发育部位的元素，主要有 W、Bi（图 5-70）。原生晕分带规律的研究首先需要确定矿体，进而对比分析已知矿体本身、矿体前缘、头部、尾部的原生晕特征。3 号勘探线剖面中尽管发育密集的矿化石英脉，但并非所有矿化石英脉都能构成矿体。W 异常是钨矿体最直接的显示，W 在剖面中发育的 2 处内带异常 W1、W2（图 5-70），可以粗略认为是 2 处已知钨矿体。其中 W1 比 W2 规模大，连续性好，且 W1 由标高 100m 延伸至 350m，向深部仍有增强趋势，3 个钻孔 ZK301、ZK302、ZK303 对 W1 均有控制，而 W2 仅有 ZK302 进行了控制。因而 W1 是识别原生晕轴向分带的理想矿体。Bi 元素的异常分布特征与 W 元素高度一致，其内带异常主要发育在两处钨矿体中，因此 Bi 也是矿中元素。

矿头元素是指异常主要发育在矿体头部的元素，主要有 Ca、Sr、Mn、V、Cr、Nb、Cs、Ti、U 9 个元素。需强调的是，矿体头部是在矿体轴向上，而非在垂向上。图 5-70 显示，以已知矿体 W1 作为参照，该 9 个元素仅在 W1 的头部均发育有明显的内带异常，范围介于 ZK301 附近，标高 100 ~ -150m，其中以 Ca、Sr、Mn 的内带异常最为显著，而它们在 W1 下部或尾部异常很弱或无异常（图 5-70）。矿头元素与矿中元素的异常中心轴向上相距约 150m。

矿前元素是指异常主要发育在矿体前缘的元素，主要有 Cu、Mo、Hg、Co、S、P、As、Y、Th、Pb、Sb、I 12 个元素。该 12 个元素的异常既非发育在已知矿体 W1 的中部，也非在 W1 的头部，而是集中在 W1 的前缘（图 5-71）。范围大致在 ZK302 附近，标高 250 ~ -50m，其中 Cu、Mo、Hg、Co、S、P、As、Y、Th、Pb 的矿前晕都很显著，Sb、I 的矿前晕相对较弱，而它们在矿体范围内的异常很弱或无异常。矿前元素异常中心与矿中元素异常中心轴向上相距约 330m。

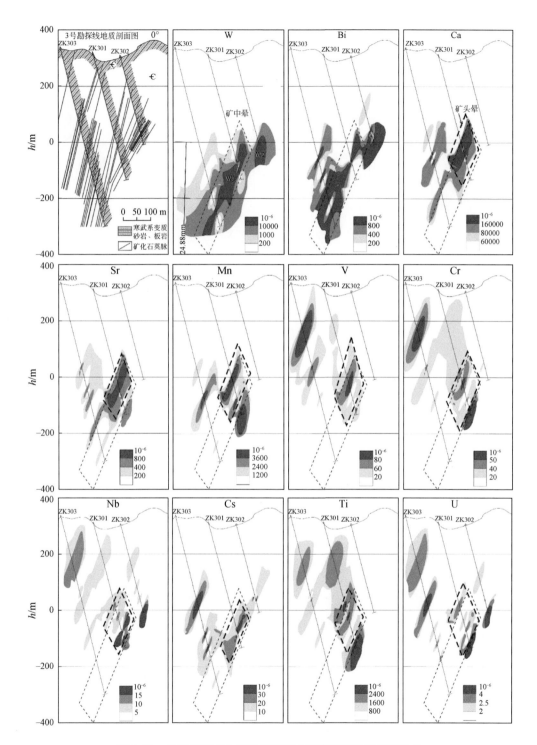

图5-70　长流坑钨矿3号勘探线矿中元素和矿头元素原生晕

细虚线框表示钨矿体 W1 发育部位，其中产生了明显的 W、Bi 元素内带异常，因此 W、Bi 为矿中元素；粗虚线框表示钨矿体 W1 的头部，其中发育了 Ca、Sr、Mn、V、Cr、Nb、Cs、Ti、U 9 个元素的内带异常，因此把它们称为矿头元素；矿头元素与矿中元素的异常中心轴向上相距约 150m

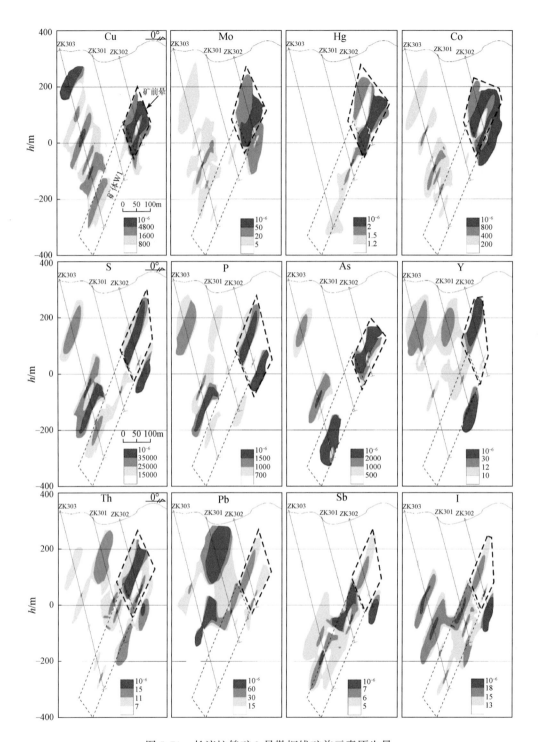

图 5-71　长流坑钨矿 3 号勘探线矿前元素原生晕

细虚线框表示钨矿体 W1 发育部位；粗虚线框表示钨矿体 W1 的前缘，是 Cu、Mo、Hg、Co、S、P、As、Y、Th、Pb、Sb、I 12 个元素内带异常发育的部位，因此把它们称为矿前元素。矿前元素与矿中元素的异常中心轴向上相距约 330m

非指示元素是指异常分布与矿体的空间关系不明显、对矿体位置的指示作用不显著的元素，主要有 Sn、Ba、Hf、Zr，在矿体范围内或矿体头部、前缘、尾部都未形成明显的异常（图5-72）。

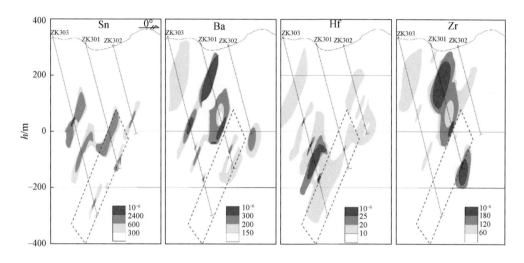

图5-72　长流坑钨矿3号勘探线非指示元素的原生晕

细虚线框表示图5中的钨矿体W1发育部位；Sn、Ba、Hf、Zr 4个元素的异常分布与矿体在轴向上的空间关系不明显，对矿体的指示作用不显著，因此称为非指示元素

综上所述，尽管长流坑矿区3号勘探线钻孔工程控制有限，尚未能分析矿体尾部、后缘的原生晕分带规律，但矿体本身、矿体头部、前缘的原生晕分带显著，W、Bi 为矿中元素，Ca、Sr、Mn、V、Cr、Nb、Cs、Ti、U 9个元素为矿头元素，Cu、Mo、Hg、Co、S、P、As、Y、Th、Pb、Sb、I 12个元素为矿前元素，矿头元素与矿中元素的异常中心轴向上相距约150m，矿前元素异常中心与矿中元素异常中心轴向上相距约330m，据此建立了长流坑矿区原生晕轴向分带模式（图5-73）。在开展隐伏矿体勘查工作时，若出现矿前元素异常，隐伏矿体可能发育在沿异常轴向方向向深部约330m处；若出现矿头元素异常，隐伏矿体主体可能发育在沿异常轴向方向向深部约150m处；若出现矿中元素异常，则是矿体发育的直接标志。

长流坑原生晕分带模式与淘锡坑钨矿的原生晕分带模式（方贵聪等，2012）既有相似性，也有差异性：As、Sb 在两处矿床均为矿前元素；Mn、Co 在淘锡坑钨矿为矿中元素，而在长流坑钨矿 Mn 为矿头元素，Co 为矿前元素；Hf 在淘锡坑钨矿为矿中元素，而在长流坑钨矿却为非指示元素，这可能与两处矿床的成矿地质条件差异有关。在热液金矿床中，I、F、Hg、As、Sb、Se、Li、Be、Ba、Sr、Li、Cs 为矿前元素，Cd、Ag、Cu、Pb、Au、Zn 为矿中元素，W、Bi、Co、Mn、Mo、Ni、V、Tl、Ce、La、Ti、Sn 为矿尾元素（李惠等，2014a，2014b）。由此看来，无论在热液金矿还是在热液钨矿中，W、Bi 均富集于下部，Cu、Hg、As、Sb、Pb、I、Sr、Cs 均富集于中-上部；而 Mo、Co、Mn、V、Ti 在热液金矿中多富集于下部，在热液钨矿中却富集于中-上部。这也启示我们，不同矿床的原生晕既有共性，也有特殊性，采用矿床本身的原生晕模式和标志开展该矿床深部预测，才能取得实效。

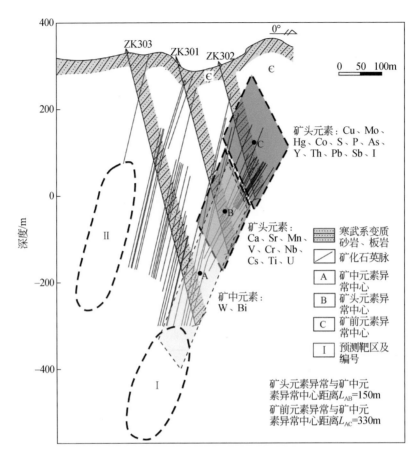

图 5-73　长流坑钨矿床原生晕轴向分带模式

第六章 九龙脑矿田的矽卡岩型钨多金属矿床

研究九龙脑矿田的重要意义,一方面是要揭示九龙脑矿田本身的成矿规律并为矿山资源接续指明找矿方向,另一方面是从区域成矿的角度,通过与南岭中段以湖南郴州柿竹园超大型矽卡岩型钨锡钼铋矿床的对比,分析九龙脑矿田的区域成矿地位以及在九龙脑矿田寻找矽卡岩型多金属矿床的可能性,进而打破单一石英脉型钨矿的找矿局限性,拓展思路,寻求创新突破。目前,九龙脑矿田存在两种矽卡岩型钨多金属矿床,一种是宝山小岩体周边接触带"项圈"矽卡岩型钨铅锌钼矿,另一种是九龙脑大岩基与早古生代碳酸盐岩接触交代形成的天井窝式矽卡岩型钨多金属矿床。但二者规模均不大。因此,有没有其他产出特征的矽卡岩型钨矿,或者在大岩基与不同类型围岩的不同样式的接触带以及宝山、天井窝等已知矿区的深部是否还有其他样式的矽卡岩型矿床或者其他类型的矿床,都是值得深入研究的。

第一节 宝山矽卡岩型钨多金属矿床

宝山钨铅锌矿位于九龙脑矿田西侧,地处江西省赣州市崇义县铅厂乡境内,是赣南钨成矿区最为典型的矽卡岩型钨多金属矿床之一(Hu and Zhou,2012;Mao et al.,2013;Zhao et al.,2017)。宝山矽卡岩矿床有约450万t钨矿石的储量,WO_3平均品位约0.4%,Pb品位1.5%~3%,Zn品位1.5%~2.5%,并伴生高价值的银(Zhao et al.,2017)。据1966~1988年统计资料,回收银的价值占矿山总产值的57%左右。另据1993~2008年宝山矿区深部生产、探矿资料的不完全统计,探明银的价值占矿床潜在价值的23.1%。宝山矿床开采分为上部矿床和下部矿床,上部矿床由7个平硐开采,下部矿床从410m平硐竖井向下有7个开采中段,同时从-15m横向中段再往深部又通过斜井开发出三个横向中段,最深处为-145m横向中段(图6-1)。

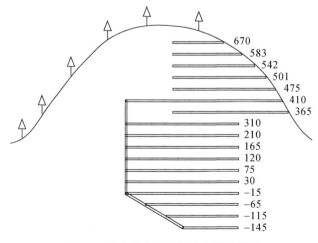

图 6-1 宝山矽卡岩型钨矿中段示意图

一、矿床地质

宝山矿区地处华南加里东地槽褶皱系南岭东西向构造岩浆带诸广山隆起东侧，定位于铅厂南北向断陷盆地内，是赣南钨矿集中区崇余犹矿集区九龙脑矿田的重要组成部分（图6-2）。

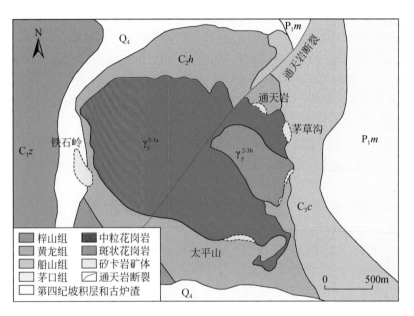

图6-2　宝山矽卡岩型钨矿地质简图

1. 地层

宝山矿区东西两侧大面积出露震旦系—寒武系浅变质岩，构成褶皱基底。矿区范围内由下而上发育泥盆系、石炭系及二叠系，构成向东缓倾的单斜构造，岩层走向南北，倾向东，倾角25°～40°（图6-2）（Zhou et al., 2002, 2014; Wang and Zhou, 2014）。泥盆系中统跳马涧组—棋梓桥组出露于矿区西部，与震旦系呈断层接触（Yu et al., 2009; Shu et al., 2011）。泥盆系由砂岩夹页岩组成，厚约600m。石炭系梓山组出露于矿区西侧，厚200m，岩性为含钙砂岩、杂砂岩、粉砂质页岩、含碳页岩（薄煤层、煤线）及灰岩透镜体。该组上部黑色灰岩、泥灰岩夹层增多，单层增大，底部假整合覆于泥盆系之上的含砾砂岩、杂砂岩胶结物含黄铁矿，含碳页岩多夹黄铁矿层纹。石炭系黄龙组—船山组出露于矿区中-东部，厚约1000m，自下而上可分为4个岩性段：白云质灰岩段，白色细粒致密块状，厚约100m；灰岩夹钙质粉砂岩段，厚700m，是深部矿体的主要赋矿围岩；黑色结晶灰岩段，常具条带状构造，厚度变化为70～200m，是上部矿体的主要赋矿围岩；上部灰岩段，质纯，厚130m。这套碳酸盐岩在宝山花岗岩接触带外侧普遍大理岩化。二叠系茅口组分布于矿区东侧，岩性为砂页岩、褐灰色灰岩、瘤状灰岩、硅质灰岩、石英砂岩等。

2. 构造

矿区为一向东缓倾的单斜构造（图6-2）。宝山花岗岩株侵入向东缓倾的石炭系碳酸盐岩-碎屑岩中，对围岩的选择性交代或沿层间虚脱部位呈舌状贯入，宝山岩体接触带形成"多层凹槽"接触带构造成矿体系。

矿区以东西向、北东向两组构造较为明显。东西向基底构造控制宝山岩体呈东西向展布，接触带东西向裂隙组较为发育，成为钨钼多金属矿脉赋存的有利空间，在梓山组砂页岩分布区有东西轴向平缓小褶皱。北东向构造主体是通天岩断裂，走向20°~60°，倾向南东或北西，倾角陡立，斜切宝山岩体，形成宽2~10m破碎带，被硅质热水碳酸盐物质所胶结，破碎带花岗岩围岩有硅化、钠长石化及钨钼矿化，断裂成矿前后多期活动，对通天岩接触带矿体起着明显的控制作用。

3. 岩浆岩

宝山花岗岩体呈岩株状侵位于铅厂断陷盆地中部的石炭系中，平面形态呈长轴为北西295°方向的椭圆形（图6-2），出露面积约2km^2，同位素年龄为138Ma（K-Ar法），属燕山早期第三阶段岩浆侵入产物（Zhou et al.，2006；Li et al.，2007，2014；Mao et al.，2013；Wang et al.，2013；Ji et al.，2017；Zhao et al.，2017）。宝山岩体主要由中粒黑云母花岗岩、细粒斑状黑云母花岗岩、细粒黑云母花岗岩三种岩石类型组成。中粒黑云母花岗岩是岩体主体；细粒斑状黑云母花岗岩位于岩体北东部茅草沟-通天岩一带；细粒黑云母花岗岩主要位于岩体南东角。但中细粒花岗岩和中粗粒花岗岩并没有明显的穿插关系，呈渐变过渡关系；斑状花岗岩和中粒花岗岩可观察到明显的穿插接触关系。岩体顶部有似伟晶岩壳。岩体热接触变质带较窄，各种岩脉发育，多种交代作用强烈等。宝山花岗岩围岩为向东缓倾的碳酸盐岩和碎屑岩，岩浆在上侵时侧向沿层间虚脱部位舌状贯入，构成"复式蘑菇"状岩株。根据岩石的结构构造及其衍生脉体穿插关系等标志判断，岩体是由同源间歇不同时代的两期花岗岩组成。

二、矿化特征

矽卡岩白钨矿体赋存于花岗岩和灰岩的接触带上（图6-3~图6-5）。其产状形态受接触面控制，在平面上矿体呈团块状，围绕着接触面展布。沿倾斜方向岩体主要产在接触面较平缓和内凹部位，而在接触面较陡地段和凸出部位只有微弱的矿化。矿体形态呈蛇曲状或支状矿体沿接触面断续延长自数十米至数百米，厚自1m至数十米，已知延深在500m以上。此外，岩体南部有少量铅锌矿细脉，局部密集呈网脉状及似层状。

矿化主要产于岩体东部斑状花岗岩与灰岩接触带部位的茅草沟一带，矿体产状和规模随花岗岩体接触带形态的变化而变化，在岩体凹陷部位矿体厚度较大，呈透镜状或囊状，而在凸起部位厚度较小，通常走向长约380m，延深350m，厚1.24~52m。矿石中主要有用元素有W、Pb、Zn、Ag，平均品位为WO$_3$0.50%、Pb 2.35%、Zn 2.00%，主要金属矿物有白钨矿、方铅矿、黄铜矿、闪锌矿、磁黄铁矿、辉钼矿、黄铁矿，非金属矿物有辉石、石榴子石、夕线石、绿泥石、绿帘石、符山石、萤石、方解石等。

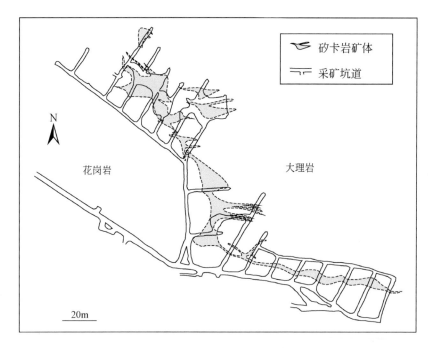

图 6-3　宝山 115 中段和 30 中段平面地质简图（据宝山铅锌矿地质资料）

　　宝山帽壳状矽卡岩型钨多金属矿化产于花岗岩顶部接触带，大部分已剥蚀，残存部分发现于岩体东接触带通天岩、茅草沟上部矿带。茅草沟区段上部矿带位于岩体东接触带，花岗岩与船山组黑色结晶灰岩接触带的产状即矿体产状，随接触面波状起伏变化，总体倾向东或北东，倾角 20°～40°，沿走向长约 380m，沿倾斜延深 350m，最厚达 52m，最小 1.24m，一般 5～20m。矿体形态与接触面的起伏关系密切，接触带凹部（平面、剖面）中心位置矿体厚度最大，呈透镜状、囊状；接触面凸起部位矿体厚度最小；接触面平缓处，矿体呈似层状。矿化蚀变不仅具有顺层交代特征，矿液还沿灰岩内近东西向裂隙充填。茅草沟区段上部矿体分布在 660～360m，矿体为白钨铅锌银共生矿，矿体内矿化分带明显，靠岩体一侧主要为白钨矿矽卡岩型矿石，靠大理岩一侧为银铅锌矽卡岩型矿石，浅部有钼矿化。上部矿体平均品位为 WO_3 0.453%、Pb 2.077%、Zn 1.492%、Cu 0.160%、Ag 112g/t。矿石类型可分为矽卡岩矿石和硫化物矿石两大类。金属矿物主要有磁黄铁矿、黄铁矿、白钨矿、方铅矿、闪锌矿、黄铜矿、银黝铜矿、辉银矿、脆银矿、深红银矿、辉钼矿等，非金属矿物主要有石英、萤石、长石、方解石、辉石、石榴子石、透闪石、阳起石、绿帘石、硅灰石、白云母、绢云母等。矿石常见半自形晶结构、次文象结构、交代残余结构，浸染状构造、条带状构造、块状构造、丝状构造等。

图 6-4 宝山坑道矿化照片

　　宝山花岗岩上部与黄龙组碳酸盐岩接触，形成套生于接触带的钨多金属矽卡岩"项圈"，向东斜歪产出。该类矿化见于岩体东、西两侧接触带的茅草沟深部及铁石岭矿段。铁石岭矿段是古采区，矿体特征不明，经赋矿层位对比，应处在茅草沟下矿带下部，属下层"项圈"。茅草沟区段下部矿带是矿床勘查开采的主体，位于岩体东接触带的深部（210～-155m 标高），分别受接触带 3 个凹槽构造控制，是项圈状矽卡岩矿化环带的一段。已控制矿体 11 个，长 42～750m，宽 20～435m，厚 2.19～12.63m，最厚达 43.75m，接触带凹槽（平面、剖面）中心位置是矿体最厚的部位。矿体形态产状受接触面控制，在剖面上矿体组合形态呈向南东开口的"爪"字形，单体呈透镜状、囊状、锯齿状、不规则状断续产出，形态极其复杂。矿体产状随接触面波状起伏变化，总体倾向东、北东或南西、西，倾角 20°～60°。下部矿带的矿石矿物组合、结构构造、矿化分带与上部矿带基本相同，品位变化体现为铅、锌、铜上高下低，钨、银上低下高，萤石上多下少。

在宝山岩体西侧铁石岭梓山组碎屑岩中产出似层状钨钼铁多金属矿化矽卡岩、矽卡岩化砂岩，其走向近南北，倾向东，倾角 20°～30°，是帽檐状矽卡岩化环带西半环的露头。坑道见矿化带宽约 90m，Mo 0.231%～0.62%，WO_3 0.012%～0.14%，Pb+Zn 0.7%，Ag 15～30.9g/t，TFe>10%。在弱蚀变砂岩中，辉钼矿呈薄膜状、微细脉状沿层间裂隙、穿层裂隙充填，强蚀变部位钨钼铁矿化也强。矿物组合为钙硅矽卡岩矿物、磁铁矿、辉钼矿、白钨矿、方铅矿、闪锌矿、黄铁矿等，磁铁矿局部富集呈囊状矿包，已小规模开采利用。

图 6-5　宝山钨铅锌矿床矿石及其镜下特征

在茅草沟区段宝山岩体东缘接触带内侧发现中细粒花岗岩中浸染型钨钼矿化，露头宽大于30m，连续刻槽样长30m，平均品位为 WO_3 0.223%，Mo 0.01%~0.17%，矿化花岗岩蚀变主要是钠化、硅化，金属矿物为辉钼矿、白钨矿，白钨矿矿粒较细，呈浸染状分布，辉钼矿呈星散浸染状、鳞片状分布，东西向不规则石英细脉的两侧富集钼。岩体内部的细粒花岗岩脉、小岩枝，当钠长石化强时多伴有浸染状辉钼矿化。

宝山矿区岩体内外不同方向构造裂隙多有石英–硫化物脉充填，以东西向裂隙为主，脉体规模小，少有工业矿脉产出。岩体内裂隙充填长石–石英–萤石–辉钼矿微细脉；接触带矽卡岩裂隙充填石英–白钨矿–萤石–金属硫化物小脉，使矽卡岩矿体叠加变富；外接触带大理岩–结晶灰岩东西向裂隙中有方解石–辉钼矿–铅锌矿脉产出，以太平山区段矿脉规模略大，长数米至十余米。

三、蚀变特征

宝山岩体内部不同程度地出现钠化、硅化、云英岩化、绢云母化及萤石化（图6-6~图6-8）。细粒花岗岩脉、花岗斑岩的钠化–硅化部位往往伴有浸染状钨钼矿化。岩体顶部与黄龙组–船山组碳酸盐岩接触，形成帽壳状矽卡岩带。由于岩体顶面继承了地层产状，顶面矽卡岩向东缓倾，厚度较稳定，其周边接触面陡，矽卡岩厚度小，连续性差。该带大部分已剥蚀，仅在东部茅草沟有残存。岩体顶面小凹槽部位矽卡岩相对厚大，为钨多金属矿化有利部位。从接触带内侧向围岩，进矽卡岩阶段蚀变分带大致为正常花岗岩→钠化硅化花岗岩→石榴子石矽卡岩→石榴子石辉石矽卡岩→硅灰石矽卡岩→大理岩→结晶灰岩→灰岩。退矽卡岩阶段蚀变较弱，以绿帘石绿泥石矽卡岩为主叠加于进矽卡岩之上。硫化物阶段以大量硫化物矿物生成为标志，沿着岩石薄弱面叠加于矽卡岩和花岗岩蚀变带之上。岩体上部与黄龙组碳酸盐岩接触，形成矽卡岩环带，而黄龙组厚–块状灰岩层向东斜套岩体，构成凹槽状接触构造，凹槽部位蚀变较强，矽卡岩相对厚大，构成项圈状矽卡岩环带斜绕岩体产出，为钨多金属矿化的有利部位。项圈状矽卡岩环带蚀变分带与帽壳状矽卡岩带基本相同。岩体下部与梓山组碎屑岩接触，热液向接触带外侧沿层间构造渗透交代，含钙砂岩、碳酸盐岩夹层为有利交代岩性段，形成似层状矽卡岩、矽卡岩化砂岩，由接触带向外宽200~500m，构成帽檐状矽卡岩化环带斜绕岩体产出。似层状矽卡岩、矽卡岩化砂岩伴有钨钼铅锌磁铁矿化。

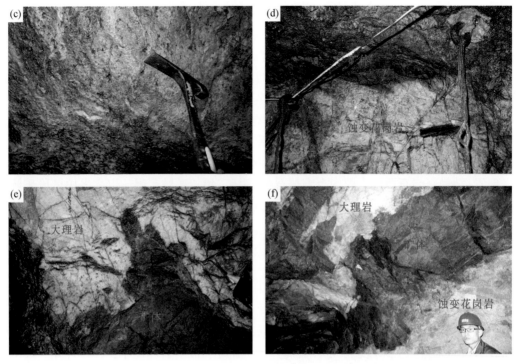

图 6-6　宝山坑道中围岩蚀变特征

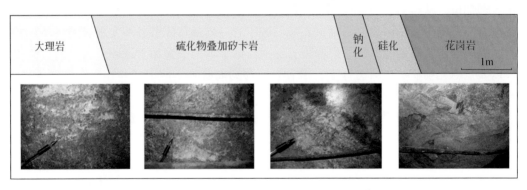

图 6-7　宝山 30 中段 E6 分巷巷道围岩蚀变分带特点

图 6-8　宝山 115 中段采场巷道围岩蚀变特点

四、矿物学

1. 矿物学分带

宝山钨铅锌矽卡岩经历了两个主要的形成阶段：早期高温的进矽卡岩阶段，主要由致密块状的外矽卡岩和少量的内矽卡岩组成。硫化物主要形成于退矽卡岩阶段的后期（Zhao and Zhou，2018）。

在钙质大理岩中，进矽卡岩阶段的矿物主要是钙长石、透辉石和石榴子石。在与大理岩接触的前端，可见很微小的硅灰石带。最主要的外矽卡岩以绿色辉石为主矿物。在辉石矽卡岩中浸染状分布着大量的白钨矿，大部分呈半圆状，有些与辉石交生。在显微镜下，白钨矿明显分带。根据电子探针分析，内部早期白钨矿富含 Mo（最高达 21.99%），而后期白钨矿趋向于低 Mo，甚至没有 Mo（图6-9）（Zhao et al.，2018）。后期白钨矿中可见气液两相的流体包裹体存在（图6-10）。后期白钨矿与硫化物紧密共生，同时出现的还有绿帘石、方解石、白云母和葡萄石等典型的退矽卡岩阶段矿物。这种现象说明后期白钨矿的形成与硫化物开始结晶紧密相关。

S3400-7363 20.0kV 7.9mm×370 BSE3D 70Pa　　100μm　　S3400-7373 20.0kV 8.3mm×700 BSECOMP 70Pa　　50.0μm

图6-9　宝山钨铅锌矿早期高钼白钨矿与晚期低钼白钨矿

图6-10　宝山钨铅锌矿第二期白钨矿中流体包裹体图

2. 白钨矿的成分特征

通过光学显微镜、扫描电镜、能谱半定量分析及激光剥蚀电感耦合等离子体质谱（LA-ICP-MS）分析，可对白钨矿的化学成分进行较深入的研究（Zhao et al.，2018）。

　　在背散射图像之下，被辉石包围的单个白钨矿颗粒显示出复杂的明暗相间的结构特征[图6-11（a）]。在相对较亮的区域，有像脉状一样的结构，同时伴有辉钼矿，切穿相对较暗的背散射区域。局部又组成碎裂状结构，较亮的区域将较暗的区域碎块相黏结。较暗的区域被称作白钨矿第一世代（Sch Ⅰ），相对较亮的区域明显形成较晚，被定为白钨矿第二世代（Sch Ⅱ）或者是白钨矿第三世代（Sch Ⅲ）。在相应的阴极发光图像上，在背散射图像中的较亮区域又显示出亮暗的分别[图6-11（b）]。在阴极发光下较亮的区域中，明显出现振荡环带，这些环带又被后期较亮的白钨矿所切割或者叠置。局部可见，萤石也是被较亮的区域所包含的。这样的结构特征暗示，具有振荡环带的较暗的白钨矿可能是白钨矿第二世代（Sch Ⅱ），形成于萤石大量形成的时期。较亮白钨矿的区域与辉钼矿共存，可被当做是白钨矿第三世代（Sch Ⅲ）。

　　就如同白钨矿背散射和阴极发光图像所显示的那样，白钨矿的成分显示出了明显的变化特征（图6-12）。白钨矿的主量元素上，WO_3和CaO的变化在相对较大的可显示范围内，分别是53.91%~82.46%和19.34%~22.80%。钼的含量变化范围较大，可以从微量成分变化到主量成分，最高可达24.13% MoO_3，最低可以为$54×10^{-6}$ Mo。这样的主量成分变化，显示出宝山的白钨矿在成分上是白钨矿–钼钙矿固溶体的中间成分，但是最高的Mo含量换算只有41%的钼钙矿成分，因此宝山的白钨矿还是属于白钨矿端元。

　　除了主量成分之外，白钨矿中Na（低于检测限到$50×10^{-6}$）、Sr（$9×10^{-6}$~$72×10^{-6}$）、Nb（$3×10^{-6}$~$214×10^{-6}$）、Ta（低于检测限到$0.2×10^{-6}$）、Pb（$2×10^{-6}$~$8×10^{-6}$）以及稀土元素（$12×10^{-6}$~$321×10^{-6}$）也具有显著的含量变化。Zr和Hf的含量低于LA-ICP-MS检测限。各世代白钨矿间Mo含量和稀土含量总体略微呈负相关关系（图6-13）。球粒陨石标准化之后，白钨矿的稀土元素特征呈现出富集轻稀土、亏损中稀土和重稀土的特征，并且既有Eu负异常也有Eu正异常（图6-14）。

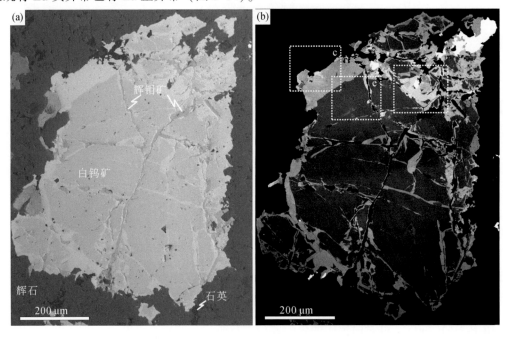

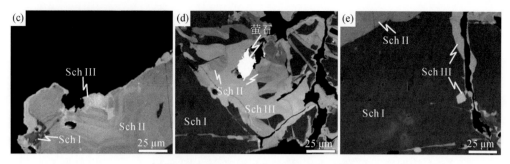

图6-11　白钨矿背散射及阴极发光图像

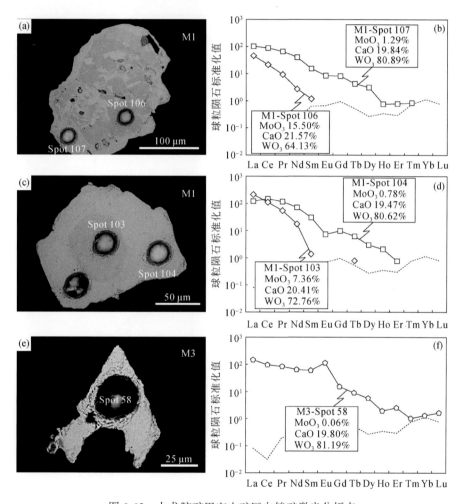

图6-12　九龙脑矿田宝山矿区白钨矿激光分析点

第一世代白钨矿具有很高的 Mo 含量（3%～16%），稀土元素总含量很低（11.6×10⁻⁶～157.6×10⁻⁶）且中、重稀土大部分低于检测限（图6-14a）。在第一世代白钨矿中又可以分出第一世代早阶段白钨矿和第一世代晚阶段白钨矿，前者具有更高的 Mo 含量和更低的稀土含量，与后者具有相对较低的 Mo 含量和相对较低的稀土含量。

第二世代白钨矿具有中等的 Mo 含量（$3100 \times 10^{-6} \sim 12000 \times 10^{-6}$）和比第一世代白钨矿稍微高一点的稀土总含量［图 6-14（b）］。其重稀土仍然低于检测限，显示出一定的 Eu 负异常。

第三世代白钨矿含有最低的 Mo 含量（$54 \times 10^{-6} \sim 1500 \times 10^{-6}$），却具有很高的中稀土和重稀土含量，同时可以显示出明显的 Eu 正异常［图 6-14（c）］（Hsu and Galli，1973；Hsu，1977；Rempel et al.，2009）。Eu 异常与第一世代和第二世代白钨矿基本一致，并且在 Eu_N 和 Eu_N^* 的二元图解（Ghaderi et al.，1999；Brugger et al.，2000；Song et al.，2014）中具有近于 1：1 的斜率，分布于 $Eu_N / Eu_N^* = 1$ 线之下［图 6-15（a）］。但是所有白钨矿的 Eu 异常似乎与相应的白钨矿的 Mo 含量没有明显的联系［图 6-15（b）］。

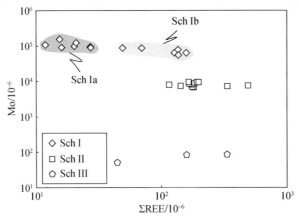

图 6-13　宝山矿区三个世代白钨矿的 Mo 含量与稀土总含量的二元图解

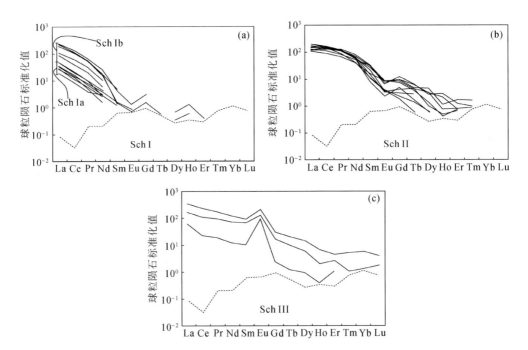

图 6-14　九龙脑矿田宝山矿区三个世代白钨矿的稀土元素特征

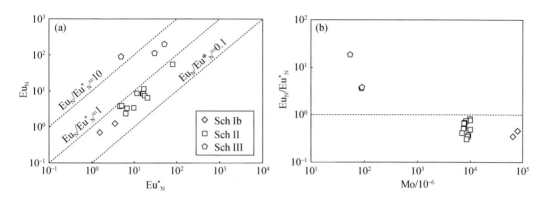

图 6-15　宝山钨铅锌矿中白钨矿的 Eu 图解及 Eu 异常与 Mo 含量的二元图解

五、流体包裹体

在宝山钨铅锌矿主要矿化阶段的矽卡岩矿石中，无论是石榴子石、辉石、石英还是白钨矿，均发育有流体包裹体（图 6-16）（Zhao and Zhou，2018），且主要为富液相的两相水溶液包裹体。大部分包裹体中液相 H_2O 所占的体积比例大于 85%（室温 25℃ 条件下），而在石榴子石和辉石中部分流体包裹体的气相分数可达 30%~40%。包裹体呈群体或者串珠状分布，形状多为椭圆、长条状或者不规则状，气液相多为无色，小范围在 3~18μm。

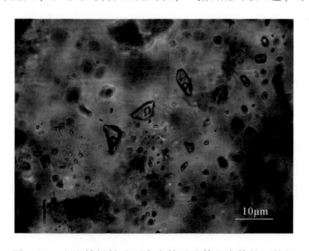

图 6-16　宝山钨铅锌矿石中白钨矿流体包裹体镜下特征

宝山矿区矽卡岩中的石榴子石、辉石和萤石中的流体包裹体普遍具有较高的盐度，明显高于白钨矿和石英；石榴子石相对高于辉石（图 6-17）。其中，石榴子石中流体包裹体的均一温度范围为 173.6~377.4℃，盐度范围为 2.4%~19% NaCleqv；辉石中流体包裹体的均一温度范围为 196.9~550℃，盐度范围为 4.8%~18.7% NaCleqv；萤石中流体包裹体的均一温度范围为 200.7~262.4℃，盐度范围为 4.0%~8.8% NaCleqv；白钨矿中流体包裹体的均一温度范围为 200.5 ~ 310.1℃，盐度范围为 1.9% ~ 17.1% NaCleqv；石英中流体包裹体的均一温度范围为 190.4 ~ 291.4℃，盐度范围为 1.4% ~ 2.6% NaCleqv。

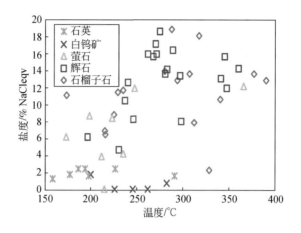

图 6-17　宝山钨铅锌矿流体包裹体的盐度与温度二元图解

六、花岗岩地球化学

在宝山矽卡岩型钨铅锌矿区，可见到三种结构的花岗岩，即浅色中粒花岗岩、斑状花岗岩和中粗粒花岗岩，具有相似但是可区分的微量元素特征（图 6-18，图 6-19）（Zhao and Zhou，2018）。稀土含量（ΣREE）分别为 $150.67 \times 10^{-6} \sim 110.87 \times 10^{-6}$、$141.86 \times 10^{-6} \sim 102.07 \times 10^{-6}$、$362.93 \times 10^{-6} \sim 212.24 \times 10^{-6}$。$(La/Yb)_N$ 为 4.62 ~ 2.39、3.37 ~ 1.82、7.82 ~ 5.68；$(La/Sm)_N$ 为 3.71 ~ 2.60、2.87 ~ 1.96、3.86 ~ 2.97；$(Gd/Lu)_N$ 为 1.01 ~ 0.79、1.14 ~ 0.82、1.60 ~ 1.38；δEu 为 0.49 ~ 0.38、0.30 ~ 0.19、0.23 ~ 0.16；δCe 为 1.04 ~ 0.94、1.03 ~ 0.93、0.94 ~ 0.86。反映岩石分异演化的元素比值（Rb/Sr，Rb/Ba，Nb/Ta）依次为：Rb/Sr 为 2.15 ~ 1.30、4.04 ~ 2.08、2.11 ~ 1.87；Rb/Ba 为 0.84 ~ 0.50、1.29 ~ 0.69、0.85 ~ 0.66；Nb/Ta 为 8.47 ~ 5.45、9.03 ~ 5.33、11.59 ~ 9.08。同时，可见有明显的 Sr 亏损，可能指示斜长石分离结晶后的残余岩浆，因为 Sr 与 Ca 化学性质相似，相容于斜长石；Zr 也可见明显亏损，指示可能有上地幔物质的残余，因为 Zr 易进入熔体或保留于熔体中。

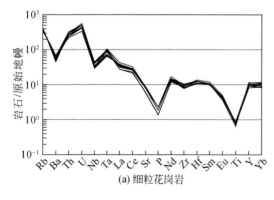

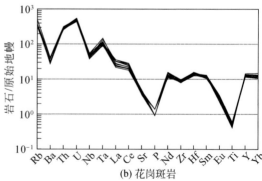

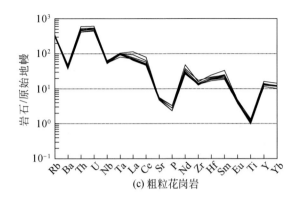

图 6-18　宝山花岗岩的微量元素蛛网图

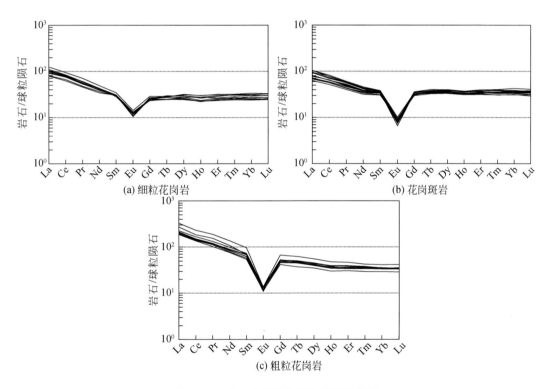

图 6-19　宝山花岗岩的稀土元素配分图

七、成岩成矿年代学

1. 锆石 U-Pb 测年

对采自宝山岩体的三期花岗岩进行锆石 LA-ICP-MS 定年，获得了很好的谐和年龄（图 6-20）（Zhao and Zhou，2018）。其中，早期的中粗粒岩浆岩形成于 172.4±0.3Ma，第二期的斑状结构花岗岩形成于 166.6±0.3Ma，最晚期细粒花岗岩形成于 156.6±1.4Ma（Zhao et al.，2018）。三者属于侏罗纪中、晚期产物。

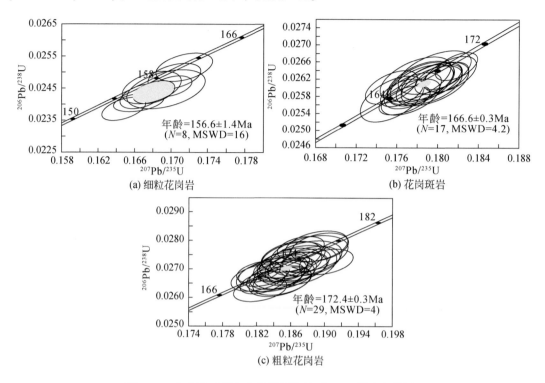

图 6-20　九龙脑矿田宝山花岗岩体锆石 U-Pb 谐和年龄图

2. 辉钼矿 Re-Os 测年

对采自宝山矽卡岩型钨矿的 6 件辉钼矿样品进行了 Re-Os 同位素定年（图 6-21），获得了 161±1.9Ma 到 165.1±2.2Ma 的模式年龄范围，也得到了一个非常好的 164.2±2.6Ma 的等时线年龄，以及 163.05±0.93Ma 的模式年龄，表明成矿于燕山早期，与淘锡坑钨矿等属于同期产物（Zhao et al.，2017）。

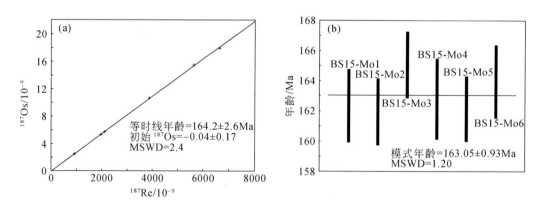

图 6-21　九龙脑矿田宝山矿区辉钼矿的 Re-Os 等时线年龄和模式年龄

八、成矿模式

矽卡岩型钨矿一般分为还原型和氧化型两种类型（Einaudi et al., 1981）。还原型钨矿一般以富 Fe 辉石、贫 Mo 白钨矿为主，而磁黄铁矿的含量通常大于黄铁矿。氧化型矽卡岩型钨矿以富 Fe 石榴子石为主，白钨矿会富集 Mo，而黄铁矿会更加常见。据此判断宝山矽卡岩型钨矿属于氧化型矽卡岩型钨矿。

矽卡岩型钨矿的形成在空间上、时间上均与花岗岩的演化紧密相关。宝山岩体具有三期次的花岗岩活动，据辉钼矿的成矿年龄推断主成矿期与第二次斑状花岗岩的活动紧密相关（图 6-22）。

宝山矽卡岩在成岩成矿最开始的接触变质阶段，主要涉及接触热变质晕的形成，在钙质页岩中形成钙铝硅酸盐矿物，在泥质白云岩中主要形成钙镁质硅酸盐，在硅质灰岩中主要形成硅灰石（Einaudi et al., 1981；Meinert et al., 2005）。这些硅酸盐矿物的成分主要受当时围岩成分的控制。该阶段没有明显的外来物质加入，也不是白钨矿成矿的主要形成阶段，但这期间所形成的空隙以及裂隙对于后期热液的迁移非常重要。

在之后的进交代矽卡岩演化阶段，伴随着宝山第二期花岗岩的结晶分离，从岩浆中释放出大量的成矿热液，同时对围岩产生水力压裂。这样的岩浆热液流体，在后续过程中与变质流体或者大气降水所参与的流体相混合，沿着之前的空隙和裂隙迁移进入围岩。由于迁移过程中的浓度梯度，会形成一定的蚀变顺序。在花岗岩内部一般会形成内矽卡岩，在花岗岩外部的灰岩中一般会形成外矽卡岩带。外矽卡岩带一般从岩体向外会有石榴子石蚀变带、辉石蚀变带以及与大理岩交界处的硅灰石蚀变带。在这个阶段会有少量的硫化物形成。

在宝山矽卡岩的退矽卡岩交代蚀变阶段，以含水硅酸盐矿物的形成为标志。其间也伴随着大量硫化物的形成。这样的退矽卡岩蚀变一般形成于矿区的构造脆弱带或不同岩相的接触界线附近。早期的矽卡岩矿物，被后期的大气降水流体改造（Newberry, 1982；Brown et al., 1985；Brown and Essene, 1985），形成绿帘石、绿泥石或者方解石组合的蚀变带。之前形成的白钨矿，在这个阶段也进一步被改造，可导致 Mo 含量降低。

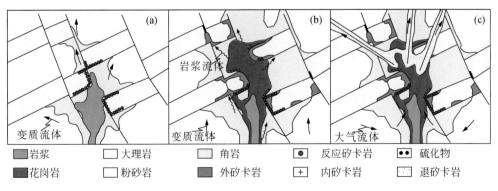

图 6-22 宝山矽卡岩型钨矿的成矿模式示意图

第二节　天井窝矽卡岩型钨多金属矿床

　　天井窝矿区位于九龙脑矿田西南侧，距崇义县城215°方向28km处，行政区划属崇义县聂都乡管辖。主要有瓦窑坑和天井窝两个矿区，矿体产于九龙脑岩体西南缘花岗岩与奥陶系的内外接触带，是九龙脑矿田的重要预测区之一。本次工作对天井窝矿床进行了较系统的研究，通过对矿区的矿物学、成矿成岩时代、矿床地球化学、岩石地球化学等几个方面的研究来探讨矿床的成因，为明确下一步的找矿方向、圈定找矿靶区提供更充分的依据。

一、矿区地质

1. 地层

　　天井窝矿区可分为天井窝和瓦窑坑两个矿段，地层主要为震旦系和奥陶系，二者断层接触。第四系全新统沿山坡或山沟零星分布（图6-23）。

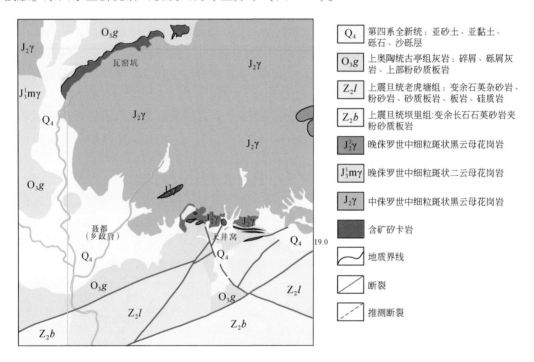

图6-23　九龙脑矿田天井窝矿区地质简图

　　上震旦统老虎塘组分布于矿区南部。岩性主要为千枚岩、千枚状板岩、粉砂质板岩、变余石英细砂岩（图6-24），局部夹凝灰岩。上部为硅质岩。

　　上奥陶统古亭组主要分布于攀天脑一带，多与燕山期花岗岩接触。上部为粉砂质板岩、变余长石石英砂岩、板岩、含碳质硅质板岩等，下部为古亭组灰岩或不纯灰岩。多以单斜岩层产出，地层走向多为北西西或北北西，倾向南西，倾角30°～50°，局部因花岗岩侵入的影响而导致地层产状稍显凌乱。与花岗岩接触处，因受接触热变质作用影响，变质砂板岩遭受强弱不一的角岩化，一般近花岗岩处角岩化强，而成宽度不大的角岩带，而稍远则角岩化程度显著减弱。局部地段灰岩或钙质砂岩与花岗岩接触部位，已交代形成以石榴子石为主的矽卡岩类岩石，大部分灰岩已大理岩化（大理岩）（图6-25），在天井窝矿化区段见有呈带状的重晶石矿产出。该地层钨、锡丰度值较高，为区内矽卡岩类岩石的形成以及钨锡多金属矿产的形成创造了良好的围岩条件（朱焱龄等，1981；郭春丽等，2011a；丰成友等，2011a，2011b；陈郑辉等，2006）。

(a) ZK0007震旦系的变余石英砂岩　　(b) ZK1131震旦系泥质板岩

图6-24　天井窝矿区赋矿地层岩性特征

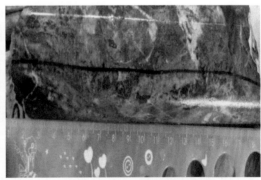

(a) ZK1131奥陶系泥质角岩含碳酸盐细脉　　(b) ZK0007奥陶系云母-绿泥石角岩

(c) ZK0007灰白色微晶大理岩　　(d) ZK0007灰褐色中晶大理岩

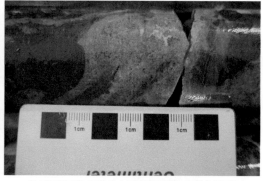

(e) ZK1131矽卡岩化大理岩(局部矽卡岩化强烈)　　　(f) ZK1131矽卡岩化大理岩(局部矽卡岩化强烈)

图 6-25　天井窝矿区大理岩及角岩标本

第四系全新统分布广泛，厚度一般为 1~5m 不等。堆积类型有残积、冲积、坡积、洪积等。物质组分为褐黄色亚黏土、腐殖土化亚砂土、砂、砾等混杂堆积物。

2. 构造

1）褶皱构造

矿区发育二十四坳–下洞孜复式背斜，其轴向近东西，向东倾伏，轴部地层为震旦系坝里组，两翼地层为震旦系老虎塘组，矿区处于该复式背斜的北翼。

2）断裂构造

（1）北东东向断裂发育于矿区南部，有 F_1、F_2、F_3、F_4 等。F_1 出露于桐子坪至谭屋一带。F_2 出露于上山背至南岭一线。延长均大于 2000m，破碎带最宽达 8m 左右。总体产状 330°∠65°~80°，由北至南倾角变缓。见硅化，硅质条带呈舒缓波状；见挤压透镜体，断裂性质为压扭性，与区域断裂相吻合。

（2）北西西向断裂出露在矿区西部，有 F_4、F_5 等，其单条断裂规模较小，延伸数十米至数百米，断层间岩石破裂，硅化强烈（图 6-26）。

3）裂隙

矿区内成矿裂隙甚为发育，根据成矿前、后分述如下：

（1）成矿前裂隙。主要有两组：第一组走向 60°~80°，倾向 330°~350°，倾角 50°~75°，主要在矿区中部天井窝一带，产于中细粒斑状黑云母花岗岩内；第二组走向 300°~330°，倾向 30°~60°，倾角 70°~85°，发育在矿区中部石榴坑一带，产于中粒斑状黑云母花岗岩内。上述两组裂隙均被含矿石英脉充填，以第一组为本矿区主要成矿裂隙。

（2）成矿后裂隙。也有两组，第一组颇为发育，走向 340°~350°，倾向北东或南西，倾角 80°~90°，分布于全区；第二组走向 280°~300°，倾向北东，倾角 80°，主要分布于矿区中部，欠发育。

综上所述，本区具有多组方向的断裂构造，这些断裂构造都经历多次活动，而成矿裂隙的形成主要受北北东和北北西构造控制（徐克勤和程海，1987；郭春丽等，2010）。

3. 岩浆岩

天井窝矿区北部即是大面积出露的九龙脑复式岩体，由不同年龄的花岗岩组成。

(a) ZK1131破碎带　　　　　　　　　　　　(b) ZK1131破碎带

图6-26　天井窝矿区由钻孔岩心揭示的破碎带特征

（1）燕山早期第二阶段的中粒斑状黑云母花岗岩［图6-27（a）］，出露面积最大。呈淡肉红色，中粒似斑状结构、块状构造，斑晶含量在35%左右，主要是长石，次为石英，长石斑晶长轴一般为20mm，最大可达50mm；石英斑晶一般5～10mm；基质成分钾长石（33%）、斜长石（30%）、石英（31%）、黑云母（4%）、白云母（2%），副矿物有锆石、绢云母、磷灰石、独居石等，基质粒径1～3mm。

（2）燕山早期第三阶段的中细粒斑状二云母花岗岩，出露于矿区外侧西北角，成分与中粒斑状黑云母花岗岩相同，仅结构稍有区别，粒度较小，斑晶较少见。白云母含量略有增加（达6%）。

(a) 中粗粒黑云母花岗岩　　　　　　　　　　(b) 细粒黑云母花岗岩

图6-27　天井窝矿区黑云母花岗岩岩心标本

（3）燕山早期第三阶段的中细粒斑状黑云母花岗岩［图6-27（b）］，判断为本区成矿母岩。出露于矿区中部，呈小岩滴侵入中粒斑状黑云母花岗岩及奥陶系灰岩内，与奥陶系灰岩接触交代可形成石榴子石、符山石、透闪石等矽卡岩类矿物。岩石为灰白色、浅褐灰色，中细粒似斑状结构、块状构造，斑晶含量在25%左右，以长石斑晶最为常见，其长轴达2～4cm，常定向排列而成流线构造；石英斑晶次之，其大小一般为0.5～1cm；基质成分钾长石（33%）、斜长石（30%）、石英（31%）、黑云母（6%）和白云母（2%），基质粒径 1～3mm。岩石化学成分为 SiO_2 75.87%、TiO_2 0.06%、Al_2O_3 12.74%、Fe_2O_3 0.55%、FeO 1.04%、MnO 0.08%、MgO 0.25%、CaO 0.33%、Na_2O 3.19%、K_2O 5.19%、P_2O_5 0.03%。

4. 矿化特征

本矿区有4种矿化类型：顺层交代矽卡岩型、接触交代矽卡岩型、石英脉型黑钨矿、花岗岩体中浸染型白钨矿。其中，顺层交代矽卡岩型矿化主要呈透镜状、似层状分布在花岗岩体的外接触带，透镜状矽卡岩体矽卡岩化强烈，从中心向两侧矽卡岩化逐渐减弱，且白钨矿化较好，呈团块状、浸染状分布。似层状矽卡岩体中白钨矿化较差，局部可见星点状的白钨矿。接触交代型矽卡岩主要呈透镜状分布在花岗岩体的内接触带，白钨矿化一般，大多呈星点状，局部可见少量的浸染状磁黄铁矿和黄铁矿（图6-28）。

矿区发育内接触带石英脉型钨矿体，主要分布于天井窝、石榴坑，呈东西向、北西向两组，赋存于中细粒斑状黑云母花岗岩内。此外发育少量矽卡岩型钨矿体，主要分布于天井窝以南，呈透镜状，品位贫。

含矿石英脉主要分布在天井窝地段，呈近东西走向，产状 350°～5°∠50°～75°，脉宽 0.05～0.30m，少数可达1m，单条延长 20～80m。矿脉形态复杂，变化大，但有一个主体产状，水平方向多呈透镜体，中间大两头小，延伸短小，膨大缩小现象明显，局部往往见数十厘米的团块状石英，矿带的西端与灰岩呈断层接触。

(a) ZK3903中的黄铜矿、闪锌矿

(b) ZK2701中的方铅矿

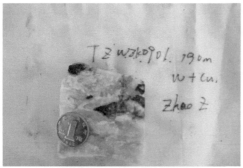

(c) 天井窝0901中的石英脉型黑钨矿

(d) 天井窝0901中的石英脉型黄铁矿

(e) 瓦窑坑坑道内石英脉中的粒状白钨矿化(日光)　　(f) 瓦窑坑坑道内石英脉中的粒状白钨矿化(荧光)

(g) 黄铜矿化矽卡岩　　　　　　　　　(h) 黄铜矿化角岩

图 6-28　天井窝矿区矿石标本

天井窝之西北，见一组走向北西的矿脉组（45°～50°∠60°～70°），已发现大小矿脉多条，延长百米，与石榴坑矿脉可相连，赋存于中细粒斑状黑云母花岗岩内。矿脉形态简单，为单脉，脉幅5～10cm，单脉延长30～100m，脉侧可见到细小的云母边，伴随有云英岩化、钾长石化、绢云母化等，总体矿化较差，含 WO_3 0.12%～0.20%。

矽卡岩型矿体中的矽卡岩多为简单矽卡岩，主要矿物有石榴子石、符山石、透闪石、绿帘石、夕线石等；金属矿物包括白钨矿、锡石、黄铜矿、黄铁矿、闪锌矿等（图6-29）。

围岩蚀变主要有云英岩化、硅化、矽卡岩化、绿泥石化、绢云母化。云英岩化为本区主要蚀变，形成于花岗岩体中或石英脉边侧及脉间，变质岩中未见。

二、矿物学特征

矽卡岩中的矿物主要有透辉石、石榴子石、角闪石、方解石、绿泥石、黑云母、斜长石、钾长石等（图6-29）。透辉石主要呈板状或粒状分布，粒径为0.1～0.3mm，有时可见两组近正交解理，正交偏光下呈黄-黄蓝色。透辉石主要交代黑云母、长石、角闪石等矿物。石榴子石自形程度较好，主要呈粒状或集合体状分布，粒径0.1～0.2mm，正交偏光下全消光；局部可见石榴子石被绿泥石、绢云母所交代。角闪石自形程度较好，呈柱状或放射状及柱状集合体产出，大多数角闪石都被透辉石、绢云母、绿泥石所交代；表面蚀

变现象比较严重，局部可见到角闪石的双晶。方解石呈半自形晶，具菱形解理，粒径一般
0.1~0.6mm不等，大理岩中方解石主要是基底式填充，表面较为干净，局部可见方解石
被辉石、绿泥石交代，也可见细粒方解石被粗粒方解石穿插。绿泥石呈粒状，分布比较广
泛，交代早期形成的石榴子石、长石、透辉石以及角闪石等矿物。黑云母呈褐色，叶片状
和片状，叶片状黑云母和绿泥石构成角岩的基质，局部可见黑云母被石英交代呈港湾状，
也可见粒度较小的黑云母充填交代方解石。斜长石呈自形–半自形板柱状，粒径0.2~
0.8mm，聚片双晶发育，细密平直，普遍绢云母化、土化，蚀变强烈者表面模糊脏乱，局
部可见斜长石被黑云母、透辉石交代。钾长石自形–半自形板柱状，粒径为0.2~0.8mm，
卡斯巴双晶发育，表面泥化呈尘土状，局部可见被黑云母、透辉石交代。

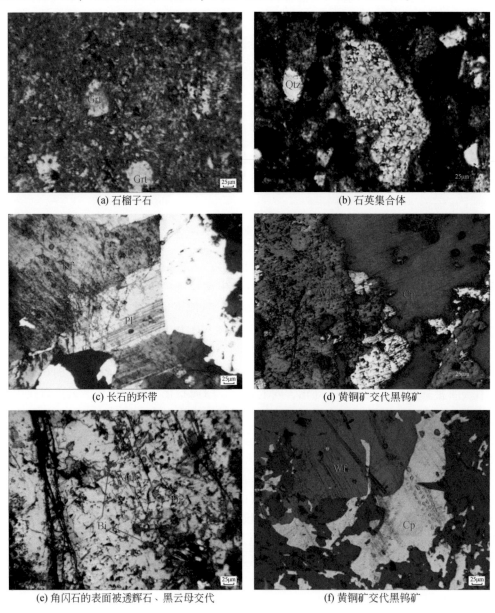

(a) 石榴子石   (b) 石英集合体

(c) 长石的环带   (d) 黄铜矿交代黑钨矿

(e) 角闪石的表面被透辉石、黑云母交代   (f) 黄铜矿交代黑钨矿

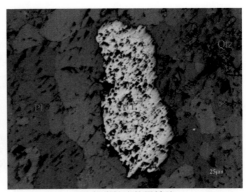

(g) 角闪石的表面被黑云母和透辉石交代　　　　　(h) 粒度较大的黑钨矿

图 6-29　天井窝矿区镜下矿物特征本

Amp. 角闪石；Bi. 黑云母；Cp. 黄铜矿；Di. 透辉石；Grt. 石榴子石；Kf. 钾长石；Pl. 斜长石；Qtz. 石英；Wf. 黑钨矿

三、矽卡岩的形成过程

天井窝矿区的矽卡岩以钙质矽卡岩为主，石榴子石以铁铝榴石为主。根据矿物共生组合关系，可将区内矽卡岩的形成过程分为两个时期五个阶段：矽卡岩期和石英–硫化物期，前者分为早期矽卡岩阶段、矽卡岩退化蚀变阶段和氧化物阶段；后者分为早期硫化物阶段和晚期硫化物阶段。

在早期矽卡岩化阶段，主要矿物成分是石榴子石、透辉石等，矽卡岩退化蚀变阶段出现透闪石、绿泥石、绿帘石等，氧化物阶段主要为白钨矿、黑钨矿、萤石等。早期硫化物阶段主要为闪锌矿、方铅矿、辉钼矿等，晚期硫化物阶段主要形成黄铜矿、黄铁矿、方解石。

早期矽卡岩化阶段，主要矿物成分为不含水的硅酸盐矿物石榴子石、透辉石等。根据钻孔岩心观察，石榴子石有两个世代，颜色由淡肉红色到褐色，自形程度由他形到可以看到粒径较小的完整石榴子石晶形，且淡肉红色他形石榴子石含量占70%，透辉石呈集合体与石榴子石共生，局部可见条带状的石榴子石和透辉石的集合体产出。根据镜下观察，石榴子石大多被透辉石、绿泥石、方解石等交代，部分保留完整的晶形。

矽卡岩退化蚀变阶段，主要矿物成分为含水硅酸盐矿物透闪石、绿泥石、绿帘石等。根据钻孔岩心观察，透闪石、绿泥石大多充填交代透辉石、石榴子石等早期矽卡岩矿物。镜下观察，绿泥石、透闪石、绿帘石常交代石榴子石、透辉石、方解石，矽卡岩化大理岩中可见方解石颗粒间有许多透闪石、绿帘石等充填，方解石被透辉石、透闪石交代。

氧化物阶段，主要矿物成分为白钨矿、黑钨矿、萤石等，白钨矿呈团块状、粒状、浸染状、星点状分布在矽卡岩和矽卡岩化大理岩中，可见萤石交代石榴子石、透辉石、绿泥石等。

早期石英硫化物阶段，主要产出矿物为闪锌矿、方铅矿等，钻孔观察，闪锌矿自形程度较差，呈浸染状分布在矽卡岩中，局部可见闪锌矿被黄铁矿、磁黄铁矿交代。镜下观察，黄铁矿、黄铜矿普遍交代闪锌矿。

晚期石英–硫化物阶段，主要矿物为黄铜矿、黄铁矿、方解石等，方解石常交代石榴子石、透辉石等，黄铜矿、黄铁矿沿着碳酸盐脉充填在矽卡岩中，且镜下观察黄铜矿、黄铁矿常交代石榴子石、绿泥石、透辉石、闪锌矿等矿物，碳酸盐脉穿插矽卡岩等岩石。

四、成岩成矿时代

天井窝矿区的岩浆岩有两个期次，分别为中粒和粗粒花岗岩。在矿区钻孔 ZK0901 中 186.48m 起 29cm 的石英脉体上盘接触带和 189.68~192.63m 的 2.95m 处的含矿石英脉中存在辉钼矿化。

1. 与成矿相关的岩浆岩时代

对天井窝的中粒花岗岩和细粒花岗岩进行 LA-ICP-MS 锆石 U-Pb 同位素定年，结果为中粒花岗岩形成于 160.5±1.9Ma，加权平均年龄为 160.6±1.4Ma［图 6-30（a）］；细粒花岗岩形成于 148.6±0.63Ma，加权平均年龄为 148.6±1.5Ma［图 6-30（b）］；二者相差 10Ma 左右。

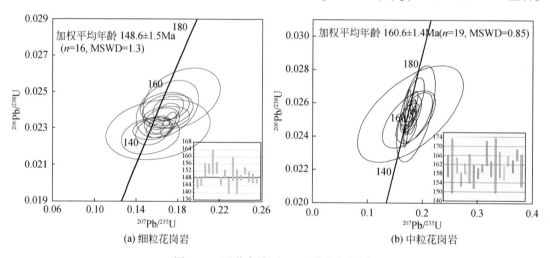

图 6-30　天井窝锆石 U-Pb 谐和年龄图

2. 成矿时代

在 ZK0901 中的 186.48m 和 189.68~192.63m 采集了黑钨矿化、辉钼矿化石英脉中的两组辉钼矿（图 6-31），对其进行了 Re-Os 同位素年龄测定，结果如下：辉钼矿形成于 158.3±2.1Ma，模式年龄为 155.6±2.2~158.3±2.6Ma，加权平均年龄为 156.35±0.94Ma。成矿于燕山期。

五、钻孔原生晕测量

本次研究对天井窝不同类型的矽卡岩（由 ZK1116、ZK1131、ZK1205、ZK0007、ZK0901 揭露的顺层交代型矽卡岩，由 ZK0705 揭露的接触交代型矽卡岩）进行了详细的编录和系统的采样，对钻孔 ZK1116 和 ZK1131 的样品进行了主微量元素分析。

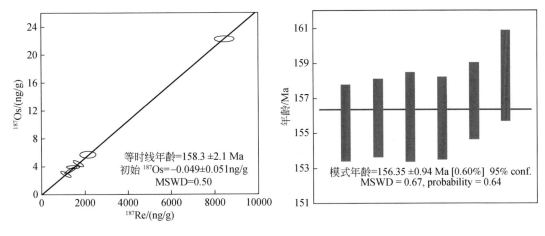

图 6-31 天井窝辉钼矿 Re-Os 等时线年龄和模式年龄

天井窝 ZK1116 钻孔揭露了顺层交代型矿化。钻孔总长 531m，钻遇的岩石主要是大理岩、角岩和板岩。大理岩呈灰褐色、灰白色，粒度呈微晶–中晶–微晶–中晶产出，浅部大理岩可见角岩化、板岩化等现象，岩石总体碳酸盐脉发育，局部可见黄铁矿充填，且裂隙发育，后期泥质充填。大理岩中可见矽卡岩化，石榴子石发育，但晶形较差。局部可见星点状白钨矿。角岩的主要矿物成分为角闪石、辉石、透辉石和褐色泥质物，其中广泛发育碳酸盐脉，局部可见黄铁矿沿着碳酸盐脉充填，还可见强烈硅化。局部可见角岩被强烈矽卡岩化而形成矽卡岩化角岩，无白钨矿，但局部可见浸染状黄铁矿、黄铜矿。板岩以绢云–绿泥板岩为主，绿泥石化、绢云母化强烈，主要物质成分为绢云母、绿泥石、白云母等；岩石裂隙中见碳酸盐细脉充填，并伴有黄铁矿细脉。板岩与大理岩的接触部位没有明显的界线，碳酸盐化强烈。矽卡岩岩体呈似层状，以棕褐色石榴子石矽卡岩为主，石榴子石自形程度较差，呈团块状集合体，与围岩没有明显的接触界线，总体呈矽卡岩–矽卡岩化–围岩过渡产出。钻孔揭露的花岗岩体以中粗粒黑云母花岗岩为主，向深部粒度变细而成为中粒似斑状花岗岩。近岩体矽卡岩化较好，可见少量的星点状白钨矿产出。钻孔局部可见细粒花岗岩脉，其附近矽卡岩化强烈，矽卡岩化向两侧逐渐减弱，白钨矿化较少（图 6-32）。

天井窝钻孔 ZK1131 揭露的矿化类型为顺层交代型，钻孔总长 208m。钻孔揭露围岩以大理岩为主，还有少量的云母角岩，大理岩呈灰白色，微晶–中晶，主要物质成分为方解石、白云石等，粒度由浅到深呈变细趋势；云母角岩呈褐绿色，泥质结构，块状构造，主要物质成分为绿泥石、黑云母、堇青石等。白钨矿化矽卡岩体总体分 2 层：内接触带和外接触带。以外接触带为主，呈层状、透镜状产出。矽卡岩上盘为云母角岩，下盘为中晶大理岩，矽卡岩与围岩没有明显的界线，呈渐变过渡关系。透镜状矽卡岩总体分为两种：棕褐色石榴子石矽卡岩和浅绿色条带状矽卡岩。矽卡岩体呈浅绿色条带状矽卡岩–棕褐色石榴子石矽卡岩–浅绿色条带状矽卡岩的形式分布，且矽卡岩之间呈渐变过渡关系，没有明显的界线。棕褐色石榴子石矽卡岩的主要矿物为石榴子石、透闪石、绿泥石等，石榴子石单体呈他形–半自形产出，集合体呈团块状产出，粒径 3cm。浅绿色条带状矽卡岩的主要矿物为石榴子石、绿泥石等，石榴子石自形程度差，呈条带状、团块状集合体产出。白钨

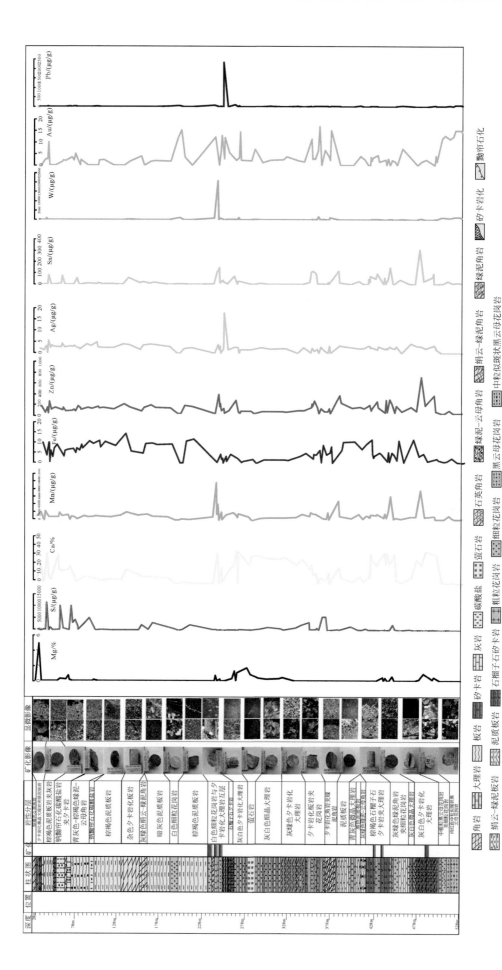

图 6-32　天井窝矿区 ZK1116 柱状图

矿化强烈，荧光灯下可见大量星点状、浸染状和团块状的白钨矿分布在矽卡岩中。其中棕褐色矽卡岩比浅绿色条带状矽卡岩白钨矿化强烈，前者白钨矿化大多呈浸染状、团块状产出，后者的白钨矿化以星点状为主，局部可见浸染状、团块状。可见少量的黄铁矿沿着碳酸盐脉侵入。与岩体接触的层状矽卡岩，脉体较窄，宽仅 0.4m，且白钨矿化较少，可见少量星点状的白钨矿产出。钻孔中出露的石英脉较少，大多呈细小的石英脉产出，脉宽 0.2cm，较为纯净，局部可见透镜状矽卡岩中出露延长 1.2m、宽 5cm 的石英脉，无矿化。透镜状矽卡岩中可见长英质脉，延长 0.4m，脉宽 4cm，与矽卡岩呈侵入接触，产状较陡，约 15°，且长英质脉中白钨矿化强烈，大颗粒的星点状白钨矿分布在长英质脉与矽卡岩的接触部位和长英质脉中。透镜状矽卡岩中可见长 2m 的破碎带，泥化、高岭土化严重，云母的绿泥石化发育，无矿化现象。岩浆岩为粗粒黑云母花岗岩，主要矿物为石英、钾长石、斜长石、黑云母等，岩体中可见长约 0.3m 的石英脉，产状较陡，较为纯净（图 6-33）。

　　天井窝 ZK0007 钻孔揭露的矿化类型为顺层交代型，钻孔总长 492m。钻孔揭露的围岩主要为大理岩和角岩。大理岩的主要矿物成分为方解石、白云母、石英等，微晶-中晶，粒度由浅到深逐渐变粗，颜色呈灰白色、灰褐色，可见角岩化、板岩化、矽卡岩化，局部矽卡岩化强烈。可见少量裂隙出现，并被泥质物质充填，碳酸盐脉发育广泛，局部可见自形程度较好的黄铁矿充填在碳酸盐脉中。大理岩与矽卡岩化大理岩无明显的界线，石榴子石自形程度较差，呈团块状产出。角岩以钙质和泥质角岩为主，主要矿物成分为角闪石、辉石、透辉石及褐色泥质物，局部有矽卡岩化现象，石榴子石晶形较好，呈粒状产出，粒径 0.1cm。矽卡岩呈层状产出，范围较小，岩体长 20m，主要矿物成分为石榴子石、辉石、石英等。矽卡岩中微裂隙发育，可见碳酸盐脉沿裂隙充填，并伴有暗色矿物。白钨矿化较差，与大理岩的接触部位矿化较好，有辉钼矿、白钨矿化。钻孔揭露岩体以粗粒黑云母花岗岩为主，可见细粒黑云母花岗岩细脉产出，且细粒花岗岩与围岩的接触部位矽卡岩发育，其他部位矽卡岩化较少，局部与大理岩互层。

　　天井窝 ZK1205 钻孔揭露的矿化类型为顺层交代型，钻孔总长 326.4m。钻孔揭露围岩以大理岩为主，还有少量的泥质板岩。大理岩呈灰白色，微晶-中晶，主要物质成分为方解石、白云石等，粒度由浅到深呈变粗的趋势，可见大量网状、不规则状细小的碳酸盐脉产出，且黄铁矿化、黄铜矿化沿着碳酸盐脉产出，集合体呈浸染状、条带状分布，局部可见细小的石英脉侵入，宽 0.2cm，产状较陡，无矿化现象。矽卡岩体呈层状产出，每层岩体延长约 10m，围岩以大理岩为主，且与围岩呈侵入接触，有明显的接触界线。棕褐色石榴子石矽卡岩与矽卡岩化大理岩互层，有两种石榴子石产出，一种自形程度较好，单体粒状产出，肉眼可见良好的晶体，颜色呈棕褐色，含量较少；一种自形程度较差，淡褐色，团块状集合体产出；且两种石榴子石共生在矽卡岩中。矽卡岩中可见碳酸盐脉产出，产状较陡，且局部可见黄铁矿、闪锌矿沿着碳酸盐脉裂隙侵入矽卡岩。矽卡岩中白钨矿化较差，局部可见少量的星点状白钨矿分布在矽卡岩中。矽卡岩中可见长约 1m 的长英质脉产出，宽 2cm，产状较陡，无矿化现象。石榴子石矽卡岩化大理岩主要矿物成分为方解石、绿泥石、石榴子石等，石榴子石的晶形较好，局部可见石榴子石完整的晶形，局部矽卡岩化强烈，延长约 2m，

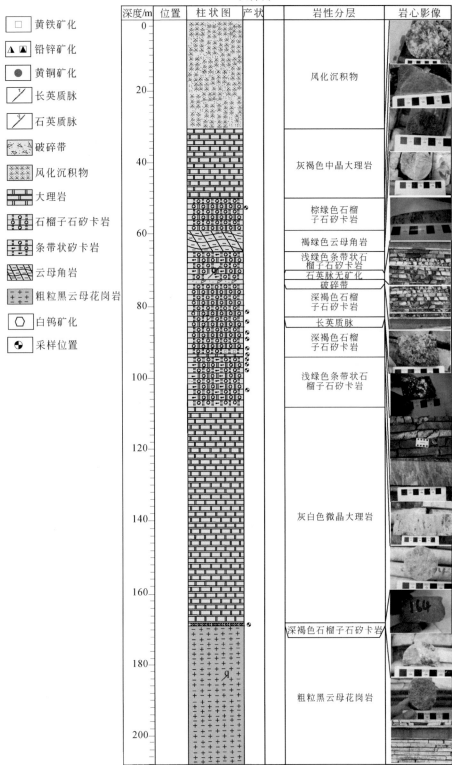

图 6-33　天井窝 ZK1131 柱状图

石榴子石、绿泥石发育。钻孔揭露的细小石英脉，宽0.2cm，产状较陡，15°，无矿化现象，分布广泛，出露在大理岩、板岩、矽卡岩中。近岩体附近的大理岩中可见花岗岩枝产出，岩性为中粗粒含斑黑云母花岗岩，延深13m，与围岩有明显的界线。岩体为中粗粒黑云母花岗岩，且岩体内带可见矽卡岩与花岗岩互层，矽卡岩中无矿化现象（图6-34）。

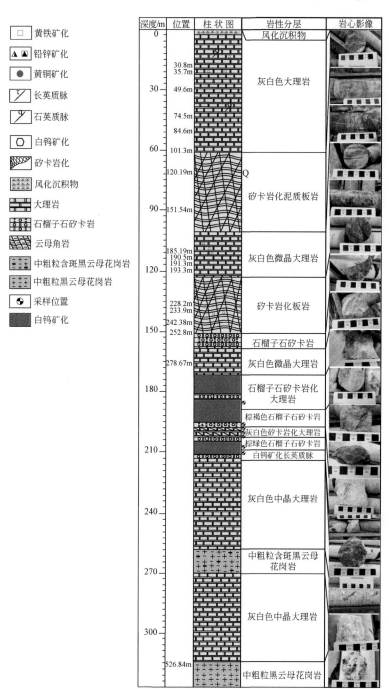

图6-34　天井窝 ZK1205 柱状图

　　天井窝 ZK0901 钻孔揭露的矿化类型为接触交代型，钻孔总长 282.5m。钻孔中所见到的岩石主要是大理岩、云母角岩和灰岩。大理岩的矿物主要为方解石、白云母、石英等，微晶-细晶，粒度由浅到深逐渐变细，颜色呈灰白色，可见细小碳酸盐岩脉侵入，产状较陡，局部可见黄铁矿沿着碳酸盐脉充填。云母角岩呈暗灰色，嵌晶粒状结构，块状构造，主要矿物成分为泥质物、白云母等，岩石局部发育碳酸盐细脉且局部可见黄铁矿充填，局部岩心的断面可见绿泥石化现象。灰岩呈青灰色，主要矿物是方解石，局部可见强烈的矽卡岩化，石榴子石、绿泥石等自形程度较差，呈团块状、条带状产出。局部可见星点状白钨矿，还可见少量浸染状的黄铜矿。矽卡岩总体分为接触交代型和顺层型，以接触交代为主，呈透镜状产出，顺层型矽卡岩体呈层状产出，长度较短，矿化不明显，局部可见少量的白钨矿化现象。接触交代型矽卡岩体长 20m，白钨矿强烈，呈浸染状、团块状、星点状产出。石榴子石呈淡褐色，自形程度较差，呈团块状集合体产出。钻孔揭露的花岗岩体呈细粒-中粗粒-中粗粒斑状-细粒，斑晶以长石为主，粒径 0.5~2.5cm。岩浆岩中辉钼矿发育，单体呈鳞片状，集合体呈团块状、浸染状，细粒花岗岩与矽卡岩接触部位矿化发育，主要金属矿物为黑钨矿、辉钼矿、黄铁矿和白钨矿，远矽卡岩体岩浆岩矿化基本消失。钻孔石英脉揭露较多，以石英细脉为主，大多纯净无矿化，岩浆岩中可见辉钼矿、黑钨矿石英脉，产状较陡，宽 5cm，长 2m（图 6-35）。

　　天井窝钻孔 ZK0705 揭露的矿化类型为接触交代型，钻孔总长 330m。钻孔主要揭露围岩大理岩和云母角岩，大理岩颜色呈深灰色、灰白色，隐晶质结构，主要矿物成分为碳酸盐类矿物。大理岩中分布着大量细小的碳酸盐脉，宽 0.2cm，产状较陡，局部可见黄铁矿、黄铜矿沿着碳酸盐岩脉产出，断面可见绿泥石化强烈。云母角岩呈青灰色、灰褐色，主要矿物为绿泥石、云母等，岩心表面有不规则发育的碳酸盐微细脉、细脉，岩石断裂面可见白云母薄片，局部可见浸染状黄铜矿，可见少量的辉钼矿、黄铁矿沿着碳酸盐脉裂隙产出。岩体外带矽卡岩化大理岩层状产出，上下盘围岩以大理岩和角岩为主，并没有矽卡岩产出。矽卡岩化总体一般，局部矽卡岩化强烈，石榴子石晶形较好，局部可见完整的石榴子石晶形。岩体内带矽卡岩化大理岩，上下盘围岩以矽卡岩为主，且与矽卡岩的界线清晰，产状较缓（40°），且白钨矿化强烈，呈浸染状、星点状分布。岩体内带石榴子石矽卡岩呈透镜状产出，石榴子石晶形一般，局部可见石榴子石完整晶形，且碳酸盐脉、石英细脉发育，产状较陡，局部可见微裂隙产出，有暗色矿物充填。矽卡岩中可见长英质脉产出，局部可见少量的萤石发育，且白钨矿化强烈，呈粒状、浸染状、团块状、星点状产出，且局部有强烈的硅化现象。钻孔中所见的岩浆岩以粗粒黑云母花岗岩为主，岩体从浅到深，由细粒→中粒→粗粒，粒度逐渐变粗，断面可见绿泥石化现象。花岗岩中发育石英脉、长英质脉，长英质脉长 1m，无矿化现象。岩体外带可见细粒花岗岩枝产出，长约 40m，上下盘矽卡岩化较少。

　　天井窝的矽卡岩体往往形成于岩体的外带，内带矽卡岩较少，或者脉体较小。脉体较小的矽卡岩体白钨矿化也较差。外带型矽卡岩体有的白钨矿化强烈，有的不含矿。有的矽卡岩体与花岗岩体没有明显的空间关系，上下盘围岩大多为大理岩和角岩，有的矽卡岩体的附近会有细粒花岗岩的出露，有的则没有，且细粒花岗岩附近的矽卡岩体白钨矿化强烈。矽卡岩体中矿化以白钨矿为主，有些钻孔可见闪锌矿、黄铁矿发育，有些则没有其他的矿化现象。外带型和内带型矽卡岩体中都揭露了长英质脉，产状较陡，侵入接触，且白钨矿化强烈。石榴子石有两种，一种晶形较好呈深褐色，另一种晶形差呈浅褐色。有的钻孔两种石榴子石共生，有的钻孔只发育一种。

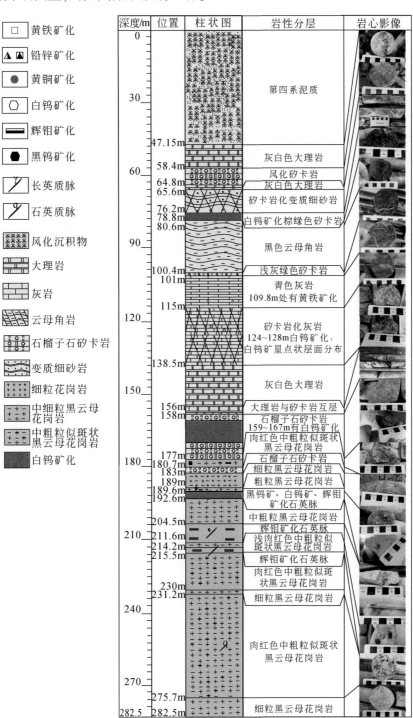

图 6-35　天井窝 ZK0901 柱状图

六、矿床成因分析

天井窝钨矿床的成矿主要与燕山期九龙脑岩体有关，成矿物质主要来源于地壳重熔的岩浆，其多阶段的侵入活动带来了大量的含矿热液。

内接触带石英脉型钨矿体，主要分布于天井窝、石榴坑，呈东西和北西走向，赋存于中细粒斑状黑云母花岗岩内（图6-36）。天井窝地段断裂构造往往形成断盘，提供了石英脉型矿带的导矿通道和赋矿空间。矿区燕山期花岗岩体自北向南侵入，并有多期活动，其中中细粒斑状黑云母花岗岩在天井窝、碰田脑、南岭呈东西向展布，并与天井窝南北向断裂和南岭北西西向断裂复合，有利于成矿热液的运移和富集充填成矿。天井窝一带为矿化中心部位、在花岗岩接触带部位已有含钨细脉带云英岩化矿化；围绕着天井窝东西一线断续有矽卡岩体出露，并伴有弱的钨锡矿化。

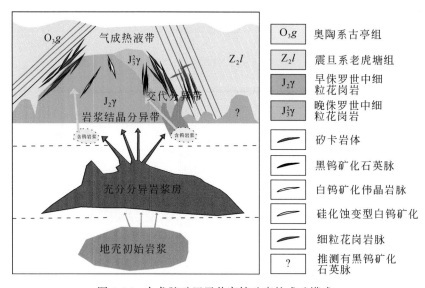

图6-36　九龙脑矿田天井窝钨矿床的成矿模式

天井窝钨矿床有两种类型，一种产于燕山期花岗岩的内接触带，矿体呈脉状，矿体的形成与花岗岩体的侵入就位密切相关，在其顶峰部位有利于成矿，脉内矿物组合主要为石英、萤石、白云母、黑钨矿、白钨矿、锡石、黄铜矿，脉侧围岩主要有硅化、云英岩化，反映其成矿温度主要为高-中高温，成因类型属中高温热液石英脉型矿床，工业类型属黑钨矿-白钨矿-硫化物-石英脉型矿床。另一种产于花岗岩与古亭组灰岩或钙质灰岩接触部位，属岩浆期后高-中温热液交代矽卡岩型矿床，工业类型属透镜状矽卡岩型钨锡矿床。

第七章　九龙脑矿田其他类型的矿床

第一节　赤坑破碎带热液脉型多金属矿床

赤坑破碎带热液脉型银铅矿位于九龙脑矿田中北部，1992 年和 1996 年由江西省地质矿产勘查开发局赣南地质调查大队分别完成普查和详查，评价资源量 Ag 为 135t、Pb 为 19774t（江西省地质矿产勘查开发局赣南地质调查大队，1992）。2002 年前为国有矿山、县级地方政府开采，矿山现有 510 中段、535 中段、580 中段等 6 个开采中段。山顶标高为 730m。富矿体多已被采空，迫切需要开展深部找矿工作。本次工作对赤坑矿开展了较系统的矿床地质和矿物学研究，通过对比研究，分析了其矿床成因，指出了找矿方向。

一、矿区地质特征

1. 地层

赤坑矿区的地层相当于邻区崇义水石寒武系标准剖面的中下统，但出露不全。第四系仅在少量沟谷见及，范围很小（图 7-1）。

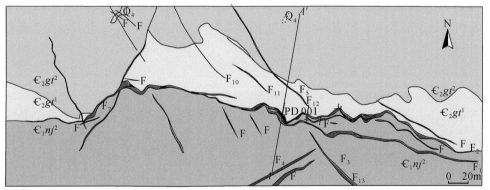

图 7-1　赤坑银铅矿区地质图

寒武纪地层总体走向北西西，倾向北北东。由于褶皱发育，倾向南东或北西，倾角 35°~85°不等。矿区岩性组合比较简单，矿物粒度细小，根据沉积韵律，按岩性组合特征划分为下、中两个统，三个岩性段。岩性段大体与邻区岩组单位相当。

下寒武统牛角河群上岩性段（$\in_1 nj^2$）。分布于 F_2 断裂以南，呈北西西向展布（廖森，1996）。此岩性段在矿区出露不全，下不见底，顶部受 F_2 断裂切割，有所缺失。岩性为深灰色中厚层状变质石英细砂岩、变质石英粉砂岩及深灰至灰黑色薄层状板岩夹凝灰质、硅质条带状板岩及含碳板岩，呈不等厚互层状产出。凝灰质条带状板岩由 1～2cm 宽的凝灰质条带与灰黑色泥质条带组成，硅质条带状板岩由 2～3cm 宽的硅质和泥质条带构成。上部夹一层透镜状变质层凝灰岩。由东至西变质砂岩减少，板岩增加，可能由相变所致。该岩性段变质石英细砂岩占 39.25%，变质粉砂岩占 26.25%，板岩占 34.47%。厚度大于 385m。

中寒武统高滩群（$\in_2 gt$）。按岩性组合特征划分为上、下两个岩性段：①下岩性段（$\in_2 gt^1$）分布于矿区中部，F_2 断裂以北，呈北西西向展布，与下伏地层呈断层接触。由灰至深灰色的厚层状变质石英细砂岩与灰至深灰色的薄层状板岩呈不等厚互层状产出。变质石英细砂岩中偶夹粉砂岩，二者为渐变关系。板岩以泥质、砂质板岩为主，部分为含碳板岩、硅质板岩。含碳板岩主要分布于中下部，厚度变化大，一般为 4～5m，个别达十余米，可能是断裂影响造成。硅质板岩分布广，不稳定，多夹于泥砂质板岩中，厚度为 1～2m。变质石英细砂岩占 51.7%，板岩占 48.3%。厚度约 236m。②上岩性段（$\in_2 gt^2$）分布于矿区北部，呈北西西向展布，7 线以东，47 线以西出露较宽，其间出露较窄，与下伏岩层呈整合接触，上不见顶。由灰至灰绿色巨厚层状变质石英细砂岩夹灰色板岩、含碳板岩、条带状板岩组成，单层厚度多在 5m 以上。含碳板岩出现于中下部，见 2～3 层，条带状板岩出现于中上部，见 1～2 层，厚度 2～3m 不等。本岩性段变质石英细砂岩占 73.8%，板岩占 26.2%。厚度大于 572m。

2. 构造

矿区构造以断裂为主，褶皱不发育，断裂又以东西向断裂为主，北东向和北西向断裂次之。

东西向断裂是该区的主要构造，尤其是 F_2 断裂规模大，形态复杂，活动期次频繁。成矿后，断裂活动对矿体造成一定破坏，该断裂控制了矿区的主要工业矿体。F_1 断裂的规模和含矿性逊色于 F_2 断裂。此组断裂属于以压性为主兼扭性。区域上与北北东向构造伴生的一组近东西向张性断裂复合，该断裂早期显压扭性，后期（成矿期）显张性。此断裂既是岩浆岩和矿液上升的通道，又是储矿的空间。

矿区地层因长期受东西向断裂活动的控制，总体呈北西西走向，倾向北北东的单斜构造。由于构造运动的影响，泥质岩石塑性变形，表皮褶皱普遍存在，尤其是 31 线以西出现一系列小型紧密褶皱或倒转褶皱比较明显，如上山尾-761m 高地背斜及柏树林倒转向斜：①上山尾-761m 高地背斜主要见于 761m 高地北西，南东区受 F_2 断裂干扰，产状紊乱，隐约可见其轮廓。该背斜轴向 330°，北东翼地层走向北西，倾向北东，倾角 55°～85°，南西翼地层走向北北西-近南北，倾向西，倾角 65°～75°。轴部及两翼主要由寒武系高滩群组成。②柏树林倒转向斜见于矿区西部柏树林山脊一带，轴向 330°，南西翼地层基本倒转，轴部及两翼地层由寒武系高滩群组成，产状向南西倾斜，倾角 55°～75° 不等。

3. 岩浆岩

矿区岩浆岩不发育，地表未见岩体出露。根据钻探揭露，在 51～20 线海拔 400～700m 标高的 F_2 含矿硅化破碎带中见到安山岩脉，局部可见石英闪长岩脉。安山岩脉长度 100～300m，宽度 0.5～7.4m，产状与断裂基本一致，由于后期构造的破坏，形态极不规则。岩石为浅灰微黄绿色，隐晶质结构，块状构造，局部可见杏仁状构造。安山岩之基质已蚀变成鳞片黏土矿物集合体，隐晶质可见由斜长石组成的条带状雏晶轮廓，局部尚见石英微粒集合体。玻璃质约 95%，黄铁矿 5%，石英微量。岩脉在空间上与矿体有较密切的关系，岩脉一般分布在矿体的上下盘。

石英闪长岩：浅灰绿色，变余粒状结构，块状构造，角闪石为纤维状集合体，呈长柱状和板状晶体。晶体内含少量铁质，粒径 0.3mm×0.5mm～0.5mm×1.5mm，含量 35%；长石多已蚀变成绢云母，次为绿泥石，多数尚残留长石板状晶体的轮廓，其中绢云母含量为 30%～35%，绿泥石含量为 20%；石英呈不规则的粒状，粒径 0.2～0.3mm，含量为 10%，铁质少量。

二、矿体特征

赤坑矿区的矿化范围东西长达 2500m，南北宽 600m，面积 1.5km²。对东西向 F_1、F_2 和北西向 F_7 含矿硅化破碎带进行追索和系统揭露，根据矿化分布情况，可以分出三个矿带（江西省地质矿产局，1984）。

1. 矿带

1）矿带分布及特征

此处的矿带，系指赋存有似层状或透镜状银铅矿体的含矿硅化破碎带。按产出部位及完整性分别划分为 1、2、3 号矿带，其中 2 号矿带最为主要（图 7-2）。2 号矿带横贯矿区中部，规模宏大，形态较简单，它西起 63 线，向东延至 32 线，再往东为硅化破碎带取代，并续延至 60 线分支变小以至尖灭。矿带长度 2100m，地表厚度 3～35m，平均 10.7m，深部厚度 5～41m，平均 13.2m，矿带走向在 63～49 线为 45°～50°，倾向北西，倾角 43°～63°；在 49 线以东走向为 90°～115°，倾向北东，倾角为 35°～64°。矿带沿走向波状弯曲、膨大缩小现象频繁出现。在 3～24 线分支复合现象明显，膨大部分往往出现在矿带转折和分支地段，缩小部分出现于矿带平直或形态较简单的地段。深部形态与地表基本一致。矿带沿倾向分支、膨大缩小、尖灭再现现象比较明显。

2 号矿带由沿裂隙充填的石英细网脉和硅化的构造角砾岩或碎裂岩组成。局部出现石英大脉（脉幅 0.5～2m），产状与硅化破碎带一致，脉中仅见少量毒砂、黄铁矿。带内部分地段有大量硫化物石英细网脉、硫化物石英团块分布。金属矿物有方铅矿、黄铁矿、毒砂、磁黄铁矿等，主要呈团块状、细脉状、浸染状富集于其中，其次呈星点状、微脉状多富集于强硅化的构造角砾岩或碎裂岩中。闪锌矿局部可见。

1 号矿带分布于矿区东段，西自 3 线沿东西向山脊南侧（海拔 630～750m）往东延伸至 32 线，再往东为硅化破碎带延至 60 线变小尖灭，西端与 2 号矿带复合。矿带长度 760

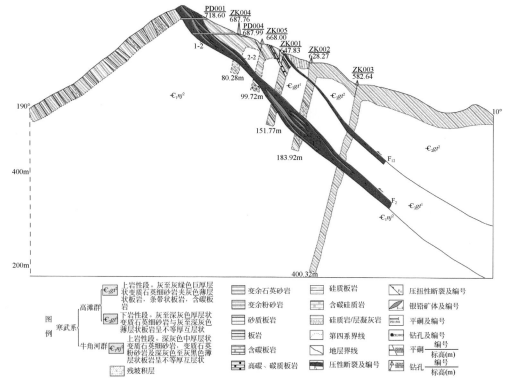

图 7-2　赤坑银铅矿区 A-A′地质剖面图

余米，矿带厚度：地表 2.3～39m，平均 11.7m，深部 2.8～28m，平均 16.8m。矿带走向 100°～115°，倾向北北东，倾角 44°～61°，矿带形态较简单，沿走向见波状弯曲、膨大缩小现象；沿倾向局部地段由地表向深部明显变大。矿带中以充填形成的石英大脉为主，脉幅一般 1～3m，局部达 8～9m。金属矿物仅见少量毒砂、黄铁矿。石英脉产状基本和硅化破碎带一致。部分地段由硅化的变质岩破碎角砾组成，沿其裂隙充填了富含方铅矿、黄铁矿、毒砂、闪锌矿等金属硫化物的石英细网脉。

3 号矿带分布于矿区西部 650～760m 标高地段，长度 540 余米，厚度 1～6m，走向 335°～340°，倾向北东，倾角 55°～60°，规模短小，形态较简单，矿带中变质岩破碎程度较差，硅化不强，只是沿裂隙充填了稀疏的石英细网脉或糖粒状石英小脉。石英小脉脉幅一般 2～3cm，产状与硅化破碎带基本一致。方铅矿、黄铁矿富集于石英小脉和细网脉中。

2）矿带相互关系及矿化富集部位

F_1 是控制 1 号矿带的断裂，F_2 则是控制 2 号矿带的断裂，又是 F_2 的分支。1 号矿带从 3 线开始由 2 号矿带向南东分支，14 线转为近东西走向，与 2 号矿带平行向东延伸。3 号矿带于 65 线与 2 号矿带相交，两条矿带相交后，2 号矿带向西急剧变小尖灭。3 号矿带南东端亦在相交处尖灭，推测两条控矿断裂属同期形成。

矿化主要富集于 2 号矿带中，具体富集部位主要出现在与 1 号矿带分支地段的 19～28 线，其次在矿带转折的膨大部位和与 3 号矿带相交处。但 1、3 号矿带的规模和矿化强度比 2 号矿带差。

3）矿带的异同关系

矿区3条矿带的结构、脉石矿物和金属矿物的成分大体相似，但各自还有不同的矿化特征。

1号矿带中充填形成的石英大脉较普遍，方铅矿晶形完好，粒度粗大，金属光泽强，细粒或粉末状的方铅矿少见，闪锌矿分布较普遍，应属早期矿化产物，含银相对较低。

2号矿带矿化段主要由较晚期充填形成的硫化物石英细网脉、硫化物石英团块等组成。矿化多次叠加，方铅矿晶形差，粒度细小，金属光泽弱，含银量相对较高。闪锌矿局部可见。早期充填形成的石英大脉，仅在局部地段呈透镜状产出。

3号矿带的控矿断裂不发育，仅充填稀疏石英小脉和石英细网脉，硅化蚀变不强，矿化较差。

以上说明，1号矿带以早期成矿为主，形成的矿体数量少，规模小，银品位相对较低。2号矿带由矿液多次叠加形成，矿体数量多，规模较大，银品位相对较高。3号矿带控矿断裂规模小，难以构成工业矿体。

2. 矿体

矿体产于硅化破碎带中，结构比较复杂。银铅矿的组成有三种：一是石英脉和富含金属硫化物的石英团块；二是不同期次形成的不规则的石英细脉及富含块状、粒状、浸染状金属硫化物的石英团块，是银、铅矿体的主要组成部分；三是石英脉侧变质岩的角砾，经硅化蚀变作用形成的硅化角砾岩，构成富含浸染状金属硫化物的银铅矿体（图7-3）。

(a) 似层状黄铜矿-黄铁矿-方铅矿-闪锌矿矿体

(b) 黄铁矿-黄铜矿-方铅矿-闪锌矿化石英脉

(c) 脉状黄铁矿-黄铜矿-方铅矿-闪锌矿矿体

(d) 脉状黄铁矿-黄铜矿矿体

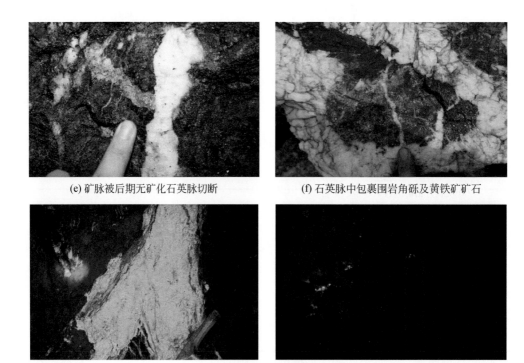

(e) 矿脉被后期无矿化石英脉切断　　　　　(f) 石英脉中包裹围岩角砾及黄铁矿矿石

(g) 破碎带中的白钨矿化

图 7-3　九龙脑矿田赤坑矿区矿化特征

（1）黄铁矿毒砂石英大脉，普遍见于 1 号矿带中，2 号矿带局部可见，属于早期成矿产物。

（2）黄铁矿方铅矿闪锌矿石英细脉、石英细网脉及石英团块。石英细脉的脉幅 3~5cm，石英细网脉的脉幅 1~3mm，不规则石英团块往往出现在几组裂隙交叉部位，块度一般为（2~3）cm×（3~4）cm。石英脉和石英团块呈乳白色，玻璃光泽，晶洞不发育，与围岩界线清楚；金属硫化物为块状集合体，呈细微脉状、浸染状富集于石英细脉、石英细网脉和石英团块中。属于第二期成矿产物。

（3）黄铁矿方铅矿闪锌矿硅质脉和硅质团块，在 2 号矿带中常见。硅质脉的脉幅一般在 2~3mm，少数达 3~4mm，呈烟灰色，玻璃光泽，与围岩界线呈过渡关系。硅质团块块度一般为（2~3）cm×（4~5）cm，个别达（5~6）cm×（7~8）cm。颜色与硅化强弱有关，烟灰色-浅灰色，玻璃光泽，糖粒状结构，块状构造，与围岩没有明显的界线，属于硅化蚀变作用的产物。金属硫化物多数呈浸染状，少数呈团块状、脉状富集于硅质脉、硅质团块中。金属硫化物以方铅矿为主，呈脉状产出，脉幅数厘米至十几厘米。

三、矿石特征

赤坑矿区的矿石矿物种类繁多，已知有 62 种，以原生硫化矿物占绝对优势，氧化矿石矿物仅在局部区段不均匀出现（图 7-4）。

(a) 块状方铅矿闪锌矿黄铜矿矿石

(b) 块状方铅矿磁黄铁矿矿石

(c) 角砾状矿石，黄铁矿化

(d) 网脉状矿石

(e) 角砾状矿石，闪锌矿化

(f) 浸染状矿石

图 7-4　赤坑矿区主要矿石特征

1. 氧化矿石的矿物成分

氧化矿石由于氧化程度不同，矿物种类繁多，已知有 48 种矿物。主要金属矿物有褐铁矿、赤铁矿、针铁矿、砷铁矿、砷铅铁矿，其次还有铜蓝、菱锰矿、白铅矿、白硫酸铅矿、硫酸铅矿等，银绝大多数仍以单矿物（螺状硫银矿、自然银、硫银铋矿）形式存在。脉石矿物主要是石英，其次是绢云母、水白云母、绿泥石等。由于工作程度有限，不展开描述。

2. 原生矿石的矿物成分

原生矿石的金属矿物主要为黄铁矿、毒砂和方铅矿，其次为磁黄铁矿、白铁矿、闪锌矿和黄铜矿；含银矿物主要为螺状硫银矿，其次为银黝铜矿、辉银矿等；脉石矿物主要是石英、绢云母、白云母，其次为锂云母、绿泥石、黏土矿物等。

3. 矿石结构

1）结晶结构

（1）自形粒状结构。黄铁矿、毒砂、白铁矿、方铅矿、锡石、硫银铋矿等呈自形粒状结构。黄铁矿为立方体及五角十二面体晶体；毒砂多为斜方短柱状；白铁矿为斜方双锥晶类针柱状和针状晶体；方铅矿呈立方体；锡石为正方锥柱状聚形；硫银铋矿为六方晶系，柱状、针状晶体。

（2）半自形粒状结构。绝大部分为第二世代黄铁矿、方铅矿、闪锌矿、黄铜矿，大多数磁黄铁矿等呈半自形晶结构。

（3）他形粒状结构。绝大多数是致密块状矿石中的矿物，由于晶体相互争夺空间而多数形成他形粒状结构。部分磁黄铁矿、黄铜矿、黝铜矿、黄铁矿、闪锌矿、方铅矿等呈此种结构。

（4）包含结构。矿物晶体中，包含有其他矿物的包体，它们之间无交代现象，常见黄铜矿包含黄铁矿、黝铜矿，方铅矿包含辉银矿、螺状硫银矿，早期方铅矿包含黑硫银锡矿等。

（5）束状、放射状结构。部分高温毒砂柱状晶体及地表多种次生矿物常聚集形成束状、放射状结构。

2）交代结构

（1）粒间充填交代结构。黄铁矿、黄铜矿、黝铜矿、方铅矿沿石英间充填交代。白铁矿、方铅矿沿石英或碳酸盐矿物粒间充填交代。

（2）裂隙充填交代结构。黄铜矿、黄铁矿沿毒砂微裂隙充填交代，白铁矿、黄铁矿沿毒砂和粗粒黄铁矿微裂隙形成充填交代结构。

（3）交代残余结构。矿石中常见毒砂在黄铁矿、磁黄铁矿、黄铜矿中呈交代残余，磁黄铁矿在方铅矿、闪锌矿中呈交代残余，方铅矿在白铁矿中呈孤岛状交代残余。

（4）穿插交代结构。常见黄铁矿、黄铜矿穿插交代闪锌矿，菱铁矿、菱锰矿穿插交代白铁矿，白铁矿穿插交代黄铁矿、方铅矿等，形成穿插交代结构。

（5）交代环边结构。白铁矿环边被毒砂、磁黄铁矿、黄铁矿等交代。

（6）似角砾状交代结构。早期毒砂、黄铁矿、磁黄铁矿等金属硫化物呈破碎角砾，被后来的白铁矿、方铅矿、碳酸盐、石英等溶蚀交代胶结，呈现似角砾状交代结构。

（7）选择交代结构。黄铜矿选择交代毒砂，白铁矿选择交代磁黄铁矿。

3）固溶体分离结构

（1）乳滴状结构。黄铜矿、黝铜矿沿闪锌矿解理定向呈乳滴状均匀分布，形成乳滴状结构。

（2）结状结构。辉银矿呈结状聚集于细小方铅矿的局部外缘，形成结状结构。

4）受压结构

（1）压碎结构。块状黄铁矿、毒砂等脆性矿物被压裂，形成压碎结构和斑状压碎结构。

（2）揉皱结构。方铅矿等沿解理易裂开的矿物受压后，发生弯曲变形，三角孔呈弧状排列，形成揉皱结构。

4. 矿石构造

1）浸染状构造

铁、锰、碳酸盐矿物和黄铁矿、方铅矿、黄铜矿等金属硫化物，常以自形或他形晶体，呈星点状或断续线状不均匀地嵌布于石英粒状集合体中，螺状硫银矿与辉铜矿呈单体或连生晶嵌布于石英粒间，形成浸染状构造 [图7-4（f）]。

2）脉状构造

金属硫化物石英脉、碳酸盐金属硫化物石英脉以不同形式充填于围岩的裂隙中，形成脉状构造。依脉幅大小和脉体排列不同分如下几种：

（1）细（微）脉状-大脉状构造。毒砂、黄铁矿石英大脉、白铁矿石英细脉、白铁矿脉、方铅矿微脉沿围岩裂隙充填。

（2）交错脉状构造。不同期次或同一期次不同阶段的硫化物石英脉，沿着多组裂隙交叉充填而成。常见磁黄铁矿、闪锌矿石英脉与毒砂石英脉、毒砂黄铁矿石英脉交叉形成交错脉状构造。

（3）复脉状构造。不同期次的含矿热液，沿同一构造裂隙多次叠加充填而成，形成对称或不对称的复脉状。常见毒砂石英大脉中叠加充填磁黄铁矿、闪锌矿石英脉及白铁矿、方铅矿碳酸盐石英脉。

（4）网脉状构造。同期或不同期含矿热液沿着多组细、微裂隙呈网状充填，构成网脉状构造。常见白铁矿、菱铁矿、方铅矿石英细、微网状脉和白铁矿、方铅矿、黄铜矿、菱铁矿、菱锰矿石英细、微网状脉 [图7-4（d）]。

3）细（微）脉状-浸染状构造

细微脉构造与浸染状构造复合叠加或脉状与多次浸染状矿化叠加而成，这种构造是矿区最主要的矿石构造，一般含银铅较富。

4）块状-团块状构造

由黄铁矿、方铅矿、白铁矿、闪锌矿等金属硫化物矿物聚集成团块而成。团块直径小于10cm者称块状构造，大于10cm者为团块状构造 [图7-4（a）（b）]。

5）条带状构造

不同硫化矿物呈细脉状相间断续出现，形成条带状构造。

6）角砾状构造

早期毒砂、磁黄铁矿等矿物颗粒受挤压呈角砾后，被后来的硫化物胶结或沿角砾的微裂隙充填交代形成角砾状构造 [图7-4（a）（e）]。

5. 矿石类型

矿石的自然类型按矿石氧化程度不同，划分为原生矿石和氧化矿石两大类型。原生矿石为矿区主要矿石类型，属中低温热液的产物。氧化矿石系局部区段原生矿石经表生作用形成。两类矿石在空间上呈过渡关系。

矿石的工业类型主要有三种：①浸染状银铅矿石。方铅矿及其他金属硫化物呈星散状、细微脉状、显微脉状嵌布于矿石中，银铅品位较低。②细脉型银铅矿石。含方铅矿、银矿化金属硫化物石英脉沿裂隙充填交代而成，有呈单脉出现的，有呈细脉带或复脉展布的，还有呈条带状产出的。常见由石英硫化物细脉、硫化物细脉带或硫化物石英细脉与银铅矿化硫化物细脉和银铅矿化碳酸盐石英细脉构成条带状矿石。铅矿化较均匀，银矿化不均匀。③细（网）脉–浸染状银铅矿石。由方铅矿银矿化硫化物细脉、细网脉，石英方铅矿银矿化硫化物细网脉，石英碳酸盐方铅矿银矿物多金属硫化物细网脉沿构造裂隙充填交代形成。这是矿区最主要的矿石类型，银铅品位高。

四、成矿期次

赤坑矿床是脉动矿化、多次叠加形成的中低温热液银铅矿床。在矿物的相互关系、矿脉相互穿插叠加关系上都表现出多期次、多阶段的成矿特征。据部分矿物的爆裂法包体测温结果，包体矿物形成温度主要在 130～375℃，高、中、低温均有，进一步证明了矿化的多期次多阶段特征（图 7-5）。可划分为三个矿化期、五个矿化阶段。

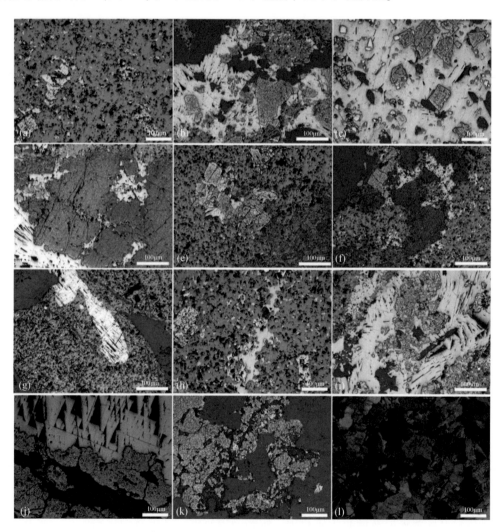

图7-5 赤坑矿区主要矿石显微结构特征

（a）石英–硫化物期的磁黄铁矿与毒砂；（b）石英–硫化物期第二阶段方铅矿、闪锌矿镶嵌生长；（c）第二阶段方铅矿、闪锌矿、黄铜矿交代第一阶段黄铁矿，磁黄铁矿伴生；（d）第二阶段镶嵌生长的方铅矿、闪锌矿、黄铜矿交代第一阶段黄铁矿；（e）石英–硫化物–碳酸盐期的闪锌矿交代石英–硫化物期形成的方铅矿与黄铁矿；（f）石英–硫化物–碳酸盐期的闪锌矿、黄铜矿、深色黄铁矿交代石英–硫化物期形成的浅色黄铁矿；（g）石英–硫化物–碳酸盐期第二阶段形成的方铅矿交代同期第一阶段的闪锌矿；（h）石英–硫化物–碳酸盐期形成的闪锌矿交代石英–硫化物期形成的方铅矿；（i）石英–硫化物–碳酸盐期第二阶段形成的方铅矿交代同期第一阶段的闪锌矿；（j）石英–硫化物–碳酸盐期第一阶段的黄铁矿交代第二阶段的闪锌矿；（k）石英–硫化物–碳酸盐期第二阶段的黄铁矿交代石英–硫化物期形成的黄铜矿；（l）石英–硫化物–碳酸盐期绿泥石；（m）石英–碳酸盐期残余黄铁矿；（n）绿泥石；（o）方解石中的残余方铅矿

1. 石英–硫化物期

该期成矿温度相对较高，矿物组合较简单，以砷、铅、锌矿化为主，多数呈细脉状，少数呈大脉状产出。毒砂石英大脉中的石英测温为375℃。脉侧围岩的高温蚀变强烈。分为两个矿化阶段：①石英–毒砂–黄铁矿阶段。主要呈大脉产出，细脉次之，银铅矿化微弱。②石英–磁黄铁矿–闪锌矿——方铅矿–菱锰矿阶段。一般呈硫化物石英细脉或细网脉产出，属于银铅矿化的早期阶段。

2. 石英–硫化物–碳酸盐期

该期成矿温度相对较低。矿物组合复杂，以银铅矿化为主，是本区的主要成矿期。多呈细（微）脉–浸染状、网脉状、团块状产出。脉侧围岩具中低温热液蚀变。分为两个矿化阶段：①石英–白铁矿–辉银矿–方铅矿–菱铁矿阶段；②石英–菱锰矿–方铅矿–螺状硫银矿阶段。

3. 石英–碳酸盐期

该期为低温阶段产物，矿物组合简单，为本区第五成矿阶段，即石英–萤石–黄铁矿–方解石阶段。方解石、石英呈小脉或细脉状产出，含少量萤石，偶见黄铁矿。石英脉切割了含银铅矿的石英脉，本阶段银铅矿化弱。但局部方解石脉两侧围岩中，方铅矿、闪锌矿、黄铁矿与方解石脉平行呈条带状分布，矿化局部富集。

五、矿物学与矿物化学

1. 矿物组成

黄铁矿：黄铁矿是矿石中分布最广、含量最多的金属矿物。矿石中黄铁矿见有三个世代。第一世代黄铁矿呈立方体、五角十二面体的晶形，粒度较小，一般为 0.2 ~ 0.6mm，呈浸染状分布于脉侧围岩及脉内夹石中。第二世代黄铁矿多为半自形晶，他形粒状或五角十二面体、八面体、立方体，呈团块状、细脉状、网脉状、微脉状嵌布于矿石中，常与毒砂、磁黄铁矿、黄铜矿、方铅矿、白铁矿共生。第三世代黄铁矿多呈半自形粒状或立方体晶形，以细网脉或细脉浸染状嵌布于矿石中，常与白铁矿、菱铁矿、菱锰矿、第二世代方铅矿紧密共生。

毒砂：毒砂是矿石中分布较广，数量较多的金属矿物。根据矿物共生组合、交代关系可分为两个世代。第一世代的毒砂结晶粗大，粒度一般为 1 ~ 3mm，最大达 10mm，常以毒砂、石英细脉和毒砂、黄铁矿石英脉沿构造裂隙交代充填，同时使脉侧围岩遭受强烈的硅化、毒砂、黄铁矿化。第二世代毒砂在矿石中含量少，粒度小，晶形完好，粒度 0.05 ~ 0.5mm，多数小于 0.1mm，一般呈单晶产出，常以毒砂、黄铁矿、石英细脉，毒砂、方铅矿、闪锌矿、石英微脉等形式叠加穿插于第一世代毒砂、石英脉中，常被黄铁矿、黄铜矿、方铅矿、闪锌矿包裹溶蚀。

方铅矿：方铅矿不仅在矿石中分布较广，含量较多，同时是主要的含银矿物和银最主要的载体矿物。常呈半自形晶-自形粒状、薄片状，以浸染状、致密块状的粒状集合体或微脉状嵌布于矿石中。根据矿物共生组合和交代关系可分为两个世代。第一世代方铅矿常呈亮铅灰色，粒度较粗，一般为 0.07 ~ 0.2mm，大者可达 1.3mm，常与磁黄铁矿、毒砂、黄铁矿、闪锌矿密切共生，交代黄铁矿、毒砂等，但又被较晚的金属硫化物交代、溶蚀、包裹、穿插。第二世代方铅矿常为暗铅灰色，粒度较细，一般小于 0.074mm，大部分为 0.01 ~ 0.06mm，硬度偏低，常与闪锌矿、白铁矿、黄铜矿、黝铜矿、菱铁矿、菱锰矿、辉铜矿、银黝铜矿、硫银铋矿、辉银矿、螺状硫银矿等紧密共生，交代溶蚀毒砂、磁黄铁矿、黄铁矿、第一世代方铅矿、白铁矿等，但又被闪锌矿、黄铜矿、菱铁矿及银矿物等交代溶蚀。

磁黄铁矿：磁黄铁矿是矿石中较普遍，含量较多的矿物，多呈粒状、不规则状，少数呈六方板状产出，常以细脉状赋存于构造裂隙中。磁黄铁矿常交代毒砂、黄铁矿，又被第二世代方铅矿、闪锌矿、黄铜矿、黄铁矿交代。

闪锌矿：闪锌矿多呈半自形和他形粒状、薄片状嵌布于矿石中，粒度为 0.3 ~ 5mm，一般为 0.05 ~ 0.8mm，分为两个世代，第一世代闪锌矿呈黑褐色，透明度差，常与磁黄铁矿、第二世代黄铁矿密切共生，交代磁黄铁矿、黄铁矿，但又被黄铜矿、第二世代闪锌矿、方铅矿、黄铁矿交代。第二世代闪锌矿多呈黄褐色，部分呈黄绿色，半透明至透明，常与第二世代方铅矿、黄铁矿、黄铜矿、银黝铜矿密切共生，被方铅矿、黄铁矿、菱铁矿等交代穿插。

黄铜矿：黄铜矿大部分呈他形粒状或四面体自形晶集合体，常与黝铜矿、辉铜矿、闪锌矿晶体呈规律连生，一般呈浸染状，少数呈细脉状嵌布于矿石中，一般粒度为 0.05 ~ 0.2mm。

石英：呈脉状和不规则的团块状产出。一种是乳白色石英脉，玻璃光泽，糖粒状结构，块状构造，晶洞发育，与围岩界线清楚；另一种是烟灰色石英细网脉和石英团块，玻璃光泽，糖粒状结构，块状构造，晶洞不发育，与围岩界线不清楚。前者是充填形成，后者是硅化蚀变作用形成。这两种石英脉或石英团块都与金属硫化物关系密切。

绢云母：绢云母多分布于石英脉壁，是一种蚀变矿物，含量多与围岩泥质成分高低有关，呈粒状集合体，定向排列于石英脉壁，呈鳞片状结构。

白云母：白云母分布于石英脉壁、石英团块和毒砂周围，含量少而不均匀，呈粒状集合体，鳞片状结构。

2. 金矿物

金在黄铁矿、黄铜矿、闪锌矿、毒砂、磁黄铁矿中有微量赋存，在方铅矿中无金的赋存（王先广等，1991）。在50倍物镜下观察，仅发现一粒金的固溶体（图7-6），赋存在石英裂隙中，大小20μm×30μm。结合电子探针数据（表7-1），推断金生成于石英–硫化物–碳酸盐时期的石英–含银方铅矿阶段。

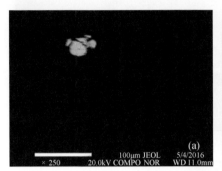

图7-6 九龙脑矿田赤坑矿区金矿物的镜下照片

（a）金矿物在电子探针镜下的照片；（b）金矿物在光学显微镜下的照片

表7-1 九龙脑矿田赤坑矿区金矿物电子探针元素含量分析表 （单位：%）

样号	Au	As	Ag	Ga	S	Pb	Co	Fe	Cu	合计
CK6-1-1-1	86.19	0.011	13.007	0.045	0.033	0.087	0.023	0.002	0.005	99.403

注：Se、Ge、Zn、Ni、Cd、Sb、Mo、Bi、Te、Sn 和 W 的含量低于检出限

3. 银矿物

矿石中银矿物主要为螺状硫银矿，其次为辉银矿、银黝铜矿，含少量黑硫银锡矿、辉铜银矿、自然银、硫银铋矿等（王先广等，1991）。

螺状硫银矿 $[Ag_2S(\alpha\text{-}Ag_2S)]$：螺状硫银矿为辉银矿的低温变体，是矿区最主要的银矿物。铁黑色，金属光泽，不透明，条痕油腻状灰黑色，无解理，极富延展性。常呈发丝状、网脉状、树枝状、浸染状、致密块状与辉银矿呈连生状态。多为方铅矿的不混溶体，部分呈黄铁矿、闪锌矿、方铅矿、黝铜矿、银黝铜矿的包体出现。有时与菱铁矿、菱锰矿呈显微脉状充填于其他硫化物或石英脉的微裂隙中。

辉银矿 $[Ag_2S(\beta\text{-}Ag_2S)]$：辉银矿为银灰色至铁黑色，亮灰色条痕，新鲜断口为金属光泽，不新鲜的表面为暗淡或无光泽。常以机械混入物形式赋存于方铅矿中，含辉银矿的方铅矿极易氧化成暗铅灰色或钢灰色。辉银矿与螺状硫银矿成连生体。与黄铜矿、银黝铜矿、方铅矿、菱铁矿、菱锰矿密切共生。

银黝铜矿 $[Cu_{12}(Sb，Ag)_4S_{18}]$：银黝铜矿是黝铜矿的含银亚种，为灰至铁黑色或杂色，条痕暗灰色，具金属光泽，不透明，性脆，多以细粒状集合体或浸染状产出，与黝铜矿、白铁矿、方铅矿、菱铁矿、菱锰矿、闪锌矿、辉银矿、自然银等共生，交代黝铜矿、白铁矿，但又被方铅矿、辉铜矿交代、溶蚀、包裹。

　　黑硫银锡矿：黑硫银锡矿又名硫银锡矿，黑色带蓝紫色，新鲜断面呈微带红色的钢灰色，常呈假等轴状菱形十二面体，粒度一般为 $0.005 \sim 0.01\,\mathrm{mm}$，与辉银矿、锡石共生。常以显微粒状包裹于第一世代方铅矿中（图 7-7）。

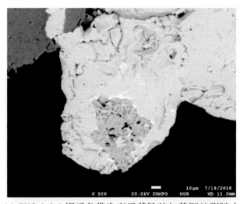 

(a) CK2-1-1-1 银质条带发育于黄铁矿与黄铜矿裂隙中　　(b) CK3-1-1-1 银质条带穿插铁闪锌矿、黄铁矿

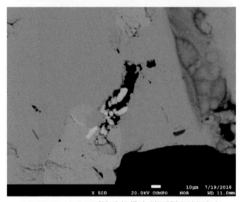 

(c) CK15-16-2-12 银质条带充填于铁闪锌矿中　　(d) CK15-4-8-1 深红银矿发育于方铅矿表面

图 7-7　赤坑矿床中的银矿物

　　辉铜银矿（Ag_3CuS_2）：辉铜银矿在矿石中出现较少，新鲜者呈灰色，氧化后具深灰色，有时具类似黄铜矿的晕色，具金属光泽，条痕黑色，常呈显微叶片状、显微粒状集合体与黄铜矿、黝铜矿、方铅矿、螺状硫银矿共生。

　　硫银铋矿（$AgBiS_2$）：硫银铋矿是矿石中较重要的银矿物，灰至铁黑色，条痕亮灰色，金属光泽，性脆，常呈短柱状、厚板状、针状产出，粒度 $0.001 \sim 0.01\,\mathrm{mm}$，多数为 $0.001 \sim 0.005\,\mathrm{mm}$，常与第二世代方铅矿和黄铁矿、黄铜矿、白铁矿、锡石、石英等共生，呈显微固溶体包裹于方铅矿中，也有呈单晶包裹于低温石英的晶粒中或嵌布于石英晶粒间。

4. 钨锡矿物

通过电子探针分析以及背散射图像观察，在赤坑银铅锌矿矿区中发现少量黑钨矿和锡石（图7-8，图7-9），呈粒状赋存在石英裂隙、黄铁矿、黄铜矿之中，或条带状穿插黄铁矿、方铅矿。电子探针测试分析结果显示，黑钨矿化学成分 WO_3 含量为 75.10% ~ 75.88%，FeO 含量为 2.51%~3.85%，MnO 含量为 19.09%~21.03%，还含有少量Nb_2O_5，不含 Ta_2O_5。锡石 SnO_2 含量为 97.13%~98.80%，平均为 97.61%。

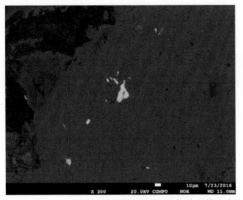 

(a) CK6-2-1-3 可见微量黑钨矿颗粒赋存于石英之中　　(b) CK6-2-1-5 黑钨矿条带填充于石英裂缝之中

图 7-8　赤坑矿床中的黑钨矿

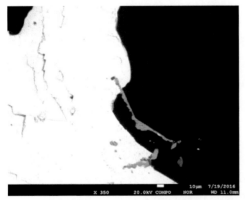 

(a) CK15-16-3-5 锡石穿插方铅矿　　(b) CK2-2-6-1 锡石小团块赋存于黄铁矿与毒砂裂缝之中

图 7-9　赤坑矿床中的锡石

六、矿床成因与找矿方向

赤坑铅锌银矿床是九龙脑钨锡多金属矿田中典型的破碎带热液脉型矿床，成因类型为岩浆期后中−低温热液型。其矿物组合及成分特征显示了铅锌银金矿化与钨锡的共生组合关系，富硅的中低温、低密度、低盐度流体主要来源于岩浆热液与少量的大气降水混合。成矿热液呈三期脉冲式上侵，其中第二期为主成矿期，表现为深部岩浆−热液活动的多期多阶段的成矿作用特征。

地球物理探测信息显示,赤坑矿区深部存在大范围的激电异常,扣除碳质板岩的干扰,推断赤坑矿区 500m 中段以下 300~600m 范围存在脉状磁性硫化物异常,倾向北东。结合前期钻探资料揭示的中酸性岩脉,指示本区硫化物矿体向北延伸达 300m 以下,并有中酸性花岗质隐伏岩体的存在。结合 Ag-Pb-Zn(Au)-W-Sn 分带信息,判断铅锌矿体以下深部存在钨锡矿化的可能性。

第二节　双坝蚀变构造岩型金银铅矿

矿区位于崇义县城南约 6.5km 处,地理坐标:东经 114°19′23″~114°21′15″E,25°37′18″~25°38′12″N,面积约 5.75km²。行政区划隶属崇义县长龙乡管辖。矿区有简易公路与崇义至扬眉寺公路相通,交通方便。

一、矿区地质

1. 地层

矿区内上震旦统老虎塘组和下寒武统牛角河群广泛出露。

老虎塘组下部为深灰–青灰色厚层状细粒变余岩屑石英杂砂岩、凝灰质细砂岩与灰–青灰色泥质绢云母板岩不等厚互层,夹透镜状浅色硅质岩、变玄武岩和变流纹岩;中部为厚层状中–细粒变余岩屑石英杂砂岩夹凝灰质砂岩、泥质绢云母板岩;上部为变余岩屑石英砂岩和粉砂质板岩,夹数层白色、翠绿色厚层硅质岩。

牛角河群主要为青灰–深灰色中厚层状变余中细粒岩屑石英杂砂岩、长石石英砂岩与灰绿色绢云母板岩不等厚互层,夹中–薄层状灰黑色碳质板岩,底部为碳质板岩及含碳硅质岩。

2. 构造

1)褶皱

矿区由震旦系、寒武系组成北东东–北东向短轴背斜构造(图 7-10),与区域近南北向复式褶皱组成局部横跨现象。矿区处于背斜核部,由震旦系老虎塘组组成,两翼由下寒武统牛角河群组成,核部老虎塘组与北西翼牛角河群呈断层接触。两翼地层倾向:北西翼倾向 300°~355°;南东翼倾向 130°~160°。地表地层产状变化较大,表皮褶皱发育。

2)断裂

断裂构造发育,其中以北东向及近东西向断裂为主,近南北向断裂次之。

(1)北东向韧–脆性断裂

该组断裂横贯整个矿区,是主要的控矿、容矿构造,主要有 F_1、F_2、F_3、F_7、F_9、F_{10}、F_{15} 七条,其中以 F_1 规模较大。

F_1 横亘矿区中部,是矿区主要含矿断裂,断裂呈舒缓波状延伸,区内长度大于 3200m,宽 17~48m;控制延深大于 425m,中部出露最宽,向北东、南西两端逐渐变窄。

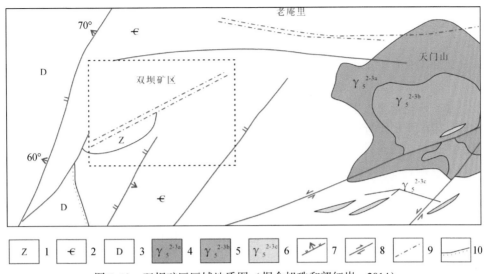

图 7-10　双坝矿区区域地质图（据余旭珠和郭红岩，2014）

1. 震旦系；2. 寒武系；3. 泥盆系；4. 燕山早期第三阶段第一次侵入体；5. 燕山早期第三阶段第二次侵入体；
6. 燕山早期第三阶段第三次侵入体；7. 断层及产状；8. 平移断层；9. 脆韧性剪切带；10. 不整合界线

断裂整体走向 50°~60°，从南西往北东方向，断裂走向由北北东向→北东向→北东东向的变化趋势，倾向变化较大，北东、南西段倾向分别为 320°~345°、305°~330°，中段地表倾向 150°~170°，东段→中段→西段倾角分别为 56°~85°→45°~56°→43°~80°。

F_3 位于 F_1 西段南侧约 100m，走向与 F_1 基本相同，延长约 500m，宽度约 30m，倾向 330°~355°，倾角 36°~58°。断裂中心部位为糜棱岩带，两侧分别为硅化碎裂岩和糜棱岩化（或片理化）砂板岩。

F_2 位于 F_1 南东侧 100~200m，是矿区含矿断裂之一。断裂走向与 F_1 基本一致，延长约 1700m，宽 6~16m，东段倾向 120°，倾角 75°，西段倾向 320°~335°，倾角 46°~68°。断裂带内发育碎裂岩、断层角砾岩及硅化石英岩，东段发育片理化带。碎裂岩中见有稀疏状硫化物矿化。断层角砾岩中见有石英晶洞、石英晶簇构造。

（2）近东西向断裂

近东西向断裂（包括北东东向断裂），主要分布于矿区东南部，呈透镜状延伸，断裂雁行式排列，组成大致平行 F_1 的北东向构造带，该组断裂切割北北西向断裂。

（3）近南北向（包括北北东及北北西向）断裂

此组断裂主要分布于矿区南东部，发育较早，被北东、北东东向断裂切割。断裂形成构造岩为硅化碎裂岩及硅化碎裂砂板岩。此组断裂蚀变主要为硅化，次为褐铁矿化等。

3. 岩浆岩

矿区处于天门山花岗质复式岩体接触带外约 4km 处。矿区内沿北东向韧性断裂带有正长斑岩、斜长斑岩、闪长玢岩及辉绿岩脉产出。此外，于矿区西部出露两条石英斑岩脉，矿区北部出露一花岗斑岩脉（瘤）。

二、矿体特征

矿区内共圈有 9 个矿化带，包括北东向矿化带 4 个，编号分别为 Ⅰ、Ⅱ、Ⅲ、Ⅶ；近东西向矿化带 4 个，编号分别为 Ⅳ、Ⅴ、Ⅵ、Ⅸ；近南北向矿化带 1 个，编号为 Ⅷ。Ⅰ、Ⅱ、Ⅲ、Ⅶ矿矿化带受控于北东向韧–脆性断裂带，Ⅳ、Ⅴ、Ⅵ、Ⅸ矿化带受控于近东西向破碎带，Ⅷ矿化带受近南北向韧性断裂控制。其中Ⅰ矿化带规模最大，矿化较好，是矿区主要的矿化带。

Ⅰ矿化带赋存于 F_1 中，工程控制长度约 2840m，宽 17 ~ 48.5m，走向北东，倾向 310° ~ 345°（局部倾向 150° ~ 170°），倾角 42° ~ 87。根据矿体的分布以及 Au、Ag、Pb 矿化具分段富集特点，Ⅰ矿化带从西南往北东可分为三个矿段：一矿段即西南矿段，编号为 $Ⅰ_1$，控制长 610m，宽 24.5 ~ 48.5m，内部圈出 Au、Pb 矿体，编号为 $Ⅰ_{1A}$；二矿段即中矿段，编号为 $Ⅰ_2$，矿段长 912m，宽 31 ~ 48m，其中偏北侧圈出 Ag、Pb 矿体（编号为 $Ⅰ_{2A}^*$），偏南侧圈出 Au 矿体（编号为 $Ⅰ_{2B1}$）和 Au、Pb 矿体（编号为 $Ⅰ_{2B2}$）。一矿段和二矿段矿体间距 76m；三矿段即北东矿段，编号为 $Ⅰ_3$，控制长度 708m，带宽 32 ~ 36m，内部圈出 Pb 矿体（编号为 $Ⅰ_{3A}$），与二矿段矿体相距 242m。

Ⅱ、Ⅲ、Ⅸ矿化带分布于Ⅰ矿化带的南东部，分别受 F_2、F_3、F_{15} 控制，其规模次于Ⅰ矿化带。Ⅳ、Ⅴ、Ⅵ矿化带分别受 F_4、F_5、F_6 控制，规模较小，矿化较差。Ⅶ矿化带分布于Ⅰ矿化带北西部的双坝村北面，受 F_7 控制，规模较小，矿化亦差。Ⅷ矿化带是近南北向矿化带，受 F_8 控制，Au、Pb 矿化较好，矿化带形成早于Ⅰ、Ⅱ等矿化带。

三、矿石特征

1. 矿石矿物组成

矿石中矿物组合较简单，金属矿物主要有黄铁矿、方铅矿，次为黄铜矿、毒矿、磁黄铁矿、闪锌矿、深红银矿，少量辉银矿、锡石、白钨矿、磁铁矿、斑铜矿、硬锰矿及软锰矿等。氧化带矿物有褐铁矿、褐赤铁矿、黄钾铁矾及白铅矿和铜蓝等。非金属矿物主要为石英、绿泥石、方解石、绢云母，次有绿帘石、钾长石、蛇纹石及滑石等。

2. 矿石结构构造与矿石类型

1）矿石结构构造

矿石主要结构为：①结晶结构，主要有自形–半自形晶粒状结构、自形晶粒状结构；②固溶体分离结构；③交代结构，主要有包含结构、交代残余结构等；④压碎结构和揉皱结构。

主要矿石构造有稠密浸染状构造、稀疏浸染状构造、块状构造、细脉浸染状构造、条带状构造、角砾状构造，少量氧化矿石为土状构造。

2）矿石类型

根据矿石组分和所赋存地质体及结构构造（图 7-11）等特点，可划分为三种类型。

(a) 块状黄铜矿黄铁矿方铅矿矿石

(b) 黄铜矿呈斑点状分布在闪锌矿表面，和黄铁矿共生

(c) 块状方铅矿矿石

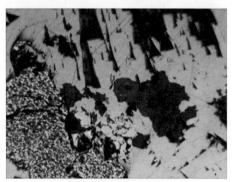
(d) 方铅矿被黄铁矿和黄铜矿交代

(e) 块状方铅矿闪锌矿矿石

(f) 方铅矿与闪锌矿共生，闪锌矿内出溶黄铜矿

图 7-11　九龙脑矿田双坝矿区主要矿石类型及其显微特征

（1）金矿石

金矿石主要分布在 I 矿化带中的 I_{2B1}、I_{2B2} 和 I_{1A} 矿体中，矿石为含金糜棱岩，贫硫化物，仅沿糜棱面理或片理面上线状分布或浸染状分布微细粒毒砂、黄铁矿等硫化物。非金属矿物以绿泥石、绢云母等片状矿物为主，含少量石英和碳酸盐矿物。

（2）银、铅矿石

银矿体与铅矿体紧密共生。银、铅矿石主要产于 I 矿化带的北盘即顶板附近或中部碎裂岩带 I_{1A} 和 I_{2A}、I_{3A} 矿体中，富含硫化物。按矿石构造可划分为块状矿石、稠密浸染状矿石、条带状矿石、细脉浸染状矿石和稀疏浸染状矿石。

（3）氧化矿石

氧化矿石分布于氧化带中，一般发育于山脊及山坡平缓处，矿石结构松散，主要氧化矿物有褐铁矿、黄钾铁矾、臭葱石等组成土状、蜂巢状矿石，贫硫化物的金矿石氧化以后，形成褐黄色风化糜棱岩；富多金属硫化物的银、铅矿石氧化后，色彩斑斓艳丽，主要矿物有褐铁矿、黄钾铁矾，次为臭葱石、白铅矿，少量铜蓝，呈土状构造。

四、围岩蚀变

矿区主要蚀变类型有硅化、黄铁矿化、毒砂矿化、绿泥石化、绢云母化、碳酸盐化、钾长石化，次为绿帘石化（黝帘石化）、云英岩化、滑石化、蛇纹石化等，其中以硅化、绿泥石化、绢云母化、黄铁矿化等较为普遍。

五、成矿阶段

根据矿物组合、矿物生成顺序、围岩蚀变以及含矿构造的活动特点，可将本矿区的矿化划分为热液成矿期和表生作用成矿期。热液成矿期又可分三个阶段：第一矿化阶段即韧性剪切变质矿化阶段；第二矿化阶段即韧-脆性变形变质矿化阶段，是矿区主要矿化阶段；第三矿化阶段是岩浆气液矿化阶段。

六、矿床成因初步认识

在上震旦统和下寒武统中 Ag、Pb 等成矿元素有一定程度的浓集，Au 在局部地区的上震旦统中也有相对浓集。在矿区外围同时代地层中，成矿元素含量都比较低，在矿化带附近略有增高，这表明地层中的成矿元素存在迁移。上震旦统和下寒武统为有利含矿层位，其中的成矿元素是成矿物质的主要来源之一。此外，伴随构造活动侵位的基性-中酸性岩脉或岩滴也为成矿提供了部分物质来源。在漫长而复杂的构造（韧-脆-性形变）-岩浆活动-成矿过程中，最初是地层中的成矿元素活动转移，得以初步富集；随着构造-岩浆活动的进一步发展，一方面热动力和热流体对流改变着围岩的地球物理和地球化学环境，含矿热液不断从围岩中萃取成矿物质；另一方面，岩浆从较深部位带入部分成矿物质，使含矿热液中的成矿元素进一步浓集，这些含矿热液在有利的构造空间和适宜的物理、化学条件下沉淀富集成矿。因此，本矿床应属于中-温热液交代-构造蚀变岩型金、银、铅矿床。

第三节　天井窝铌钽砂矿

在九龙脑矿田，对稀有金属成矿的了解甚少，仅在九龙脑岩体西南角天井窝一带发现有铌钽砂矿点，地理位置处于崇义县九牛塘下涧子一带，交通方便但工作程度很低，没有工业价值，也尚未发现原生矿。

一、矿区地质特征

1. 地层

矿区地层简单，主要为震旦系和奥陶系，二者为断层接触。第四系全新统沿山坡或山沟零星分布。上震旦统老虎塘组分布于矿区南东部，岩性简单，主要为千枚岩、千枚状板岩、粉砂质板岩、变余石英细砂岩，局部夹凝灰岩。上奥陶统古亭组主要分布于矿区南西部，上部为粉砂质板岩、变余长石石英砂岩、板岩、含碳质硅质板岩等，下部为古亭组灰岩或不纯灰岩，多以单斜岩层产出，地层走向多为北西西或北北西，倾向南西，倾角30°~50°，局部因花岗岩侵入影响，近花岗岩处地层稍微凌乱。与花岗岩接触处，因受接触热变质作用影响，变质砂板岩遭受强弱不一的角岩化，一般近花岗岩处角岩化强，而成宽度不大的角岩带，稍远则角岩化程度显著减弱。局部地段灰岩或钙质砂岩与花岗岩接触部位，已交代形成以石榴子石为主的矽卡岩类岩石，大部分灰岩已大理岩化（大理岩）。

2. 构造

矿区构造主要表现为北北东、北东东向断裂。其中，北东东向断裂为成矿前断裂，不仅控制了震旦系和奥陶系的分布，而且对岩体的侵位也有影响，岩体沿断裂上侵就位特征明显（幸世军，2003）。

3. 岩浆岩

矿区出露的岩浆岩为九龙脑复式岩体第一侵入阶段的中粗粒斑状黑云母花岗岩，岩石呈灰白色，具块状构造、中粗粒花岗结构，由石英（45%左右）、钾长石（28%左右）、斜长石（20%左右）、黑云母（7%左右）及副矿物组成。石英呈他形粒状，粒径4~8mm，边部轮廓不清晰，镶嵌生长；钾长石呈半自形-他形板状，粒度3mm×3mm~2cm×1cm，多发生泥化，表面变浑浊，部分钾长石内部被云母或自形细粒钠长石或球状石英交代；斜长石呈自形板条状，粒径2.5mm×1mm~5mm×2mm，部分被绢云母交代，且核部较边部更易蚀变；黑云母呈自形-半自形片状、他形填隙状，粒径2~5mm，深褐色-浅棕色多色性显著，内部常含大量磷灰石，部分发生绿泥石化，或内部被水滴状石英交代。

此外，本矿点东侧天井窝矽卡岩型钨矿区钻孔 ZK1516 和 ZK1509 揭露了细粒花岗岩脉。细粒花岗岩中长石由钠长石与正长石组成，钠长石含量在55%~75%，半自形-自形，聚片双晶发育，表面发育较弱泥化；正长石主要由钾长石及微斜长石组成，含量在5%~10%，自形程度较钠长石差，表面泥化、硅化强烈，绢云母化、碳酸盐化较微弱；石英呈他形粒状，受力的作用的影响，具波状消光；云母主要为白云母，绿泥石化发育，含量较少。

二、矿体特征

根据1:20万赣州幅区域矿产图说明书资料，天井窝矿点含铌钽平均0.9~8.073g/m³，砂矿矿层厚 0.5 ~ 2m，宽 15m ~ 2km，长 1 ~ 1.5km。目前共分出四个矿层，分别为天井窝矿层、黄洞矿层、三马坡矿层、黄洞-黄泥塘矿层。

天井窝矿层长 1000m，宽 120m，埋深 2m，含铌钽铁矿 0.9 ~ 1.35g/m³，独居石 206.5g/m³，黑钨矿 613.9g/m³。目前控制储量：铌钽铁矿 0.243t，独居石 41.0285t，黑钨矿 116.027t。

黄洞矿层长 1200m，宽 50m，厚 1.5m，含铌钽铁矿 4.45g/m³，独居石 209.4g/m³，锆英石 15.1g/m³。目前控制储量：铌钽铁矿 0.611t，独居石 28.27t，锆英石 20.38t。

三马坡矿层长 1500m，宽 200m，含铌钽铁矿 1.08g/m³，独居石 48.5g/m³。目前控制储量：铌钽铁矿 6.48t，独居石 291t。

黄洞-黄泥塘矿层长 1500m，宽 15m，厚 0.5m，埋深 1m，含铌钽铁矿 8.073g/m³，独居石 209.4g/m³，锆英石 16.8g/m³。目前控制储量：铌钽铁矿 0.227t，独居石 4.22t，锆英石 0.4725t。

三、成矿时代

对九龙脑复式岩体第四期次中细粒（含石榴子石）黑云母花岗岩进行了 LA-ICP-MS 锆石 U-Pb 定年，确定其成岩时代为 154.1±1.2Ma，据此可将花岗岩型铌钽矿化的时间约束在晚侏罗世。

四、矿化类型及成因

该矿点矿物组合主要为铌钽铁矿+独居石+锆英石+黑钨矿+锡石（图 7-12，图 7-13），属风化残留型矿床。通过对细粒花岗岩进行显微鉴定和电子探针分析，确定其中所含铌钽矿物主要为铌钇矿、铌钽铁矿，且铌钇矿以钛铌钇矿为主，常含 W、U、Sn 等成矿元素。这说明存在花岗岩型铌钽矿化。

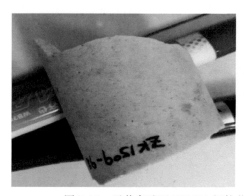 

图 7-12　天井窝矿区 ZK1509 细粒花岗岩手标本照片及其显微镜下照片

图 7-13　天井窝矿区 ZK1509 细粒花岗岩中的铌钽矿物

第八章 九龙脑矿田的成矿系列与成矿规律

华南地区最大规模的成矿作用主要与燕山期花岗岩密切相关，年龄主要集中于中晚侏罗世（165～150Ma）。九龙脑矿田内围绕九龙脑岩体由内向外发育内带石英脉型黑钨矿（瓦窑坑、九龙脑）、云英岩型钨锡矿（洪水寨）、矽卡岩型白钨矿（天井窝南段）、外带石英脉型锡矿（高陂山）、外带石英脉型钨矿（樟东坑）、外带石英脉型钨锡矿（淘锡坑）等。主要岩体（九龙脑岩体、淘锡坑隐伏岩体、宝山岩体等）的成岩年龄与成矿年龄均集中于160～150Ma，成岩与成矿作用关系十分密切。燕山早期，华南地区岩石圈的全面伸展–拉张–减薄造成地幔上涌。在北东向、北西向断裂交汇处，地幔流体及热能向上传导，引起区域升温，基底岩石重熔形成花岗质岩浆。地壳岩石富含 W、Sn 等成矿元素，花岗岩经过多次分异演化，成矿物质富集成矿，深大断裂及其次级断裂常常是有利的导矿构造。同时，地幔来源的 H^+、K^+、OH^-、CO_2、CH_4、Ar、He 等气液物质对于成矿起着重要的作用。本书在以往南岭地区成矿规律的研究基础上（陈毓川等，1989，2006a，2006b，2006c，2007，2014，2015；王登红等，2008，2010a，2010b，2016），对九龙脑矿田的成矿规律进行了综合研究，结合地质、地球化学和地球物理测量成果，优选了找矿靶区，为地质找矿提供了理论指导。

第一节 九龙脑矿田成岩成矿时空谱系

一、矿种组合

九龙脑矿田目前已经探明的内生矿产资源有钨、锡、铅锌、金银、铌钽、铀等多种类型，以钨为主。其中，钨矿包括石英脉型钨矿和矽卡岩型钨矿，前者以淘锡坑为主，后者如天井窝、宝山。锡矿除了共伴生出现于淘锡坑钨矿中之外，在矿田西部的坳头、高陂山等地还存在独立的小型锡矿。无论是何种类型的钨、锡、钼、铅、锌及铌钽矿，表观上均与九龙脑岩体存在空间上的紧密联系，其成矿物质来自中生代的中酸性岩浆活动。但是，受到东西向区域性逆冲推覆构造控制的赤坑银铅矿及受到北北东向断裂控制的双坝金银矿，还需要深入研究（王登红等，2016）。

不同类型矿种组合及其典型矿床如下。

钨锡矿：洪水寨（云英岩）、淘锡坑、柯树岭、仙鹅塘（石英脉型，外带）；

钨矿：瓦窑坑（内带）、天井窝（内带，矽卡岩型）、长流坑（外带）、九龙脑和樟东坑（外带）；

锡矿：高陂山、坳头（外带，石英脉型）；

钨银金铅锌（铜）：宝山、铅厂、茅草沟（矽卡岩型）；

金银矿：双坝（热液型，小型）；

铅锌：赤坑（热液脉型，构造破碎带控制，已知矿体产于推覆体上盘）；

铀矿：洪水寨南321矿（小型）；

铌钽矿：天井窝一带（矿点）。

二、空间分布

九龙脑矿田的各类矿床，围绕九龙脑复式岩体，既有一定的水平分带又有一定的线性分布特点，随着地质找矿工作程度的深入，对于空间分布特点会有新认识。其中，出现在九龙脑岩体内部的矿床如洪水寨钨矿、梅树坪钼矿、321铀矿等，出现在接触带的矿床有九龙脑钨矿、天井窝钨矿等，出现在外带的有碧坑、长流坑钨矿及高陂山锡矿等，发现于外接触带但延续到内接触带的矿床以淘锡坑钨锡矿为典型（王登红等，2016）。从另外一个角度看，近东西向分布的矿床可以构成4个带，从北向南依次为：①高垒–长流坑–罗形坳带；②仙鹅塘–淘锡坑带；③高陂山–高坪–香菇棚带；④天井窝–梅树坪–洪水寨–宝山–铅山环带（九龙脑岩体南东环带）（图8-1）。也可以构成南北向分布的几个带，即东西成行，南北成列，构成网格状分布格局（图8-2）。在垂向上，目前据工作程度较高的淘锡坑矿区来看，矿床的垂向分带不如湖南骑田岭矿集区黄沙坪矿田、柿竹园矿田等矿床的垂向分带那般发育，但也有待于进一步揭露（黄革非等，2003；何晗晗等，2014）。其中，赤坑银铅矿床在一定程度上与湖南的黄沙坪铅锌多金属矿区具有可比性（廖森，1996）。

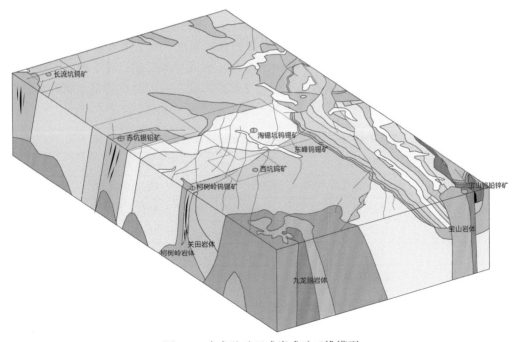

图8-1　九龙脑矿田成岩成矿三维模型

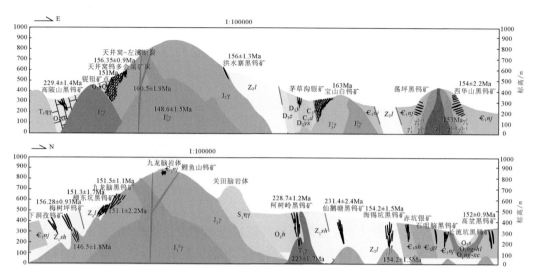

图 8-2　九龙脑矿田成岩成矿时空格架

三、成岩成矿时间谱系

　　赣南的成矿作用主要发生在燕山期，尤其是钨矿，燕山期成矿几乎成为定论。但是，随着近年来同位素测年技术的发展，通过对淘锡坑、柯树岭、仙鹅塘、宝山、天井窝、梅树坪、九龙脑、樟东坑等矿区进行系统的锆石 U-Pb、辉钼矿 Re-Os、白云母 Ar-Ar、石英 Rb-Sr 等同位素测试，基本上查明了九龙脑矿田的成矿期次，除了进一步证明淘锡坑形成于燕山期之外，最突出的进展是确定柯树岭大型钨矿形成于印支期。对于以往不被重视的印支期岩体，也需要重新认识。依此建立了九龙脑矿田成岩成矿时空谱系。同时，成岩成矿作用时长和时差问题尚待进一步研究，如天井窝等（表 8-1）。

表 8-1　南岭东段九龙脑矿田成岩成矿同位素年代学表

矿区/岩体	岩性/矿体	成岩成矿年龄/Ma	测试方法	资料来源
关田	黑云角闪二长岩	417.1±3.2	锆石 U-Pb	本书
铅厂	闪长岩	464.8±6.7	锆石 U-Pb	本书
两卡坑	闪长岩	441.8±2.1	锆石 U-Pb	本书
响郎中	闪长岩	441.5±3.1	锆石 U-Pb	本书
柯树岭	含矿石英脉	231±1.0	云母 Ar-Ar	本书
	含矿石英脉	228.7±2.5	辉钼矿 Re-Os	本书
	黑云母花岗岩	222.5±0.85	锆石 U-Pb	本书

续表

矿区/岩体	岩性/矿体	成岩成矿年龄/Ma	测试方法	资料来源
九龙脑	细–中细粒（含黑云母、石榴子石）黑云母花岗岩	154.1±1.2	锆石 U-Pb	本书
	细–中细粒斑状黑云母花岗岩	157.0±1.5	锆石 U-Pb	本书
	中粗粒斑状（含白云母）黑云母花岗岩	158.6±0.7	锆石 U-Pb	本书
	中粗粒黑云母花岗岩	160.9±0.6	锆石 U-Pb	本书
铁木里	黑云母花岗岩	136.0±1.2	锆石 U-Pb	本书
	黑云母正长花岗岩	139.1±2.5	锆石 U-Pb	本书
	辉绿岩	136.5±1.0	锆石 U-Pb	本书
	矽卡岩矿体	135.1±0.8	辉钼矿 Re-Os	本书
	矽卡岩矿体	132.67±0.43	云母 Ar-Ar	本书
洪水寨	中细粒斑状黑云母花岗岩	155.8±1.2	锆石 SHRIMP U-Pb	丰成友等，2011a，2011b
	云英岩型矿体	156.3±1.3	辉钼矿 Re-Os	
九龙脑–樟东坑	花岗岩	151.1±2.2	锆石 U-Pb	本书
	含矿石英脉	151.5±1.1/154.29±0.98	辉钼矿 Re-Os	李光来等，2014
梅树坪	黑云母花岗岩	156.7±0.95	锆石 U-Pb	本书
	含矿石英脉	156.28±0.93	辉钼矿 Re-Os	本书
长流坑	含矿石英脉	151.9±1.5	云母 Ar-Ar	本书
赤坑	含矿石英脉	153.58±0.86	云母 Ar-Ar	本书
宝山	矽卡岩矿体	164.2±2.6	辉钼矿 Re-Os	本书
	中粗粒花岗岩	174.41±1.5	锆石 U-Pb	本书
	斑状黑云母花岗岩	166.14±0.46	锆石 U-Pb	本书
	细粒花岗岩	155.9±1.8	锆石 U-Pb	本书
天井窝	中粒黑云母花岗岩	160.5±1.9	锆石 U-Pb	本书
	细粒花岗岩	148.6±0.63	锆石 U-Pb	本书
	含矿石英脉	158.3±2.1	辉钼矿 Re-Os	本书
淘锡坑	枫林坑–隐伏花岗岩	158.7±3.9/157.6±3.5	锆石 U-Pb	郭春丽等，2011a
	烂垇子矿段 V2	154.4±3.8	辉钼矿 Re-Os	陈郑辉等，2006
	枫林坑矿段	161±4	石英 Rb-Sr	郭春丽等，2007
	宝山矿段 Vn3	154.2±1.5	辉钼矿 Re-Os	本书
	隐伏花岗岩	157.6±1.6	锆石 U-Pb	本书

第二节 花岗质岩浆演化与钨锡铀铌钽成矿

一、岩石成因

1. 岩浆源区

在判断岩浆岩源岩的 C/MF-A/MF 图解上（图8-3），九龙脑矿田内加里东期岩浆岩均落在基性岩部分熔融区域内；印支期岩浆岩中（中粗粒–中细粒）黑云母花岗岩落在变质砂岩部分熔融区域，细粒黑云母花岗岩落在变质砂岩和变泥质岩部分熔融区域上部；燕山早期岩浆岩中，九龙脑第一、二期次中粗粒（斑状）黑云母花岗岩落在变质砂岩部分熔融区域，第三期次中细粒斑状黑云母花岗岩落在变质砂岩与变泥质岩部分熔融的交汇区域，第四期次细粒–中细粒花岗岩落在变泥质岩部分熔融区域上部。在 $t\text{-}\varepsilon_{Nd}(t)$ 图解 [图8-4(b)] 中，九龙脑花岗岩落在华南前寒武纪地壳区域，在 $t\text{-}\varepsilon_{Hf}(t)$ 图解中，除继承锆石外，其余所有锆石均落在上地壳与下地壳演化线之间 [图8-4(a)]。锆石的二阶段 Hf 模式年龄为 1.7~2.3Ga，说明九龙脑地区花岗岩为古元古代地壳重熔的产物，继承锆石的高 $\varepsilon_{Hf}(t)$ 值指示岩浆源区存在基性物质。

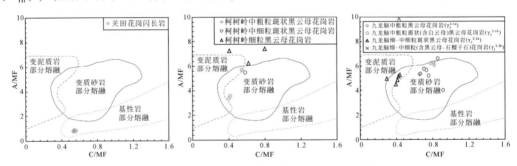

图 8-3 九龙脑矿田岩浆岩的 C/MF-A/MF 图解

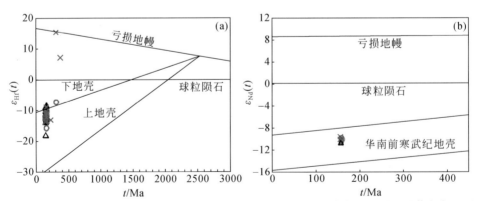

◇ 九龙脑中粗粒黑云母花岗岩（$\gamma_5^{2\text{-}1a}$）　○ 九龙脑中粗粒斑状（含白云母）黑云母花岗岩（$\gamma_5^{2\text{-}1b}$）

△ 九龙脑细–中细粒斑状黑云母花岗岩（$\gamma_5^{2\text{-}2a}$）× 九龙脑细–中细粒（含黑云母、石榴子石）花岗岩（$\gamma_5^{2\text{-}2b}$）

图 8-4 九龙脑花岗质岩浆源区判别图解

2. 岩石类型

九龙脑矿田内加里东期关田岩体以花岗闪长岩为主，具有低硅、富铁镁、低铁镁比值的特征，稀土元素总量高，Eu 负异常不明显，稀土元素配分曲线呈右倾型。矿物组成中，暗色矿物以角闪石为主，其次为黑云母；副矿物以磁铁矿和榍石为主；普遍发育暗色包体。

印支期柯树岭花岗岩具有高硅、富铝、低铁镁的特征，A/CNK>1.1，部分岩石中含白云母。岩浆源区特征显示其为变质砂岩部分熔融的产物，岩石学和地球化学特征指示其为 S 型花岗岩。

九龙脑花岗岩整体显示高硅、贫铁镁、高铁镁比值的特征，A/CNK 值偏低。岩石中含原生白云母、钛铁矿、锰铝榴石–铁铝榴石。矿物组合与矿物化学特征均指示九龙脑花岗岩为 S 型花岗岩。在 Si-Mg/(Mg+Mn+Fe^{2+}+Fe^{3+}) 图中，九龙脑花岗岩中的黑云母全部落在华南改造型花岗岩范围内 [图 8-5(a)]；在黑云母的 MgO-^{T}FeO/(^{T}FeO+MgO) 图解中，黑云母均落于壳源区域 [图 8-5(b)]。

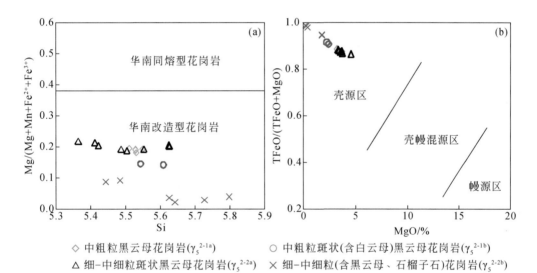

◇ 中粗粒黑云母花岗岩(γ_5^{2-1a})　　　○ 中粗粒斑状(含白云母)黑云母花岗岩(γ_5^{2-1b})
△ 细–中细粒斑状黑云母花岗岩(γ_5^{2-2a})　× 细–中细粒(含黑云母、石榴子石)花岗岩(γ_5^{2-2b})

图 8-5　九龙脑花岗岩中黑云母判别岩石成因类型图解和岩浆源区图解
(a) 参考彭花明，1997；(b) 参考周作侠，1986

3. 岩浆物理化学条件

对九龙脑复式岩体详细的矿物化学研究表明，九龙脑岩体第一期次花岗岩中黑云母的 Fe^{3+}/(Fe^{2+}+Fe^{3+}) 值为 0.31 ~ 0.40，第二期次花岗岩中的黑云母不含 Fe^{3+}，第三期次为 0 ~ 0.30，第四期次为 0 ~ 1.19。在 Fe^{3+}-Fe^{2+}-Mg 图解中，第一期次花岗岩中黑云母落在 Ni-NiO 氧缓冲线之上，第四期次包裹于石英斑晶中的两个黑云母落在 Fe$_2$O$_3$-Fe$_3$O$_4$ 氧缓冲线上，其余黑云母主要落在 Fe$_2$SiO$_4$-SiO$_2$-Fe$_3$O$_4$ 氧缓冲线之下 [图 8-6(a)]，说明除第四期早阶段结晶的黑云母在结晶时岩浆的氧逸度较高外，岩浆整体的氧逸度均较低。

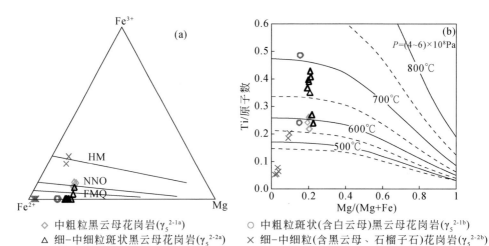

图 8-6　九龙脑花岗岩中黑云母的 Fe^{3+}-Fe^{2+}-Mg 图解和 Ti-Mg/（Mg+Fe）温度图解

（a）参考 Wones and Eugeter，1965；（b）参考 Henry et al.，2005。HM. Fe_2O_3-Fe_3O_4 的氧缓冲线；

NNO. Ni-NiO 的氧缓冲线；FMQ. Fe_2SiO_4-SiO_2-Fe_3O_4 的氧缓冲线

图例：
◇ 中粗粒黑云母花岗岩（γ_5^{2-1a}）　　○ 中粗粒斑状（含白云母）黑云母花岗岩（γ_5^{2-1b}）
△ 细-中细粒斑状黑云母花岗岩（γ_5^{2-2a}）　　× 细-中细粒（含黑云母、石榴子石）花岗岩（γ_5^{2-2b}）

　　岩相学特征表明，第一期次和第二期次花岗岩中的黑云母既有自形片状的，也有他形填隙状的，说明黑云母结晶时间较长，其结晶温度可能代表了岩浆主体的结晶温度；第三期次和第四期次花岗岩中的黑云母呈他形填隙状，其结晶温度应该代表了岩浆结晶晚期的温度。同时，第四期次花岗岩中含锰铝榴石-铁铝榴石，而锰铝榴石多为浅源低温花岗岩中的石榴子石（谭运金，1984），其高的 MnO 含量和 Mn/（Fe+Mg）值指示花岗岩结晶深度不超过 12km（谭运金，1985）。在黑云母成分温度图解上可以看到，四个期次花岗岩中黑云母的结晶温度依次为 550~600℃、600~700℃、600~700℃、<550℃ ［图 8-6（b）］。根据锆石饱和温度计（Watson and Harrison，1983），计算出九龙脑复式岩体四个期次花岗岩的结晶温度分别为 786~799℃、749~846℃、838~850℃、680~769℃。与黑云母结晶温度的变化趋势相似，锆石饱和温度计计算的结果同样显示出第三期次花岗岩的结晶温度较高，第一、第二期次花岗岩的结晶温度中等，第四期次花岗岩的结晶温度低。

　　由锆石饱和温度计计算出九龙脑矿田内其他岩浆岩的结晶温度分别为加里东期岩浆岩 747~844℃、印支期岩浆岩 659~840℃。

二、岩浆演化与 W-Sn-U-Nb-Ta 成矿

　　微量元素比值可以用来指示岩浆演化程度，Nb/Ta、Rb/Sr、Rb/Ba、Rb/Nb、K/Rb、Ba/Rb、Ba/Sr、Zr/Hf 等微量元素比值显示，与第一、二、四期花岗岩相比，第三期次中细粒斑状黑云母花岗岩的演化程度相对较低，它们可能来自两个不同的源区。

　　第一、二、四期次花岗岩显示同源演化关系。矿物学研究表明，它们中的斜长石以钠长石为主；黑云母属于富铁黑云母-铁叶云母-铝铁叶云母，MF 值 ［Mg/（Mg+Fe^{2+}+Mn）］为 0.0230~0.2195，与西华山花岗岩中的黑云母相似（Guo et al.，2012）；白云母富铁；

第四期次中的锰铝榴石-铁铝榴石含少量的 Nb，与西华山花岗岩和含稀有金属伟晶岩中的石榴子石成分相似（Yang et al.，2013）。九龙脑花岗岩中造岩矿物的化学成分与南岭地区钨锡多金属矿花岗岩十分相似（郭娜欣等，2014）。

九龙脑花岗岩具有显著的 Eu、Ba、Nb、Sr、P、Ti 负异常，意味着岩浆在上升就位之前已经经历了充分的结晶分异。在岩浆演化过程中，结晶分异作用促使 W、Sn、Nb、Ta、U 等成矿元素在残余熔浆中不断富集。同时，实验岩石学证实低氧逸度环境能够促进 W 在热液流体中的富集（Candela and Bouton，1990）；但对 Sn 而言，锡石在花岗质熔体中的溶解度随着氧逸度的降低而升高，原生锡石是岩浆高氧化条件的极好矿物学标志（Pichavant et al.，1996）；铀在岩浆中可以有 U^{4+}、U^{5+}、U^{6+} 三种存在形式，且三者之间的相对含量与岩浆体系中氧逸度的高低有关（Calas，1979）。根据九龙脑矿田内钨矿的产出特征，矿田内大部分钨锡矿均围绕第一期次和第二期次花岗岩产出，同时这两期花岗岩具有较低的氧逸度，说明在九龙脑岩体初始侵位结晶时，钨矿化已经发生。同时，花岗岩中钨的丰度逐渐增高（第一期次 $1.27 \times 10^{-6} \sim 2.4 \times 10^{-6}$；第二期次 $2.52 \times 10^{-6} \sim 10.31 \times 10^{-6}$；第四期次 $4.46 \times 10^{-6} \sim 9.52 \times 10^{-6}$），钨矿化可能伴随了岩浆侵位结晶的整个阶段。与此同时，低的氧逸度使得 U 主要以 U^{4+} 形式存在，有利于晶质铀矿的晶出。第一期次花岗岩结晶时，铀矿化弱，仅出现零星的晶质铀矿。随着岩浆的演化，第二期次花岗岩侵位时铀矿化程度增强，以结晶出较多的晶质铀矿、铀钍石为特征，并开始出现铌矿化（褐钇铌矿）。到了岩浆结晶晚期（第四期次花岗岩），岩浆房内氧逸度存在一个先升高后降低的变化过程，U 则主要以 U^{6+} 形式赋存在烧绿石中，铀矿化能力减弱；同时，氧逸度的升高使得岩浆中出现原生锡石。在这一阶段，Nb、Ta 显著富集，生成褐钇铌矿、烧绿石、铌钽矿等矿物。

随着岩浆演化的进行，成矿元素不断富集，但矿体的形成取决于许多因素，如热液活动。南岭地区的钨锡多金属矿床以发育显著的钾化、硅化、云英岩化、萤石化等蚀变为特征（陈毓川等，1989），九龙脑矿田的诸多矿床也表现出相似的特征，如西华山-荡坪、淘锡坑矿区强烈的云英岩化和钾化，瓦窑坑和柯树岭矿区的萤石化，它们是岩浆期后热液流体活动的产物。九龙脑岩体第二期次花岗岩具有高的 F（0.13%～0.59%）、Cl（$89 \times 10^{-6} \sim 499 \times 10^{-6}$）含量，并见到萤石，说明岩浆富 F；黑云母也多发生了绿泥石化，且绿泥石化的温度主要为 359～400℃（郭娜欣等，2017），这些都说明中高温热液活动的存在。成矿元素在热液中以复杂络合物的形式迁移，在岩体产状由陡变缓、小岩突、断裂交汇等处发生沉淀成矿。

三、岩浆岩成矿专属性

1. 年代专属性

年代学研究表明，九龙脑矿田内存在加里东期、印支期、燕山期岩浆活动。根据目前对矿田内典型矿床及区域成矿规律的研究结果来看，加里东期岩浆岩（关田、两卡坑、响郎中、莲塘岩株等）仅见弱的黄铁矿化（星点状）；印支期岩浆岩（柯树岭岩体）发育石英脉型钨锡矿化，矿田西部印支期文英岩体发育铀矿化；燕山期岩浆岩为大规模成矿的主要岩浆岩，在九龙脑矿田及邻区来看，凡是出露的燕山期花岗岩体，无一不成矿，如矿田内出露的燕山期九龙脑岩体，在其岩体的内外接触带上发育多种类型（云英岩型、石英脉型、内脉带型、外脉带型、内-外脉带型、矽卡岩型）的钨、锡、钼、铜、铁矿化，矿田南东的西华山岩体（陈毓川等，1989）、北东的天门山岩体、红桃岭岩体（丰成友等，2007a）、营前岩体（郭春丽等，2010），也均为燕山期成矿岩体。

近年来，不同学者对本区钨锡矿的成矿时代进行了大量工作，如洪水寨云英岩型钨矿的成矿年龄为 $156.3\pm1.3Ma$（丰成友等，2011b），淘锡坑石英脉型钨锡矿的成矿年龄为 $154.4\pm3.8Ma$（陈郑辉等，2006），樟东坑石英脉型钨矿的成矿年龄为 $151.1\sim151.3Ma$（李光来等，2014）。本书对矿田内典型矿床的年代学研究结果也与之相似：淘锡坑钨锡矿中辉钼矿的 Re-Os 等时线年龄为 $157.0\pm3.7Ma$，梅树坪钨矿中辉钼矿的 Re-Os 等时线年龄为 $157.3\pm1.6Ma$，天井窝钨矿中辉钼矿的 Re-Os 等时线年龄为 $158.3\pm2.1Ma$，长流坑钨矿中白云母的 Ar-Ar 坪年龄为 $151.97\pm0.94Ma$，高垄钨矿中白云母的 Ar-Ar 坪年龄为 $152.49\pm0.88Ma$，赤坑银铅矿中白云母的 Ar-Ar 坪年龄为 $153.58\pm0.86Ma$。可以看出，成矿作用发生在岩浆活动的同时或稍晚，成矿作用与成岩作用之间没有显著的时间间隔。

2. 岩石学专属性

对比九龙脑矿田内各个矿区的岩浆岩可以发现，与成矿有关的主要为黑云母花岗岩，但不同矿区成矿花岗岩的结构略有不同：柯树岭矿区的成矿花岗岩为中粗粒、中细粒黑云母花岗岩，九龙脑-樟东坑矿区为粗粒黑云母花岗岩、中细粒斑状黑云母花岗岩，天井窝矿区为中粗粒黑云母花岗岩，梅树坪矿区为中粗粒、粗粒（斑状）黑云母花岗岩，淘锡坑矿区为中粒黑云母花岗岩，仙鹅塘矿区为中细粒黑云母花岗岩。九龙脑矿田南东的西华山-荡坪矿区中成矿花岗岩主要为中粒黑云母花岗岩、中粒斑状黑云母花岗岩、中细粒斑状黑云母花岗岩、细粒（含石榴子石）黑云母花岗岩。由此可见，成矿花岗岩在不同矿区表现出不同的结构，很有可能是由岩浆就位的空间位置决定的。岩浆就位较低时，冷却速度慢，形成粗粒、中粗粒黑云母花岗岩；岩浆上升快，就位较高时，更易形成斑状花岗岩、细粒花岗岩。

3. 矿物学专属性

矿物学研究结果表明，九龙脑岩体第一、二、四期次花岗岩中的斜长石均为钠长石，只有第三期次花岗岩中的斜长石以更长石为主；黑云母为富铁黑云母-铁叶云母-铝铁叶云母，MF 值为 $0.0230\sim0.2195$，与西华山花岗岩中的黑云母化学特征十分相似；白云母常见，其 $Mg^{\#}$ 值为 $0.21\sim0.23$，显示富铁特征；绿泥石的 $Fe/(Fe+Mg)$ 值为 $0.78\sim0.97$，也显示富铁特征；第四期次花岗岩中含锰铝榴石-铁铝榴石，且石榴子石中常含少量 Nb_2O_5，属于低温花岗岩中的石榴子石，多形成于花岗质岩浆结晶分异后的残余流体中，与含稀有金属矿化的伟晶岩中的石榴子石成分接近，并与南岭地区著名的成钨矿西华山岩体中的石榴子石成分相似。锆石中普遍含 Nb_2O_5、Ta_2O_5、UO_2，且 Nb_2O_5、Ta_2O_5 含量随岩浆演化有升高的趋势。

此外，九龙脑岩体不同期次花岗岩中副矿物组合明显不同：第一期次花岗岩中为锆石+磷灰石+褐钇铌矿+晶质铀矿；第二期次花岗岩中为锆石+磷灰石+萤石+独居石+褐钇铌矿+磷钇矿+钛石+晶质铀矿；第三期次花岗岩中为锆石+磷灰石+钛铁矿+独居石+褐帘石+钍石；第四期次花岗岩中为锆石+磷灰石+金红石+独居石+褐钇铌矿+磷钇矿+晶质铀矿+锡石+烧绿石。

综上所述，与钨矿化有关花岗岩的矿物组合特征为钠长石+富铁黑云母/富铝黑云母+白云母±锰铝榴石±金红石；与铀矿化有关者为钠长石+富铁黑云母+白云母+萤石+钍石+晶质铀矿；与锡矿化有关者为钠长石+富铝黑云母+金红石+锡石；与铌钽矿化有关者为钠长石+富铝黑云母+白云母+锰铝榴石+萤石+褐钇铌矿+烧绿石+铌钽矿。

4. 地球化学专属性

岩石地球化学研究结果显示：九龙脑矿田内柯树岭、九龙脑–樟东坑、梅树坪、天井窝等矿区成矿花岗岩的形成温度（锆饱和温度）为 730 ~ 840℃，与西华山花岗岩的形成温度（720 ~ 770℃）相当；仙鹅塘与淘锡坑矿区的成矿花岗岩形成温度较低，为 659 ~ 748℃。九龙脑复式岩体从早到晚四个期次花岗岩的形成温度分别为 786 ~ 799℃、749 ~ 846℃、838 ~ 850℃、680 ~ 769℃。花岗岩的 Al_2O_3/TiO_2 值可作为源区部分熔融温度的指示剂，该值>100，部分熔融温度低于 875℃；该值<100，部分熔融温度高于 875℃。矿田内除九龙脑岩体第三期次中细粒斑状黑云母花岗岩、柯树岭花岗岩的 Al_2O_3/TiO_2 值小于 100 外，其余矿区及九龙脑岩体其余三个期次花岗岩的 Al_2O_3/TiO_2 值均大于 100，说明九龙脑岩体第三期次中细粒斑状黑云母花岗岩、柯树岭花岗岩可能源区更深，这与岩浆结晶温度特征相符合。与此同时，Nb/Ta、Rb/Sr、Rb/Ba、Rb/Nb、K/Rb、Ba/Rb、Ba/Sr、Zr/Hf 等判别岩浆演化信息的微量元素比值均显示，上述两种花岗岩特征相似，均属于演化程度相对较低的岩石。

综合年代学、岩石学、矿物学、地球化学等信息，九龙脑矿田内岩浆岩的成矿专属性有如下特征：

（1）与 W-Sn-Mo-U 成矿有关的为印支期、燕山期黑云母花岗岩。岩石为 S 型花岗岩，斜长石以钠长石为主，常见白云母、石榴子石，黑云母为富铁黑云母–铁叶云母–铝铁叶云母。岩石富硅、碱、钙，多为（弱）过铝质岩石，属于高钾钙碱性–钾玄岩系列，具有中等含量的稀土元素；岩浆源区多数较浅，岩浆结晶温度较高。矿物组合为钠长石+钾长石+富铁黑云母/富铝黑云母±白云母±锰铝榴石+锆石+磷灰石±金红石±锡石。

（2）与 Nb-Ta 成矿有关的为燕山期黑云母花岗岩，且多为复式岩体的晚期岩相，一般为中细粒、细粒花岗结构。岩石为 S 型花岗岩，强过铝质岩石，稀土元素总量低，岩浆源区浅，岩浆结晶温度较低。矿物组合为钠长石+钾长石+富铝黑云母+白云母+锰铝榴石+锆石+磷灰石+褐钇铌矿+烧绿石+金红石。

第三节　印支期岩浆活动与钨锡成矿作用

华南地区岩浆活动自晋宁期、加里东期、印支期一直演化到燕山期达峰值，关于燕山期花岗岩与大规模钨锡成矿作用已基本达成共识。但是随着研究的深入和科学技术的日臻完善，越来越多的印支期矿床被发现或以前被认为是燕山期的矿床被重新厘定为印支期。多个地区印支期花岗岩及地质体的发现，表明该地区在印支期发生了广泛而强烈的构造岩浆事件。华南地区印支期是非常重要的成矿阶段，但对其成矿机制和时空分布仍然知之甚少。因此，华南印支期成矿作用的研究，对华南区域成矿规律、造山带演化的深部动力学过程研究和印支期成矿理论体系建立具有重要的科学意义。

一、华南印支期成矿背景

印支运动可能始于中二叠世（267~262Ma）（Li et al.，2006），滇缅泰马-羌塘地块与印支地块之间的碰撞引起越南基底变质，出现 U-Pb 年龄为 258~243Ma 的锆石（Lepvrier et al.，1997；Nam et al.，1998，2001；Carter，2001），使得印支地块与华南地块之间的碰撞达到高峰，缝合带位于越南北部的松马变质带（孙涛等，2003），早于秦岭-大别造山带峰期高级变质作用的时代（230~226Ma）（刘福来等，2004），表明碰撞的动力从南向北传递，可能与印支地块、华南地块和华北地块的依次碰撞有关。夹持在两条缝合带之间的华南板块受到印支地块的向北挤压，导致地壳加厚，可达50km（王岳军等，2002；孙涛等，2003）。Sylvester（1998）研究显示地壳在加厚10~20Ma的时间间隔内会发生热-应力的松弛作用，进入地壳伸展阶段，地壳减压熔融，形成花岗质岩浆。但是晚三叠世又发生了挤压作用，虽然规模不如早、中三叠世强烈，但是使得形成的印支期花岗岩中普遍发育挤压变形构造，随后再次进入伸展阶段导致古老的变质沉积岩在地壳缩短之后的伸展、减薄环境下减压熔融形成又一期次花岗岩。总之，印支运动之后发生了多期次的岩石圈拉张，印支期花岗岩正是多期次后碰撞岩石圈伸展-减薄构造环境下的产物。

二、华南印支期岩浆岩的特征

1. 时空分布特点

华南印支期花岗岩相对于燕山期花岗岩来说，数量较少，呈面状展布。印支期花岗岩大多呈小岩体、岩株的形式产出，由于华南地区的抬升，大多被剥蚀殆尽（梁华英等，2011）。印支期花岗岩体的分布受断裂构造控制，具线性分布的特征，且通常在断裂交汇处发育较大的花岗岩体。华南印支期成岩年龄集中在 215~230Ma，表明大规模花岗质岩浆活动主要发生在印支晚期。

2. 岩浆岩的种类和岩体规模等地质特征

作为印支期造山运动的产物之一，华南发育了大量三叠纪岩浆岩，以花岗岩、二长花岗岩、花岗闪长岩为主，其中比例最大的是花岗岩。华南印支期花岗岩按照成因类型可分两类，第一类属强过铝质 S 型花岗岩，富含过铝质矿物，富 SiO_2、Al_2O_3 和 P_2O_5，高 A/CNK 值；第二类属准铝质 I 型花岗岩，含角闪石等镁铁质矿物，富 SiO_2、Na_2O（郭春丽等，2012）。印支期花岗质岩量少，分散，整体上呈面状分布，缺少相应的火山岩，且大多与燕山期岩体一并呈复式岩体出现。

三、华南印支期矿床时空分布

华南印支期成矿以钨锡多金属矿床、铀矿床和金矿床为主，还有少量的稀土矿。印支期钨锡多金属矿空间上较为集中分布，主要分布在钦杭带及其两侧，赣南的柯树岭-仙鹅塘钨锡多金属矿，湘南的王仙岭荷花坪锡多金属矿、桂北的苗儿山-越城岭的钨钼多金属矿、栗木钨锡多金属矿和都庞岭的李富贵钨锡多金属矿。华南铀矿床主要产在 6 个铀成矿带中（孙涛，2006），印支期铀矿数量较多，分布集中，主要分布在桃山-诸广铀成矿带，只有少量铀矿分布在栖霞山-庐枞铀成矿带和赣杭铀成矿带中，区域上印支期铀矿主要集中在赣南和粤北地区。金矿主要分布在湘东北和雪峰山的江南古陆一带，其他区域几乎没有。印支期稀土矿目前报道较少，只在赣南和粤北零星分布。

前人研究表明华南印支期成矿大规模出现在 230~210Ma（毛景文等，2008），本书总结华南印支期成矿年龄主要在 235~204Ma，表明印支期矿床形成时期较为一致，为印支晚期（Zhao Z et al., 2018）。

四、华南印支期成矿作用特征

前人研究表明，华南地区大规模成矿主要发生在晚三叠世（230~210Ma）、中晚侏罗世（170~150Ma）、早中白垩世（134~80Ma）（毛景文等，2008），但印支期矿化强度与燕山期两次大规模成矿相差较远。随着辉钼矿 Re-Os 等高精度测试方法的日臻完善，越来越多的印支期矿床被发现，如湖南荷花坪锡多金属矿（220±1.9Ma）、广西栗木锡多金属矿、赣南仙鹅塘锡多金属矿、赣南柯树岭钨锡多金属矿、都庞岭李富贵钨锡多金属矿（211.9±6.4Ma）等。这些多金属矿床都以产出大量锡石为特征。赵蕾等（2006）研究了闽西南印支期红山花岗岩的形成年龄（226Ma）、特征及其含矿性，认为其演化晚期的产物有可能形成锡矿，这些都表明印支期有可能为锡石的主成矿期，且为燕山期锡的大规模成矿奠定了基础。

印支期变质-岩浆活动具有双峰式的特征，即花岗岩主要形成于 249~225Ma 和 225~207Ma 两个阶段，第一个阶段可能形成于同碰撞背景，而第二个阶段则可能是晚碰撞或后碰撞的产物（于津海等，2007）。华南印支期大规模的成矿作用集中在 230~210Ma，表明华南印支期成矿作用是印支期后碰撞的产物，且紧随着岩浆就位发生。印支期花岗岩呈面状分布在华南地区，而印支期矿床则集中分布在湘南、赣南、粤北和桂东北。

Hf 同位素和稀有气体同位素可以有效地示踪物质的来源。Hf 同位素研究表明，荷花坪、柯树岭、栗木、云头界的 $\varepsilon_{Hf}(t)$ 分别为 $-7.92~+4.61$、$-14.5~-1.3$、$-3.7~-12.6$ 和 $-7.19~-14.89$，表明成矿岩浆岩主要为新元古代—中元古代壳源物质重熔而成，只有荷花坪有少量幔源物质参与。稀有气体同位素研究表明，荷花坪钨矿的黄铁矿中 $^3He/^4He$ 为 $0.15~2.49$，指示流体有幔源物质参与，而栗木稀有气体 He/Ar 数据显示，其流体以壳源为主，只有很少量的幔源物质参与。湘西铲子坪金矿同位素显示，成矿物质主要来自地壳深部，甚至主要来源于地幔（曹亮等，2015）。

综上所述，华南印支期成矿物质的来源主要为壳源，部分地区有幔源物质参与，这与前人研究印支期成矿花岗岩主要为 S 型壳源花岗岩，少有地幔物质加入的结论较为一致。

五、九龙脑矿田内印支期矿床的找矿方向

前人研究显示，赣南地区以燕山期钨锡矿和铅锌矿为主。本次工作利用云母 Ar-Ar 和辉钼矿 Re-Os 精确厘定了柯树岭和高陂山为印支期的钨锡矿床，且柯树岭为大型钨锡矿床也与前人认为的印支期即使成矿，但其受到后期燕山期成矿作用的叠加改造，成矿规模比较小的观点不符，表明印支期也可以大规模成矿。目前高陂山矿区探明为小型矿床，但是高陂山矿床与柯树岭矿床具有相同的成矿年龄、成矿背景和相似的成矿条件，因此其也具有较大的找矿潜力。高陂山和柯树岭钨锡矿的发现，表明九龙脑矿田印支期的岩浆活动和成矿作用较为强烈，因此，印支期矿床或已经探明的燕山期矿床是否叠加着印支期矿床，可以作为下一步的找矿重点。

第四节　九龙脑矿田成矿系列与成矿模式

按成矿系列理论，对于一个矿田的成矿规律，也可以参考成矿规律研究的基本内容和要求从成矿物质（what）、空间分布（where）、成矿期次（when）和成因机制（why）等方面来分析总结（陈毓川等，2015），并以此建立矿田成矿模式。

一、成矿系列

九龙脑矿田是研究成矿系列的天然实验室，尤其是印支期和燕山期两个不同成矿期石英脉型钨矿均存在，并都形成了大型规模的独立钨矿，为构筑中生代钨成矿的精细谱系提供了新的范例，可以进一步揭示矿田尺度的成矿演化规律。陈毓川等（1993）曾经对广西大型锡矿田进行了深入研究，最后发现大厂矿田的各个不同类型的矿床均形成于燕山晚期比较短的时间区段（105～95Ma），而本次对九龙脑矿田的研究，却发现原先认为集中形成于燕山早期的不同类型的钨矿实际上跨越了印支期和燕山期两个大的成矿期，印支期—燕山早期—燕山晚期均有重要矿床出现，但相互之间又存在一定的继承和演化关系。因此，原先归属于同一个成矿系列的矿床有可能归属于不同的成矿系列，或者属于同一个成矿系列的不同亚系列，或者同一个成矿（亚）系列的不同矿床式（王登红等，2016）。对于这一问题，目前还难以定论（尤其是铅锌银矿的成矿年龄尚未确定），但至少可以先提出淘锡坑式、柯树岭式、宝山式及 321 式等不同的矿床式，分别代表不同时代不同成因的矿床（组），对不同地质背景寻找不同类型的工业矿体具有现实的指导意义。

二、"五层楼+地下室"勘查模型

20世纪60年代，地勘单位在总结漂塘、木梓园和梅子窝钨矿勘查经验的基础上，提出石英脉型钨矿"五层楼"垂向上的形态分带，即矿脉垂直变化自上而下为线脉带、细脉带、薄脉带、大脉带和根部带（消失带）（吴永乐等，1987）。

"五层楼"模式开启了我国模式找矿的先河，形象地勾勒了以赣南－粤北为代表的石英脉型钨锡矿床的垂向分带结构（许建祥等，2008），而后发展为"五层楼+地下室"模型（王登红等，2008），由浅入深对钨矿化石英脉的延展进行预测。近年，依托国家地球深部探测专项和国土资源部公益性行业科研专项，在南岭地区开展了地球物理深部探测、科学钻探（NLSD-1、NLSD-2）和矿集区深部找矿示范，对南岭地区的深部成矿规律开展了新一轮探索，在钨矿集区"五层楼"深部的破碎带、蚀变带和岩体内带取得了一系列新的找矿突破。

许建祥等（2007）在八仙脑破碎带－石英脉型钨矿勘查和研究的基础上，提出了"五层楼+地下室"模型，认为"地下室"为产状上明显不同于脉状钨矿，而以层状、似层状产出的钨矿体。王登红等（2008）将"五层楼+地下室"定义为找矿模型而非典型成矿模式，并讨论了"地下室"的多样性和适用性，认为该模型在南岭地区（主要指赣南－粤北、湘南乃至广西和滇东南）钨矿的找矿工作中具有重要的指导性，并可将其推广到斑岩型、矽卡岩型等其他类型矿床。杨明桂等（2008）将"地下室"分为"三层楼"，即顶部围岩中的盲脉带（短小零星的矿化石英脉带）、花岗岩体顶部的大脉带和根部带（硫化物带或无矿石英脉带）。以"五层楼"、内带"三层楼"、"楼下楼"为基础提出"多位一体"模型也取得了较好的找矿成果。华仁民等（2015）以茅坪钨矿为研究基础，提出了与花岗岩有关的热液钨多金属矿床的"上脉下体"成矿模型。"下体"是指石英脉带根部的蚀变花岗岩浸染型钨矿体，含矿石英脉穿入蚀变花岗岩矿体，前晚后早，同源异体。

三、九龙脑成矿模式

九龙脑矿田最大的特色是以九龙脑岩体为中心产出一系列钨锡银铅锌铀铌钽多金属矿床（化），类型包括矽卡岩型、破碎带热液脉型、内带－外带石英脉型和云英岩型，并新近发现了岩体型矿化，集中表现了南岭与花岗岩相关钨锡多金属矿的成矿特色（王登红等，2016）。

本书将"五层楼+地下室"矿床勘查模型拓展应用于九龙脑矿田，综合南岭地区深部探测之NLSD-1深钻（2967.83m）和NLSD-2深钻（2012m）等的最新成果，建立了"九龙脑成矿模式"，以成矿花岗岩为空间配置主线，涵盖了外带石英脉型矿体、外带破碎带型矿体、岩体接触－交代型矿体、内带石英脉型矿体和内带细脉－浸染型矿体（图8-7、表8-2）。各类型矿体均可独立达到工业规模，成因上与花岗质岩浆多期次活动密切相关（赵正等，2017）。

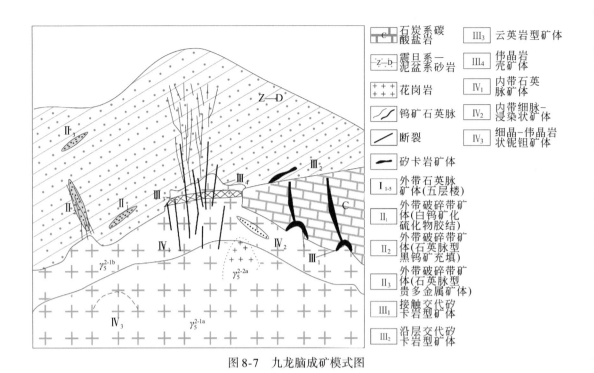

图 8-7　九龙脑成矿模式图

表 8-2　九龙脑成矿模式中各类矿床控矿要素（以崇余犹矿集区为例）

矿床	类型	矿物组合	赋矿地层	岩浆岩	控矿构造	规模
八仙脑	破碎带型－石英脉型	黑钨矿、锡石、黄铜矿、方铅矿、闪锌矿	上震旦统变质砂岩	中细粒斑状黑云母花岗岩	天门山岩体南侧东西向断裂	中型
赤坑	破碎带石英脉型	方铅矿、闪锌矿、磁黄铁矿、辉银矿	中寒武统含碳板岩	石英闪长岩脉	东西向断裂，北西西—东西向破碎带	中型
双坝	破碎蚀变岩型矿床	方铅矿、闪锌矿、磁黄铁矿	中寒武统含碳板岩	矿区未揭露	天门山岩体西侧东西向破碎带	小型
漂塘	外带石英脉型	黑钨矿、锡石、铌钽矿	寒武系变质砂岩	隐伏中细粒似斑状黑云母花岗岩	北北东向西华山－扬眉寺褶皱带与东西断裂带	大型
木梓园	外带石英脉型	黑钨矿、辉钼矿、锡石、黄铜矿	寒武系变质砂岩	黑云母花岗岩	北—北东向、东西向、北西向断裂	中型
左拔	外带石英脉型	黑钨矿、白钨矿、辉铋矿、锡石等	寒武系变质岩	花岗质岩浆岩脉	北东向断裂和北—北东向次级断裂	中型
樟东坑	外带石英脉型	黑钨矿、辉钼矿、黄铜矿	中寒武统变质砂岩	隐伏岩体为中细粒黑云母花岗岩	北—北东向和近东西向次级断裂	中型
茅坪	外带石英脉型和云英岩型	黑钨矿、锡石、辉钼矿、黄铜矿、闪锌矿、辉铋矿	下寒武统牛角河组和中统高滩组	隐伏似斑状花岗岩	北西—西、东西向和南北向断裂	大型

续表

矿床	类型	矿物组合	赋矿地层	岩浆岩	控矿构造	规模
淘锡坑	（外带＋内带）石英脉	黑钨矿、锡石、白钨矿、黄铜矿、闪锌矿、辉钼矿	上震旦统坝里组和老虎塘组	隐伏岩体为中粒黑云母花岗岩	北西—西、南北、近东西向断裂	大型
柯树岭	（内带＋外带）石英脉型	黑钨矿、锡石、闪锌矿、毒砂、黄铜矿、方铅矿	奥陶系黄竹洞组	似斑状黑云母花岗岩	北东和北北东向次级断裂	大型
宝山	矽卡岩型	白钨矿、方铅矿、黄铜矿、闪锌矿、磁铁矿	石炭系黄龙组—船山组灰岩夹钙质粉砂岩	中粒黑云母花岗岩	岩体接触带构造	中型
焦里	矽卡岩型	方铅矿、闪锌矿、白钨矿、黄铜矿、伴生银	上寒武统碎屑岩夹碳酸盐建造	中细粒似斑状花岗闪长岩	岩体接触带褶皱轴向断裂	大型
瓦窑坑	矽卡岩型	白钨矿、闪锌矿、方铅矿、黄铜矿	奥陶系古亭组灰岩	中细粒黑云母花岗岩	岩体接触带构造	小型
	内带细脉-浸染型					
天井窝	矽卡岩型	黑钨矿、白钨矿、闪锌矿、黄铜矿	奥陶系古亭组灰岩	中细粒黑云母花岗岩	沿层裂隙	小型
	内带石英脉型					
洪水寨	云英岩型	黑钨矿、锡石、辉钼矿、黄铜矿	九龙脑花岗岩基东南段	中细粒斑状黑云母花岗岩	岩体顶界面北西向云英岩化带	小型
牛岭	内带石英脉型	黑钨矿、锡石、黄铜矿、辉钼矿	下寒武统变质砂岩	中细粒斑状黑云母花岗岩	北东向断裂控岩、东西向裂隙控矿	中型
九龙脑	内带石英脉型＋云英岩型	黑钨矿、白钨矿、锡石、辉铋矿	中寒武统变质砂岩	中细粒黑云母花岗岩	北东—东向断裂	中型
梅树坪	内带石英脉型	黑钨矿、白钨矿、辉钼矿、黄铜矿	上震旦统变余石英砂岩	中粒黑云母花岗岩	北东—东向次级断裂	小型
荡坪	内带石英脉型	黑钨矿、辉钼矿、绿柱石	下寒武统变质砂岩	中细粒斑状黑云母花岗岩	东西向次级断裂	中型
西华山	内带石英脉型	黑钨矿、辉钼矿、锡石、辉铋矿、方铅矿、闪锌矿、黄铜矿、白钨矿、毒砂	下寒武统变质砂岩	中粒黑云母花岗岩为主体	东西向次级断裂	大型

1. 外带石英脉型矿体

外带石英脉型矿体即"五层楼"矿体，陡倾（倾角一般在 60°～90°）于隐伏岩体与地层接触带之上，以变质砂岩（主要为 D—Z）为主要赋矿围岩。以脉组形式出现，矿体延伸稳定（200～1000m），外带矿体不进入隐伏岩体或进入岩体后尖灭。矿化组合以黑钨矿为主，伴生锡、钼、铋、铍、铜等。代表性独立矿床如漂塘、盘古山、画眉坳等。

2. 外带破碎带型矿体

目前发现有三种表现形式：①产出于岩体顶部外带的矿体（图 8-7 中的 II_1），黑钨矿化破碎带（脉石矿物主要为石英）为后期硫化物胶结，矿体产状较缓（30°~50°），矿石矿物以黑钨矿和黄铜矿为主，以八仙脑为典型（许建祥等，2008；丰成友等，2012b）；②近岩体（200~500m）破碎带中的矿体（图 8-7 中的 II_2），为含钨多金属热液充填，矿物组合以白钨矿、黑钨矿、方铅矿、闪锌矿为主，隐晶质胶结，以盘古山外带破碎带为典型（NLSD-2 新发现）（方贵聪等，2014）；③破碎带热液脉型贵多金属矿体（图 8-7 中的 II_3），产于石英脉型钨矿外围（1~3km）的破碎带中，主要为银铅锌金矿化，以西坑和双坝为代表，规模一般为小–中型。

3. 接触交代型矿体

接触交代型矿体分布于岩体顶部接触带及近接触带地层中：①与碳酸盐岩地层接触交代形成的矽卡岩型矿体（图 8-8 中的 III_1），以湘南为典型，赣南代表为宝山和瓦窑坑；②钙质泥砂岩夹透镜体灰岩地层被接触交代，形成顺层或构造裂隙控制的矿体（图 8-7 中的 III_2），以瑶岗仙、焦里为典型，矿体多为透镜体状；③岩浆热液与变质砂岩接触交代形成的云英岩型钨钼矿化（如洪水寨）和伟晶岩壳钨铌钽矿化（如茅坪、大吉山）（图 8-8 中的 III_3）。

4. 内带细脉–浸染–大脉型矿体

以花岗岩为主要赋矿围岩的矿体，本书将以下三类内带矿体定义为"地下室"，包括：①内带石英脉型钨多金属矿体（图 8-7 中的 IV_1），以西华山、黄沙、牛岭为典型；②内带细脉–浸染状白钨矿矿体（图 8-7 中的 IV_2），以瓦窑坑、文英、梅树坪为典型；③细晶–伟晶岩型铌钽矿化（图 8-7 中的 IV_3），如瓦窑坑和大吉山（曹钟清，2004）。内带各类矿化与花岗质岩浆演化的阶段紧密相关。

第九章 九龙脑矿田成矿预测的理论与方法

第一节 九龙脑矿田成矿预测方法与找矿方向

一、全位成矿与缺位找矿

"九龙脑成矿模式"包含了钨多金属矿化的垂向分带和水平分带，可以作为花岗质岩浆岩演化与岩浆期后热液不同阶段在不同构造、赋矿层位、不同类型矿化体的全方位成矿模型。

各类型矿床（体）可以作为一个完整的矿化体系在矿田或矿集区尺度集体出现。如九龙脑矿田，围绕九龙脑岩体由内而外依次发育九龙脑和梅树坪内带石英脉型矿化、瓦窑坑细脉-浸染状矿化、天井窝矽卡岩型矿化、洪水寨云英岩型矿化、淘锡坑石英大脉外带型矿化和双坝破碎带型矿化。各分带矿体也可单独或以二、三组合形式出现，如西华山-漂塘矿田是内带石英脉型矿体（西华山）与外带石英大脉型矿体（漂塘）的典型组合；天门山-红桃岭矿田，在内带与外带石英脉型钨矿体组合基础上，发育破碎带蚀变岩型银金多金属矿（双坝）和破碎带型钨多金属矿化（八仙脑），在茅坪的伟晶岩壳和云英岩化带中发现钨和铌钽工业矿体；营前矿田内则以矽卡岩型钨多金属矿体规模最大（焦里），同时出现石英脉型钨矿（茶亭坳和举望）和破碎带热液型银金矿（焦龙）。

二、各类矿体的控矿要素

各类矿体在空间上均围绕花岗岩体展布，九龙脑岩体发育有"内带+外带"型钨矿，如樟东坑+九龙脑钨矿、梅树坪钨矿、淘锡坑钨矿，"云英岩型"洪水寨钨矿和茅坪钨矿（受隐伏岩体控制），"接触带型"瓦窑坑白钨矿等；宝山岩体产出有"接触带型"白钨矿；营前岩体产出有"接触带型"钨矿、外带石英脉型钨矿和破碎带热液脉型银金矿；西华山岩体产出有典型的"内带"型西华山和荡坪钨矿。破碎带型矿体中八仙脑分布于天门山岩体南西侧（双坝）。矿化强度则是出露岩体的内带和接触带矿化强，隐伏岩体则以外带石英脉型和破碎带型矿化强。

除了受到岩浆岩的制约外，各类矿体也受到地层的明显控制，不同地层的不同物性特征对矿石类型和产出状态具有"专属性"。如奥陶系碳酸盐岩地层中产出的是白钨矿，而浅变质碎屑岩中产出的是黑钨矿。以浅变质碎屑岩为主的震旦系—寒武系基底，是外带石英脉型钨矿和云英岩型钨矿的主要赋矿层位。以碳酸盐岩为主的上寒武统水石组、石炭系大埔组—马平组和奥陶系古亭组，均产有矽卡岩型矿化。破碎带蚀变岩型银铅锌矿富矿的围岩主要为寒武系牛角河组含碳板岩。

外带石英脉型钨矿体受区内次级断裂控制，多赋存于燕山期继承改造的北西向和近东西向断裂之中，该类断裂整体封闭性好，有利于矿液的储存。矽卡岩型钨矿体受岩体与碳酸盐地层侵入构造、层间裂隙和褶皱轴向断裂控制。破碎蚀变岩型钨矿床的容矿构造多为基底断裂破碎带控矿。

三、各类矿体的找矿预测方法

针对外带"五层楼"矿体，主要采取"就矿找矿"的方法进行成矿预测和找矿。微细线脉带和细脉带可作为矿化标志带，向深部追索薄脉带和大脉带。当矿体已遭受不同程度的剥蚀，应考虑垂向矿化的逆向分带规律，如上锡、下钨、深部钨铜共生等。对于外脉带延伸较长者，应考虑热液脉型矿床脉冲式多阶段成矿的特点，如黑钨矿的自形程度和Fe/Mn值等矿物学和矿物化学参数。构造上考虑矿区封闭性较好的裂隙带，开展构造应力分析，预测有利的容矿空间。

近岩体破碎带（一般距岩体 300~500m）型矿化组合以黑钨矿、白钨矿和硫化物组合为主，远岩体（一般距岩体>1km）破碎带型矿体以铅锌银金为主，前者赋矿围岩为浅变质砂岩，后者赋矿围岩为含碳板岩（赤坑、双坝），前者裂隙性质为张性，后者为剪性。通过化探异常预测破碎带型矿化区后，采用大比例尺化探加密和大功率激电法，并结合钻探或坑探验证是有效的找矿方法组合。如在盘古山深部发现的破碎带型钨矿已通过坑内钻得以验证。

针对岩体接触带型矿体开展深部找矿，应重点探测隐伏岩体向深延展与地层接触界面的形态，进而寻找有利的赋矿空间。这一方法对碳酸盐岩围岩赋矿最有效（如湘南柿竹园），且在垂向上存在钨锡银铅锌多金属分带矿化（如宝山）。对钙质砂岩地层和不均匀含碳酸盐岩地层中顺层交代矽卡岩则在物探识别上难度较大，应用地质与化探测量相结合的方法探测层间裂隙、隐伏岩体的形态，以综合分析成矿热液运移方位。

岩体内矿化类型复杂。内带脉状矿体可延伸到岩体外围 50~100m 而尖灭（如西华山、牛岭、黄沙），只出现薄脉带到大脉带，而垂向上与外带"五层楼"脉体错落分组而成矿。岩体内细脉-浸染状白钨矿-硫化物矿化和铌钽矿化受花岗质岩浆多期次演化控制，前者以中细粒-细粒花岗岩为主要赋矿围岩，后者在细粒花岗岩-细晶岩-伟晶岩化阶段形成，而物探方法在探测隐伏岩体形态基础上难以直接探测内带矿体，故需要开展岩体地质填图，以理清花岗岩分期及各期中含矿裂隙系统，并需开展大量的镜下鉴定和金属矿物统计。

四、找矿方向

1. 对已知石英脉型矿床开展深部找矿

淘锡坑是目前矿田内最大的石英脉型钨矿，其深部已经延续到岩体接触带甚至内带，但接触带和内带是否存在茅坪式的"地下室"和西华山式的内带型含矿石英脉，须继续追踪，并为外带长流坑、碧坑等地参考。就矿找矿虽然是经验总结，但也需要与成矿理论的研究成果紧密结合。比如，接触带控矿、沿层交代成矿、构造破碎带导岩导矿等，都是制约矿体空间产出部位的基本要素。以不太被人重视甚至长期以来被当作"喷流沉积"成因的层状、似层状矿体来说，也需要加强研究，但规律性也是明显的。当易被交代的灰岩条带与难以被交代的碎屑岩（尤其是泥质岩、硅质岩）互层产出时，即常说的"硅钙建造"，就需要注意寻找"沿层交代"形成的矿体（如在天井窝一带），而沿层交代的矿体与"喷流沉积"形成的层状矿体，在成因上有一个明显的标志（也是找矿标志），即"底板蚀变"。喷流沉积的矿体只有底板蚀变而无顶板蚀变，热液沿层交代形成的矿体则不局限于底板蚀变，顶板照样蚀变，而且蚀变分带特点也不一样（王登红，1992）。

2. 根据分带性，对外带和内带矿床的找矿潜力进行评价

钨锡矿分带性是复杂的，不但有矿种上的分带（如上部锡、下部钨）也有类型上的分带（如外带为石英脉型而岩体接触带为矽卡岩型、内带又是云英岩型），需要针对具体情况具体分析找矿重点。其中，高陂山和坳头石英脉型锡矿的深部找到钨矿的可能性是存在的，其深部出现矽卡岩型多金属矿体的可能性也是存在的，尤其是注意花岗岩与寒武系—奥陶系板岩夹碳酸盐岩发生接触交代的情况下，岩浆热液可以沿层交代并延伸至较远的距离，类似于赣东北的朱溪矽卡岩型钨铜矿和桂西北大厂的层状矽卡岩型铅锌锡矿。

3. 根据共伴生规律，通过综合评价，明确找矿方向，拓展找矿领域

南岭多金属成矿带是有色金属、贵金属、稀有、稀土元素、铀矿共伴生产出的典型，很少有独立的单一矿种成矿。无论是广西的大厂、湖南的柿竹园还是江西的盘古山，都是如此。九龙脑矿田的最大矿床是淘锡坑，从其地名和实际开采情况来看，除了钨之外，锡和铜也都在综合回收利用。因此，在宝山铅锌矿也需要注意深部寻找钨锡矿甚至铀矿（类似于湖南的黄沙坪银铅锌钨锡钼矿区），在赤坑银铅锌矿的深部不排除存在与花岗岩类有关的钨锡矿的可能性（已得到初步验证），而仙鹅塘一带同样不能排除寻找银铅锌矿的可能性。

4. 根据区域成矿规律，通过区域对比，借鉴邻区矿田的成功经验，大胆实践

尽管对南岭区域成矿规律已经研究得很深入，但鉴于地质本身的复杂性和成矿作用的复杂性，仍然存在很多待解之谜。比如，同样属于崇余犹矿集区的西华山矿田（位于九龙脑矿田的东南），石英脉型钨矿主要产出在西华山复式岩体内部，而九龙脑矿田的石英脉型主要是外带型，那么，在西华山的外侧围岩是否还有找矿潜力、在九龙脑岩体内部是否也存在大量的石英脉型钨矿有待于被发现？即"在西华山外围找淘锡坑，在淘锡坑深部找西华山"。2013 年以来，淘锡坑矿区已经在 56m 中段以下发现不少新矿脉，尽管尚未取得根本性突破，但不妨继续探矿。

5. 打破常规思维，开拓新思路

南岭地区以钨锡为特色，但贵金属是不是可以忽略不计呢？地勘队伍对于寻找石英脉型钨矿经验丰富，但对于寻找石英脉型金矿尤其是破碎带石英脉型金矿则缺乏思想准备。九龙脑在赣南东部于都-赣县矿田，通过 3000m 科学钻探和企业及整装勘查（陈毓川等，2013；赵正等，2014；郭娜欣等，2015），已经在银坑矿区查明的金矿和银矿都达到了大

型规模，证明是名副其实的"银矿"。九龙脑矿田也存在独立的金银矿或银铅锌矿，但对其成因研究非常薄弱，找矿前景也不被看好。实际上，类似于赤坑这样的银铅锌矿，尽管表面上与钨锡矿、与花岗岩没有什么直接的联系，但其深部不排除隐伏岩体的存在，即便是在成因上的确与花岗岩无关，也不排除扩大矿床规模的可能性，甚至不排除不同成矿时代、不是同一次成矿作用形成的矿床在空间伴生出现的可能性，类似于广东长坑金矿和富湾银矿的"伴生"关系（王登红等，1999，2006）。

五、找矿标志

（1）地层：热液裂隙充填型脉状钨锡矿床矿以寒武系、震旦系、泥盆系等高碎屑岩类地层中产出最多，矽卡岩型钨多金属矿床则以石炭系、二叠系等碳酸盐岩类地层中产出为主。

（2）构造：区域性构造及其复合，通过控制燕山期成矿岩带及其交汇，进而控制矿田的划分；次级构造及其复合通过控制成矿岩体，进而控制矿床的产出与展布；主干构造的低序次派生构造控制矿体。褶皱与断裂发育，北东、北北东、北西、东西向不同断裂构造体系交接、复合及转折端部位，局部隆起和背向斜轴部、热液蚀变接触带由陡变缓部位、构造叠加接触带、花岗岩体超覆部位都是构造控制成岩成矿的有利部位。

（3）岩浆岩：与钨锡矿床成矿有关的隐伏岩体存在地区，根据地表热接触变质晕和热液蚀变晕，中酸性脉岩、石英脉成群成组出现，矿床水平分带、元素地球化学分带、重力、磁法、遥感等标志推测可能存在隐伏岩体的地方。成矿岩体：时间以燕山早期为主，石英含量较高（>25%），钾长石和斜长石为27%~42.5%，钾长石（以微斜长石及微斜条纹长石为主）含量略高于斜长石（以更钠长石和更长石为主），副矿物包括铌铁矿、钽铁矿、黑钨矿、锡石、辉钼矿、磷灰石、榍石、磁铁矿、锆石等，挥发性矿物、硫化矿物发育，岩石地球化学研究表明，其以多硅（>73%）、富碱（>8%）、$K_2O/Na_2O>1$、$Al_2O_3>K_2O+Na_2O+CaO$、多挥发分（以 F 为主）、高度分异演化（分异指数 DI 一般 70~90）的重熔型（S 型）铝过饱和花岗岩类为特征，总稀土含量较低、轻稀土富集、负 Eu 异常显著，微量元素 Ta、Nb、Li、Rb、Be 含量较高，而 Ni、Co、Cr、Sr、Ba、Zr 含量偏低。富含 W、Sn、Mo、Bi、Be、Pb、Zn、Ag 等多种成矿元素。

（4）矿化：地表石英细脉带、云母线、含钨石英脉是石英脉型钨矿床的矿化标志。

（5）围岩蚀变：云英岩化、硅化、电气石化、黄玉化是石英脉型钨矿的蚀变标志。

（6）地球化学：较大规模和高强度的水系沉积物、土壤、原生晕测量成矿元素组合异常、重砂异常以及 Li、F、As、B 等矿化剂异常是寻找钨锡矿床的重要分散晕标志。

（7）各种物化探异常分布地区，重、磁、激电、伽马、化探、重砂、遥感等各种物化遥异常，尤其多种或几种异常同时出现的综合异常区，都值得研究，结合成矿地质条件加以推断解释，必要时通过钻探验证并探索原生矿。各类综合异常是物化探方面的重要找矿线索和间接找矿标志。

第二节　九龙脑矿田地球化学综合探测技术与示范

一、综合地球化学测量工作方法及技术指标

赣南属于温暖湿润的亚热带气候，多为丘陵山间地带，植被发育、土壤较厚，基岩出露较少，区内海拔虽然不高，但相对高差大，特别是九龙脑矿田所在的崇余犹地区地形切割深，不适合应用大型仪器开展物化探工作。结合本地区地球化学景观条件，覆盖物特征、地形特征等，在成矿地质条件综合分析和已完成1∶5万水系沉积物测量圈定多处元素组合异常的基础上，选择地表大比例尺土壤剖面测量、局部岩石测量，浅部（钻孔、坑道）原生晕测量、壤中气汞量测量的多方法多手段综合地球化学测量，能直接、快速、有效获取地表和深部找矿信息，圈定有利靶区。

（一）工作方法

1∶5万水系沉积物测量。采集水系中的冲积物为样品，测试、统计分析样品主要成矿元素异常分布特征、异常强度与浓度分带、异常规模，指示元素及元素组合特征，组合异常规模及分带，研究水系沉积物等表生介质元素分布、迁移、富集特征，圈定、筛选出有利异常区，优选找矿靶区（表9-1）。

地表岩石测量。用于岩石出露区、半出露区，以地表新鲜岩石为采样对象，研究岩石中元素分散、富集所形成的地球化学异常特征，可用于了解区域不同地质体元素背景含量，也可用于断裂带、破碎带、蚀变岩石、岩脉及石英脉等反映矿化信息的找矿调查。

土壤剖面测量。土壤地球化学测量是一种经典的地球化学调查方法，在残坡积物覆盖区找矿中发挥十分重要的作用，其通过对土壤中各种成矿元素及伴生元素的分析，可直接、快速、有效地圈定与矿（化）体有关的目标，可用于各类异常和矿化点的查证、评价，也可用于与成矿有关联的隐伏成矿岩体、隐伏断裂构造预测。

壤中气汞量测量。尽管目前对壤中气汞异常的形成机制尚不清楚，但国内外大量的研究和找矿实践证明，凡是在有隐伏断裂构造或受构造控制的矿（化）体部位，上方均存在明显的壤中气汞量异常。将其作为一种深穿透地球化学勘查技术，用于寻找覆盖区隐伏构造带及受构造控制的矿床，效果尤佳。

钻孔、坑道原生晕测量（构造叠加晕法）。热液成因石英脉钨矿床与同为热液成因金矿床具有高度相似性，两者都严格受构造控制而具有脉动性，时间上成矿具有多期多阶段性，成矿成晕具有叠加特征，因此原生晕测量可用于钻孔、坑道深部和周边寻找盲矿体或发现新类型新矿种，也可利用构造叠加晕特征进行深部矿体或隐伏成矿岩体的定位预测，提供深部有利找矿靶区。

表 9-1　综合地球化学测量获取信息一览表

项目	可以获取的有用探测信息	备注
1:5 万水系沉积物测量	W、Sn、Bi、Cu、Pb、Zn、Ag、Au、Sb、As 10 项成矿元素，水系单元素、共伴生多元素组合异常	分析方法：发射光谱法（ES 法）、催化极谱法（POL 法）、原子荧光法（AF 法）、微珠析相比色法（COL 法），元素含量单位不同，除 Au 元素为 $\mu g/g$ 外，其他元素均为 $\mu g/g$
地表岩石测量	W、Sn、Mo、Bi、Be、Cu、Pb、Zn、Ag、Au、Li、Sb、As、Co、Ni 15 项元素，岩石单元素异常特征	分析方法：等离子发射光谱法、质谱法、原子荧光法、色谱法，元素含量单位同上
土壤剖面测量	W、Sn、Mo、Bi、Be、Cu、Pb、Zn、Ag、Au、Li、Sb、As、Co、Ni 15 项元素，土壤单元素异常，验证水系沉积物异常，突出地表或浅部局部异常特征	分析方法、元素含量单位同水系沉积物测量
壤中气汞量测量	壤中气汞量异常，直接指示隐伏断裂构造或矿（化）体	测试仪器：XG-7Z 塞曼测汞仪，壤中气汞量单位为 $\mu g/m^3$
钻孔、坑道原生晕测量	P、S、Ti、W、Mo、Sn、Sb、Pb、Bi、Cu、Ca、V、Cr、Mn、Co、Ga、Ge、As、Sr、Y、Zr、Nb、Cs、Ba、Hf、Hg、Tl、Th、U、Cl 等 30 个微量元素测试，研究矿（化）体深部元素分带特征，了解矿（化）体深部延伸情况好坏（膨大还是尖灭）等，圈定深部有利成矿靶区	测试仪器：SPECTRO XEPOS 台式偏振 X 射线荧光光谱仪，元素含量单位均为 $\mu g/g$

上述五种方法分别从不同角度［比例尺由小到大、面积性与剖面性、原生晕与次生晕、地表（浅部）与深部］提取（获取）找矿信息，获取的找矿信息间可相互补充和相互验证，避免单一找矿信息可能带来的片面性和多解性，提高找矿信息的可靠性。通过分析研究次生晕/原生晕等多方法综合地球化学测量获取的找矿信息，整理提取与矿化有关的矿异常显性指标（参数），研究、总结矿异常的显性指标（参数）与矿（化）体间的空间关联规律，最终建立与深部地球物理探测相结合的地球物理化学综合找矿模式。

（二）技术指标要求

本次综合地球化学剖面测量按采样介质分为次生晕测量（水系沉积物测量、土壤剖面测量、壤中气汞量测量）和原生晕测量（地表岩石测量、钻孔、坑道原生晕测量），按采样载体分为地质点、实测地质剖面、钻孔和坑道地球化学测量。土壤、壤中气汞量、地表岩石测量以实测地质剖面为载体，其中土壤、壤中气汞量测量在剖面上同步同点进行（两者测量点位不超过 1m），两者测量点距均为 20m。野外实际工作使用 1:1 万地形图作为手图，以 GPS 定点定向配合步距和明显的地形地物确定测点。定点精度要求原则上按正点取样，为了便于质量检查与异常追踪，原则上每个采样点都留有小红旗标记。地表岩石测量重点针对实测地质剖面上赋矿地层、含矿岩体、断裂带、破碎带、蚀变岩石、岩脉及石英脉等反映矿化信息的地质体进行取样分析。原生晕测量主要结合找矿勘查已有钻孔、坑道采集岩矿石组合样品，进行深部原生晕找矿预测研究。具体工作方法及技术指标要求如下。

1. 土壤剖面测量

土壤测量参照《土壤地球化学测量规范》（DZ/T 0145—1994）执行。具体如下。

1）采样位置及成分

采样位置：采样深度一般在距地表 25～50cm 深处的 B 层（淋积层）或 C 层（母质层）；腐殖质厚时须达 100cm。采样应避免各种污染，遇有岩石露头、废石堆、沼泽、崩积物、河床堆积、水田等不能取样时可弃点，但在记录中应注明。采集样品物质应为残坡积土的黏土、亚砂土、细砂土、粉砂土并弃除杂质碎石，尽量不带入腐殖质；样品质量 300～500g；样品粒级为 20～80 目。为了使所采的样品具有较好的代表性，在采样时，在采样点前后 10m 范围内多点采样均匀混合成一个组合样。

2）野外样品加工

样品加工制备是化探工作中的一个重要环节，是关系到分析结果正确与否的先决条件。在样品制备的全过程中，做到不错号、倒号，不混样、丢样，不污染、溅失和不引入外来物质；两个加工摊位之间要相距 4m 以上，雨天不能加工，因会造成风吹污染及雨点的黏着污染。在加工之前对样品牛皮纸袋统一编号，并按点线号顺序填写送样单，防止样品混号、错号、重号和丢失。样品加工流程是原样晒干→弃除杂质→木棒敲碎→过 40 目不锈钢筛；初步加工后干样品质量≥150g。在野外加工处理样品时，要特别防止样品间的相互污染。因此，每处理完一个样品后，凡是和上一个样品接触过的筛子、薄膜都要用毛刷清理干净，然后再进行下一个样品的加工处理。

3）测试分析

土壤样品测试分析严格执行中国地质调查局《地球化学普查（比例尺 1∶50000）规范样品分析技术要求补充规定》的要求，以保证分析质量。分析工作主要由江西省地矿局赣南中心实验室完成。选用的元素分析方法，除了具备较高生产效率外，必须符合 1∶5万化探工作对样品检出限、准确度和精密度的要求（表 9-2）。

表 9-2　分析元素的检出限

元素	检出限/10^{-6}	元素	检出限/10^{-6}
Ag	0.02	Li	10
As	1	Mo	0.5
Au	0.0003	Zn	15
Bi	0.1	Pb	5
Cu	1.5	Sb	0.2
Be	1	Sn	1
W	0.5	Co	1
Ni	3		

资料来源：《地球化学普查规范（1∶50000）》（DZ/T 0011—2015）

2. 壤中气汞量测量

壤中气汞量测量方法技术要求，严格按照《汞蒸气测量规范》（DZ 0003—1991）执行。

1）工作方法

本次壤中气汞量测量采用廊坊迪远仪器有限公司的 XG-7Z 塞曼测汞仪，气体采集与土壤剖面测量同步同测点进行。采用 1m 长钢钎打入土中 40～60cm 抽取气体，利用捕汞管吸附收集土壤中的汞气再运用高灵敏度测汞仪和脱汞仪分析土壤中的汞含量。在测点附近用铁锤将钢钎打入疏松覆盖层内 0.4～0.6m，拔出钢钎后立即将螺纹采样器旋入孔内 0.2～0.35m 深处，用硅胶管依次将螺纹采样器、除尘过滤器、捕汞管和抽气筒连接好，每个测点抽取固定体积的气体，本次测量统一为抽取 1.5L 气体。在野外实验室把抽取了气体的捕汞管用 XG-7Z 塞曼测汞仪在 800℃ 下进行脱汞分析测试。野外采样需注意以下事项：

（1）采样位置选择在土层较厚和颗粒较细的地方，避开碎石堆和新的堆积物。

（2）螺纹采样器拧紧后，不要左右摇，保证采样孔的密封性。

（3）地温高于气温时不工作，大雨或暴雨后不马上工作，等待 2～3 天，待土壤中汞蒸气恢复平衡后再进行工作。

特别需要注意的是，采样点土壤覆盖的厚度和土质与采样测试分析结果有很大的关系，因山沟和山坡顶碎石较多，土壤质量较差和覆盖厚度不大，不利于土壤中汞气的保存，相比较山坡土壤覆盖较厚、土质较好，山沟和山顶采样测试分析结果偏低。

2）测试方法

在野外采样之前，首先要对捕汞管进行净化：新出厂或长期未使用的捕汞管，其金丝表面有大量的汞和微尘，先要在 800℃ 炉温下进行净化，然后分别进行漏汞和释汞检查。每支捕汞管使用半月或壤中气汞量测量采样 30 次后，要用稀硝酸进行活化处理以提高捕释汞能力。样品测试分析应注意以下事项：

（1）XG-7Z 塞曼测汞仪通电后，选择 VGS 和 VGR 等候数分钟后，汞灯起辉，VGS、VGR 随开机时间增加呈下降趋势，半小时后趋于稳定，小吸收室时 VGS 约 200V，大吸收室时 VGS 约 150V，VGR 约 150V 且不受更换吸收室的影响。

（2）选择"T 设"：调节炉温设定旋钮，使其指示为某一设定温度值（壤中气汞量测量一般为 800℃），再触动参数选择键选择"T"，此时可观察所指示温度逐渐增加，当达到某一设定值时就稳定于"T 设"附近。

（3）当 T 炉、VGS、VGR 均处于稳定时，可调节 VRⅡ 和 VSⅡ 使 At 在 0～100。

（4）测量参数为峰值 Ap，应在气泵停止工作的瞬间读取 Ap 峰值。泵延时时间 30min，积分时间 30min，炉温 800℃。

（5）触动启动键，按"延时"、"清零"、"积分"和"气泵"固定顺序自动工作。

（6）采完样的捕汞管要妥善存放，禁止放置在汞源附近或烟尘多的地方，并应在 24h 内分析完毕。

因亲汞元素都有较强的吸附汞气的能力，所以在地下存在富含 Cu、Pb、Zn、Au、Ag、Mo 等成矿元素矿（化）体时一般在附近地表可以形成汞气含量较高的汞气晕。另外断裂构造为汞气的上移提供了通道，所以较大断裂构造附近也可以形成汞气含量较高的情况。

XG-7Z 塞曼测汞仪主要有以下技术指标和参数。

（1）主要技术指标如下：

检出限：≤0.007ng Hg。

线性范围：极值 Ap 测量时，小吸收室 0.01~4ng Hg，大吸收室 0.1~40ng Hg；峰面积 As 测量时，小吸收室 0.01~100ng Hg，大吸收室 0.1~1000ng Hg。

精密度：以相对标准偏差 RSD 表示，RSD≤5%。

（2）主要技术参数如下：

显示形式：数字显示。

吸光度：At。

峰值 Ap：为 At 的峰值。

积分值 As：As 与 At 同步工作，其量程以实际标定工作曲线为准。

As 与 Ap 的保持特性：其漂流小于满刻度 0.5%/2min。

泵延时时间：0min、5min、30min。

积分时间：30min、60min、120min。

流量计量程：0.16~1.6L/min 连续可调。

炉温指示：0~1000℃，炉温控制范围 0~900℃，控温误差≤±5℃。

仪器工作环境：工作室内有 1kW 以上 220V±22V、50Hz 交流电。

室温 10~40℃，相对湿度≤80%；室内通风良好，无腐蚀气体；仪器要避免与金属汞或含汞矿石在一起。

3）岩石测量

岩石测量采样、野外样品加工、测试分析等方法技术要求严格按照《岩石地球化学测量技术规程》（DZ/T 0248—2014）执行。本次岩石测量包括地表剖面岩石测量和钻孔、坑道岩石测量，须特别注意的是：岩石测量研究目的不一样，采样方法和要求也相应不一样。当为系统地了解区内不同地层和岩浆岩中元素的含量，为基础地质研究提供地球化学资料时，采集岩石样品时，要避免在接触带、蚀变带和有矿化迹象的部位取样；当主要用于化探异常的找矿远景评价，追索异常源或用于基础地质研究以解决相关的地质问题时，应重视断裂带、破碎带、蚀变岩石、岩脉及石英脉等与矿化有关的岩石样品采集，以揭示异常特征及矿化、相关地质体的空间分布关系；当用于深部原生晕找矿预测研究，探索矿床元素分带与矿体的空间分布关系时，原生晕样品采集一般以坑道的顶板或沿钻孔岩心以刻线方法进行，一般在确定的间距内均匀地敲下 5~7 小块岩石组合而成，采样间距视矿化类型确定（一般以 5m 为间距，对脉型矿床，可 3~5m，甚至 1~2m 取样，对无矿化、厚度大、岩性变化不大时，采样间距可放稀到 5~10m）。对均匀性差的矿化，样量可适当加大，对不同岩心、矿心要分别取样，特别是近矿部位应加大采样密度。

岩石样品采集后都需对采样点的地质情况、构造特点进行认真的观察和全面记录，记录的内容包括采样地点、样品编号、袋号、样品类型、地层层位、岩石名称、风化程度、矿化、蚀变类型及强度，以及构造（褶皱、断裂）特征等。

本次次生晕/原生晕地球化学测量工作方法符合地球化学测量相关规范，野外重复测量对比曲线、重复取样分析元素含量对比曲线变化形态基本一致，表明本次综合地球化学测量获取的各类地球化学数据真实、可靠，能满足课题综合研究的需要。

二、综合地球化学测量综合分析

(一) 壤中气汞量测量

1. 有效性

壤中气汞量测量作为一种深穿透地球化学勘查技术用于覆盖区找矿勘查，可发挥重要作用 (袁承先，2011)，对隐伏深大断裂、受构造控制的矿床，效果尤佳。尽管目前对土壤中汞气异常的形成机制、汞气来源存在不同看法，但深部来源的汞气沿断裂构造通道向上运移并在土壤中形成汞异常是不争的事实 (侯志华等，2000；刘菁华等，2006)。国内外大量的研究和找矿实践证明，凡是在隐伏断裂构造带或受构造控制的矿体发育部位的上方土壤中均存在明显的汞气地球化学异常。在九龙脑矿田，凡是出现壤中汞气测量高值异常的地点均与已知的隐伏断裂构造 (如图9-1中的1、4号异常)、岩浆岩侵入界线 (如图9-2中的2、3、4号异常)、地层接触界线 (如图9-1中的7号异常)、破碎蚀变岩矿 (化) 体 (如图9-1中的5号异常) 具有较好的对应关系，而具有一定规模的断裂构造、受构造控制的硫化物金属矿体的汞气异常特征更为显著。这就检验了壤中气汞量地球化学测量在九龙脑矿田的有效性，即对矿田浮土覆盖区内具有一定规模的隐伏断裂构造或一些含矿/不含矿异性结构面具有间接的探测作用。

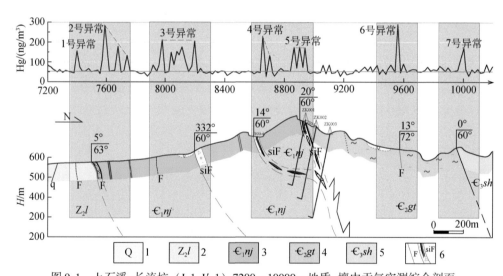

图9-1　上石溪–长流坑 (I-1-I′-1) 7200~10000m 地质–壤中汞气实测综合剖面

1. 第四系；2. 震旦系老虎塘组；3. 寒武系牛角河组；4. 寒武系高滩组；5. 寒武系水石组；6. 含硫化物断裂破碎带

2. 壤中气汞异常的形态特征

已有大量壤中汞气测量对比试验结果表明：壤中汞气测量的影响因素较多，主要包括人为影响因素 (测线布设、取样深度、方式、测试人员经验水平等) 和自然因素 (降雨、温度、地质条件、土壤厚度与性质) 两个方面 (栾继深等，1986；袁承先，2011)，因此，壤中汞气测量形成的汞异常曲线形态各异。为了保证本次壤中汞气测量的真实性、可靠性和有效性，整个测量实施过程中由同一批具有丰富壤中汞气测量经验的人员集中在赣南7~8月同气候条件下完成野外测量工作，工作方法严格按照《汞蒸气测量规范》（DZ 0003-1991）执行，尽量排除壤中汞气测量因人为因素影响而导致汞异常曲线失真。

九龙脑矿田大部分地区被较厚的第四系亚黏土、黏土、粉砂质黏土覆盖，汞气保存条件较好。汞异常的形成主要与断裂构造或具构造性质异常结构面的规模大小、活动程度、倾向、倾角、破碎带宽度、充填物的透气性等因素有关。根据初步总结，汞气异常曲线形态主要有以下几种：

（1）尖窄单峰异常。一种可能是这类异常多为近乎直立的规模较小断裂构造所致，埋深较浅；另一种可能是虽然断裂规模较小，埋深较大，但覆盖层的孔隙度较大，有利于汞气的扩散对流，也形成较明显的单峰（图9-1中的6号异常，图9-2中的1号异常）。

（2）圆宽单峰异常。这类异常为规模较大的断裂构造引起，其埋深较大，产状较陡（如图9-3中的1号异常）。

（3）双峰异常。这类异常为斜倾的断裂构造引起，其规模中等，主峰对应于断层，次级峰对应于断裂构造上盘（如图9-1中的4号异常，图9-2中的2号异常）。

（4）多峰异常。这类异常多为斜倾的深大断裂带所致，在主断裂的上盘发育次级裂隙，或浅表的次级小裂隙发育。主峰对应于主断裂，次级峰的倾斜方向为断裂的倾斜方向（如图9-1中的2号异常）。

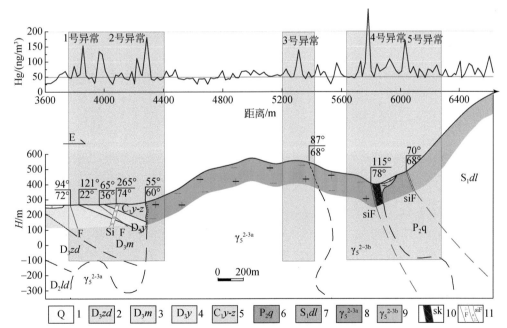

图9-2　九龙脑矿田车子坳-金塘坑（Ⅱ-2-Ⅱ'-2）3600~6400m段地质-壤中汞气实测综合剖面

1. 第四系；2. 泥盆系嶂崇组；3. 泥盆系麻山组；4. 泥盆系洋湖组；5. 石炭系杨家源组-梓山组；6. 二叠系栖霞组；7. 志留系独栏桥组；8. 燕山早期第三阶段第一次花岗岩；9. 燕山早期第三阶段第二次花岗岩；10. 矽卡岩矿（化）体；11. 断裂/硅化断裂破碎带

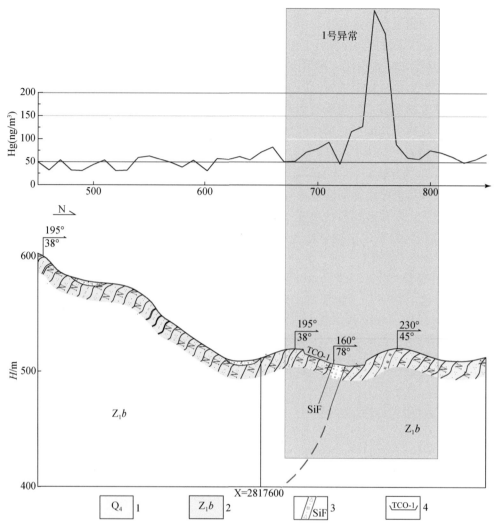

图 9-3　天井窝示范区（TJW01）400～800m 段地质–壤中汞气实测综合剖面
1. 第四系；2. 震旦系坝里组；3. 硅化断裂破碎带；4. 槽探工程及编号

由图 9-1 地质–壤中汞气实测综合剖面测量结果显示：

图 9-1 中的 1 号异常、6 号异常、7 号异常属于典型的尖窄单峰异常。1 号异常、6 号异常指示实测地质剖面上近乎直立的规模较小的断裂构造，7 号异常推测可能由汞蒸气沿地层接触界面上升、扩散至地表土壤中富集、保存引起。

图 9-2 中的 2 号异常、4 号异常与实测地质剖面 7600～7800m 段、8640～8720m 段倾角相对较缓、厚度较大（前者大于后者）的断裂构造相对应。这两处的汞气异常曲线形态表现为：主异常峰均出现在主断裂上，沿断裂上盘还出现多个次级异常峰，且逐渐减小。在 7600～7800m 段，主峰异常值为 285ng/m³，峰宽（最高峰与最低峰间水平距离）为 200m，峰背比（峰值/背景值）为 5.7，其他次级峰高出背景值 2～3 倍；在 8640～8720m 段，主峰异常值为 231ng/m³，峰宽为 80m，峰背比（峰值/背景值）为 2 倍以上。

图 9-2 中的 3 号异常、5 号异常与实测地质剖面 7980～8200m 段、8865～8940m 段倾角陡、厚度大的断裂构造相对应。其汞气异常曲线形态表现为多峰宽异常，异常较对称，反映断裂构造产状较为直立。7980～8200m 段的主峰异常值为 215ng/m³，峰宽为 220m，峰背比为 4.3，其他次级峰高出背景值 2～4 倍；8865～8940m 段的主峰异常值为 175ng/m³，峰宽为 75m，峰背比为 3.5，其他次级峰高出背景值 3 倍左右。

从上述两类不同性质断裂构造与壤中汞气异常曲线形态对比分析可以看出：较宽断裂构造上的汞异常表现为多峰，有主峰和次级峰，次级峰的分布与断裂倾向有关；若多峰形态较对称，反映断裂较陡。汞异常形态曲线主峰值、峰宽、峰背比等相关参数一般与断裂宽度成正比，但图 9-1 中的 2 号异常除峰宽相当外，主峰值、峰背比均大于图 9-1 中的 3 号异常，断裂宽度却以前者小于后者。这可能与土壤覆盖层的性质和厚度有关。当土壤覆盖层的厚度、孔隙度较大且连通性较好时，汞气在地表富集、保存较好，形成较大汞异常值。

综上所述，可得出以下几点认识：①土壤汞气异常的主峰位置与断裂的位置基本一致，汞气异常形态与断裂的大小、规模、产状有关。直立断裂的异常曲线一般较对称，倾斜断裂的上盘由于次级裂隙发育，次级峰也较发育。次级峰的存在指示了断裂的倾向，次级峰逐渐减弱的方向为断裂的倾向方向。②断裂构造的大小、规模与汞异常曲线的主峰值、峰宽、峰背比成正比，也与土壤覆盖层的厚度和性质有关。因此，结合区内实测地质剖面，通过对土壤汞气异常曲线形态的定性分析，可确定断裂大小、规模和产状。

(二) 成矿元素地球化学特征

在九龙脑矿田，一系列矿床在空间上的分布是有一定的共生组合规律的，也体现了地层、构造、岩体、矿床"四体同位"的特点。不同类型矿化受地层-构造-岩体联合控制，成矿元素有规律性地成片、成带富集的特点，了解区内成矿元素地球化学特征为面上成矿有利远景区划分，点上矿床深部隐伏成矿花岗岩体和隐伏（盲）矿体的预测提供地球化学依据。

1. 地层的含矿性

地层中成矿元素富集、贫化的程度受多种因素影响，不仅与地层形成的沉积环境有关，还与地层遭受后期岩浆作用与构造运动的改造有关。与《南岭地区区域地球化学》（於崇文，1987）不同时代地层元素背景值相比较（表 9-3，表 9-4）可知：九龙脑矿田成矿元素在不同地层单元、岩石类型和热液蚀变作用中富集、贫化程度以及富、贫趋势具有一定的规律性。

就元素性质而言：与中酸性花岗岩成矿有关的元素 W、Sn、Ag、Pb、Mo、Bi、Li、Be、As 相对较富集（富集系数 $K>1$），Cu、Zn 元素局部富集、局部亏损，基性及低温元素 Ni、Co、Au、Sb 总体表现为亏损（富集系数 $K<1$）。

就地层单元（系、组）而言，①W、Sn、Ag、Pb 强烈富集元素（$K>3$）不仅新元古代、古元古代基底地层富集，晚古生代泥盆、石炭系盖层也较富集，与 W 元素相伴生的

表9-3　九龙脑矿田各时代地层中元素平均含量统计表

界	系	统	组	代号	Cu	Zn	Pb	Sn	Ag	Li	Be	Ni	Co	W	Mo	As	Sb	Au	Bi	图幅/样数
新生界	古近系	渐新统	下虎组	$E_{2-3}x^2$	27.3	29.3	71.4	6.9			6	30	10		3.0					左拔幅
		始新统		$E_{2-3}x^1$	15.2	41	30.9	9.3			6	30	20		2.7					左拔幅
		古新统	池江组	E_1c																
中生界	白垩系	上统	河口组	K_2h																
	三叠系	下统	铁石口组	T_1t	37.50	92.90	27.3	14.00			2.75	40.00	11.50		1.25					左拔幅
	二叠系	上统	大隆组	P_3d	31.30	55.00	50.00	6.00			3.00	40.00	13.00		3.00					左拔幅
			乐平组	P_3l	47.60	52.90	31.80	13.40			2.00	35.00	6.00		1.00					左拔幅
		中统	车头组	P_2c	20.70	30.00	16.0	4.90			1.00	20.00	10.00		5.00					左拔幅
			小江边组	P_2x																左拔幅
			栖霞组	P_2q	6.55	104.78	7.10	4.23	0.10	30.77	1.48	11.20	7.05	0.91	4.15	19.67	3.00	0.20	5.00	4
		下统	马平组	P_1m	12.50	30.00	13.00	65.00			1.00	6.00	6.00		1.00					左拔幅
上古生界	石炭系	上统	黄龙组	C_2h	10.00	30.00	15.00	70.00			1.00	6.00	6.00		1.00					左拔幅
		下统	杨家源组－梓山组	C_1y-z	15.30	101.08	28.37	11.73	0.18	89.66	9.87	14.98	7.12	4.67	1.41	1.21	0.25	0.22	0.39	6
	泥盆系	上统	洋湖组	D_3y	72.90	296.25	85.45	15.23	0.37	46.17	11.80	12.35	8.58	9.18	2.79	10.99	0.44	0.20	0.30	4
			麻山组	D_3m	7.95	137.73	12.13	4.38	0.11	30.97	5.88	8.63	8.43	10.96	1.21	2.75	0.23	0.30	1.02	4
			嶂紫组	D_3zd	5.50	35.70	17.90	5.33	0.23	69.90	15.47	16.60	8.13	14.35	1.02	4.51	2.01	0.60	0.55	3
		中统	罗段组	D_2ld	9.45	47.90	22.48	8.00	0.30	86.20	8.63	17.43	7.60	4.44	1.15	1.69	0.39	0.20	0.46	4
			中棚组	D_2z	12.80	50.23	14.45	7.68	0.09	60.66	3.63	9.98	8.65	15.59	1.51	2.08	0.17	0.23	2.04	6
			云山组	D_2y	27.90	77.46	12.14	11.92	0.11	76.10	3.54	7.56	8.34	11.67	2.83	2.92	0.33	0.38	4.21	5

续表

界	系	统	组	代号	Cu	Zn	Pb	Sn	Ag	Li	Be	Ni	Co	W	Mo	As	Sb	Au	Bi	图幅/样数
下古生界	志留系	下统	独栏桥组	S_1dl	24.60	66.20	28.4	4.50	0.18	40.70	3.00	47.73	9.50	0.75	1.04	2.71	0.34	0.42	3.20	3
	奥陶系	上统	黄竹洞组	O_3h	66.20	55.24	25.53	8.38	0.10	81.67	1.92	16.34	6.25	5.94	0.95	18.43	0.16	0.38	0.74	30
		上统	古亭组灰岩	O_3g	14.73	36.89	6.12	1.34	0.02	7.44	0.71	34.31	5.55	0.92	3.27	2.70	0.11	0.40	0.03	3
		中统	半坑组	O_2b	41.86	122.9	6.84	13.76	0.05	37.77	3.09	15.75	9.47	3.56	1.10	24.87	0.64	0.26	0.44	37
		下统	下黄坑组	O_1x	41.86	122.9	6.84	13.76	0.05	37.77	3.09	15.75	9.47	3.56	1.10	24.87	0.64	0.26	0.44	37
	寒武系	上统	水石组	$\in_3sh$	40.62	103.96	18.13	8.58	0.03	62.65	4.44	56.80	9.71	4.91	2.03	38.27	1.75	0.29	0.94	94
		中统	高滩组	$\in_2gt$	33.17	78.88	32.28	28.48	0.31	65.73	4.36	16.95	6.22	3.91	1.86	60.03	0.46	0.23	0.27	22
		下统	牛角河组	$\in_1nj$	32.18	44.33	78.14	6.53	0.29	66.02	3.14	19.50	7.14	8.30	5.33	28.87	1.43	1.34	0.28	14
新元古界	震旦系	上统	老虎塘组	Z_2l	36.49	56.67	87.75	6.56	0.35	48.80	3.10	21.15	14.75	5.79	2.48	31.23	1.38	0.40	0.38	27
		下统	坝里组	Z_1b	43.05	68.11	22.5	17.71	0.39	85.25	9.78	23.45	14.50	10.83	2.88	61.17	0.39	0.47	0.50	22

注:部分数据来源于1:5万区域地质说明书,部分时代地层样品偏少,统计代表性不足。Au元素单位为10^{-9},其他元素单位为10^{-6}

表 9-4　九龙脑矿田各时代地层中元素富集系数（K）统计表

界	系	统	组	代号	Cu	Zn	Pb	Sn	Ag	Li	Be	Ni	Co	W	Mo	As	Sb	Au	Bi	图幅/样数
中生界	三叠系	下统	铁石口组	T_1t	0.99	0.67	1.73	6.67			0.86	1.34	0.66		8.33					左拔幅
上古生界	二叠系	上统	大隆组	P_3d	1.44	0.94	3.33	2.50			2.50	3.05	3.51		4.92					左拔幅
			乐平组	P_3l	2.19	0.90	2.12	5.58			1.67	2.67	1.62		1.64					左拔幅
		中统	车头组	P_2c	0.95	0.51	1.07	2.04			0.83	1.53	2.70		8.20					左拔幅
			小江边组	P_2x					2.27	1.77										左拔幅
			栖霞组	P_2q	0.30	1.79	0.47	1.76			1.23	0.85	1.91	0.61	6.80	2.14	4.35	0.06	11.90	4
		下统	马平组	P_1m	0.50	0.48	1.02	41.67			0.63	0.29	0.71		2.13					左拔幅
	石炭系	上统	黄龙组	C_2h	0.40	0.48	1.18	44.87			0.63	0.29	0.71		2.13					左拔幅
		下统	杨家源组-梓山组	$C_1y\text{-}z$	0.62	1.61	2.23	7.52	4.09	4.19	6.17	0.73	0.85	2.47	3.00	0.19	0.40	0.06	1.50	6
	泥盆系	上统	洋湖组	D_3y	3.10	5.30	6.15	3.38	5.44	1.95	4.72	0.75	1.10	2.55	3.36	0.61	0.23	0.06	0.79	4
			麻山组	D_3m	0.34	2.46	0.87	0.97	1.62	1.31	2.35	0.52	1.08	3.04	1.46	0.15	0.12	0.09	2.68	4
			嶂紫组	D_3zd	0.23	0.64	1.29	1.18	3.38	2.95	6.19	1.01	1.04	3.99	1.23	0.25	1.07	0.17	1.45	3
		中统	罗段组	D_2ld	0.40	0.86	1.62	1.78	4.41	3.64	3.45	1.06	0.97	1.23	1.39	0.09	0.21	0.06	1.21	4
			中棚组	D_2z	0.54	0.90	1.04	1.71	1.32	2.56	1.45	0.60	1.11	4.33	1.82	0.12	0.09	0.07	5.37	6
			云山组	D_2y	1.19	1.39	0.87	2.65	1.62	3.21	1.42	0.46	1.07	3.24	3.41	0.16	0.18	0.11	11.08	5
下古生界	志留系	下统	独栏桥组	S_1dl	0.39	0.70	2.37	2.65	2.40	1.94	2.31	0.54	0.38	0.68	0.80	1.23	0.57	0.12	8.89	3
	奥陶系	上统	黄竹洞组	O_3h	1.13	0.53	1.74	1.72	1.25	4.02	0.80	0.59	0.71	3.06	0.31	1.88	0.09	0.11	1.61	30
			古亭组灰岩	O_3g	0.25	0.35	0.42	0.27	0.25	0.37	0.30	1.25	0.63	0.47	1.08	0.28	0.06	0.11	0.07	3
		中统	半坑组	O_2b	0.71	1.17	0.47	2.82	0.63	1.86	1.29	0.57	1.08	1.84	0.36	2.54	0.36	0.07	0.96	37
		下统	下黄坑组	O_1x	0.71	1.17	0.47	2.82	0.63	1.86	1.29	0.57	1.08	1.84	0.36	2.54	0.36	0.07	0.96	37
	寒武系	上统	水石组	$\in_3sh$	1.13	1.10	0.94	2.17	0.60	1.82	1.53	1.72	0.97	1.36	2.45	1.44	0.65	0.08	2.09	94
		中统	高滩组	$\in_2gt$	0.92	0.83	1.67	7.21	6.20	1.91	1.50	0.51	0.62	1.08	2.24	2.27	0.17	0.07	0.60	22
		下统	牛角河组	$\in_1nj$	0.89	0.47	4.05	1.65	5.80	1.92	1.08	0.59	0.71	2.29	6.42	1.09	0.53	0.38	0.62	14

续表

界	系	统	组	代号	Cu	Zn	Pb	Sn	Ag	Li	Be	Ni	Co	W	Mo	As	Sb	Au	Bi	图幅/样数
新元古界	震旦系	上统	老虎塘组	Z_2l	1.11	0.60	3.44	1.64	8.75	1.27	0.94	0.81	1.26	1.70	2.82	7.67	2.03	0.11	1.36	27
		下统	坝里组	Z_1b	1.31	0.72	0.88	4.43	9.75	2.22	2.96	0.90	1.24	3.19	3.27	15.03	0.57	0.13	1.79	22
元素富集系数，系与於崇文(1987)《南岭地区区域地球化学》中相应数据的比值				Z	32.90	94.00	25.50	4.00	0.04	38.40	3.30	26.00	11.70	3.40	0.88	4.07	0.68	3.50	0.28	
				Ⅲ	36.10	94.80	19.30	3.95	0.05	34.40	2.90	33.00	10.00	3.62	0.83	26.50	2.71	3.50	0.45	
				O	58.60	104.7	14.7	4.88	0.08	20.30	2.40	27.50	8.80	1.94	3.03	9.80	1.77	3.50	0.46	
				S	63.00	94.00	12.00	1.70	0.08	21.00	1.30	89.00	25.00	1.10	1.30	2.20	0.60	3.50	0.36	
				D	23.50	55.90	13.90	4.50	0.07	23.70	2.50	16.50	7.80	3.60	0.83	18.00	1.88	3.50	0.38	
				C	24.80	62.68	12.70	1.56	0.04	21.40	1.60	20.40	8.40	1.89	0.47	6.43	0.63	3.50	0.26	
				P	21.70	58.50	15.00	2.40	0.04	17.40	1.20	13.10	3.70	1.50	0.61	9.20	0.69	3.50	0.42	
				T	37.90	139.2	15.80	2.10	0.03	23.70	3.20	29.80	17.50	2.00	0.15	8.22	0.76	3.50	0.46	
地壳（黎彤和鄘范，1982）					63.00	94.00	12.00	1.70	0.08	21.00	1.30	89.00	25.00	1.10	1.30	2.20	0.60	3.50	0.0043	

Mo、Bi、Li、Be 等元素富集、贫化趋势与 W 元素具有同步性；②AnZ、Z、Є等前泥盆纪地层以富 W、Pb、Ag、As、REE、Nb、Ta 等金属元素为主，Sn、Mo、Bi 等元素次之，而 D、C 等晚古生代地层则以富 W、Sn、Pb、Zn 元素为主，其他较差；③W、Ag、Sn、Pb 主要成矿元素在基底建造平均含量高于盖层，呈现出随着地层时代变新含量有逐渐降低的趋势（图9-4，图9-5）。

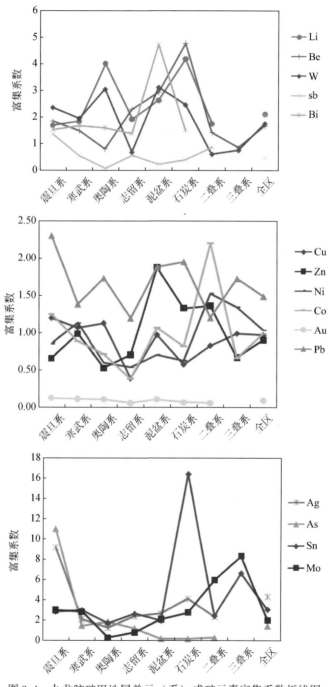

图 9-4　九龙脑矿田地层单元（系）成矿元素富集系数折线图

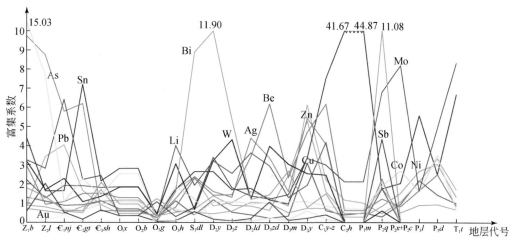

图9-5　九龙脑矿田地层单元（组）成矿元素富集系数折线图

从地层的岩性赋矿性来说，含钨建造中钨的分布与岩性关系密切，变余粉砂岩、粉砂质板岩、粉砂岩和泥页岩中钨多金属含量高于砂岩，富含粉砂质，碳质的岩石钨多金属含量明显增高，一般质地较纯的石灰岩、大理岩和硅质岩钨含量均较低（图9-6，表9-5）。

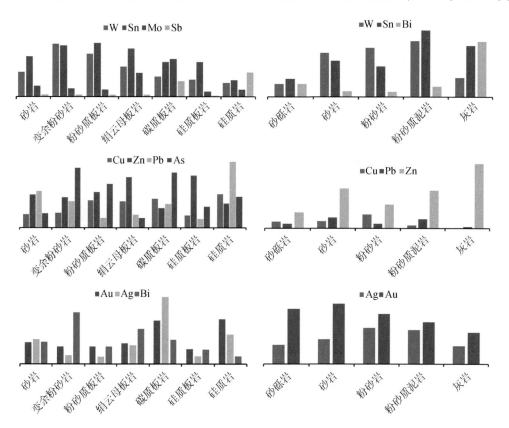

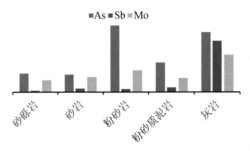

图 9-6　九龙脑矿田地层单元不同岩性成矿元素相对含量直方图

表 9-5　九龙脑矿田成矿元素地层分布一览表

元素项目	地层单元（富集系数 $K>3$）		岩性类型	蚀变类型		
	系	组		角岩	角岩化	硅化
W 元素	震旦系	坝里组	变余粉砂岩 粉砂质板岩 砂岩 粉砂岩 粉砂质页岩	+	+	+
		老虎塘组		+	+	+
	寒武系	牛角河组		+	+	+
	泥盆系	云山组				+
		中棚组				+
		嶂崇组				+
		麻山组				+
		洋湖组				+
	石炭系	杨家源组-梓山组				+
Sn 元素	震旦系	坝里组	变余粉砂岩 粉砂质板岩 粉砂岩 粉砂质页岩 碳酸盐岩	+	−	+
	寒武系	高滩组		+	−	+
	泥盆系	洋湖组				+
	石炭系	杨家源组-梓山组				+
		黄龙组				
	二叠系	马平组				
Mo 元素	寒武系	牛角河组	碳质板岩 粉砂岩 碳酸盐岩	−	−	−
	泥盆系	洋湖组				
	二叠系	栖霞组				
		小江边组				
		车头组				
	三叠系	铁石口组				
Bi 元素	寒武系	水石组	变余粉砂岩 砂砾岩 碳酸盐岩	+	−	−
	志留系	独栏桥组				−
	泥盆系	云山组				−
	二叠系	中棚组				−
		栖霞组				−

续表

元素项目	地层单元（富集系数 K>3）		岩性类型	蚀变类型		
	系	组		角岩	角岩化	硅化
Cu 元素	泥盆系	洋湖组	粉砂岩			−
Pb 元素	震旦系	老虎塘组	硅质岩 变余粉砂岩 碳质板岩 砂岩 粉砂质页岩	−	−	−
	寒武系	牛角河组		−	−	−
	泥盆系	洋湖组				−
	石炭系	杨家源组–梓山组				
	二叠系	大隆组				
Zn 元素	泥盆系	洋湖组	碳酸盐岩 粉砂质页岩 石英砂岩			−
	泥盆系	麻山组				
	石炭系	杨家源组–梓山组				
	二叠系	栖霞组				
Ag 元素	震旦系	坝里组	碳质板岩 硅质岩 粉砂岩 粉砂质页岩	−	−	−
	震旦系	老虎塘组		−	−	−
	寒武系	牛角河组		−	−	−
	寒武系	高滩组		−	−	−
	泥盆系	罗段组				
	泥盆系	嶂崇组				
	泥盆系	洋湖组				−
	石炭系	杨家源组–梓山组				
Au 元素	震旦系	老虎塘组	碳质板岩 硅质岩	+	+	+
	寒武系	牛角河组		+	+	+
As 元素	震旦系	坝里组	变余粉砂岩 粉砂质板岩 碳质板岩 碳酸盐岩	+	−	+
	震旦系	老虎塘组		+		+
	寒武系	牛角河组		+	−	+
	二叠系	栖霞组				
Sb 元素	震旦系	老虎塘组	碳质板岩 硅质岩 碳酸盐岩	−	−	−
	二叠系	栖霞组				−

注："+"增强元素富集，"−"富集作用不显著

因此，区内就地层的岩石类型而言，富粉砂质、泥质岩石有聚集 REE、W 元素的趋向，碎屑岩赋存 W、Sn、Pb、Ag、As 等元素，碳酸盐岩赋存 Zn、Sn、As、Sb 元素，而硅质岩则赋存 Pb、Au、Ag、Sb 元素。就岩浆热液蚀变强度而言：岩浆热液叠加、改造岩石过程中，促进 W、Sn、As 等元素显著富集，与岩石类型、蚀变强度、元素地球化学性质有关（图9-7）。

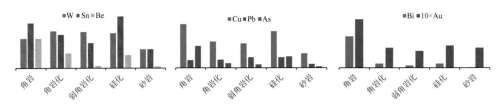

图 9-7　九龙脑矿田热液蚀变成矿元素相对含量直方图

就地质作用而言：基底含钨建造和盖层钨含量分布也有明显区别，基底建造中钨含量所表现的多重分布，反映基底建造与钨初步富集有关的多次地质作用的信息，而盖层中钨的分布基本是均匀的，近于对数正态分布，反映了较为单一的地质作用信息（刘英俊等，1986）（图 9-8）。

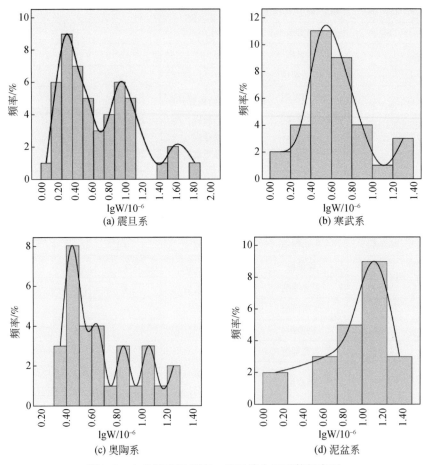

图 9-8　九龙脑矿田基底、盖层钨含量对数频率图

综上所述，九龙脑矿田地层是一个 W、Sn、Ag、Pb、As 高背景值分布区，伴生元素 Cu、Mo、Bi 等也均较富集，属硅铝质为主的陆壳。区内地层钨锡多金属丰度与特定地层层位、岩石类型及后期地质作用叠加、改造有关。钨锡多金属选择性地富集于区内广泛分

布的构造–岩浆活动强烈的基底及泥盆系中，与该套地层原始沉积环境和后期多次构造–岩浆活动叠加、改造元素富集有关，其作为钨锡多金属矿的主要赋矿围岩，对钨锡金属矿成矿具有类似于矿源层的贡献作用，可提供部分成矿物质来源。同样的道理，地层中不同岩石类型的化学、物理性质及分布特征，影响到矿床的产出部位，如石英脉型钨矿床均产于构造裂隙发育的硅铝质碎屑岩地层中，而矽卡岩型钨矿则产于岩浆热液与碳酸盐岩接触带处。但是，这并不意味着这些地层便是矿源层。矿床类型及矿床的最终定位是受地层含钨丰度、岩浆和构造等诸因素联合控制的结果。

2. 岩浆岩的地球化学特征

1）岩浆岩成矿元素特征

九龙脑矿田岩浆活动具多旋回多期次性，为加里东期→海西期—印支期→燕山早期，岩浆岩依次为基性花岗岩（辉长岩类）→中酸性（花岗（石英）闪长岩）→偏酸性、酸性黑云母花岗岩、花岗斑岩。15 种主要成矿元素在不同时期花岗岩、不同岩相中的富集与贫化具有一定的规律性，既表现在具有类似化学性质的共、伴生元素同步规律性变化的专属性，又表现在不同期次花岗岩体富集成矿元素的差异性，同时显示了区内基底老地层–花岗岩–矿床三者之间成矿元素的亲缘和继承关系。

与维诺格拉多夫基性、中性、酸性岩浆岩元素含量相比（表 9-6，图 9-9）：区内成矿元素的富集与贫化表现出显著的专属性，W、Sn、Bi、Li、Be、Mo、Pb、Ag 元素普遍富集于燕山早期酸性花岗岩，含量普遍高于维氏值几倍至几十倍，特别是 W、Sn 两个元素，无论是中性岩还是酸性岩，均高于维氏值多倍且呈不稳定状态，为区域的主要成矿特征元素。Cu、Zn、Ni、Co、As、Sb、Au 等元素在加里东期、海西期—印支期中基性岩浆岩中相对富集。从加里东期到燕山早期，岩浆岩中 W、Sn、Bi、Li、Be 高温元素组合呈折线式升高趋势，中低温且偏基性 Cu、Zn、Ni、Co、As、Sb、Au 元素组合呈折线式降低，Ag、Pb 两元素则呈"M"形升降，且 W、Sn、Bi 元素，Li、Be 元素，Pb、Ag 元素，Cu、Zn、Ni、Co 元素，As、Sb、Au 元素之间分别表现出较好的相关性。

与此同时，不同期次花岗岩富集的成矿元素又具有一定的差异性。如九龙脑复式岩体以 W、Sn 元素含量高为特征；印支期柯树岭岩体在 W、Sn 元素富集的同时 As 元素含量高达 111.83×10^{-6}；燕山早期第二阶段第三次形成的宝山岩体，除略微富集 W、Sn 元素外，Pb、Cu、Zn、Ag、Au 元素含量特别高。这分别与九龙脑复式岩体内、外接触带产出云英岩细脉带与石英大脉型钨锡矿床、柯树岭岩体外围形成密集的含毒砂高温热液石英脉型钨锡矿床、宝山岩体与石炭系、二叠系碳酸盐岩接触带产出矽卡岩钨银金铅锌矿床相吻合。上述花岗岩中富集的元素与矿床主成矿元素对应，反映了成矿元素、伴生元素与花岗岩的亲缘和继承关系。因此，不同时期花岗岩富集元素的这种亲缘与继承关系，可作为区内寻找不同矿种、矿化类型矿床的地球化学标志。如海西期—印支期石英闪长岩中 Au、As、Sb 元素同步高含量富集（图 9-9），其外围产出金矿床的可能性极大，该时期的石英闪长岩体可作为成金矿床的有利成矿地质体，应加以重视。区内少见独立产出的钼、铋矿床，Mo、Bi 元素富集可能以辉钼矿、辉铋矿、自然铋形式与钨锡共伴生，或赋存在金银铅锌矿物中。

表 9-6 九龙脑矿田不同时期岩浆岩主成矿元素平均含量统计表

旋回	期	阶段	次	岩体	代号	主要岩性	W	Sn	Mo	Bi	Li	Be	Cu	Pb	Zn	Au	Ag	As	Sb	Ni	Co	图幅/样数
燕山岩浆旋回	燕山早期	第三阶段	第三次	西华山	$\gamma\pi_5^{2-3c}$	花岗斑岩	15.94	30.87	1.10	1.41	117.27	10.59	7.19	42.84	84.64	0.30	0.05	4.44	0.14	3.30	4.05	2
			第二次	宝山坑口	γ_5^{2-3b}	细粒少斑（含石榴子石）黑云母花岗岩	3.01	6.95	1.85	3.31	37.60	9.30	20.00	204.90	83.15	0.90	1.74	0.50	0.06	7.45	5.80	2
			第一次	竹篙岭	γ_5^{2-3a}	中细粒斑状/少斑黑云母花岗岩	8.04	15.02	1.47	5.88	97.82	17.10	2.64	54.02	49.02	0.24	0.17	0.54	0.11	13.46	10.68	5
		第二阶段	第三次	宝山	γ_5^{2-2c}	黑云母花岗岩	2.18	8.25	1.31	0.38	35.70	4.30	32.40	176.47	87.77	0.58	0.37	3.45	0.14	7.98	6.45	6
				石溪		黑云母花岗岩	4.04	20.10	2.13	3.07	57.64	11.33	12.61	49.51	54.40	0.21	0.13	0.59	0.10	10.86	7.81	7
			第二次	李坑	γ_5^{2-2b}	细粒白云母花岗岩	<30	40.00	1.00	<30	158.00	5.00	10.00	18.00	28.00					6.00	6.00	左拔幅
				回洞		中细粒斑状二云母花岗岩	6.31	30.30	1.19	1.27	59.28	10.04	12.35	44.51	33.67	0.24	0.12	2.02	0.08	3.76	4.02	14
			第一次	马子塘	γ_5^{2-2a}	细-中粒斑状黑云母花岗岩	7.57	17.47	1.71	2.51	70.34	11.36	14.63	70.16	51.35	0.28	0.28	1.31	0.14	6.36	7.64	40
海西-印支岩浆旋回	印支期			文英	γ_5^{1}	中粗粒斑状二云母花岗岩	1.97	11.79	0.50	1.22	102.78	7.50	12.01	41.02	78.49	1.40	0.05	0.86	0.10	9.84	3.08	2
				柯树岭		中粗粒斑状二云母花岗岩	17.05	48.33	1.16	1.29	123.50	7.10	26.53	49.87	51.77	0.33	0.34	111.83	0.17	5.73	7.07	3
	海西期			塘头里	δo_4^{3}	中细粒石英闪长岩	1.83	3.75	3.31	0.05	44.88	2.56	52.53	15.79	107.63	3.00	0.04	102.00	1.27	46.09	27.99	1
加里东岩浆旋回	晚期			美田	$\gamma\delta_3^{3}$	细粒斑状花岗闪长岩	5.62	7.28	1.47	0.20	107.54	4.06	38.91	31.54	127.76	0.23	0.24	2.07	0.06	30.11	11.19	20
				响郎中	$\nu\beta\mu_3^{3}$	细粒角闪辉长辉绿岩	1.85	1.79	3.05	0.03	19.95	1.61	67.81	9.66	128.13	0.45	0.03	3.03	1.93	89.34	37.93	2
				两卡坑	$\psi\psi\delta_3^{3}$	细粒辉石闪长岩	1.65	2.69	2.55	0.02	10.60	1.95	62.98	13.94	103.33	1.50	0.05	7.25	1.17	46.63	32.24	2
	早期			塘下	$\psi\nu_3^{1}$	细粒角闪辉长岩	15.00	16.00	3.30			3.50	150.00	25.00	48.00	0.00	0.50			126.00	55.00	左拔幅
				塘下	$\psi\tau_3^{1}$	细粒角闪辉长岩	20.00	7.20	1.33		90.00	1.67	68.33	14.30	60.00	0.00				126.70	56.70	左拔幅
维诺格拉多夫元素含量（1962年）				酸性岩			1.50	3.00	1.00	0.01	40.00	5.50	20.00	20.00	60.00	0.00	0.05	1.50	0.26	8.00	5.00	
				中性岩			1.00	3.00	0.90	0.01	20.00	1.80	35.00	15.00	72.00	0.00	0.07	2.40	0.20	55.00	10.00	
				基性岩			1.00	1.50	1.40	0.01	15.00	0.40	100.00	8.00	130.00	0.00	0.10	2.00	1.00	160.00	45.00	

注：主成矿元素含量单位 Au 元素为 10^{-9}，其他元素为 10^{-6}

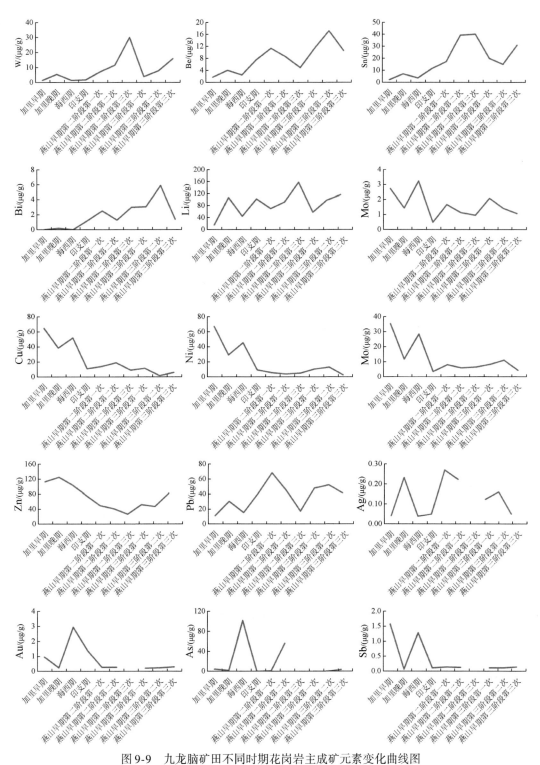

图 9-9　九龙脑矿田不同时期花岗岩主成矿元素变化曲线图

同源岩浆演化过程中形成的花岗岩系列为花岗（石英）闪长岩→二云二长花岗岩→二云花岗岩→花岗斑岩，W、Sn、Mo、Bi、Be等元素逐步富集。到岩浆演化晚期，岩体顶部或边部往往形成似伟晶岩壳，这些成矿元素在其中进一步增高，充分反映了这些元素在岩浆演化晚期富集成矿的特点。九龙脑复式岩体为地壳重熔S型花岗岩，其与基底老地层同时富集W、Sn、Bi、Pb、Ag等成矿元素，间接反映了两者之间的亲缘和继承关系。

2）地层、花岗岩与成矿的关系

淘锡坑石英大脉型钨锡矿床的矿体，主要赋存于深部隐伏花岗岩体内接触带和外接触带震旦系变质岩中。矿区由西往东依次分布枫林坑、宝山、西山、烂埂子四大脉组，脉组在平面上向北西发散为宝山、西山、烂埂子脉组，向南东往枫林坑脉组收敛（据2013年淘锡坑钨资源储量核实报告）。垂向上矿体主要赋存于震旦系浅变质岩内，受成矿裂隙控制，向下延深于隐伏花岗岩体内，矿体形态分带、矿化元素分带、矿石矿物分带和围岩蚀变分带等，符合典型的"五层楼"模式。

随着找矿勘查深度的加大，赋存于隐伏花岗岩体突起部位的内接触带云英岩（脉）型钨锡矿体（"地下室"）陆续被发现。一般认为，赣南地区钨锡矿的成矿演化具有多次成岩成矿与多期多阶段成矿的特征，与钨锡矿化有关的燕山期花岗质岩浆在每次侵位过程中，随着岩浆结晶分异冷凝，分异出富含挥发分、白云母、石英和活泼的金属物质的熔浆在深部压力差的驱动下，体积减小的状态下沿隐伏花岗岩体突起断裂虚脱部位快速冷却形成云英岩壳，沿断裂构造裂隙充填形成云英岩脉，而高挥发分的含矿流体继续沿张性或张扭性构造裂隙向前向上运移，最后冷凝形成含钨石英脉。因此，在同一期岩浆侵位过程中，随着花岗质岩浆成岩成矿演化的进行，往往依次形成花岗岩→云英岩壳/脉→含钨矿石英脉。在淘锡坑钨锡矿床的坑道内，隐伏花岗岩体、云英岩壳、云英岩脉、含钨矿石英脉及其相互间的穿插关系都明显可见（图9-10，图9-11）。

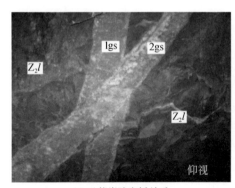 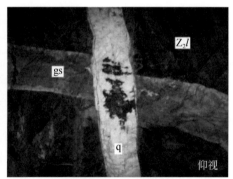

(a) 云英岩脉穿插关系　　　　　　　　(b) 矿脉穿插云英岩脉

图9-10　云英岩脉及矿脉之间的穿插关系

Z_2l. 震旦系老虎塘组；gs. 云英岩脉；q. 含钨石英脉。下同

（1）花岗岩的稀土元素地球化学特征

淘锡坑花岗岩稀土元素含量和特征参数列于表9-7，结合图9-12、图9-13分析，淘锡坑花岗岩具有如下特征：①二长花岗岩、黑云母花岗岩、钾长花岗岩、白云母花岗岩的稀土元素配分模式十分相似（仅铕负异常有强弱之别），表明淘锡坑花岗岩具有同源性，从

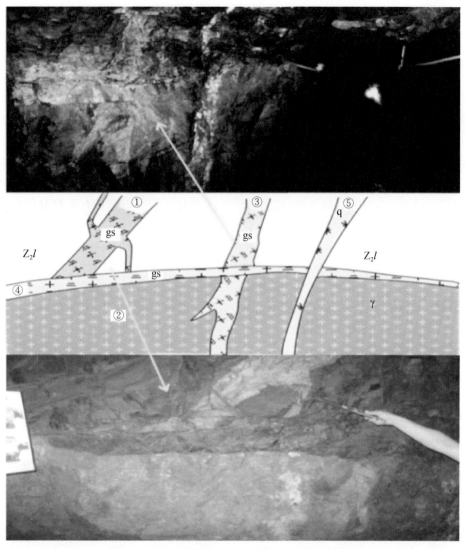

图9-11　钨矿石英脉、云英岩脉及花岗岩关系图

Z_2l. 震旦系老虎塘组；①第一期云英岩脉；②花岗岩体；③第二期云英岩脉；④第三期云英岩脉；⑤含钨石英脉

二长花岗岩→黑云母花岗岩→钾长花岗岩→白云母花岗岩，负铕异常的差异性是同源岩浆不同程度演化（结晶分异）的结果。②不同类型花岗岩的稀土元素球粒陨石标准化分布型式均表现为强烈的铕负异常、弱的铈负或正异常、向右倾斜的"海鸥型"轻稀土富集型。稀土元素含量及稀土元素球粒陨石标准化分布型式特征均与九龙脑复式花岗岩体类似，说明淘锡坑花岗岩与九龙脑复式岩体花岗岩岩浆演化具有同源性，推断淘锡坑隐伏花岗岩体可能是九龙脑复式岩体向北侵位的某一岩枝。

表 9-7　淘锡坑花岗岩稀土元素含量和特征参数

样品号	SX03	SX10	SX17	SX04	ZK401-1 *	ZK401-3 *	ZK401-5 *	ZK802-01	ZK802-03 *
岩性	二长花岗岩	黑云母花岗岩		钾长花岗岩	白云母花岗岩				
La	62.32	27.89	24.21	36.42	17.80	15.30	17.29	17.58	19.68
Ce	129.80	58.30	52.8	60.00	41.60	33.19	41.02	46.00	50.90
Pr	11.90	6.50	5.40	8.10	5.59	4.27	5.66	4.60	5.30
Nd	49.60	23.10	18.9	29.20	22.50	19.82	26.89	16.80	20.70
Sm	8.74	5.37	4.42	7.89	7.08	6.61	8.87	6.21	8.11
Eu	0.93	0.49	0.43	0.42	0.09	0.03	0.07	0.09	0.09
Gd	7.10	4.30	3.80	7.30	8.21	9.95	11.68	6.70	8.70
Tb	0.99	0.71	0.62	1.57	1.78	2.02	2.30	0.82	2.27
Dy	4.90	3.40	3.00	9.90	12.10	14.54	15.49	12.80	15.5
Ho	0.91	0.52	0.45	2.00	2.47	3.20	3.37	2.59	3.10
Er	2.75	1.44	1.19	6.36	8.05	9.41	9.43	8.41	9.52
Tm	0.42	0.22	0.16	1.10	1.28	1.50	1.47	1.58	1.63
Yb	2.71	1.54	0.97	7.29	8.80	9.99	9.49	10.82	10.52
Lu	0.46	0.27	0.15	1.31	1.33	1.51	1.43	1.95	1.81
Y	27.55	17.48	14.54	65.65	84.00	82.02	89.90	70.87	83.79
ΣREE	283.53	134.05	116.50	178.86	138.68	131.34	154.46	136.95	157.83
ΣLREE	263.29	121.65	106.16	142.03	94.66	79.22	99.80	91.28	104.78
ΣHREE	20.24	12.40	10.34	36.83	44.02	52.12	54.66	45.67	53.05
ΣLREE/ΣHREE	13.01	9.81	10.27	3.86	2.15	1.52	1.83	2.00	1.98
$(La/Yb)_N$	16.50	12.99	17.90	3.58	1.45	1.10	1.31	1.17	1.34
δEu	0.35	0.30	0.31	0.17	0.04	0.01	0.02	0.04	0.03
δCe	1.09	1.02	1.09	0.82	1.01	0.99	1.01	1.23	1.20

* 据郭春丽，2010；其余据邹欣，2006

注：稀土元素含量单位为 10^{-6}

（2）矿石的稀土元素地球化学特征

淘锡坑矿区三类脉体 [云英岩（脉）、含黑钨矿石英脉、不含矿石英脉] 的稀土元素含量和特征参数见表 9-8。与淘锡坑花岗岩稀土元素球粒陨石标准化分布型式对比（图 9-14）可以看出：淘锡坑矿石矿脉的稀土元素球粒陨石标准化分布型式至少可分为两类。一类包括云英岩、含黑钨矿石英脉，稀土总量 $133.97 \times 10^{-6} \sim 259.80 \times 10^{-6}$，平均 195.64×10^{-6}；ΣLREE/ΣHREE 为 $2.50 \sim 5.07$，平均 3.25；$(La/Yb)_N$ 为 $1.07 \sim 2.66$，平均 1.57；δEu 为 $0.01 \sim 0.12$，平均 0.06；δCe 为 $1.03 \sim 1.17$，平均 1.10。稀土元素球粒陨石标准化分布型式表现出强烈的铕负异常、弱的铈正异常、向右微弱倾斜的"海鸥型"轻稀土轻度富集特征。另一类为不含矿的石英脉，稀土总量 $2.05 \times 10^{-6} \sim 2.79 \times 10^{-6}$，平均 2.38×10^{-6}，较低；ΣLREE/ΣHREE 为 $4.26 \sim 5.74$，平均 5.16；$(La/Yb)_N$ 为 $3.80 \sim 6.03$，平均 4.71；

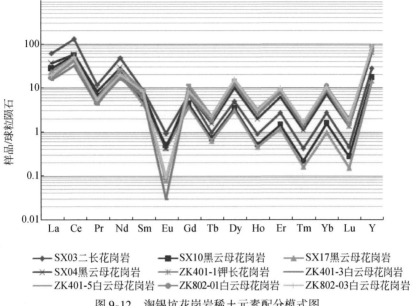

图 9-12　淘锡坑花岗岩稀土元素配分模式图

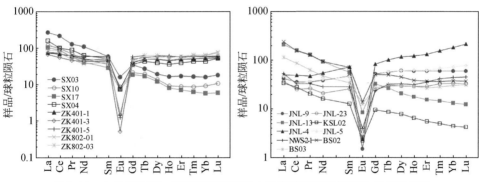

图 9-13　九龙脑矿田、淘锡坑花岗岩稀土元素球粒陨石标准化分布型式图

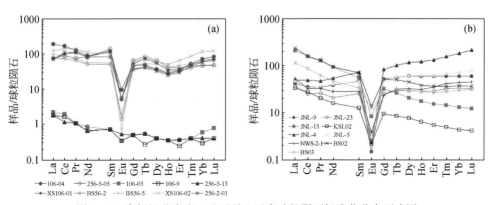

图 9-14　淘锡坑花岗岩、矿石稀土元素球粒陨石标准化分布型式图

δEu 为 0.57~0.86，平均 0.67；δCe 为 0.81~1.19，平均 1.05。稀土元素球粒陨石标准化分布型式表现为弱铕负异常、向右倾斜的轻稀土富集特征。

表 9-8　淘锡坑矿石稀土元素含量和特征参数

样品号	106-04	256-5-05	106-05	106-9	256-5-13	XS106-01	BS 56-2	BS 56-5	XS106-02	256-2-01
岩性	含黑钨矿脉石英		脉石英			脉云英岩	云英岩			
La	43.79	17.47	0.53	0.42	0.42	17.26	17.40	22.40	28.50	16.74
Ce	100.10	52.30	1.20	1.00	0.70	60.10	44.10	52.20	86.40	64.90
Pr	11.80	7.10	0.10	0.10	0.10	10.20	6.03	6.82	12.60	10.50
Nd	40.10	37.10	0.40	0.30	0.30	38.10	23.30	26.30	49.80	37.00
Sm	17.47	21.16	0.11	0.11	0.11	18.21	7.69	8.40	14.90	12.42
Eu	0.55	0.31	0.02	0.02	0.03	0.29	0.08	0.11	0.04	0.31
Gd	9.30	13.10	0.10	0.10	0.10	10.60	7.51	9.21	12.30	7.40
Tb	1.79	3.00	0.02	0.01	0.01	2.65	1.53	1.97	2.43	1.52
Dy	9.10	16.10	0.02	0.02	0.02	14.00	9.31	12.50	15.40	8.30
Ho	1.51	2.36	0.02	0.02	0.02	1.97	1.65	2.29	2.85	1.41
Er	5.33	6.40	0.06	0.04	0.06	5.91	5.54	7.75	10.40	4.90
Tm	1.31	1.13	0.01	0.01	0.01	1.26	1.00	1.32	2.13	1.12
Yb	11.81	7.73	0.10	0.05	0.10	10.07	7.96	9.94	19.10	9.84
Lu	2.05	1.18	0.02	0.01	0.01	1.73	1.17	1.52	2.95	1.83
Y	25.65	110.39	0.57	0.48	0.48	51.49	63.00	69.00	85.00	69.26
ΣREE	256.01	186.44	2.79	2.29	2.05	192.35	133.97	162.73	259.80	178.19
ΣLREE	213.81	135.44	2.36	1.95	1.66	144.16	98.30	116.23	192.24	141.87
ΣHREE	42.20	51.00	0.43	0.34	0.39	48.19	35.67	46.50	67.56	36.32
ΣLREE/ΣHREE	5.07	2.66	5.49	5.74	4.26	2.99	2.76	2.50	2.85	3.91
$(La/Yb)_N$	2.66	1.62	3.80	6.03	4.30	1.23	1.57	1.62	1.07	1.22
δEu	0.12	0.05	0.57	0.57	0.86	0.06	0.03	0.04	0.01	0.09
δCe	1.06	1.15	1.19	1.16	0.81	1.09	1.05	1.03	1.12	1.17

注：稀土元素含量单位为 10^{-6}。

上述两类脉体稀土元素球粒陨石标准化分布型式与特征参数差别很大，第一类稀土总量高，具强烈的铕负异常，表现为稍微右倾斜的"海鸥型"轻度轻稀土富集特征，其稀土元素含量与稀土元素球粒陨石标准化分布型式均与淘锡坑花岗岩相类似 [图 9-14（a）、(b)]，说明淘锡坑成矿热液源于深部隐伏花岗岩体。岩石、矿石（特别是云英岩）中强烈铕亏损，可能是花岗岩结晶晚期阶段释放的高温水热流体造成溶体与流体的相互作用，导致岩体自交代蚀变，但这并没有改变岩石、矿石的稀土元素球粒陨石标准化配分模式，进一步佐证了云英岩蚀变分带是同一岩浆在不同演化阶段的产物。第二类稀土总量很低，各种稀土含量都很低，铕异常也不显著，明显区别于第一类，推测造成这种较大差异的原因可能是淘锡坑钨锡矿床存在多期次（至少两次）成矿作用，且可能具有不同的矿源。

（3）赋矿围岩的稀土元素地球化学特征

淘锡坑赋矿围岩的稀土元素含量及特征参数见表9-9。三类碎屑砂岩稀土总量、各稀土元素含量和特征参数相近，稀土元素球粒陨石标准化分布型式相似。稀土总量为 $112 \times 10^{-6} \sim 477.78 \times 10^{-6}$，平均 234.62×10^{-6}；$\Sigma LREE / \Sigma HREE$ 为 $4.03 \sim 11.62$，平均 7.78；$(La/Yb)_N$ 为 $3.61 \sim 17.05$，平均 11.09；δEu 为 $0.50 \sim 0.67$，平均 0.61；δCe 为 $0.85 \sim 1.31$，平均 0.87。稀土元素球粒陨石标准化分布型式表现为弱铕负异常、向右倾斜的轻稀土富集特征，与矿石稀土元素分布型式图及特征参数差别较大（图9-15）。

表9-9　围岩稀土元素含量和特征参数

样品号	TK08	TK31	TK29	TK51	TK68	TK72	TK33
岩性	变余石英砂岩		变余粉砂岩				变余细砂岩
La	42.95	17.47	59.68	24.21	46.53	45.58	102.21
Ce	74.30	66.10	87.20	49.70	56.40	60.50	191.70
Pr	9.80	8.70	17.90	4.90	9.80	10.60	23.20
Nd	37.50	35.20	87.10	18.70	35.40	40.70	102.70
Sm	7.47	7.58	17.68	3.79	6.84	7.58	17.47
Eu	1.41	1.59	3.48	0.72	1.34	1.50	2.63
Gd	6.90	6.60	13.30	3.50	6.00	7.60	13.80
Tb	1.14	1.22	2.17	0.54	0.96	1.53	1.97
Dy	6.30	7.00	11.00	2.70	5.00	11.00	9.80
Ho	1.25	1.34	1.87	0.48	0.87	2.58	1.68
Er	3.59	3.91	5.22	1.35	2.46	8.35	4.91
Tm	0.51	0.58	0.73	0.18	0.34	1.30	0.71
Yb	3.03	3.47	4.46	1.07	2.00	7.67	4.30
Lu	0.52	0.58	0.73	0.16	0.34	1.25	0.70
Y	35.44	43.13	44.84	13.11	24.80	67.93	42.28
ΣREE	196.67	161.34	312.52	112.00	174.28	207.74	477.78
$\Sigma LREE$	173.43	136.64	273.04	102.02	156.31	166.46	439.91
$\Sigma HREE$	23.24	24.70	39.48	9.98	17.97	41.28	37.87
$\Sigma LREE/\Sigma HREE$	7.46	5.53	6.92	10.22	8.70	4.03	11.62
$(La/Yb)_N$	10.17	3.61	9.60	16.23	16.69	4.26	17.05
δEu	0.59	0.67	0.67	0.59	0.63	0.60	0.50
δCe	0.85	1.31	0.65	1.06	0.62	0.65	0.93

注：稀土元素含量单位为 10^{-6}

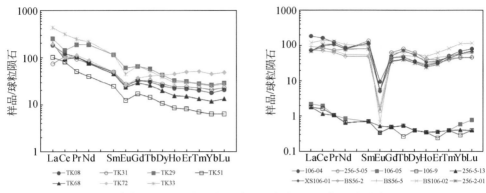

图 9-15　淘锡坑赋矿围岩、矿石稀土元素球粒陨石标准化分布型式图

　　淘锡坑赋矿围岩的稀土元素含量相对于花岗岩（图 9-16），两者差异较大，围岩相对富集轻稀土，花岗岩相对富集重稀土，花岗岩的负铕异常更加显著。在 LREE-MREE-HREE 三角图解中（图 9-17），淘锡坑花岗岩的投影点位于 LREE 端，随着区内花岗质岩浆的演化（二长花岗岩→黑云母花岗岩→钾长花岗岩→白云母花岗岩），稀土元素向富集中、重稀土偏重稀土方向变化。在 LREE-MREE-HREE 三角图解中（图 9-17），花岗岩与矿石的稀土元素分布相接近，均比赋矿围岩更富集中、重稀土，且矿石相比花岗岩更富集重稀土。

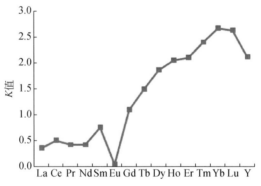

图 9-16　淘锡坑赋矿围岩相对于花岗岩 K 值图

K = 花岗岩 REE 平均含量/围岩 REE 平均含量

　　九龙脑复式花岗岩体、淘锡坑隐伏花岗岩体、矿石与赋矿围岩相比，稀土元素地球化学特征明显不同。前三者的稀土元素分布型式、特征参数及其在 LREE-MREE-HREE 三角图解中的位置、稀土演化方向均相似，而赋矿围岩与花岗岩、矿石矿脉差异较大，说明成矿物质并非来源于赋矿围岩，而钇族稀土元素随着花岗质岩浆→成矿流体的分异演化而趋于富集，δEu 异常系数依次降低，说明成矿流体应为岩浆结晶分异的产物。九龙脑复式花岗岩与淘锡坑花岗岩属同源演化，从淘锡坑隐伏花岗岩体→云英岩（脉）→含矿石英脉或石英脉，演化关系清晰；而成矿元素与花岗岩之间的亲缘与继承关系，表明富集 W、Sn、Mo、Be、Bi 等成矿元素的九龙脑复式花岗岩为区内钨锡矿床的形成提供了成矿物质来源。

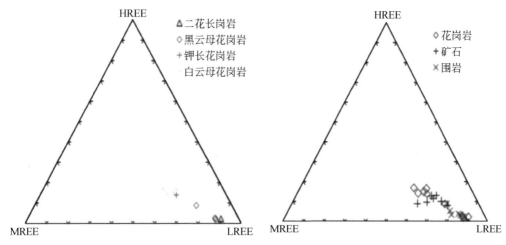

图9-17　淘锡坑花岗岩、矿石、赋矿围岩稀土三角形图解

3. 构造地球化学特征

元素的分配和迁移受构造形成和发展的影响。断裂构造作为成矿区域内的多种控矿因素中最重要的因素之一，对成矿元素的迁移、富集及成矿物理化学条件的变化起着十分重要的作用。九龙脑矿田北北东向和东西向断裂及其复合组成的区域控岩控矿构造格架，控制了岩浆的侵入和成矿岩体的定位，进而控制了区内矿床的产出部位及空间展布特征。以区内岩石光谱和1：5万水系沉积物获取的 W、Sn、Mo、Bi、Be、Cu、Pb、Zn、Ag、Au、Li、Sb、As、Co、Ni 15 种主要成矿元素异常，探索区内成矿元素受断裂构造影响在时间、空间上的分布规律，断裂构造对区内地球化学场的控制作用，为成矿远景区的优选与成矿预测提供了重要依据。

九龙脑矿田的断裂构造除北北东向外，都起始发育于加里东期，印支期、燕山期再度活动；除北西西向为先压后张外，其他均为先张后压且伴有剪切作用。断裂脆性、韧性均发育，具有多期多方式活动特征，切割基底和盖层，控制了岩浆岩活动和成矿作用。通过对区内不同方向、不同时期及不同性质断裂构造的成矿元素统计分析发现（表 9-10，表 9-11）：断裂构造内成矿元素含量除与所在岩区背景含量有关外，断裂构造方向及活动性质对这些成矿元素的集、散起到进一步的控制作用，主要体现在以下几个方面。

表 9-10　九龙脑矿田不同岩区主要成矿元素平均含量区间

岩区	主要成矿元素含量										
	W	Sn	Mo	Bi	Cu	Pb	Zn	Ag	Au	As	Sb
盖层	0.91 ~ 4.40	2 ~ 7.9	1.04 ~ 1.80	0.30 ~ 0.49	4.29 ~ 23.4	8.03 ~ 24.9	6.20 ~ 85.3	0.10 ~ 0.16	0.20 ~ 0.25	1.21 ~ 2.64	0.25 ~ 0.41
基底	5.54 ~ 8.06	3.5 ~ 5.2	0.95 ~ 2.26	0.39 ~ 1.80	2.26 ~ 46.9	5.53 ~ 44.8	5.24 ~ 64.3	0.10 ~ 0.25	0.38 ~ 0.48	1.06 ~ 25.50	0.16 ~ 0.63

注：Au 元素单位为 10^{-9}，其他元素单位为 10^{-6}

表 9-11　九龙脑矿田不同岩区各方向断裂主要成矿元素含量统计表

主要成矿元素		元素含量									
		南北向断裂		东西向断裂		北东东向断裂		北西向断裂		北东—北北东向断裂	
		盖层	基底	盖层	基底	盖层	基底	盖层	基底	盖层	基底
W	最大值	11.0	3.45		12.36		15.00	9.86	15.2		76.9
	最小值	0.78	1.64		0.26		3.09	9.08	5.42		0.38
	平均值	4.61	2.5	2.54	4.8		8.00	9.5	10.30		21.4
Sn	最大值	15.1	7.2	6	188.9	3	19.90	5.4	9.5	550	37.1
	最小值	2.2	4.8	4	0.5	<3	1.90	1.5	6.6	<3	0.28
	平均值	6.8	6.2	5	29.3	<3	7.55	3.5	8.0	50.79	11.7
Mo	最大值	2.51	3.21	2	35	<1	1.72	21.7	15.9	6	90.7
	最小值	0.89	0.96	1	<1	<1	1.09	2.43	1.67	<1	0.6
	平均值	1.62	1.7	1.25	5.54	<1	1.35	12.1	6.42	1.9	9.4
Bi	最大值	1.90	39.1		7.04		4.41	1.50	2.78		24.3
	最小值	0.42	0.46		0.1		0.58	0.20	0.39		0.5
	平均值	0.92	15.1	0.2	1.2		2.03	0.9	1.35		6.4
Cu	最大值	30.2	57.5	40	800	12	63.10	4.9	22.9	300	417
	最小值	3.0	3.6	20	6	6	53.70	3.9	<1.0	<6	3
	平均值	13.167	22.1	30	111	9	58.40	4.4	7.6	45.86	61.5
Pb	最大值	123	229	40	16186	6	16.20	12.6	12.6	776	200
	最小值	9.5	15.8	16.2	2.1	<6	10.50	5.6	5.6	<6	3.81
	平均值	62.9	90.2	28.1	1430	<6	13.98	9.1	6.1	71.57	46.1
Zn	最大值	186	115	50.1	244	<20	43.70	331	331	150	>1000
	最小值	34.7	21.9	14.9	3.1	<20	23.40	22.4	22.4	<30	3.58
	平均值	103.27	62.7	32.5	76.5	<20	30.60	176.7	117.8	47.5	117.3
Ag	最大值	0.76	0.48		0.31		0.14	0.14	0.14		2.19
	最小值	0.1	0.05		0.084		0.03	0.05	0.05		0.003
	平均值	0.37	0.2	0.14	0.1		0.10	0.1	0.1		0.37
Au	最大值	0.5	0.3		0.8		0.50	1.5	0.5		1
	最小值	0.2	0.2		0.2		0.20	0.2	0.2		0.2
	平均值	0.3	0.2	0.5	0.3		0.20	0.85	0.3		0.4
As	最大值	6.11	4.99		170	<1	3.84	0.12	2.40	53.5	154
	最小值	0.78	0.54		0.56	<1	255	0.65	0.56		0.5
	平均值	2.70	2.0	0.24	74.4	<1	138	0.39	1.24	53.5	60.6
Sb	最大值	0.17	0.30		35.23		0.52	0.43	0.77	0.25	3.52
	最小值	0.25	0.10		0.12		0.12	0.13	0.03		0.11
	平均值	0.2	0.20	0.18	7		0.27	0.28	0.31		0.7

注：Au 元素单位为 10^{-9}，其他元素单位为 10^{-6}。

（1）南北向断裂构造中 Bi、Pb、Zn 元素的含量，在基底区高于原岩几倍，说明基底区南北向断裂构造对上述成矿元素有浓集作用。盖层区构造带除 Pb、Zn、Ag 高于原岩区背景值外，其他元素浓集反映不明显。东西向断裂中，在基底区 Sn、Mo、Cu、Pb、As 含量较高，浓集明显；盖层区仅 Au 与原岩平均含量相近，浓集不明显。北东东向断裂中，基底区 Sn、Cu、As 有不同程度的浓集，盖层区上述所有元素含量均低于原岩平均含量。北西向断裂基底区浓集 W、Sn、Mo 和 Zn，盖层区 Mo、Pb、Zn、Au 相对浓集，其中以 W、Mo 浓集最为显著。北东—北北东向断裂中，基底区 W、Sn、Mo、Bi、Cu、Zn、As 浓集程度较好，尤其以 W、Sn 含量高为特征，对区内 W、Sn 成矿具有一定的控制作用；盖层区 Sn、Pb、As 相对浓集，以 Sn 含量高为特征。

上述主要成矿元素在南北向→东西、北东东向→北西向→北东—北北东向断裂构造中的浓集特点，表现出元素种类由简单到复杂，由贵多金属向钨锡多金属转变的趋势。这种断裂构造演化控制主要成矿元素集散趋势的特点，与从加里东期到燕山早期岩浆岩演化顺序控制成矿元素富、贫的趋势具有可比性。

（2）同一方向不同性质断裂或同一断裂不同活动时期的地球化学特征，具有明显的差异。同一方向韧性断裂 W、Sn、Cu、Li、Be、As 的含量显著高于脆性断裂，而脆性断层 Mo、Sb 含量较高。说明多期次活动的韧性-脆性断裂构造对成矿元素的高度浓集，具有一定程度的控制作用，是区内钨锡多金属矿床的主要导矿、赋矿构造。同一断裂构造的压剪活动比张剪活动更有利于 W、Sn、Mo、Cu、Pb、Zn 等元素的浓集。

4. 成矿元素的组合特征

为研究九龙脑矿田与热液矿床密切相关的岩浆岩元素的组合特征，以便于更形象、更直观地揭示各元素变量之间的相似程度，本次对区内实测地质剖面上采集的不同期次岩浆岩的 109 个光谱样品的 W、Sn、Mo、Bi、Be、Cu、Pb、Zn、Ag、Au、Li、Sb、As、Co、Ni 15 种主要成矿元素进行了 R 型聚类分析，结果（图 9-18）表明：15 种元素，可以分为两大类。第一类为由 W、Sn、Li、Bi、Be、Pb、Ag、As 组成的组合群体，第二类为由 Cu、Zn、Sb、Ni、Co、Mo、Au 组成的组合群体。这两大元素组合群体可能代表了九龙脑矿田内与成矿有关的两类地质体，第一类对应于与壳源燕山早期中酸性花岗岩有关的成矿元素群体，第二类为偏基性成矿元素组合群体，是加里东期、海西期—印支期具幔源或壳幔混源的中基性辉长岩类、闪长岩类元素组合的表现。

第一类 W、Sn、Li、Bi、Be、Pb、Ag、As 的元素组合群体又可分为 W-Sn-Li-As 组合与 Bi-Be-Pb-Ag 组合，前者为高温亲氧元素组合，后者为中低温亲硫元素组合。在这两类元素组合中，都显示高温亲氧元素组合内伴有中低温亲硫元素，而中低温亲硫元素组合中伴有高温亲氧元素，说明成矿环境高温氧化环境向中低温还原环境的转变是一个连续的演化过程，也反映成矿本身就是一个多期多次多阶段的过程。上述两个元素组合内，Pb 与 Ag、Bi 与 Be、Sn 与 As 的相关系数分别为 0.43、0.33、0.31，为共、伴生元素组合特征。

第二类 Cu、Zn、Sb、Ni、Co、Mo、Au 的偏基性元素组合群体，也可以具体分为四类：Sb-Ni-Co 组合，Cu-Zn 组合，Mo 和 Au。其中，Sb、Ni、Co 元素之间相关系数分别高达 0.55、0.74、0.78，为受幔源控制的基性岩辉长岩类组合元素特征。Cu、Zn 元素组合均与 Ni、Co 元素具有较好相关性（Cu 与 Ni 相关性 0.38、与 Co 相关性 0.27，Zn 与 Ni 相

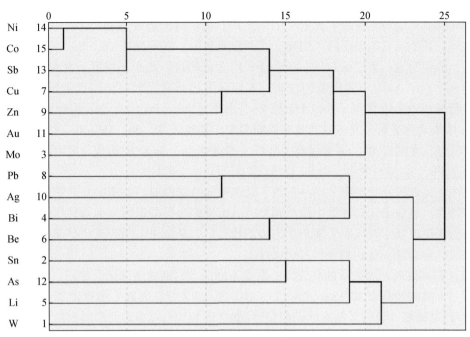

图 9-18　R 型聚类分析谱系图

关性 0.65、与 Co 相关性 0.39），说明 Cu、Zn 元素组合主要受中、基性岩浆岩控制。Mo、Au 两个元素比较特别，既与偏基性成矿元素具有一定的相关性，又与区内酸性成矿元素表现出一定的相关性（Mo 与 Bi 相关性 0.18、Au 与 As 相关性 0.25），说明 Mo、Au 两元素具有两类表现形式，一类为与中、基性岩浆岩（石英闪长岩、花岗闪长岩等）的亲缘和继承元素，另一类是作为酸性成矿元素的共伴生元素。

　　从 15 种主要成矿元素之间的相关性看（表 9-12）：元素与元素间相关性总体偏弱，但偏弱相关性分析与成矿元素变量 R 型聚类分析谱系分析结果相类似，总体可分为 W、Sn、Li、Bi、Be、Pb、Ag、As 元素组合，Cu、Zn、Sb、Ni、Co、Mo、Au 元素组合两类组合群体。

表 9-12　九龙脑矿田岩浆岩主要成矿元素相关系数表

元素	W	Sn	Mo	Bi	Li	Be	Cu	Pb	Zn	Ag	Au	As	Sb	Ni	Co
W	1.00														
Sn	0.15	1.00													
Mo	0.02	-0.04	1.00												
Bi	0.10	0.14	0.18	1.00											
Li	0.02	0.16	-0.05	0.24	1.00										
Be	0.05	0.15	0.00	0.33	0.00	1.00									
Cu	-0.08	0.01	0.06	0.17	0.21	-0.15	1.00								

续表

元素	W	Sn	Mo	Bi	Li	Be	Cu	Pb	Zn	Ag	Au	As	Sb	Ni	Co
Pb	-0.02	0.03	0.00	0.21	-0.14	0.04	0.05	1.00							
Zn	-0.10	-0.12	0.05	-0.17	0.31	-0.28	0.42	-0.15	1.00						
Ag	-0.05	-0.04	0.02	0.15	0.03	0.26	0.17	0.43	0.09	1.00					
Au	-0.10	-0.15	0.08	-0.12	-0.10	-0.13	0.10	0.07	0.09	0.02	1.00				
As	0.16	0.31	0.03	-0.08	0.15	-0.05	0.10	-0.04	-0.02	0.00	0.25	1.00			
Sb	-0.04	-0.20	0.20	-0.13	-0.16	-0.12	0.18	-0.15	0.11	-0.11	0.38	0.17	1.00		
Ni	-0.14	-0.33	0.20	-0.22	0.15	-0.30	0.38	-0.28	0.65	-0.05	0.17	0.03	0.55	1.00	
Co	-0.13	-0.39	0.24	-0.15	-0.02	-0.19	0.27	-0.28	0.39	-0.08	0.29	0.12	0.74	0.78	1.00

三、综合地球化学剖面探测

根据九龙脑矿田内矿床的分布特征，本次设计并完成了上石溪-长流坑、车子坳-金塘坑、柯树岭-聂都和上石溪-车子坳 4 条 1:10000 比例尺的地质-土壤-壤中气汞综合地球化学剖面测量工作，并在局部地段开展了地表岩石原生晕的测量工作（表9-13）。其结果为地球物理深部探测工作的部署提供了地质与地球化学依据，也为找矿远景区和靶区的圈定提供了依据。

表9-13 九龙脑矿田综合地球化学剖面测量统计表

测量方法	剖面名称	方位角/(°)	长度/km	测量布置原则	测点数	测量元素
土壤	Ⅰ-1	180	17.20	构造或岩性接触带及其两侧加密到20~40m；水系沉积物异常处及其两侧加密到20~40m；其他地区均为40m	547	W、Sn、Mo、Bi、Be、Cu、Pb、Zn、Ag、Au、Li、Sb、As、Co、Ni（15种元素）
	Ⅰ-2	20	17.22		627	
	Ⅱ-1	120	3.15		73	
	Ⅱ-2	90	7.43		193	
壤中气汞量	Ⅰ-1	180	17.20	构造或异性结构界面及其两侧加密到10~20m；其他地区均为20m	833	壤中气汞量（Hg）
	Ⅰ-2	20	17.22		722	
	Ⅱ-1	120	3.15		146	
	Ⅱ-2	90	7.43		387	
地表岩石测量	Ⅰ-1	180	17.20	了解与矿化有关的断裂带、破碎带、蚀变岩石、岩脉及石英脉等矿化强度；了解不同地层单元、不同方向断裂构造、不同期次岩浆岩地球化学特征	274	W、Sn、Mo、Bi、Be、Cu、Pb、Zn、Ag、Au、Li、Sb、As、Co、Ni、V、U（17种元素）
	Ⅰ-2	20	17.22		96	
	Ⅱ-1	120	3.15		22	
	Ⅱ-2	90	7.43		55	

1. 测量元素选择的依据

赣南 1 : 20 万水系沉积物测量成果反映的元素异常，具有显著的分带性特征。如于山中段为 W、Pb、Zn、Ag（Cu、Au）元素异常带，诸广山东坡南部为 W、Sn（Cu、Pb、Zn、Au、Ag）元素异常带，局部还出现 Ag（Pb）或 Cu、Pb、Zn 元素高异常区段，北部为 Pb、Zn、Ag 元素异常带。这种成矿元素异常分带特征，与区内钨、锡、银等矿床的展布特征是一致的。根据以往资料，区内钨锡银成矿元素的异常在水平方向上表现为自岩体向外，具有由高温向中低温过渡的分带特征，且一般可分 2~3 个元素异常带。

针对埋藏较深的盲矿体，或区分矿致异常与非矿异常比较困难的时候，需要对某些重要的前缘元素和尾部元素进行重点研究。就热液矿床而言，前缘元素有 Ag、As、Sb、Pb、Zn，尾部元素有 Cu、Sn、W 等；对于常见的元素地球化学共生关系，接触交代矿床为 W、Sn，部分热液及岩浆矿床为 Zn、Pb、Ag、Cu、Sb、Bi；复杂贵金属为 Ag、Au、As、Sb、Zn、Cu、Pb 等。因此，选择与钨矿化有关的 Sn、Mo、Bi、Li、Be、Cu、Pb、Zn、Ag、Au、As、Sb 等主要成矿元素及伴生元素作为重点是必要的，也是有依据的。

2. 综合地球化学测量数据的处理方法

为了客观地反映地球化学剖面测量过程中获得的壤中气汞量及元素地球化学分布特征，选用算术平均值（$\bar{x}$）、相对浓集系数、标准离差（s）、变异系数（Cv）等参数对地球化学剖面的壤中气汞量值、元素含量值进行地球化学统计分析。各参数及其意义如下。

$\bar{x}$：地球化学剖面上元素含量的算术平均值。

相对浓集系数：指某地质体某元素平均值与区域背景之比，可表征该地质体元素的富集情况。其中，小于 0.60 为相对贫化，0.60~1.60 为正常分布，1.00~1.50 为相对偏高，1.50~3.00 为明显富集，大于 3.00 为强富集。

s：标准离差，反映元素含量同算术平均值之间的偏离程度与起伏程度。

Cv：变异系数，$Cv = s/\bar{x}$，反映元素的起伏变化、分散集中程度。变异系数 Cv1 反映原始数据集元素的起伏变化、分散集中程度；变异系数 Cv2 是经过平均值±3 倍方差剔除极高值后的数据变异系数。

地球化学剖面异常下限（T）：是用对数剔除特高值后的剖面对数平均值加 2 倍标准差之和返真数而得来的，实际取值结合了地球化学、地质、矿产特征。圈定异常以 T、$2T$、$4T$ 圈出外、中、内三个浓度带。为了直观分析地球化学剖面上的元素分布特征，引用《中国东部平原土壤化学元素含量》中各元素值作为区域背景值。

3. 上石溪–长流坑剖面测量成果

上石溪–长流坑（Ⅰ-1-Ⅰ′-1）综合地球化学剖面，南始于崇义县上石溪，北止于崇义县长流坑，比例尺 1 : 1 万，总体方位 180°~0°，总斜距 17200m（图 9-19）。

1）元素异常分布特征

壤中气汞量高值异常与剖面上已知、隐伏的断裂构造、岩浆岩侵入界线、地层接触界线、破碎蚀变岩矿（化）体、石英脉矿（化）体具有较好的对应关系，特别是对一定规模的断裂构造、破碎蚀变岩矿（化）体特征更为显著（表 9-14）。

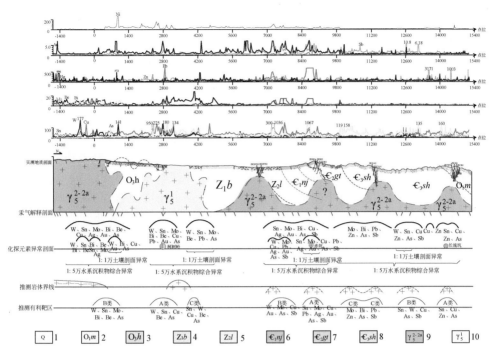

图 9-19 九龙脑矿田上石溪-长流坑（Ⅰ-1-Ⅰ'-1）实测地质-地球化学联合剖面图

1. 第四系；2. 奥陶系茅坪组；3. 奥陶系黄竹洞组；4. 震旦系坝里组；5. 震旦系老虎塘组；6. 寒武系牛角河组；7. 寒武系高滩组；8. 寒武系水石组；9. 燕山早期第二阶段第一次花岗岩；10. 印支期花岗岩。图中元素含量单位 Au 为 10^{-9}，其余元素为 10^{-6}

表 9-14　九龙脑矿田壤中气汞量剖面解译统计表

测量方法	剖面名称	方位角/(°)	长度/km	断裂构造/条		异性结构面/界线		矿化体/处
				出露	隐伏	接触	侵入	
壤中气汞量	Ⅰ-1	180	17.20	20	15	3	3	2
	Ⅰ-2	20	17.22	9	15		7	
	Ⅱ-1	120	3.15	5	5		4	
	Ⅱ-2	90	7.43	9	4	5	2	1

土壤剖面测量：W、Sn、Bi 元素在岩体、岩体内外接触带及含钨锡石英线、细脉矿（化）体处含量较高，特别是柯树岭岩体南侧外接触带处高强度的 W、Sn、Cu、As 等多元素组合异常与柯树岭岩外围已知矿床（点）相吻合；Mo 在岩体内含量相对较高，柯树岭岩体仅在南侧外接触带略微富集，震旦系老虎塘组底部与寒武系牛角河组局部高强度富集可能由该层系内的含碳/碳质板岩引起；Be 含量分布特征非常明显，高含量分布区与岩体出露位置相一致；Cu、Pb、Zn 元素高含量分布与矿化断裂构造分布一致，主要分布于赤坑东西向构造带内。除此之外，Cu、Zn 在寒武系水石组、奥陶系茅坪组出现局部高含量分布，可能与深部隐伏岩体岩浆热液侵入作用有关；Au、Co、Ni 三种元素含量曲线变化趋势相同，三者局部高含量异常指示中、基性岩脉出露，北部赤坑一带震旦系老虎塘组

底部与寒武系牛角河组内东西向构造带处出现含量相对较高的宽缓 Au 异常；As、Sb 元素具有一定的相关性，相伴产出，表现为低温元素特征，两者含量基底比岩体相对高，由南往北逐渐增高。As 在柯树岭岩体内及外接触带含量较高，与柯树岭岩体本身及外接触带高温石英脉型钨锡矿体富含毒砂有关。As、Sb 高含量异常一方面可能与剖面地表含矿石英线、细脉标志带富含毒砂有关，另一方面可能与深部隐伏岩体侵位时挥发分内挥发性元素在岩浆结晶以及喷气作用下，在隐伏岩体顶部围岩中形成 As、Sb 异常晕有关；Ag、Li 在剖面上变化不明显，仅 Ag 在赤坑东西向构造带处具有微弱富集。

地表岩石测量：与剖面测量相比而言，W、Sn、Mo、Bi、Li、Be 在岩体中比在基底地层中更富集，宽泛的高含量主要分布于岩体内及岩体外接触带。其中，Mo 的岩石测量与土壤测量结果一致，但在震旦系老虎塘组底部与寒武系牛角河组含碳/碳质板岩中也出现 Mo 富集；Cu、Pb、Zn、Au、Ag 高含量主要分布于矿化断裂构造带处，特别是在赤坑一带的老虎塘组底部与牛角河组内东西向构造带内最明显；Co、Ni 变化趋势一致，以基底地层中含量高于岩体，局部高含量异常与 Au 一致，可能与中、基性岩脉出露有关；As、Sb 两元素分布特征既有相似之处，也有不同之处，如仅 As 在岩体及岩体外接触带发育，特别是柯树岭岩体 As 元素最为富集；As、Sb 在赤坑一带东西向构造带内、寒武系水石组（伴有 Sn、Cu、Zn）同步富集，表现为低温元素特征，在寒武系水石组与奥陶系茅坪组接触带处 As 富集（伴有 Sn、Cu、Zn），而 Sb 不富集。

2）元素异常组合特征

从元素异常分布特征看：地表岩石测量所得元素变化曲线与土壤剖面上相对应元素变化曲线总体上变化趋势相一致（图 9-20），宏观上表现为元素分布与剖面相关地质体的空间分布存在一定的对应关系，微观上表现为元素与元素之间（元素组合）具有一定的共、伴生性和元素组合的空间分带性。

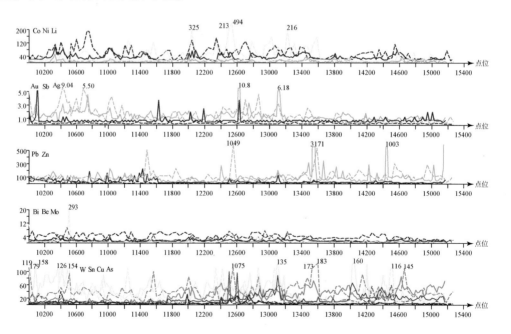

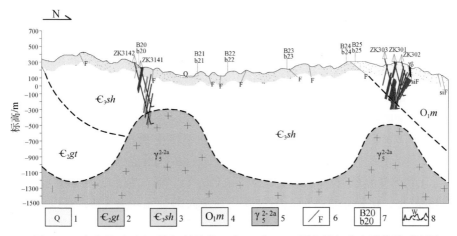

图9-20　九龙脑矿田上石溪–长流坑（Ⅰ-1-Ⅰ′-1）原生晕与次生晕曲线对比图

1. 第四系；2. 寒武系高滩组；3. 寒武系水石组；4. 奥陶系茅坪组；5. 燕山早期第二阶段第一次花岗岩；
6. 断裂；7. 薄片样品；8. 原生晕与次生晕对比曲线。图中元素含量单位 Au 为 10^{-9}，其余元素为 10^{-6}

（1）元素相关参数

对壤中气汞量、土壤剖面测量结果进行综合分析，求得上石溪–长流坑（Ⅰ-1-Ⅰ′-1）综合地球化学剖面各元素的最大值、最小值、平均值、标准差、变异系数、异常下限、区域背景值等相关参数（表9-15），确定了剖面上各类元素的离散性特征、分布差异和主导富集元素，进而可根据异常下限 T 值圈出单元素异常。

表9-15　九龙脑矿田上石溪–长流坑（Ⅰ-1-Ⅰ′-1）土壤剖面测量元素含量统计表

元素	最大值	最小值	平均值	标准差	变异系数	浓集系数	异常下限	中国东部土壤丰度
壤中气汞量	2009	26	80.50	72.85	0.90	—	128	—
Au	24.80	0.20	1.23	1.97	1.60	0.77	2	1.6
Ag	1.13	0.02	0.14	0.14	1.00	1.94	0.28	0.072
Sn	100	0.96	18.66	18.39	0.99	6.02	27.42	3.1
As	1067	3.45	86.97	132.19	1.52	8.70	23	10
Sb	10.83	0.16	1.31	0.97	0.74	1.66	0.76	0.79
Bi	20.69	0.13	1.65	2.12	1.28	5.32	30.67	0.31
W	300	0.19	14.04	24.10	1.72	8.26	22.0	1.7
Mo	50	0.17	2.34	4.55	1.95	4.11	4.19	0.57
Cu	148.1	3.81	34.09	21.68	0.64	1.42	33.41	24
Pb	3767	10.72	83.94	272.13	3.24	3.65	105.85	23
Zn	3170.98	16.28	112.66	196.60	1.75	1.76	87.4	64
Ni	418	0.57	28.41	25.88	0.91	0.95	12.93	30
Co	133.6	0.83	13.69	11.88	0.87	1.05	5.52	13
Be	43.54	0.71	3.46	3.57	1.03	1.50	7.22	2.3
Li	270.6	11.81	63.89	41.96	0.66	1.77	140	36

注：壤中气汞量单位为 ng/m^3；Au 含量单位为 10^{-9}；其余元素单位为 10^{-6}

从表9-15和表9-16统计可知：上石溪–长流坑（Ⅰ-1-Ⅰ′-1）剖面壤中气汞量最高值可达2009ng/m³，最低值为26ng/m³，平均值为80.5ng/m³，标准差为72.85，变异系数（Cv1）为0.90，变异系数（Cv1/Cv2）比值为1.30，但最大值与最小值相差80倍左右，元素各参数表明剖面上壤中气汞量起伏变化不大、离散性不显著、分布集中。当局部出现最高值与最低值相差较大时，可能反映了局部不同地质作用所引起的地质属性突变，如较大断裂构造、异常结构面（岩浆岩侵入界面、地质接触界线等）。除Au、Ni、Co外，土壤中大部分元素的平均含量较高，是中国东部平原土壤化学元素含量的1~10倍，其中W、Sn、Bi、As元素平均值均高于背景值5倍以上，Mo、Pb元素高3~4倍。从变异系数Cv来看，各元素的变异系数在0.64~3.24，除Cu、Li、Sb、Ni、Co元素变异系数相对较小，分布差异较小，矿化异常特征不明显外，其余大部分元素大于1，且以Pb、W、Sn、Mo、Bi、As、Au、Zn的变异系数较大，表明这些元素较分散、富集程度较高，更易成矿；将土壤各元素原始数据集的变异系数（Cv1）和经过平均值±3倍方差剔除极高值后的数据变异系数（Cv2）进行对比发现除Pb元素变异系数（Cv1/Cv2为1.61），其余均小于1.5，相对离散程度相当平稳，高含量数据较多，富集性较好，在局部成矿的可能性较大。

表9-16　上石溪–长流坑（Ⅰ-1-Ⅰ′-1）元素剔除离散值前、后的数据变异系数对比表

元素	Hg	Au	Ag	Sn	As	Sb	Bi	W	Mo	Cu	Pb	Zn	Ni	Co	Be	Li
Cv1	0.90	1.6	1	0.99	1.52	0.74	1.28	1.72	1.95	0.64	3.24	1.75	0.91	0.87	1.03	0.66
Cv2	0.73	1.23	0.84	0.86	1.15	0.51	0.88	1.28	1.46	0.52	2.01	1.19	0.64	0.65	0.73	0.57
Cv1/Cv2	1.30	1.30	1.19	1.15	1.32	1.45	1.45	1.34	1.34	1.23	1.61	1.47	1.42	1.34	1.41	1.16

注：Hg代表壤中气汞量

综上所述，上石溪–长流坑（Ⅰ-1-Ⅰ′-1）综合地球化学剖面上元素含量较高、变异系数较大、离散程度较小的元素主要有W、Sn、Mo、Bi、Pb、Zn、Au、As。根据区内成矿地质条件、剖面上矿化类型、元素分布特征等，可确定W、Sn、Pb、Au为该剖面上最可能富集成矿的主成矿元素，Mo、Bi、Cu、Zn可作为伴生元素富集。

（2）1:5万水系沉积物异常分解

在上石溪–长流坑（Ⅰ-1-Ⅰ′-1）土壤剖面上，以异常下限T值圈出各单元素异常后，确定4个土壤综合异常组合，内套合多个1:1万元素组合异常（图9-19，图9-21），剖面上由南往北组合异常依次为W、Sn、Mo、Bi、Be、Cu、Ag、Au、As 1号元素异常组合（W、Sn、Bi、Be异常，Sn、Mo、Bi、Be、Ag异常，Bi、Cu、Au、As异常），W、Sn、Mo、Bi、Be、Cu、Pb、Au、As 2号元素异常组合（W、Sn、Mo、Bi、Be、Cu、Pb、Au、As异常，W、Sn、Mo、Be、Pb、As异常），Sn、Bi、Cu、Pb、Ag、Au、As、Sb 3号元素异常组合（Pb、Au、As异常，W、Bi、Cu、Pb、Ag、Au、As、Sb异常，Sn、Cu、Pb、Ag、Au、As、Sb异常），W、Sn、Cu、Zn、Au、As、Sb 4号元素异常组合（Pb、Zn、Au、As、Sb异常，W、Sn、Cu、Zn、As、Sb异常，Cu、Zn异常，Sn、Cu、Zn、As异常）。4个土壤–壤中气汞量综合异常组合与1:5万水系沉积物异常组合相一致，内套合的多个1:1万元素组合异常与剖面上已知地质体、矿床或矿点相对应，突出剖面局部矿化组合信息，指示综合地球化学剖面上水系–土壤–壤中气汞量重叠、套合较好元素组合异常找矿潜力大。

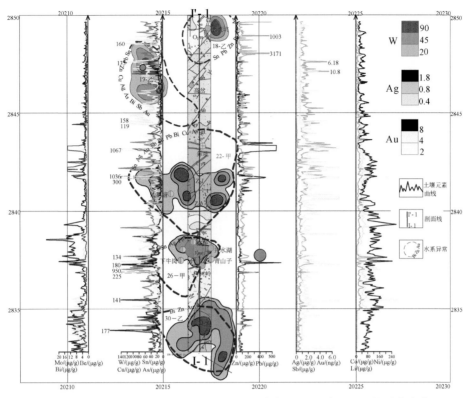

图9-21　上石溪-长流坑（Ⅰ-1-Ⅰ′-1）1:1万土壤与1:5万水系沉积物异常套合平面图

（3）异常组合分带特征

不同矿化类型具有不同元素共生关系和组合专属性，上石溪-长流坑（Ⅰ-1-Ⅰ′-1）土壤剖面元素、元素异常组合分布都表现出一定的分带性。从元素之间关系看：元素与元素之间具有一定的共、伴生性。例如，土壤-岩石剖面测量上 W、Sn、Mo、Bi、Be 元素，Sn、Cu、Zn 元素，Cu、Pb、Zn、Ag 元素，Au（Ni、Co）、Li、As、Sb 元素等共、伴生组合；从土壤剖面元素异常组合看：上石溪-长流坑（Ⅰ-1-Ⅰ′-1）剖面由南往北，围绕九龙脑复式岩体元素异常组合由复杂→简单，组合内元素由多变少，总体上表现为高温元素组合向中低温元素组合过渡趋势（W、Sn、Mo、Bi、Be 元素组合→Sn、Cu、Zn、Pb、Ag 组合元素→Au、As、Sb 组合元素），同时复杂元素异常组合内又套合多个高温→中低温元素组合分带（图9-21）。

3）有利找矿靶区

在成矿地质条件分析的基础上，结合上石溪-长流坑（Ⅰ-1-Ⅰ′-1）综合地球化学探测获取的地球化学异常信息，根据九龙脑矿田各类矿化类型受地层-构造-岩浆岩（隐伏岩体）-成矿作用统一控制的认识，圈出上石溪-长流坑（Ⅰ-1-Ⅰ′-1）剖面上3个A类（柯树岭岩体内外接触带、赤坑东西向构造一带、长流坑一带）、3个B类、3个C类找矿靶区。其中，A类靶区的异常组合元素多、套合好、主成矿元素强度大，断裂构造发育（壤中气汞量高值异常），推测深部存在隐伏岩体，已探明有矿点或矿床。

4. 车子坳–金塘坑剖面测量成果

车子坳–金塘坑（Ⅱ-2-Ⅱ′-2）综合地球化学剖面，西始于崇义县车子坳，东止于崇义县金塘坑，比例尺1∶1万，总体方位270°~90°，总斜距7430m（图9-22）。

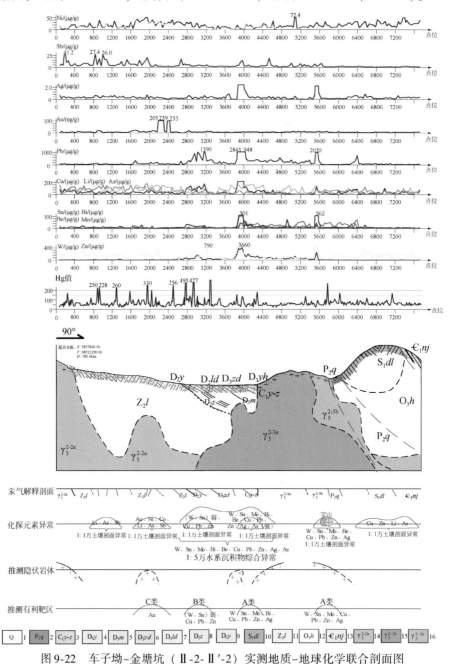

图9-22　车子坳–金塘坑（Ⅱ-2-Ⅱ′-2）实测地质-地球化学联合剖面图

1. 第四系；2. 二叠系栖霞组；3. 石炭系杨家源组–梓山组；4. 泥盆系洋湖组；5. 泥盆系麻山组；6. 泥盆系嶂崇组；7. 泥盆系罗段组；8. 泥盆系中棚组；9. 泥盆系云山组；10. 志留系独栏桥组；11. 震旦系老虎塘组；12. 奥陶系黄竹洞组；13. 寒武系牛角河组；14. 燕山早期第二阶段第一次花岗岩；15. 燕山早期第三阶段第一次花岗岩；16. 燕山早期第三阶段第二次花岗岩

1）元素异常分布特征

壤中气汞量（Hg）高值异常与剖面上已知的隐伏断裂构造、岩浆岩侵入接线、地层接触界线及矽卡岩矿（化）体吻合，特别是在大水坑一带，平行的东西、北东向断层束分布地段，地层被切割成菱形网格状，壤中气汞量出现连续高值异常（图9-22）。

土壤剖面测量：Mo、Bi、Be高温元素在宝山、宝山坑口岩体内富集，W、Sn、Cu、Pb、Zn、Ag在岩体内呈富集趋势，在宝山、宝山坑口岩体内外接触带含量最高，与剖面上宝山、宝山坑口岩体与石炭系、二叠系碳酸盐岩接触带形成的矽卡岩矿（化）体相对应；Cu、Pb、Zn、Ag、As元素在铅厂晚古生代向斜盆地的盖层中富集；Zn、Au（Ni、Co）、Li、As、Sb在早古生代基底地层中富集；阳岭砾岩段元素富集趋势不明显，仅 Zn、Ni 元素局部含量较高。

2）元素异常组合特征

（1）元素相关参数

据表9-17、表9-18的统计可知：车子坳–金塘坑（Ⅱ-2-Ⅱ′-2）剖面壤中气汞量最高值可达 682ng/m³，最低为 26ng/m³，平均值为 68.2ng/m³，标准差为 55.33，变异系数（Cv1）为 0.81，变异系数（Cv1/Cv2）比值为 1.81，最大值/最小值为 26，表明剖面上壤中气汞量起伏变化不大、离散性不显著，分布集中，但局部最高值与最低值相差较大，可能反映了较大的断裂构造、异常结构面（岩浆岩侵入界面、地质接触界线等）。除 Ni、Co 元素外，均较中国东部平原土壤元素富集，其余除 Li、Be、Cu、Zn 元素外，平均值均高于背景值5倍以上，其中 Sn、As、Sb 高 5~6 倍，Au、Ag 高 7~8 倍，W、Mo、Bi、Pb 高 10 倍以上。特别是 W 和 Pb，富集系数分别高达 21.04 和 17.76，可能直接指示地表出露的含钨铅多金属矿（化）体；W、Sn、Mo、Bi、Cu、Pb、Zn、Au、Ag 的变异系数（Cv1）均大于 1.50，变异系数（Cv1/Cv2）比值以 W、Sn、Cu、Pb、Zn、Ag 元素较大（>1.5），表明这些元素具有分散而局部富集的特征，更易成矿。

表 9-17 车子坳–金塘坑（Ⅱ-2-Ⅱ′-2）土壤剖面测量元素含量统计表

元素	最大值	最小值	平均值	标准差	变异系数	浓集系数	异常下限	中国东部土壤丰度
壤中气汞量	682	26	68.2	55.33	0.81	—	90	—
Au	239	0.5	12.73	16.84	2.32	7.96	11.82	1.6
Ag	27.84	0.01	0.55	2.15	3.92	7.64	0.19	0.072
Sn	562	1	16.64	55.4	3.23	5.37	56.19	3.1
As	168	3.74	59.74	47.32	0.79	5.97	12.27	10
Sb	41.2	0.84	4.78	5.12	1.07	6.05	9.8	0.79
Bi	114	0.59	8.39	15.56	1.86	27.06	6.25	0.31
W	416	0.84	35.76	60.82	1.92	21.04	99.85	1.7
Mo	60.7	0.39	6.9	11.76	1.71	12.11	2.92	0.57
Cu	1690	1.2	53.83	141.58	2.63	2.24	109.59	24
Pb	28430	22.9	408.5	2173.25	5.32	17.76	78.18	23
Zn	3660	16.6	168.61	304.14	1.8	2.63	297	64
Ni	72.4	1.5	19.3	12.06	0.62	0.64	220	30

元素	最大值	最小值	平均值	标准差	变异系数	浓集系数	异常下限	中国东部土壤丰度
Co	56.2	<1	10.08	8.43	0.84	0.78	86.4	13
Be	72.4	<1	8.34	12.81	1.53	3.63	12.27	2.3
Li	186	1	59.83	39.79	0.66	1.66	177.3	36

注：壤中气汞量单位为 ng/m³；Au 含量单位为 10^{-9}；其余元素单位为 10^{-6}

表 9-18 车子坳–金塘坑（Ⅱ-2-Ⅱ′-2）元素剔除离散值前、后的数据变异系数对比表

变异系数	Hg	Au	Ag	Sn	As	Sb	Bi	W	Mo	Cu	Pb	Zn	Ni	Co	Be	Li
Cv1	0.81	2.32	3.92	3.23	0.79	1.07	1.86	1.92	1.71	2.63	5.32	1.8	0.62	0.84	1.53	0.66
Cv2	0.45	1.74	1.83	0.98	0.79	0.84	1.4	1.02	1.4	1.01	2.05	1.13	0.54	0.72	1.46	0.64
Cv1/Cv2	1.80	1.33	2.14	3.30	1.00	1.27	1.33	1.88	1.22	2.60	2.60	1.59	1.15	1.17	1.05	1.03

注：Hg 代表壤中气汞量

综上所述，车子坳–金塘坑（Ⅱ-2-Ⅱ′-2）剖面富集系数、变异系数较大，离散程度较小的元素为 W、Sn、Cu、Pb、Zn、Ag。根据成矿地质条件分析、剖面上矿化类型、元素分布特征等，确定 W、Pb、Zn、Cu、Ag 为该剖面上最可能富集成矿的主成矿元素，Sn、Mo、Bi 可作为伴生元素富集。

（2）1∶5 万水系沉积物异常分解

车子坳–金塘坑（Ⅱ-2-Ⅱ′-2）土壤剖面上以异常下限 T 值圈出各单元素异常，确定 5 个 1∶1 万土壤多元素组合异常，由西往东依次为 Li、As、Sb 1 号元素异常组合，Au（Ni、Co）、Li、As、Sb 2 号元素异常组合，弱（W、Sn）、Cu、Pb、Zn 3 号元素异常组合，W、Sn、Mo、Bi、Be、Cu、Pb、Zn、Ag、As 4 号元素异常组合，W、Sn、Mo、Be、Cu、Pb、Zn、Ag 5 号元素异常组合。其中，3 号、4 号综合元素异常组合和以 Au 为主导元素的 1 号、2 号低温元素异常组合与 1∶5 万水系沉积物 35-甲（Sn、Pb、Zn、Ag、Bi、Cu、As、Sb）元素异常组合，34-丙 Au 元素异常基本吻合。宝山矽卡岩型钨铅锌多金属矿床位于 5 号 W、Sn、Mo、Be、Cu、Pb、Zn、Ag 元素异常组合内（图 9-23）。

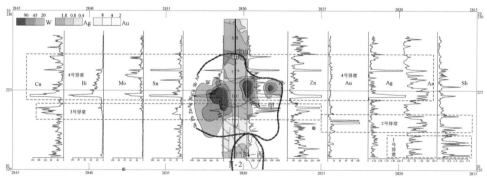

图 9-23 车子坳–金塘坑（Ⅱ-2-Ⅱ′-2）1∶1 万土壤与 1∶5 万水系沉积物异常套合平面图

Au 含量单位为 10^{-9}；其余元素单位为 10^{-6}

（3）异常组合分带特征

车子坳–金塘坑（Ⅱ-2-Ⅱ′-2）剖面元素异常组合分带特征与上石溪–长流坑（Ⅰ-1-Ⅰ′-1）剖

面具有相似性（图9-22），土壤剖面元素、元素异常组合围绕宝山、宝山坑口岩体，由东往西，同样表现为元素异常组合由复杂→简单（元素由多变少）、高温→中低温，不同之处是该剖面上高温元素组合向中低温元素组合过渡具有单一性（W、Sn、Mo、Bi、Be、Cu、Pb、Zn、Ag、As元素组合→Au（Ni、Co）、Li、As、Sb元素组合→Li、As、Sb元素组合，W、Sn、Mo、Be、Cu、Pb、Zn、Ag元素组合→Cu、Zn、Li、As元素组合）。

3）有利找矿靶区

在成矿地质条件分析基础上，结合综合地球化学剖面探测获取的地球化学异常信息，根据九龙脑矿田各类矿化类型受地层–构造–岩浆岩（隐伏岩体）–成矿作用统一控制的认识，车子坳–金塘坑（Ⅱ-2-Ⅱ′-2）剖面上圈出2个A类（宝山岩体外接触带铅厂晚古生代向斜盆地、宝山坑口岩体内外接触带）、1个B类、1个C类找矿靶区。

5. 岩浆岩剖面测量成果

为了了解九龙脑复式岩体不同期次岩浆岩的地球化学特征进而圈定"体中体"找矿靶区，本次以实测地质剖面划分、厘定不同岩浆岩期次为依据，部署、完成了柯树岭–聂都（Ⅰ-2-Ⅰ′-2）、上石溪–车子坳（Ⅱ-1-Ⅱ′-1）土壤–壤中气汞量剖面测量和局部地表岩石测量。

柯树岭–聂都（Ⅰ-2-Ⅰ′-2）综合地球化学剖面南始于崇义县聂都乡，北止于崇义县柯树岭，比例尺1∶1万，总体方位200°~20°，总斜距17220m（图9-24）。上石溪–车子

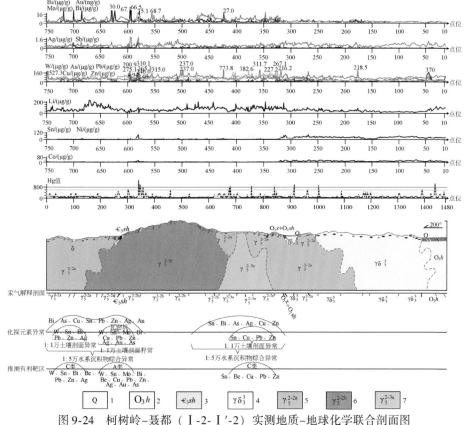

图9-24　柯树岭–聂都（Ⅰ-2-Ⅰ′-2）实测地质–地球化学联合剖面图

1. 第四系；2. 奥陶系黄竹洞组；3. 寒武系水石组；4. 加里东晚期花岗岩；5. 燕山早期第二阶段第一次花岗岩；6. 燕山早期第二阶段第二次花岗岩；7. 燕山早期第三阶段第一次花岗岩

坳（Ⅱ-1-Ⅱ′-1）综合地球化学剖面北西始于崇义县上石溪，东南止于崇义县车子坳，比例尺1：1万，总体方位300°～120°，总斜距3150m（图9-25）。

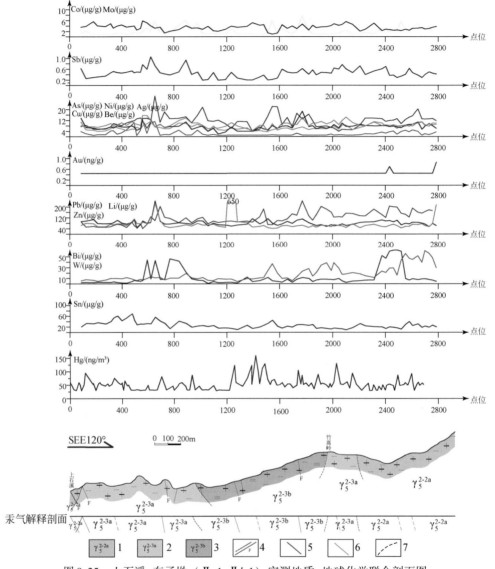

图9-25　上石溪–车子坳（Ⅱ-1-Ⅱ′-1）实测地质–地球化学联合剖面图

1. 燕山早期第二阶段第一次花岗岩；2. 燕山早期第三阶段第一次花岗岩；3. 燕山早期第三阶段
第二次花岗岩；4. 断裂/推测断裂；5. 石英脉；6. 伟晶岩脉；7. 推测岩体界线

1）元素异常分布特征

柯树岭–聂都（Ⅰ-2-Ⅰ′-2）剖面上壤中气汞量（Hg）高值与剖面上已知、隐伏的断裂构造、岩体相互侵入界线吻合较好；次生晕/原生晕总体上以 W、Sn、Mo、Bi、Be、Pb、Ag、Li、As 在燕山期花岗岩中比加里东期花岗岩中更富集，以 Ni、Co、Cu、Zn、Sb 在加里东期花岗闪长岩中相对富集，以 W、Sn、Pb、Ag、Li、As 在燕山期九龙脑复式岩体第一期马子塘岩体中比第二期园洞岩体更富集，Zn、Sb 元素恰相反，Au 的富集趋势不明显。多数元素的高值异常出现在岩体侵入接触带、断裂构造带、地表石英脉带处（图9-24）。上石溪–车子坳（Ⅱ-1-Ⅱ′-1）剖面上的元素分布较均匀，不同地质体富集趋势不明显，以 W、Sn、Mo、Bi、Be、Li、As、Sb 元素在九龙脑复式岩体的主体马子塘岩体（第一期），补体石溪岩体（第三期）略微富集，而 Cu、Pb、Zn、Ag 仅在断裂破碎带处出现高值点（图9-25）。

2）元素相关参数

通过统计分析岩浆岩剖面上土壤中各类元素的最大值、最小值、平均值、标准差、变异系数、异常下限、区域背景值等相关参数（表9-19），确定剖面上各类元素的离散性特征、分布差异和主导富集元素，伴生元素等，以异常下限 T 圈出单元素异常，进而确定剖面上元素组合异常。

表9-19　九龙脑矿田柯树岭–聂都（Ⅰ-2-Ⅰ′-2）土壤剖面测量元素含量统计表

元素	最大值	最小值	平均值	标准差	变异系数	浓集系数	异常下限	中国东部土壤丰度
壤中气汞量	1642	26	114	136.2	1.2	—	203	—
Au	17.2	0.89	1.1	0.31	0.91	0.69	2.33	1.6
Ag	1.15	0.01	0.12	0.1	0.84	1.67	0.25	0.072
Sn	>100	1.3	27.3	14.65	0.67	8.81	59	3.1
As	370	1	13.24	8.81	1.51	1.32	32.5	10
Sb	4.94	0.1	0.56	0.31	0.55	0.71	1.33	0.79
Bi	67.1	0.19	3.6	4.75	1.32	11.61	8.44	0.31
W	246	2.34	14.28	10.1	1.13	8.4	28.27	1.7
Mo	35.1	1	1.99	2.21	1.11	3.49	3.06	0.57
Cu	114.8	3.67	26	19.58	0.8	1.08	59.78	24
Pb	382.6	16.6	66.89	27.93	0.63	2.9	116.4	23
Zn	773.8	17.88	81.98	30.53	0.54	1.28	167	64
Ni	93.1	2	21.12	17.24	0.88	0.7	55.3	30
Co	49.7	1	10.09	9.72	0.96	0.78	24.8	13
Be	68.7	1.05	6.67	3.55	0.66	2.9	12.35	2.3
Li	236.3	13	72.95	37.3	0.52	2.03	163	36

注：壤中气汞量单位为 ng/m^3；Au 含量单位为 10^{-9}；其余元素单位为 10^{-6}

从表9-19、表9-20统计分析：柯树岭–聂都（Ⅰ-2-Ⅰ′-2）剖面壤中气汞量最高可达 $1642ng/m^3$，最低为 $26ng/m^3$，最大值/最小值相差63倍，变异系数（Cv1）为1.20，变异系数（Cv1/Cv2）比值为1.40，反映剖面上壤中气汞量起伏变化大、离散性显著，能较好指示隐伏深大断裂构造、岩体间相互侵入界线。剖面上土壤元素丰度大部分高于参考的背景值，W、Sn、Mo、Bi、Pb、Li、Be 元素平均值均高于背景值2倍以上，特别是 W、Bi、Sn 高达8倍以上，而 Au、Sb、Ni、Co 低于区域背景值。W、Mo、Bi、As 元素变异系数（Cv1）大于1.00，W、Mo、Bi、Pb、As 元素变异系数（Cv1/Cv2）比值大于1.4，表明这些元素具有分散而局部富集的特征，更易成矿。

表 9-20　柯树岭–聂都（Ⅰ-2-Ⅰ′-2）元素剔除离散值前、后的数据变异系数对比表

元素	Hg	Au	Ag	Sn	As	Sb	Bi	W	Mo	Cu	Pb	Zn	Ni	Co	Be	Li
Cv1	1.2	0.91	0.84	0.67	1.51	0.55	1.32	1.13	1.11	0.8	0.63	0.54	0.88	0.96	0.66	0.52
Cv2	0.86	0.85	0.81	0.58	0.87	0.41	0.72	0.8	0.79	0.75	0.44	0.41	0.83	0.91	0.53	0.5
Cv1/Cv2	1.40	1.07	1.04	1.16	1.74	1.34	1.83	1.41	1.41	1.07	1.43	1.32	1.06	1.05	1.25	1.04

注：Hg 代表壤中气汞量

从表 9-21、表 9-22 统计分析看，上石溪–车子坳（Ⅱ-1-Ⅱ′-1）剖面除 Cu、Au、As、Sb、Ni、Co 元素外，土壤元素丰度大部分高于参考的背景值 2~5 倍，其中 W、Bi、Sn 元素达 8 倍以上，特别是 Bi 元素浓集系数高达 40 倍。但除 Bi 元素外，其他元素变异系数（Cv1）均小于 1.00，变异系数（Cv1/Cv2）比值均较小（接近 1），表明除 Bi 元素外，其他元素虽然富集，但起伏变化不大、离散性不显著，分布集中，在局部富集成矿的可能性不大。

表 9-21　九龙脑矿田上石溪–车子坳（Ⅱ-1-Ⅱ′-1）土壤剖面测量元素含量统计表

元素	最大值	最小值	平均值	标准差	变异系数	浓集系数	异常下限	中国东部土壤丰度
壤中气汞量	160	30	54	22.57	0.42	—	85	—
Au	1.71	0.9	0.92	0.11	0.12	0.58	1	1.6
Ag	0.63	0.05	0.14	0.13	0.9	1.94	0.28	0.072
Sn	69.9	9.62	27.16	12.45	0.46	8.76	47.42	3.1
As	18.8	2.09	7.65	2.56	0.33	0.77	19.7	10
Sb	1.06	0.2	0.46	0.17	0.36	0.58	0.76	0.79
Bi	62.4	0.93	12.52	16.31	1.3	40.39	30.67	0.31
W	61.4	4.26	19.36	14.35	0.74	11.38	42	1.7
Mo	7.71	1	2.17	1.47	0.68	3.81	4.19	0.57
Cu	11.31	3.68	7.07	1.99	0.28	0.29	10.41	24
Pb	245	44.05	83.43	24.14	0.29	3.63	105.85	23
Zn	650.4	41.08	78.23	73.38	0.94	1.22	87.4	64
Ni	15.81	4.07	9.16	2.26	0.25	0.31	12.93	30
Co	5.94	1	3.49	1.04	0.3	0.27	5.52	13
Be	30.3	4.02	11.3	4.74	0.41	4.91	19.71	2.3
Li	245.1	42.16	119.83	46.66	0.39	3.33	206.17	36

注：壤中气汞量单位为 ng/m^3；Au 含量单位为 10^{-9}；其余元素单位为 10^{-6}

表 9-22　上石溪–车子坳（Ⅱ-1-Ⅱ′-1）元素剔除离散值前、后的数据变异系数对比表

元素	Hg	Au	Ag	Sn	As	Sb	Bi	W	Mo	Cu	Pb	Zn	Ni	Co	Be	Li
Cv1	0.42	0.12	0.9	0.46	0.33	0.36	1.3	0.74	0.68	0.28	0.29	0.94	0.25	0.3	0.41	0.39
Cv2	0.35	0.09	0.82	0.4	0.25	0.33	1.28	0.74	0.52	0.28	0.22	0.75	0.24	0.3	0.33	0.37
Cv1/Cv2	1.20	1.33	1.10	1.15	1.32	1.09	1.02	1.00	1.31	1.00	1.32	1.25	1.04	1.00	1.24	1.05

综上所述，岩浆岩土壤剖面 W、Sn 多金属元素高浓度富集，可能是九龙脑复式岩体本身元素的高丰度引起的。柯树岭–聂都（Ⅰ-2-Ⅰ′-2）剖面富集系数、变异系数较大，离散程度较小的元素为 W、Sn、Mo、Bi、Pb，上石溪–车子坳（Ⅱ-1-Ⅱ′-1）剖面为 Bi、W、Sn 元素。根据剖面上元素分布特征、"体中体"可能存在矿化类型，确定 W、Bi 为柯树岭–聂都（Ⅰ-2-Ⅰ′-2）剖面上最可能富集成矿的主成矿元素，Sn、Mo、Pb 可作为伴生元素富集产出。上石溪–车子坳（Ⅱ-1-Ⅱ′-1）剖面最可能富集成矿的元素为 Bi 元素，W、Sn 伴生产出。

3）有利的找矿靶区

以土壤剖面元素异常下限 T 圈出各单元素异常，柯树岭–聂都（Ⅰ-2-Ⅰ′-2）剖面圈定 3 个 1 : 1 万土壤元素异常组合，由南西往北东依次为 W、Sn、Bi、Pb、Zn、Ag 1 号元素异常组合，W、Sn、Mo、Bi、Cu、Pb、Zn、Ag、Au、As 2 号元素异常组合（瓦窑坑钨多金属矿点），Sn、Cu、Pb、Zn 3 号元素异常组合与 1 : 5 万水系沉积物 36-乙（Bi、As、Cu、Sn、Pb、Zn、Ag、Au）元素异常组合，33-乙（Sn、Bi、As、Ag、Cu、Zn）元素异常组合基本吻合。上石溪–车子坳（Ⅱ-1-Ⅱ′-1）剖面以异常下限 T 未能圈出元素异常组合，仅圈定个别单元素异常，异常一般位于岩体相互侵入的接触带、断裂构造、石英脉处。

九龙脑复式岩体钨锡多金属丰度较高，"体中体"成矿受构造–岩浆岩联合控制，最可能发生成矿的部位位于岩体间接触带及断裂构造发育处。根据上述土壤剖面元素分布特征，柯树岭–聂都（Ⅰ-2-Ⅰ′-2）剖面上圈出 1 个 B 类、2 个 C 类异常找矿有利靶区，上石溪–车子坳（Ⅱ-1-Ⅱ′-1）剖面未能圈出有利靶区，但建议关注岩体接触带找矿。

第三节　九龙脑矿田地球物理综合探测技术与示范

一、地球物理工作方法和技术

在开展地球物理探测工作之前，为选择恰当的地球物理工作方法、手段，需对九龙脑矿田内岩矿石的地球物理特征进行研究。地球物理探测工作的基础是不同地质体之间的物性差异，因此，本次工作在天井窝、淘锡坑等矿区开展了岩石和矿石的物性测定。

1. 天井窝矿区地球物理特征研究

本次物性研究工作分标本测定和钻孔岩心测定两部分进行。地表岩矿石标本共采集 156 块，测定了其磁化率参数（表 9-23）。钻孔岩心标本共采集 302 块，测定的参数包括磁化率、极化率、电阻率和密度（表 9-24）。

表9-23　九龙脑矿田天井窝矿区地表岩矿石物性统计表

岩性名称	样品数量	磁化率/($4\pi\times10^{-6}$)	
		常见值	几何平均值
燕山早期第二阶段中粗粒黑云母花岗岩	30	10 ~ 69	34
矽卡岩	33	72 ~ 403	204
上奥陶统古亭组灰岩、粉砂质板岩、含碳质板岩等	32	14 ~ 136	42
上震旦统变余长石石英砂岩、粉砂质板岩等	61	37 ~ 132	57

表9-24　九龙脑矿田天井窝矿区岩矿石（钻孔岩心）物性参数统计表

岩性名称	样品数量	密度/(g/cm³)		磁化率/($4\pi\times10^{-6}$)		电阻率/($\Omega\cdot m$)		极化率/%	
		常见值	算术平均值	常见值	几何平均值	常见值	算术平均值	常见值	几何平均值
板岩（含黄铁矿化）	43	2.864 ~ 3.046	2.955	187 ~ 350	218	1460 ~ 2400	1723	2.84 ~ 5.35	4.35
角岩（含黄铁矿化）	42	2.859 ~ 3.104	2.982	123 ~ 321	172	1111 ~ 2224	1782	3.04 ~ 5.8	3.59
大理岩（含黄铁矿化）	83	2.702 ~ 2.837	2.769	35 ~ 105	42	2451 ~ 3941	3431	3.27 ~ 4.55	3.55
花岗岩	70	2.559 ~ 2.615	2.576	6 ~ 17	10	3104 ~ 5426	4091	1.54 ~ 2.34	2.02
含矿矽卡岩	31	3.032 ~ 3.315	3.158	124 ~ 238	180	858 ~ 1586	1234	2.11 ~ 4.94	3.73
矽卡岩	33	3.009 ~ 3.234	3.076	70 ~ 146	92	759 ~ 1647	1245	1.61 ~ 3.15	2.37

综合表9-23和表9-24结果，对天井窝矿区岩矿石物性变化规律总结如下：

（1）区内花岗岩密度最小，特征最为明显，利用重力资料可区分花岗岩与其他地层。

（2）受区内地层中硫化物大量分布的影响，各地层间电阻率、极化率的差异较小，花岗岩差异较明显。

（3）含矿地质体（矽卡岩）物性特征明显，具一定磁性、低阻、相对高极化、密度最高。

（4）区内地层中黄铁矿分布较为广泛，黄铁矿受岩浆活动影响，一部分受热变质作用影响变为磁黄铁矿，因此岩体接触带附近地层中含磁黄铁矿，具一定磁性，与矽卡岩的磁性较难区分。

综上所述，天井窝矿区岩矿石之间存在一定的物性差异，具备开展地球物理探测实验研究的前提条件，但在解释时需注意区分不同的地球物理异常，尽量避免地球物理方法的多解性。

2. 九龙脑矿田北部（淘锡坑矿区及外围）地球物理特征研究

本次工作采集钻孔岩心标本 582 块，矿区捡块样 163 块，矿区外围地表岩矿石标本 125 块。钻孔岩心测定参数主要有密度、磁化率、电阻率和极化率。代表性标本测定成果见表 9-25 和表 9-26。

表 9-25　捡块样标本物性测定成果表

矿山名称	地质单元	岩矿石名称	样本测定数量/个	密度/(g/cm³)	磁化率/10⁻⁶	电阻率/(Ω·m)	极化率/%
青山钨锡矿		含钨石英脉	34	2.70	6.19	9272.38	2.41
赤坑铅银矿		多金属硫化物矿石	32	4.00	618.58	14.06	34.66
	中寒武统高滩组（€₂gt）？	高碳板岩	16	2.74	74.35	238.94	16.88
		变余石英砂岩	34	2.74	78.97	2279.86	13.10
高垒钨锡矿	下奥陶统茅坪组（O₁m）	含粉砂质板岩	34	2.65	291.25	9147.62	1.69
		含碳质板岩	13	2.74	258.49	18186.13	2.75
样本总数			163				

表 9-26　地表采样标本物性测定成果表

地质单元	岩矿石名称	样本测定数量/个	密度/(g/cm³)	磁化率/10⁻⁶	电阻率/(Ω·m)	极化率/%
泥盆系（D）	石英砂岩	30	2.58	28.62	683.70	1.04
中寒武统高滩组（€₂gt）	变余长石石英砂岩	31	2.58	141.12	1197.96	2.68
	板岩	19	2.61	157.76	851.92	3.45
下寒武统牛角河组（€₁nj）	变余石英砂岩	30	2.58	102.52	2086.01	4.20
	板岩	15	2.59	100.13	359.73	5.31
样本总数		125				

根据上述物性测定成果，得到该区如下岩矿石物性变化规律：

（1）研究区内花岗岩体低密度的特征十分明显，而赤坑矿区硫化物矿石的密度最高，其余各地质单元的密度差异较小或不十分明显。

（2）全区岩矿石磁性强度均不高，仅赤坑铅锌矿区的多金属硫化物矿石显示中高磁性，个别岩矿样品显示的磁性强度差异与其磁性矿物富集程度有关。

（3）震旦系等老地层的电阻率值较高，同花岗岩显示的相对中高阻差异不明显；含硫化物或其他金属矿物的地层均显示低阻。

综上所述，九龙脑矿田内花岗岩密度最小，特征最为明显，利用重力资料能够区分岩体与其他地层，并可利用重力资料对矿田及各矿区隐伏岩体的展布情况进行推断；天井窝矿区的矽卡岩和赤坑矿区含磁黄铁矿的多金属硫化物具有一定的磁性，其他地层或地质体均呈无磁或弱磁性特征；区内老地层电阻率最高，岩体为中高阻，含矿（化）地质体、碳质板岩及金属硫化物为低阻特征；矿田内寒武系碳质板岩及金属硫化物均具有高极化特征。

　　3. 地球物理研究方法的选取

　　根据矿田地质、地球物理特征和目标任务，本次选取了"区域资料研究+综合物性研究+重磁面积性测量+AMT 剖面勘查"的地球物理探测技术方法组合，在九龙脑矿田开展了地球物理探测实验方法的研究工作。

二、九龙脑矿田北部 I-I′剖面地球物理成果及解释推断

　　I-I′剖面位于九龙脑矿田北部，淘锡坑矿田西侧，剖面总长 17km，南北走向，南端从九龙脑岩体北部开始，北端直达长流坑矿区南端。从平面地质图上可以看出，I-I′剖面经过 2 处花岗岩体露头，最南端出露的岩体为九龙脑岩体，出露规模大；往北 5～6km 处的青山子地区也有花岗岩出露，规模较小。

　　此外，在青山钨锡矿矿区，还获得了 2 个钻孔资料（ZK3′-1 和 ZK9-1-15）。其中，钻孔 ZK3′-1 在孔深 45.9m 处揭示了厚约 155m 的花岗岩，在孔深 633.4m 揭示有 42m 厚的花岗岩，且没钻透。钻孔 ZK9-1-1 在孔深 340.4m 处揭示有 180m 厚的花岗岩，且没钻透。因此，钻孔资料表明青山钨锡矿矿区存在隐伏花岗岩体。

　　在 I-I′剖面上同时开展了重、磁、电三方面的探测工作，重力探测点距为 40m，磁测点距为 20m，AMT 点距为 100m。上述探测工作在异常地段或重要地质体附近有所加密。

　　根据剖面高精度重磁资料、AMT 资料和地质剖面资料，对该剖面进行了联合反演研究，其结果如图 9-26 所示。其中，反演共推断了两个花岗岩体（九龙脑岩体和柯树岭岩体），其密度均为 2.56g/cm³。九龙脑岩体地表出露，上顶面规模达 2000m，深部隐伏范围远比出露范围大。柯树岭岩体水平规模近 4000m，岩体在南端约 1/3 部分出露，北端隐伏，上覆第四系和震旦系，上顶面埋深约 300m。反演推断的岩体出露部分与剖面地质图中出露花岗岩位置相对应；推断地层与地质剖面出露相对应。根据物性特征，花岗岩表现为低密度、低磁性及中低电阻率，而老地层相对而言表现为高密度、中等磁性及高电阻率。推断花岗岩与重磁电资料特征如下：九龙脑岩体和柯树岭岩体与布格重力异常的局部重力低、磁力异常的局部磁力低及 AMT 视电阻率断面图中的中低阻异常有明显的——对应关系。老地层则与重力高，相对磁力高和高阻异常——对应，尤其是剖面最北端的基岩，磁性最强，对应的局部磁力值最大。

三、天井窝重点工作区地球物理成果及解释推断

　　1. 重磁资料处理及异常特征分析

　　对研究区 1∶1 万高精度地磁异常和 1∶2 万布格重力异常进行了处理和转换，主要处理包括磁测数据滤波处理、磁测数据化极处理、重力异常垂向一阶导数及化极磁力异常垂向一阶导数计算、重力异常 NVDR-THDR 及化极磁力异常 NVDR-THDR 计算。上述重磁图

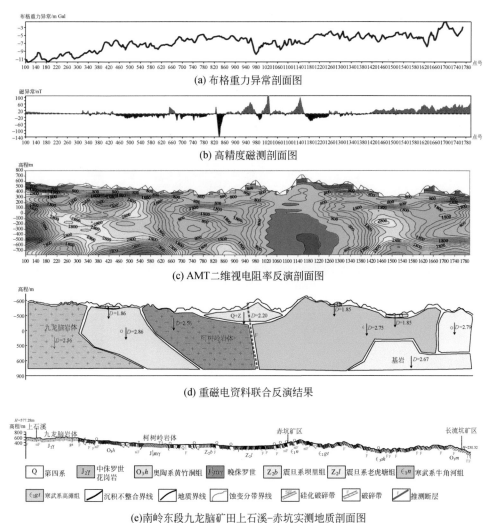

(a) 布格重力异常剖面图

(b) 高精度磁测剖面图

(c) AMT二维视电阻率反演剖面图

(d) 重磁电资料联合反演结果

(e)南岭东段九龙脑矿田上石溪-赤坑实测地质剖面图

图9-26　九龙脑矿田北部I-I′剖面重、磁、电联合反演结果

件是进行岩体识别和断裂识别的基础图件。此外，对研究区基本重磁场特征进行了分析。

图9-27（a）为天井窝矿区1∶1万原始磁测（ΔT）等值线图，磁异常值范围为−383.7～367.7nT。原始观测资料由于观测误差及地表干扰等的影响，数据中含有高频干扰，其等值线不光滑且有毛刺现象。为了消除各种误差和地表干扰的影响，对原始数据进行滤波处理；滤波后，磁异常值范围为−174.2～232.4nT。经过滤波处理后，等值线光滑，且地表局部异常干扰得以消除，异常特征明显，如图9-27（b）所示。

图9-28为研究区重磁异常及其垂向一阶导数平面图。图9-28（a）和9-28（b）为1∶2万布格重力异常及其垂向一阶导数图。由布格重力异常图可知，重力异常总体分布格局为北低南高，即由北向南重力场值逐渐增大，重力场南部变化复杂，北部变化相对简单，重力场值在−5×10^{-5}～8×10^{-5}m/s^{2}之间变化。依据地质资料，燕山早期中粒花岗岩的出露区域对应布格重力低及布格重力异常垂向一阶导数的负值区。根据物性资料，燕山早

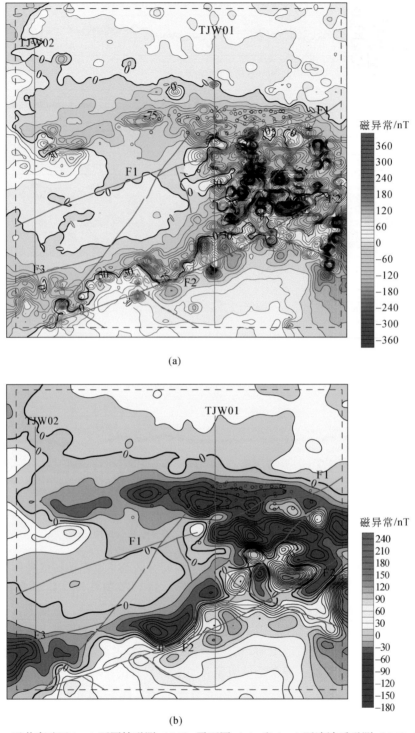

图 9-27 天井窝矿区 1 : 1 万原始磁测 （ΔT）平面图 （a）和 1 : 1 万滤波后磁测 （ΔT）平面图 （b）

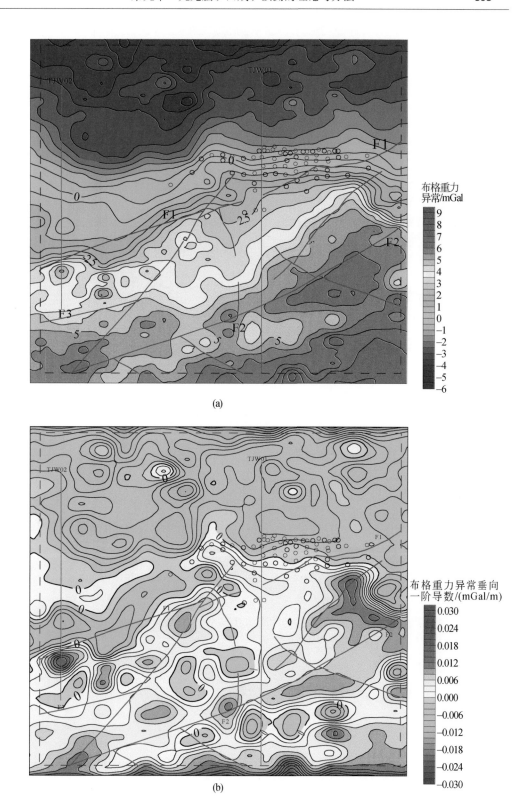

(a)

布格重力
异常/mGal

(b)

布格重力异常垂向
一阶导数/(mGal/m)

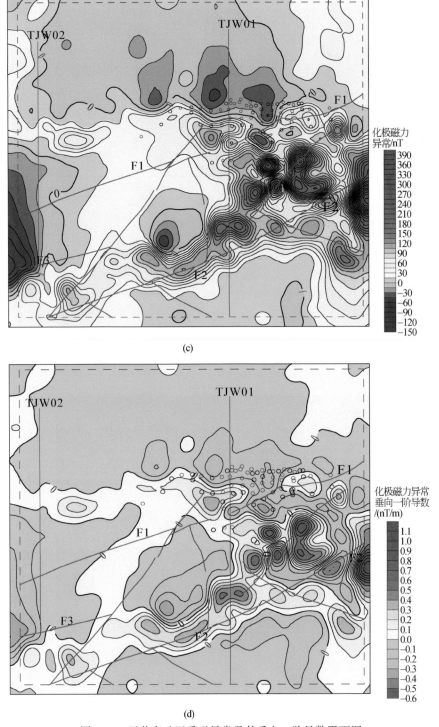

(c)

(d)

图 9-28　天井窝矿区重磁异常及其垂向一阶导数平面图

（a）1∶2 万布格重力异常等值线平面图；（b）布格重力异常垂向一阶导数等值线平面图；

（c）1∶1 万化极磁力异常等值线平面图；（d）化极磁力异常垂向一阶导数等值线平面图

期中粒花岗岩具有低密度特征，因此重力低异常主要反映了燕山早期中粒斑状黑云母花岗岩的分布范围。研究区南部重力高异常主要反映了上震旦统老虎塘组和坝里组的分布，其上叠加有两组北东东走向的局部重力低，结合地表岩体出露范围及物性资料，推断北侧的北东东走向局部重力低异常有可能由隐伏花岗岩体引起，而南侧的北东东走向局部重力低异常可能由断裂破碎带引起。

图 9-28（c）和 9-28（d）为 1∶1 万化极磁力异常及其垂向一阶导数图。

天井窝矿区位于中、低纬度地区，因此化极处理是磁力数据处理的一个关键步骤。对滤波后的 1∶1 万磁力资料［图 9-27（b）］进行化极处理后，得到化极后磁异常［图 9-28（c）］。对比化极前和化极后的数据平面图，有以下 2 个特点：①磁异常在经过化极处理后，工区东南侧的局部磁力高位置整体向北移；②化极前，原始磁测（ΔT）等值线磁异常值范围为–174.2～232.4nT；经过化极处理后，磁异常值范围为–100.0～364.1nT。由此可见，化极后，磁异常正异常值增大，负异常值减小，且正异常值位置北移，符合化极后的异常特征。

从图 9-28（c）看，研究区的磁场特征为测区北部显示出负磁异常，其范围和走向与燕山早期第二阶段中粗粒斑状黑云母花岗岩的分布范围和走向一致。测区南部的坝里组为大面积的 0～15nT 的正背景区；其北侧（即沿着 F2 断裂走向，与老虎塘组相接部位）为一北东走向的高磁异常带，由若干个局部高磁异常组成（50～200nT），该异常带的范围和走向与上震旦统坝里组基本一致。该高磁异常带北西侧为大面积的磁力低，东部正异常延伸出测区。测区中部地层为灰岩地层与老虎塘组，主要为负磁异常和低缓的正磁异常，同时存在多个局部正磁异常，其基本异常特征为等值线密集，梯度陡，显示由浅部磁性体引起。由物性资料可知，本区含磁性岩石有矽卡岩、含硫化物（黄铁矿化）岩石。根据异常查证，在正磁异常附近有含硫化物岩石出露，推断正磁异常带可能与地表硫化物岩石有关。

2. 重磁资料推断解释

利用前述处理后的重磁数据和图件，结合地质、钻孔等资料，对区内岩体分布及断裂构造分布进行了推断解释，得到了矿区重磁资料推断解释图（图 9-29）。

图 9-29 中，蓝色区域为推断的花岗岩Ⅰ分布范围，绿色区域为推断的花岗岩Ⅱ分布范围，蓝色粗实线和粗虚线为推断的一级断裂，红色实线为推断二级断裂。与推断岩体和断裂构造相对应的重磁场特征见图 9-30 和图 9-31。

1）对花岗岩体的推断

由图 9-30 可知，天井窝矿区推断的隐伏花岗岩分布在已出露花岗岩体的南侧，且隐伏岩体面积大约与已出露花岗岩面积相等。推断花岗岩位置与布格重力异常重力低位置相对应，且从推断岩体分布位置和布格重力异常总体特征来看，推测工区东南部地层最厚，往西北角逐渐减薄直至消失，故在工区东南部重力异常值最大，往西北逐渐减小。天井窝 ZK1116、ZK0705、ZK0407、ZK1205 等多个钻孔资料揭示的花岗岩埋深也证实了上述观点，ZK1116 钻遇花岗岩的深度为 500m，ZK0407 钻遇花岗岩的深度为 400m，ZK1205 钻遇花岗岩的深度为 316m，ZK0705 钻遇花岗岩的深度为 218m。此外，天井窝矿区 11 号勘探线（即 TJW01 剖面）上 7 个钻孔资料（ZK801、ZK1131、ZK1101、ZK1103、ZK1105、ZK1107 和 ZK1116）揭示的花岗岩埋深也是由东南向西北方向埋深逐渐变浅直至出露。

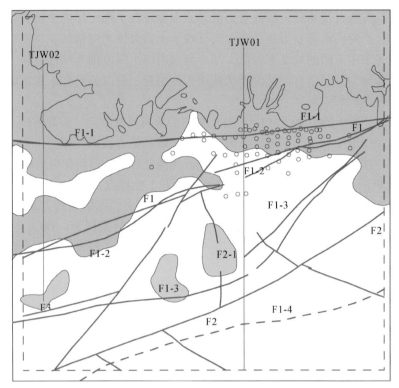

图 9-29　天井窝矿区利用重磁资料推断的岩体和断裂构造分布图

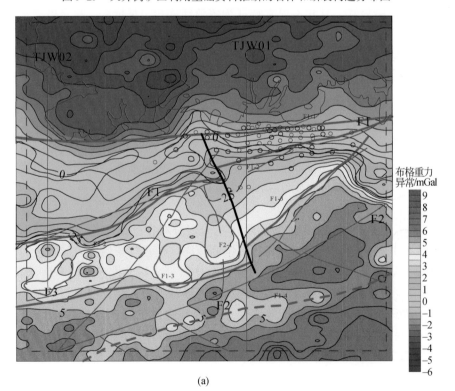

(a)

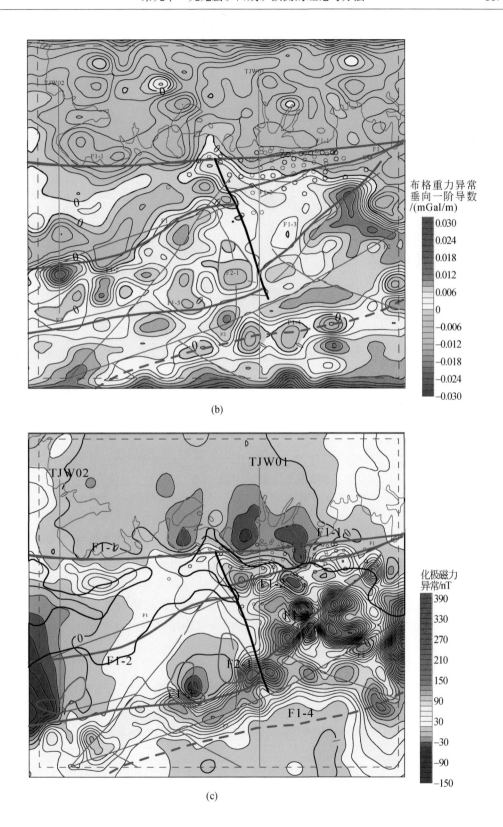

(b)

布格重力异常
垂向一阶导数
/(mGal/m)

0.030
0.024
0.018
0.012
0.006
0
-0.006
-0.012
-0.018
-0.024
-0.030

化极磁力
异常/nT

390
330
270
210
150
90
30
-30
-90
-150

(c)

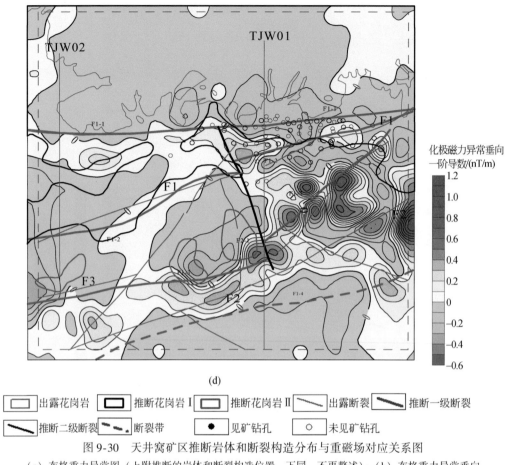

化极磁力异常垂向
一阶导数/(nT/m)

1.2
1.0
0.8
0.6
0.4
0.2
0
-0.2
-0.4
-0.6

(d)

出露花岗岩　　推断花岗岩 I　　推断花岗岩 II　　出露断裂　　推断一级断裂

推断二级断裂　　断裂带　　见矿钻孔　　未见矿钻孔

图 9-30　天井窝矿区推断岩体和断裂构造分布与重磁场对应关系图

（a）布格重力异常图（上附推断的岩体和断裂构造位置，下同，不再赘述）；（b）布格重力异常垂向
一阶导数图；（c）化极磁力异常图；（d）化极磁力异常垂向一阶导数图

花岗岩 I 重磁场特征：低重低磁。推断花岗岩 I 对应于相对重力低和磁力低值区，两者范围相一致；其重力异常等值线走向近东西向，花岗岩出露对应的北部异常宽缓，而南侧为重力异常梯度带，推测可能与隐伏花岗岩埋深变化、断裂分布有关。

花岗岩 II 重磁场特征：低重低磁。该花岗岩为完全隐伏花岗岩体，地表地层为震旦系。结合后面的剖面反演结果，推测该处隐伏花岗岩可能是岩突，有一定的埋深，但上覆震旦纪地层厚度不大（约 100m）。

2）对断裂构造的推断

依据重磁资料，推断了一级断裂 4 条，二级断裂 1 条（图 9-29 ~ 图 9-31）。

F1-1 断裂走向近东西向，推断形成于加里东期，受南北向水平挤压作用，形成东西向构造。后面的 TJW01 剖面和 TJW02 剖面重力和 AMT 反演成果表明该断裂的存在且规模比较大。

F1-2、F1-3 和 F1-4 断裂走向近北东东向，推断形成于燕山期。TJW01 和 TJW02 剖面重力异常反演结果表明 F1-3 断裂有可能同时为花岗岩体的边界位置。从 TJW01 和 TJW02

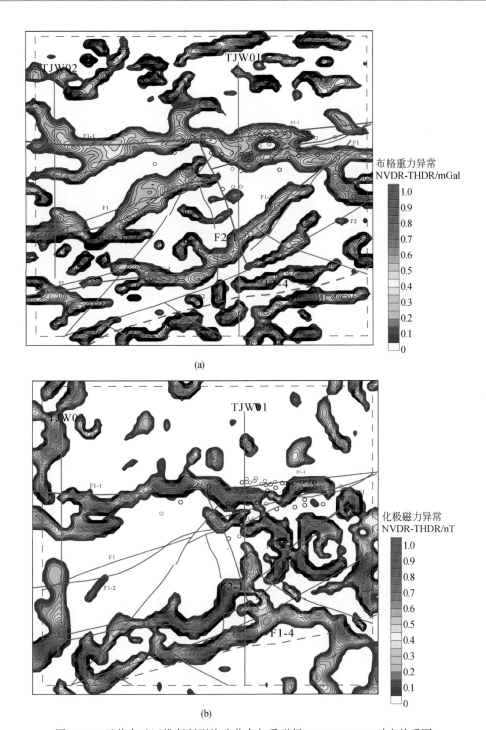

图 9-31　天井窝矿区推断断裂构造分布与重磁场 NVDR-THDR 对应关系图

（a）布格重力异常 NVDR-THDR 图（上附推断断裂构造位置，下同，不再赘述）；

（b）化极磁力异常 NVDR-THDR 图

剖面 AMT 断面图上看，F1-1 和 F1-3 断裂规模比较大。由于江西雨水充沛，断裂裂隙也往往是充水构造，因此出现了 2 条剖面中的低阻情况。

F1-4 断裂推断为断裂破碎带。该断裂破碎带的重磁场特征为低重低磁［或弱磁，见图 9-30（b）和图 9-34（d）］，出露地层为震旦系。在重力异常及其垂向一阶导数图上，分布着串珠状异常。串珠状重力异常往往是断裂破碎带的反映。该图中串珠状异常的轴部为断裂带位置。TJW01 剖面重力反演结果也证实该破碎带的存在。邻区九龙脑矿床主要受 F1、F2 两条北东向断裂控制（吴燕荣等，2011）。破碎带宽 1.5 ~ 12.0m，破碎带中岩石挤压破碎明显，有云英岩角砾，硅质胶结，西南端有疏松的变质岩角砾，具长期活动性质，为平移逆断层。

3）对推断出的五个重要异常的讨论

这里要讨论五个重要异常的解释结果。图 9-32 中 I 号异常（黑色圆圈所在位置）显示出明显的高重（杂有低重）、低磁异常特征；II 号异常（红色圆圈所在位置）显示出明显的高重、高磁异常特征；III 号异常（蓝色圈所在位置）为低重低磁到高重高磁的过渡带；IV 号和 V 号异常（紫色和粉色圈所在位置）都是高重高磁的特征。

I 号异常：地表出露地层为震旦系，左上侧重磁特征为高重弱磁。根据物性资料，推断该重力高由震旦纪地层引起。右下侧重磁特征为低重弱磁，推断该重力低由隐伏花岗岩体引起，且局部重力低异常的中心位置对应于花岗岩体的上顶位置，也即岩突的位置。

II 号异常：地表出露震旦纪地层，在该区北侧，出露地层为奥陶系灰岩，且在下碰田脑和上碰田脑之间还发现产于震旦系中的矽卡岩矿床。重磁场特征表现为较大范围的局部重力高，但磁异常与之不同，有高磁有低磁。推断该局部重力高主要由地层引起，但在局部磁力高部位可能还存在矽卡岩，值得下一步地质找矿工作重视。

III 号异常左侧的局部重力低对应于震旦系，右侧局部重力低对应于震旦系和奥陶系。TJW03 剖面反演结果显示，左侧花岗岩体和震旦系接触，右侧花岗岩和奥陶系接触，与平面对应结果一致。推测左侧花岗岩矽卡岩成矿的可能性小，右侧花岗岩与奥陶系地层接触，有成矿可能性。

IV 号异常：重磁场特征均表现为高重高磁。该处出露地层为奥陶系灰岩和第四系，属于无磁性地层，而在该处形成高磁异常，推测可能是花岗岩体与奥陶系灰岩发生接触交代作用，形成高重高磁矽卡岩；但该处高重高磁异常也有可能为地层引起。

V 号异常：重磁场特征均表现为高重高磁。该处出露地层自西向东依次为奥陶系灰岩、第四系和震旦系，因此有可能形成高磁高重的矽卡岩。但该处高重高磁异常也有可能由地层引起。

IV 号和 V 号的高重高磁异常到底由地层引起还是由隐伏矽卡岩引起？结合研究区成矿条件，花岗岩平面推断成果、钻孔资料及地质资料，对 TJW01 剖面和 TJW02 剖面的重力异常进行了反演和正演验证，结果（后面详细论述）显示 IV 号和 V 号异常均由地层引起。

4）对火山构造的推断

垂向断层或不同岩性的接触面，往往切割不同物性的地层（密度层、磁性层），并且在平面上有一定的延伸长度，可归属于线性构造。线性构造产生的重力异常或化极磁力异常存在明显的梯级带。利用位场边缘识别技术，可以有效识别线性构造的位置。通常采用

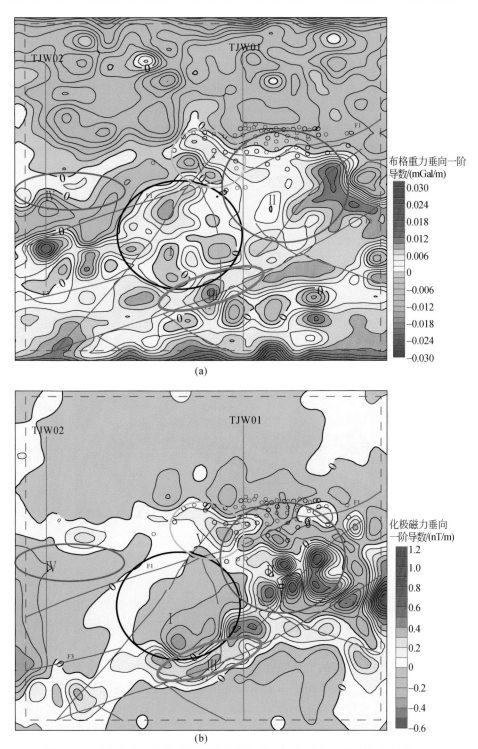

(a)

(b)

图 9-32　天井窝矿区布格重力异常和化极磁力异常垂向一阶导数对比图

（a）布格重力垂向一阶导数图；（b）化极磁力垂向一阶导数图

总水平导数极大值识别位场边缘，其在划分规模较大的线性构造线时具有明显的优势，但对规模较小的线性构造来说，将会被规模较大的线性构造淹没。为了突出规模较小的线性构造，本次研究采用了归一化总水平导数垂向导数（NVDR-THDR），其结果不仅能反映规模较大的线性构造，而且也能突出规模较小的线性构造，并且使线性构造的位置更容易确定。

　　通过对天井窝矿区重力和高精度磁测资料进行 NVDR-THDR 处理，得到了化极后磁力异常 NVDR-THDR 图（图9-33）和布格重力异常 NVDR-THDR 图（图9-34）。

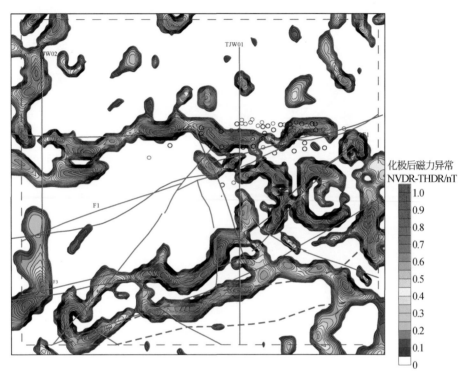

图 9-33　化极后磁力异常 NVDR-THDR 图

　　从图 9-33 中可以明显看出，在测区的中东部，有明显的环状构造信息，而且是内部的小环状构造外套一大的环状构造，这样的环状构造信息与已知的火山口或者火山通道等构造磁异常信息是一致的。从图 9-34 中同样位置可以看到，重力所显示的构造信息同样对应于环状特征，只是该环向东未闭合。两张图中显示的环状构造外围均不同程度存在发散状的线性构造信息。所有的上述线性构造异常信息，都指向了一个明显的火山建造重磁异常。从地质资料上看，该火山建造重磁异常位于北部出露的花岗岩南部，地表主要是奥陶纪和震旦纪地层，地层中硫化物富集。其西北方向即是天井窝矿区。地层中大量的硫化物与岩浆活动有无关系？如果存在火山建造，那么地质上能否有足够的证据来印证物探异常？是否有必要到该区域进行异常验证工作？此外，在已有的钻孔资料中，除钨矿外，有无其他和火山活动有关的多金属矿出现？这些问题都值得进一步研究。如果存在火山建造，那么整个环状构造的四周都可能成为找矿的有利区域，应该引起重视。

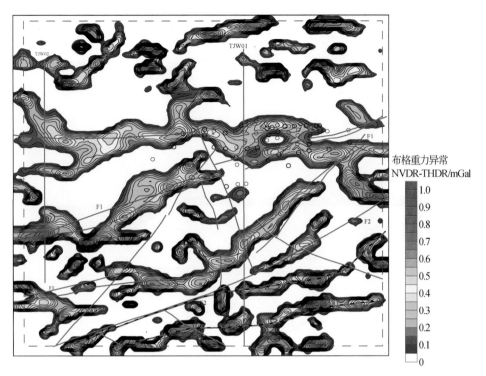

图 9-34　天井窝工作区布格重力异常 NVDR-THDR 图

3. 综合剖面处理及推断解释

1）TJW01 综合剖面特征与解释推断

据图 9-35，布格重力异常曲线总体趋势表现出北低南高的异常特征，基本上反映了沉积地层以及花岗岩体起伏变化的情况。局部重力低异常，推断由隐伏花岗岩引起。通过对布格重力异常进行垂向一阶导数计算，以垂向一阶导数零值线划分隐伏花岗岩体的边界，大致判断出 2 处隐伏花岗岩体的分布范围，剖面测线 260~740 点、740~1940 点及 2740~3100 点。2740~3100 点对应已知花岗岩体分布区；740~1940 点对应奥陶系，结合 ZK1116 可知，奥陶系下部存在隐伏花岗岩体；而 260~740 点出露为震旦系坝里组，其上无钻孔揭露。该剖面主要钻孔位于 2020~2420 点 400m 范围内，位于重力异常梯级带位置。这与本次工作的主要目的（寻找接触交代型矽卡岩）一致，由此可根据重力异常梯级带大致推断矿体可能的赋存部位，根据重力低异常可圈定隐伏花岗岩体的范围。

高精度磁测 100~580 点与 2300~3100 点磁性相对较为平缓，100~580 点对应震旦系坝里组，2300~3100 点出露花岗岩体与第四系。根据物性资料可知，基本表现为弱磁-无磁性；580~740 点的高磁异常，地表出露岩性为震旦系坝里组，仅从地表无法判断引起其磁性相对高的地质原因；740~2100 点磁性不均匀，地表出露奥陶系，根据钻孔资料可知，奥陶系中板岩、角岩含硫化物（黄铁矿化），结合物性资料，当板岩、角岩含黄铁矿化时磁性有所增加，推断其磁性不均匀可能与之有关。

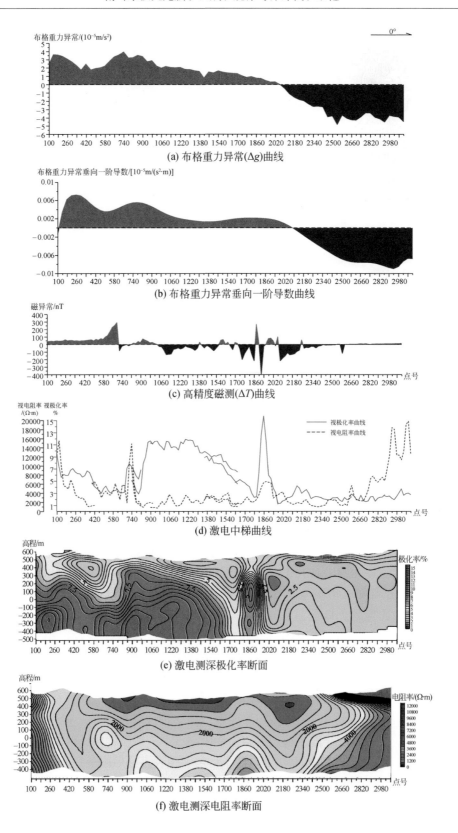

(a) 布格重力异常(Δg)曲线

(b) 布格重力异常垂向一阶导数曲线

(c) 高精度磁测(ΔT)曲线

(d) 激电中梯曲线

(e) 激电测深极化率断面

(f) 激电测深电阻率断面

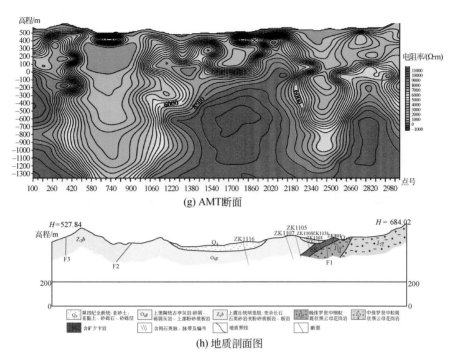

图 9-35　九龙脑矿田天井窝工作区 TJW01 综合物探剖面图

　　激电中梯剖面极化率相对较高，以 3% 划分异常，2500～3100 点为低极化率段，为高阻低极化的异常特征，对应花岗岩出露范围；2100～2260 点为相对高极化段，表现为相对低阻高极化的异常特征，该段出露岩性为奥陶系灰岩，且附近有见矿钻孔出露，推断该异常与含矿矽卡岩有关；1940～1800 点与 700～780 点表现为高阻高极化异常特征。对应地质剖面，异常部位分别存在两个断层出露 F1、F2，推断该高阻高极化异常与断层有关；820～1700 点的相对低阻高极化异常，其极化率异常幅值高，最大超过 10%，结合物性资料，推断其应为岩体或地层中的硫化物引起。100～420 点表现为高阻高极化异常，高极化异常推断可能与地层中的硫化物有关，高阻异常推断与震旦系下部可能存在的隐伏花岗岩体有关。

　　激电测深断面异常与中梯剖面异常吻合得较好。极化率断面在 100～1980 点存在大面积的高极化率异常，极化场向深部增大，增大到一定深度后，极化率异常趋于稳定，甚至减小。根据钻孔物性，推断该极化率异常应为地层中板岩、角岩含硫化物所致。2140～2460 点视深度 100～400m 之间有一相对高极化率异常，异常强度不高，对应钻孔位置。该段为本区矽卡岩矿体见矿最集中部位，对应电阻率异常为低阻，由此推断该低阻相对高极化异常为矽卡岩（矿）体引起；电阻率断面依据物性资料可知，本区高电阻率异常应为出露地表的（剖面北部）及隐伏的花岗岩体引起，结合物性可大致划分出隐伏花岗岩体的分布范围。

　　对应 AMT 断面，地下深部存在大面积高电阻异常体，北部为花岗岩出露区，结合物性资料，该高电阻异常应与花岗岩体密切相关。540～1000 点、1620～1940 点及 2300～2600 点存在三个相对低阻带，经钻孔验证，1620～1940 点与 2300～2600 点低阻异常与矽卡岩（矿）化有关，而540～1000点低阻异常由于其深度与宽度较大，现阶段物探资料尚无法解释其具体地质原因。

由此，TJW01剖面可以较好地反映真实的地质与构造情况。高精度重力剖面异常大致推断出了隐伏花岗岩体的分布范围，其重力异常垂向一阶导数零值线推断为花岗岩体与地层的接触带部位；高精度磁测对于矽卡岩反映较好，推断重力梯级带附近的磁异常与之相关；激电中梯剖面异常与激电测深断面异常反映出了含硫化物岩体与矽卡岩之间极化率异常的对应关系，其中含硫化物岩体极化率相对较强，大部分超过5%；而矽卡岩（矿）体极化率相对较高，为中等极化率异常，由此可以为未知区矽卡岩矿体与含硫化物岩体的区分提供依据；激电测深电阻率异常（反映深度较浅）与AMT断面（深部）较好地反映了花岗岩体的分布范围。

根据上述分析可知，花岗岩体的异常特征为高阻低极化低磁低密度，矽卡岩的异常特征为低阻高极化高磁相对高密度。

2）TJW02综合剖面特征与解释推断

由图9-36可知，布格重力异常曲线大趋势表现为北低南高的特征，基本上反映了沉积地层及花岗岩体的起伏变化。在1100～1800点有明显的局部重力低异常，其间对应奥陶系，结合物性和钻孔资料，推断其重力低异常由隐伏花岗岩体引起；通过对布格重力异常进行垂向一阶导数计算，以极大值可划分出隐伏花岗岩体的范围。北部重力低异常对应已知花岗岩体的分布区；高精度磁测剖面在1700～1800点异常较强；激电中梯剖面与激电测深断面北部高极化异常经过地面查证由地面干扰引起，南部高极化率异常由地层中硫化物引起，而剖面中部相对中等的极化率异常可能与矽卡岩有关；激电测深剖面反映了浅层地电信息，即大致划分出了花岗岩体的分布部位，而AMT断面较为清晰地反映出了该段深部隐伏花岗岩体的大致分布范围。

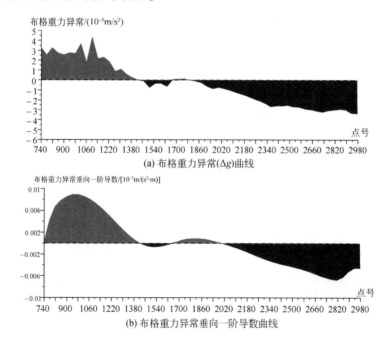

(a) 布格重力异常(Δg)曲线

(b) 布格重力异常垂向一阶导数曲线

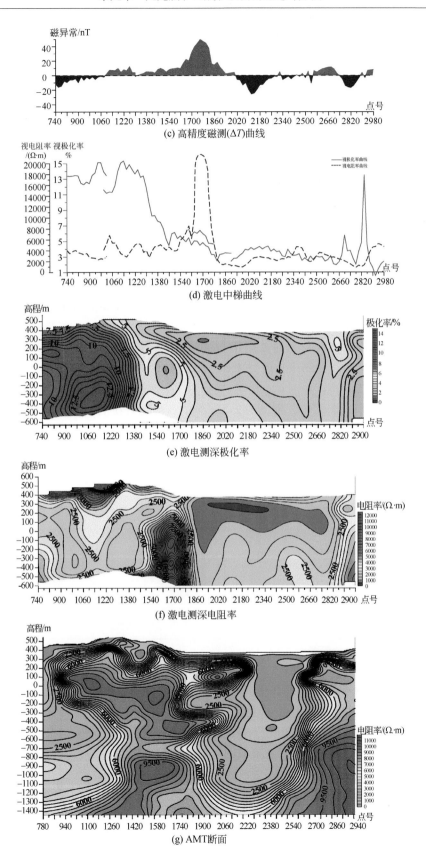

(c) 高精度磁测(ΔT)曲线

(d) 激电中梯曲线

(e) 激电测深极化率

(f) 激电测深电阻率

(g) AMT断面

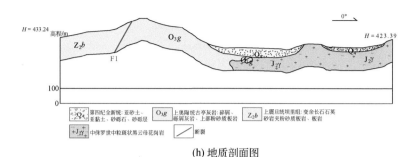

(h) 地质剖面图

图 9-36　九龙脑矿田天井窝 TJW02 综合物探剖面图

4. 综合剖面反演与解释推断

结合地质、物性、综合剖面成果等资料给出 TJW01、TJW02 和 TJW03 剖面反演结果，反演深度为 0~2000m。其中 TJW01、TJW02 两条剖面是南北向实测剖面，TJW03 是根据研究需要添加的一条剖面。在反演推断的基础上，对矽卡岩的存在性进行了正演验证计算。

1) 天井窝 TJW01 剖面反演与解释推断

TJW01 剖面采用实测重力剖面数据作为反演数据，以岩体平面推断成果、AMT 视电阻率断面图和地质剖面图为约束，进行 2.5D 重磁剖面反演。图 9-37 为 TJW01 剖面反演解释推断成果。解释结果如下：

（1）推断了 1 个花岗岩体，密度为 $2.55g/cm^3$。花岗岩在剖面北侧地表出露了较大范围，深部隐伏部分如图 9-37 所示，花岗岩底部埋深约 1900m。

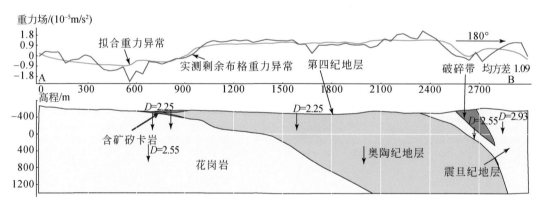

图 9-37　九龙脑矿田天井窝 TJW01 剖面重力异常反演推断图

（2）含矿矽卡岩沿着花岗岩和奥陶系接触面上盘分布，密度为 $3.0g/cm^3$，其最北端出露地表，中心埋深约 58m，中心厚度约 37m。该矽卡岩的正演重力异常值最大幅值达 $300\mu Gal$，而该区重力数据测量精度为 $50\mu Gal$，因此，重力异常完全能识别该矽卡岩。

（3）推断的 F1-4 断裂破碎带分布在剖面南侧，位于震旦系中，其密度为 $2.55g/cm^3$。该破碎带密度远比震旦纪地层密度（$2.93g/cm^3$）小。

（4）上述反演解释结果与 AMT 视电阻率断面图（图 9-35）反演结果中显示的地层电性结构基本吻合。

2）天井窝 TJW02 剖面反演与解释推断

TJW02 剖面采用实测重力剖面数据作为反演数据，以岩体平面推断成果、AMT 视电阻率断面图和地质剖面图为约束，进行 2.5D 重磁剖面反演。图 9-38 为 TJW02 剖面反演解释推断成果。解释结果如下：

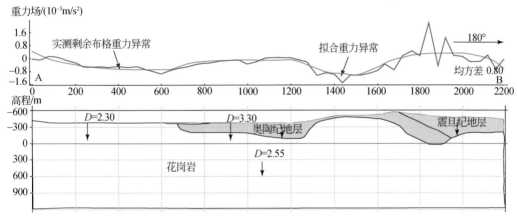

图 9-38　天井窝 TJW02 剖面重力异常反演推断图

（1）推断花岗岩体密度为 2.55g/cm³，顶部出露地表（剖面北侧），底部埋深约 1900m。反演结果显示深部隐伏岩体规模较大，且埋深较浅，最小埋深仅 30m。

（2）奥陶纪地层密度为 2.85g/cm³，位于 F1 断裂北侧，地层倾向与断裂一致，其下方为隐伏花岗岩体。该地层分布在测线中段，北侧厚度较大，约 200m，向南变薄约为 30m，接近 F1 断裂时，厚度加大到近 500m。

（3）震旦纪地层密度为 2.93g/cm³，位于 F1 断裂南侧，与奥陶纪地层为断层接触。其厚度与 F1 断裂处的奥陶系厚度相当，下方为隐伏花岗岩体。

上述反演解释结果与 AMT 断面图（图 9-36）反演结果中显示的地层电性结构基本吻合。

3）天井窝 TJW03 剖面反演与解释推断

TJW03 剖面重力异常数据是从 1:2 万平面重力异常数据中提取的。剖面位置为图 9-39 中的东西走向剖面。以岩体平面推断成果、TJW01 和 TJW02 剖面反演成果为约束，进行 2.5D 重磁剖面反演，结果见图 9-40。解释结果如下：

（1）花岗岩体密度为 2.55g/cm³。全部为隐伏花岗岩，共推断出四个岩突，距离地面最浅的岩突埋深在 100m 左右。

（2）奥陶纪地层密度为 2.85g/cm³，分布在测线东段，西侧厚度约为 180m，中间厚度较大，约 450m，东侧出露地表，厚度约为 45m，该地层下方为隐伏花岗岩。

（3）震旦纪地层密度为 2.93g/cm³，位于 F2 断裂东侧，与奥陶纪地层为断层接触。

4）对矽卡岩的正演计算验证

图 9-39 分别为地质图、布格重力异常垂向一阶导数图和化极磁力异常垂向一阶导数图。从图 9-39 中可知，D 区位于Ⅳ号异常所在区域，对应高重、高磁（边缘）；E 区位于Ⅴ号异常所在区域，对应高重、高磁；F 区位于Ⅲ号异常所在区域，对应低重、高磁（边缘）。上述三个区域均位于奥陶系内，根据矽卡岩物性特征、重磁场特征及成矿地质条件，

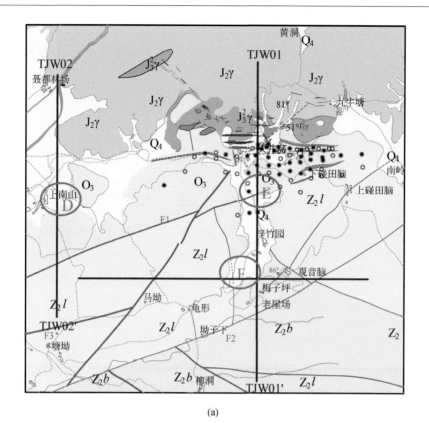

(a)

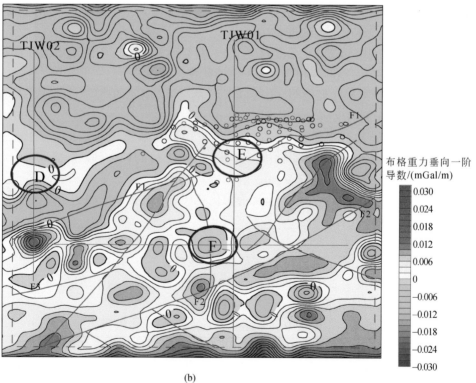

布格重力垂向一阶
导数/(mGal/m)

(b)

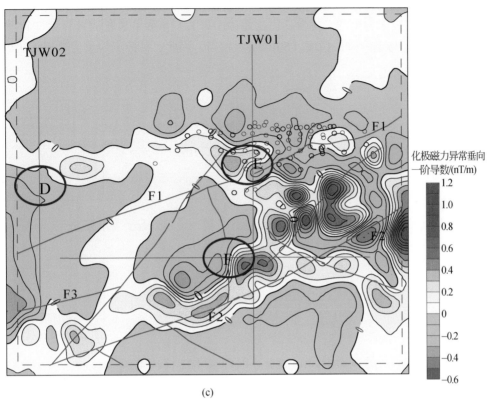

(c)

图 9-39　天井窝矿区地质图、布格重力异常垂向一阶导数图和化极磁力异常垂向一阶导数图

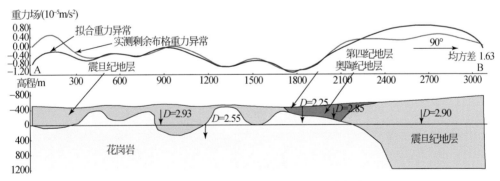

图 9-40　天井窝 TJW03 剖面重力异常反演推断图

上述 D、E 和 F 三处皆有成矿可能。下面对已推断矽卡岩和 D、E、F 三处是否存在隐伏矽卡岩进行正演验证。

（1）天井窝 TJW01 剖面

TJW01 剖面中推断的已出露含矿矽卡岩（图 9-37）经正演计算，得到该矽卡岩产生的重力异常值最大幅值达 $300\mu Gal$，而该区重力数据测量精度为 $50\mu Gal$，因此，重力异常完全能识别该矽卡岩，正演计算进一步证实了对该矽卡岩推断的可信度。

根据矽卡岩重磁场特征及成矿地质条件，推断在 E 处存在矽卡岩，其位置如图 9-41 所示，位于已出露矽卡岩南部，埋深比已出露矽卡岩大。该矽卡岩正演计算后，其重力异常幅值为 50μGal，与重力数据精度（50μGal）相当，因此，该矽卡岩重力数据无法识别。

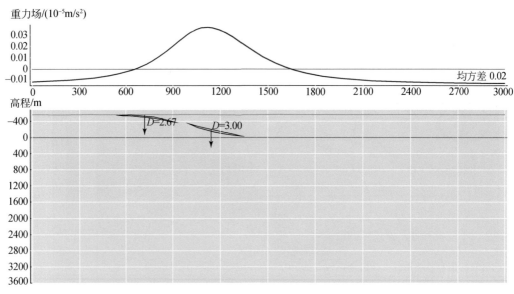

图 9-41　TJW01 剖面 E 处推断矽卡岩正演计算图

（2）天井窝 TJW02 剖面

根据矽卡岩成矿地质条件，推断在 TJW02 剖面 D 处存在矽卡岩，其位置如图 9-42 所示。该矽卡岩正演计算后，其重力异常幅值为 130μGal，仅为仪器精度（50μGal）的两倍多，因此，该矽卡岩重力数据无法识别。

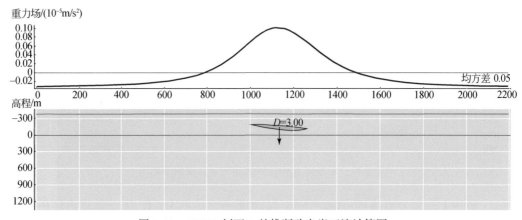

图 9-42　TJW02 剖面 D 处推断矽卡岩正演计算图

（3）天井窝 TJW03 剖面

根据矽卡岩成矿地质条件，推断在 TJW03 剖面 F 处存在矽卡岩，其位置如图 9-43 所示。该矽卡岩正演计算后，其重力异常幅值为 50μGal，因此，该矽卡岩重力数据无法识别。

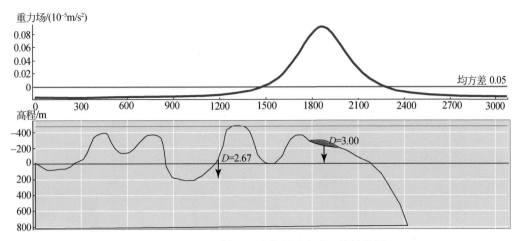

图9-43　TJW03剖面F处推断矽卡岩正演计算图

因此，根据上述推断矽卡岩正演结果，本区只在TJW01剖面上推断了一处矽卡岩。

四、淘锡坑重点工作区地球物理成果及解释推断

1. 重磁资料处理及异常特征分析

对研究区1∶1万高精度地磁异常和1∶2万布格重力异常进行了处理和转换。磁测数据的处理比较简单，主要包括磁测数据滤波处理、磁测数据化极处理。重力数据主要处理包括重力异常数据场的分离、重力异常垂向一阶导数计算、重力异常NVDR-THDR计算；上述重磁图件是进行花岗岩岩突识别和断裂构造识别的基础图件。此外，对研究区基本重磁场特征进行了分析。

图9-44为淘锡坑矿区1∶1万原始磁测（ΔT）等值线图，磁异常值范围为−86.7～87.0nT。原始观测资料由于观测误差及地表干扰等的影响，数据中含有高频干扰，其等值线不光滑且有毛刺现象。由于工区处于中低纬度地区，因此，磁异常还受到斜磁化的影响。

为了消除各种误差和地表干扰的影响，对原始数据进行了滤波处理，如图9-45所示。滤波后，磁异常值范围为−56.4～120.6nT，磁异常总体走向大体为北东和北北东向，且经过滤波后，地表局部异常干扰得以消除，等值线光滑，异常特征明显。

淘锡坑矿区位于中、低纬度地区，由于受斜磁化的影响，磁异常主体与磁性体地表面投影位置有一定偏移。这给正确判断磁性体的位置带来了很大困难。因此，化极处理是磁力数据处理的一个关键步骤。对滤波后的1∶1万磁力资料［图9-45（a）］进行化极处理后，得到化极后磁异常［图9-45（b）］。对比化极前和化极后的数据平面图，有以下2个特点：①磁异常在经过化极处理后，工区东侧的局部磁力高位置整体向北移；②化极前，原始磁测（ΔT）等值线磁异常值范围为−56.4～120.6nT，经过化极处理后，磁异常值范围为−57.5～126.2nT。由此可见，化极后，磁异常正异常值增大，且正异常值位置北移，符合化极后的异常特征。由图9-45（b）可知，整个工区内磁异常都比较弱，工区西南角

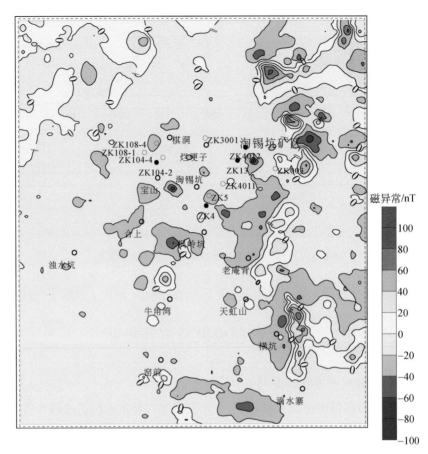

图 9-44　淘锡坑矿区 1：1 万原始磁测（ΔT）平面图

大体为 $-15 \sim 0$nT 的背景场，东南角大体为 $-30 \sim -15$nT 的背景场，若干个局部重力高基本都叠加在工区东部区域，走向大体为北东、北北东或近南北向，异常极大值为 $40 \sim 126$nT 之间不等。

图 9-46 为研究区布格重力异常相关图件。地形总体呈现"东高西低"的格局。西部沿着近南北走向的蜜溪河，地势低缓；东部分布近东西走向和北北东走向的若干个山峰，地势较高，最高处位于北北东走向山峰上。

场分离后的布格重力异常如图 9-46（a）所示，异常值范围为 $-6.3 \sim 2.5$mGal，等值线间距 0.5mGal，异常总体呈"东南高西北低"的格局，总体走向依然为北东和北北东向，很多小的近似等轴状局部异常干扰被减弱或消除。此外，在东南角北东向局部重力高的范围内，分布有一北东向的重力低异常。图 9-46（b）为场分离后的布格重力异常垂向一阶导数平面图，该图中，垂向一阶导数的正值区和负值区呈北东或北北东走向相间分布。由图可知，钻遇花岗岩的钻孔都分布在重力异常垂向一阶导数的负值区，而没有钻遇花岗岩的钻孔有些分布在负值区，有些分布在正值区。根据物性资料、前人研究成果和钻孔资料，该矿区下方为大片隐伏岩体，因此，重力异常垂向一阶导数的负值区反映了花岗岩岩突的分布位置。

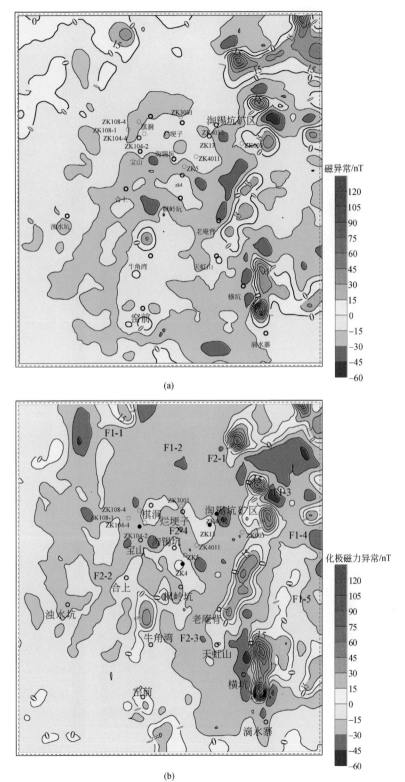

图 9-45　淘锡坑矿区 1∶1 万磁测（ΔT）平面图（a）和 1∶1 万化极磁力异常平面图（b）

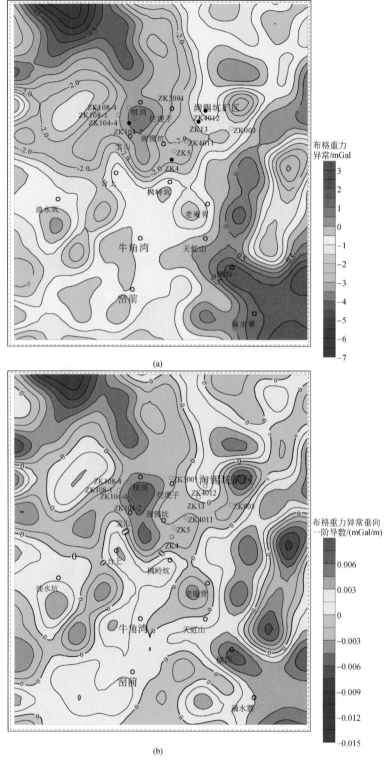

图 9-46　淘锡坑矿区 1 : 2 万地形图与布格重力异常图

(a) 布格重力异常平面图；(b) 布格重力异常垂向一阶导数平面图

2. 重磁资料推断解释

以重力资料为主，辅以磁测资料，结合物性、地质、钻孔等资料，对区内花岗岩岩突分布及断裂构造分布进行了推断解释，得到了矿区重磁资料推断解释图（图9-47）。浅蓝色区域为推断的花岗岩岩突分布范围，蓝色粗实线推断为一级断裂，紫色实线推断为二级断裂。

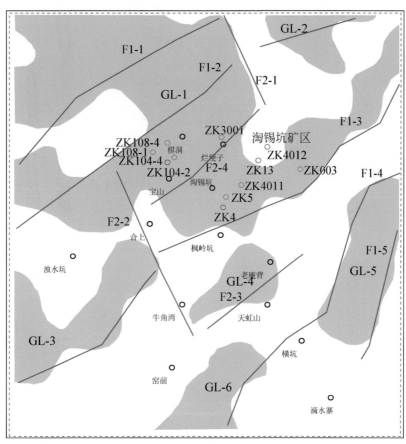

图 9-47　淘锡坑矿区利用重磁资料推断的花岗岩岩突和断裂构造分布图

浅蓝色区域为岩突分布位置，蓝色线为推断一级断裂，紫色线为推断二级断裂

与推断岩体和断裂构造相对应的重磁场特征见图9-48和图9-49。

1）对花岗岩体的推断

推断的花岗岩岩突总共有6个：GL-1、GL-2、GL-3、GL-4、GL-5、GL-6。岩突总体走向为北北东和北东向，其中GL-1左上支和左下支走向近东西向；岩突的总体走向与该区区域构造线方向一致。岩突总面积大概为整个淘锡坑工区的一半，其中岩突GL-1面积最大；除了GL-4为封闭岩突外，其他岩突分布都未封闭，在工区外部还有延伸。已知的所有钻遇花岗岩的钻孔都位于推断的花岗岩岩突的分布范围内。地质上，这些钻孔都位于岩体隆起地带，有利于矿液的汇集并形成工业矿脉。

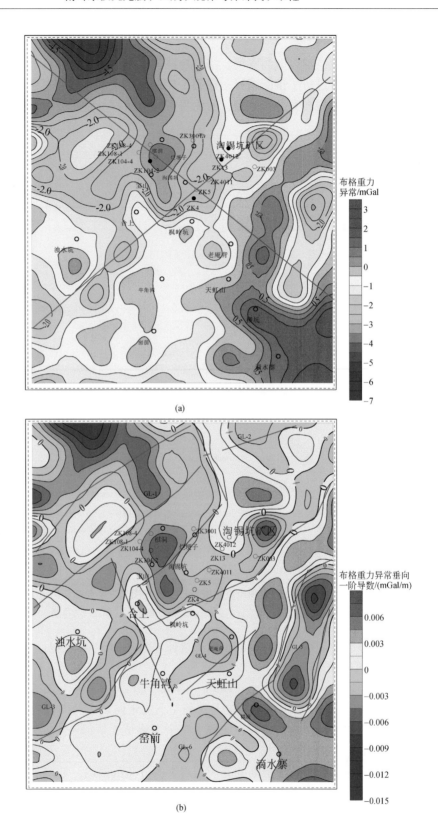

(a)

(b)

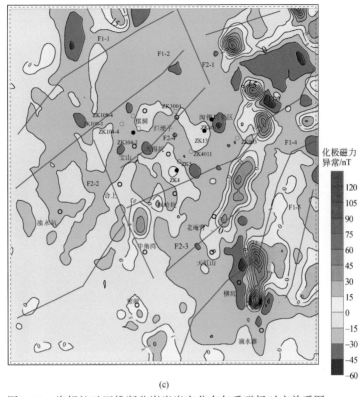

(c)

图 9-48 淘锡坑矿区推断花岗岩岩突分布与重磁场对应关系图

（a）布格重力异常图；（b）布格重力异常垂向一阶导数图；（c）化极磁力异常图

根据图 9-48 花岗岩岩突分布与重磁场特征对应关系，可知：①花岗岩表现为低密度、无磁-低磁特征，其岩突分布与重力异常的局部重力低和重力异常垂向一阶导数负值区相对应，与化极磁力异常的无磁或低磁区大体对应。需要说明的是：该推断岩突位置局部地方表现为中等磁性，可能与该区含硫化物矿物有关。②花岗岩岩凹处因为覆盖了高密度、中低磁性的老地层，岩凹处对应重力异常的局部重力高和重力异常垂向一阶导数的正值区；化极磁力异常局部磁力高基本分布于岩凹位置。

2）对断裂构造的推断

以图 9-49 重力异常和重力异常 NVDR-THDR 为主，综合利用地质、已有文献成果（徐敏林等，2011）等资料，推断出该区有 9 条断裂。

推断了一级断裂 5 条：F1-1、F1-2、F1-3、F1-4、F1-5。该 5 条一级断裂走向都为北东向或北北东向，与区域构造方向一致，与岩突分布走向也一致。由图 9-49 知：F1-1 和 F1-2 断裂的西南段为北东向重力高和重力低的分界线，且位于重力梯级带上，NVDR-THDR 线性信号较连续且明显将北西走向信号错断；其东北段位于局部重力低圈闭异常的突然变窄部位，且经过棋洞附近的北北西向重力低在 F1-1 和 F1-2 断裂两侧异常轴线明显错动。F1-3、F1-4 和 F1-5 断裂为北东向线性重力高和重力低的分界线，位于重力梯级带上，NVDR-THDR 线性信号强且连续，且断裂位置和布格重力异常垂向一阶导数的零值线位置基本重合，说明这三条断裂既是断裂又是花岗岩岩突边界。

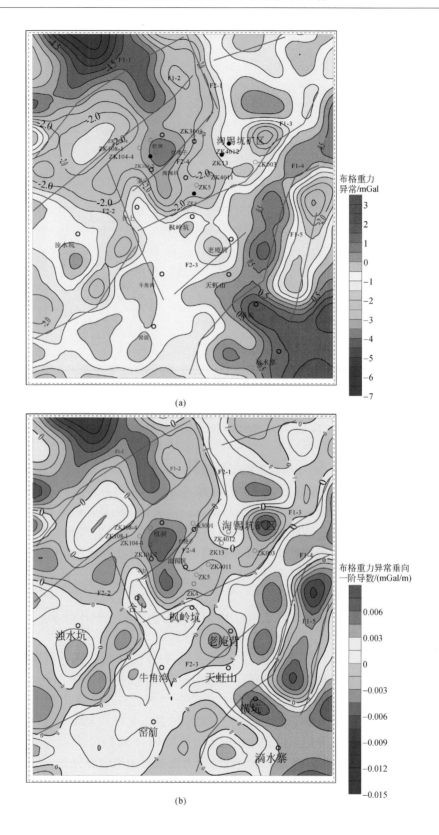

(a)

(b)

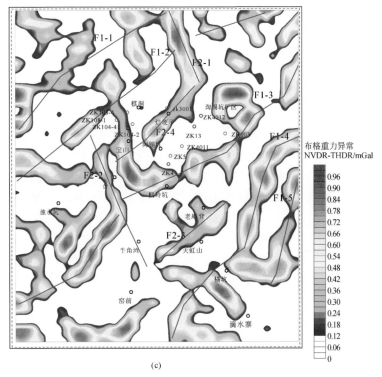

图 9-49　淘锡坑矿区推断断裂分布与重磁场对应关系图
（a）布格重力异常图；（b）布格重力异常垂向一阶导数图；（c）布格重力异常 NVDR-THDR 图

推断了二级断裂 4 条：F2-1、F2-2、F2-3、F2-4。其中 2 条断裂走向北东，2 条北西走向。F2-1 和 F2-2 断裂均呈北西向分布，都位于重力梯级带上且为重力高和重力低的分界线，NVDR-THDR 线性信号较强且连续，并分别错断北东走向的 F1-2 断裂和 F1-3 断裂。其中 F2-2 断裂为蜜溪河大断裂，其推断位置与已有成果相吻合。F2-3 和 F2-4 断裂均为北东向分布，NVDR-THDR 线性信号较强且连续；F2-3 断裂为重力高和重力低的分界线，F2-4 断裂位于北北西向圈闭重力低突然变窄部位，断裂两侧异常轴线明显错动。

上述断裂和重力场特征关系表明：推断断裂分布特征与重力场特征基本一致。

综合上述淘锡坑矿区利用重磁资料推断的花岗岩岩突和断裂构造分布关系可知：岩突的总体走向与该区区域构造线方向基本一致；岩突分布特征和断裂分布特征与重磁场特征基本一致；断裂对岩突分布具有控制作用。

3. 花岗岩顶界面起伏推断解释

对花岗岩顶界面起伏状况的反演，基本按照如下步骤进行：

（1）求出反映花岗岩顶界面起伏的剩余布格重力异常；

（2）由于钻孔均为斜孔，因此，需要求出钻孔揭示岩体的垂直埋深及钻孔钻遇花岗岩顶界面点在地面上的垂直投影位置；

（3）以钻孔揭示岩体的垂直埋深为约束条件，利用双界面模型频率域快速反演方法对花岗岩顶界面埋深进行反演计算，得到花岗岩顶界面起伏图。

钻孔孔口位置与钻孔钻遇花岗岩顶界面点在地面上垂直投影位置分别如图 9-50（a）和

（b）所示。由于钻孔为斜孔，钻孔钻遇花岗岩顶界面点在地面上垂直投影位置都向西南方向偏移。

图9-51为淘锡坑矿区剩余布格重力异常图。由图可见，其重力场特征、趋势与布格重力异常垂向一阶导数图一致，局部重力低对应布格重力异常垂向一阶导数的负值区和推断花岗岩的岩突位置。

对图5-50（b）和图9-51进行系统对比，发现与剩余布格重力异常趋势特征相对应的钻孔，有ZK104-4、ZK4011和ZK3001三个。以这三个钻孔作为约束控制点，利用双界面模型频率域快速反演方法反演得到了花岗岩顶界面埋深［如图9-50（b）］。

反演得到的花岗岩顶面埋深等值线趋势与剩余布格重力异常特征相对应；在棋洞–烂埂子–宝山一带，花岗岩顶面埋深较周围浅，埋深在350~600m，与钻孔揭示的花岗岩顶界面埋深较一致。

值得注意的是：在矿区东侧中部有一个巨大的北北东走向的局部重力低异常，反演得到该处花岗岩顶界面最浅埋深约为200m。该处出露震旦系，局部重力低中部有矿化带矿脉分布。因此，该局部重力低是否由花岗岩引起？该处花岗岩最浅埋深是否为200m？都有待进一步研究。

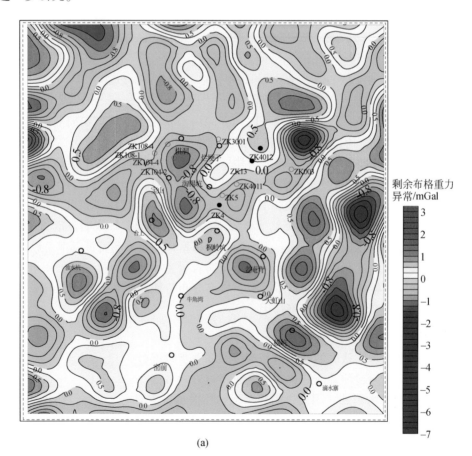

剩余布格重力
异常/mGal

（a）

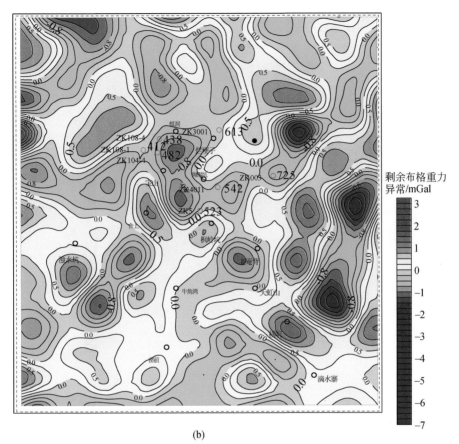

(b)

图 9-50　淘锡坑矿区钻遇花岗岩钻孔位置图

（a）钻孔孔口位置；（b）钻孔钻遇花岗岩顶界面点在地面上垂直投影位置

（蓝色数字为花岗岩顶界面垂直埋深，单位为 m）

此外，对花岗岩顶界面的反演结果还受以下两个因素的影响：地形起伏和分离的剩余布格重力异常是否真正反映了花岗岩顶界面的起伏变化。本区地形起伏大，高差最大约 575m，因此，对花岗岩顶界面反演结果也有影响。此外，位场分离是影响反演结果的重要因素。

4. 剖面反演解释推断

淘锡坑矿区内沿钻孔勘探线布置了 2 条剖面，位置如图 9-52 所示。

北西向剖面（ZK104-4～ZK5）有 4 个见矿钻孔。其中，钻孔 ZK104-4 和 ZK5 位于该剖面上，钻孔 ZK108-4 和 ZK108-1 位于剖面旁侧。该剖面从西北到东南，依次穿过推断花岗岩岩突 GL-1 和 GL-5。

北东向剖面（ZK5～ZK4011）有 3 个见矿钻孔。其中，钻孔 ZK5 和 ZK4011 位于该剖面上，钻孔 ZK003 位于剖面旁侧。该剖面从西南到东北，依次穿过推断花岗岩岩突 GL-3 和 GL-1。

在上述两个剖面上，没有实际观测到剖面重力异常值，因此，反演所用的重力异常资料是从淘锡坑矿区 1∶2 万布格重力异常（图 9-52）中抽取得到的。

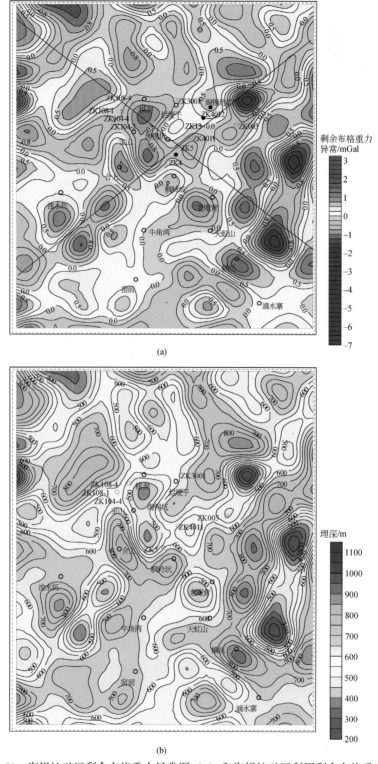

图 9-51　淘锡坑矿区剩余布格重力异常图（a）和淘锡坑矿区利用剩余布格重力异常
反演的花岗岩顶界面埋深等值线图（b）

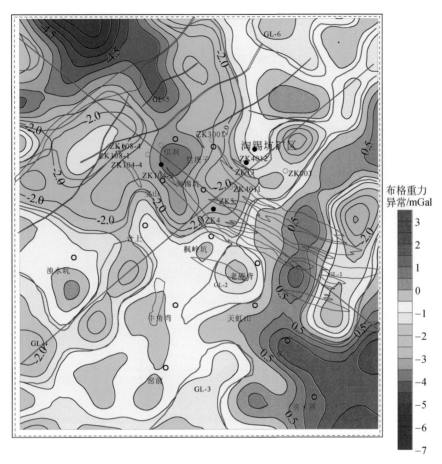

图 9-52　淘锡坑矿区 1 : 2 万布格重力异常图

北东和北西向红色线为沿钻孔勘探线布置的剖面

利用从平面重力资料中抽取获得的剖面剩余布格重力异常资料，结合已推断的花岗岩岩突分布结果（图 9-48）、钻孔和地质等资料，对上述 2 条重力剖面资料进行了反演，结果见图 9-53 和图 9-54。

北西向剖面（ZK104-4 ~ ZK5）反演结果表明：利用剩余重力异常剖面反演的花岗岩分布结果与钻孔揭示的花岗岩埋深一致，与利用平面重磁场推断的岩突分布位置相对应。整个剖面下方均为隐伏岩体，最小埋深约 100m（如图中①、②位置），最大埋深约 3280m（如图中③位置）。

北东向剖面（ZK5 ~ ZK4011）反演结果表明：利用重力异常剖面反演的花岗岩分布结果与钻孔揭示的花岗岩埋深相一致，与利用平面重磁场推断的岩突分布位置也相对应。整个剖面下方均为隐伏岩体，最小埋深约 130m（如图中①位置），最大埋深约 1640m（如图中②位置）。

根据上述两条剖面的反演成果，结合花岗岩岩突平面推断成果，可以推测淘锡坑矿区下方可能是一大片隐伏岩体。该区的布格重力异常反映的是花岗岩顶界面的起伏，局部重力低对应了花岗岩岩突的分布位置。

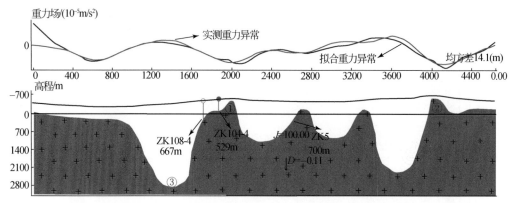

图 9-53 北西向剖面 （ZK104-4～ZK5） 重力异常反演结果图

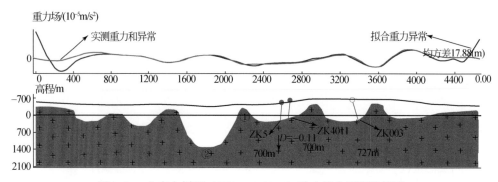

图 9-54 北东向剖面 （ZK5～ZK4011） 重力异常反演结果图

五、西坑口重点工作区地球物理成果及解释推断

对研究区1∶2万布格重力异常和1∶1万磁力异常进行了处理和转换。重力数据处理主要包括重力异常垂向一阶导数计算、重力异常 NVDR-THDR 计算；磁测数据的处理主要为磁力异常化极处理。根据本研究区的重磁物性特征，利用上述重力相关图件进行了花岗岩岩突分布和断裂构造的识别研究。

1. 重磁资料处理及异常特征分析

图 9-55 （a） 为西坑口矿区布格重力异常图，异常值范围为-4.7～-0.99mGal，等值线间距0.25mGal，异常总体为"西低东高"的格局；在矿区东南部，由显著的北东走向的局部重力高带和两侧的局部重力低带组成；在矿区西北角，异常走向大体为北西向，在该北西向异常中，局部重力低带和局部重力高带相间分布。

图 9-55 （b） 为布格重力异常垂向一阶导数图。由图可知，布格重力异常垂向一阶导数分布趋势与布格重力异常一致，垂向一阶导数正值区与布格重力异常局部重力高带对应，负值区与局部重力低带对应。

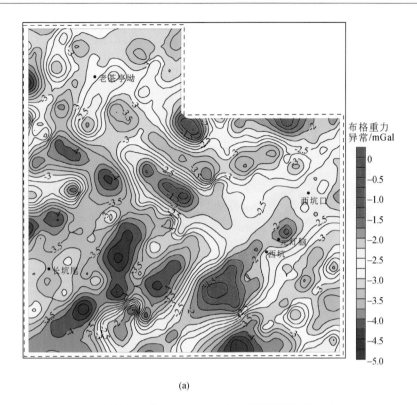

(a)

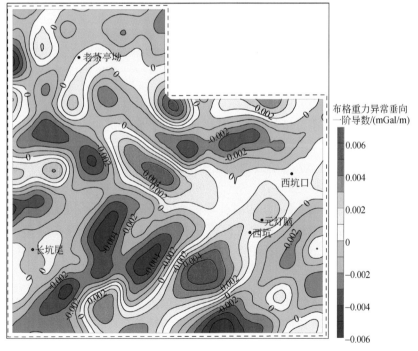

(b)

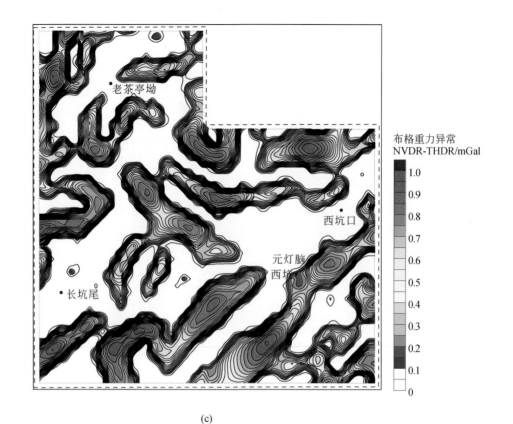

(c)

图 9-55　西坑口矿区地形及布格重力异常相关图

（a）布格重力异常平面图；（b）布格重力异常垂向一阶导数平面图；（c）布格重力异常 NVDR-THDR 平面图

　　布格重力异常归一化总水平导数垂向导数 NVDR-THDR［图 9-55（c）］信号清晰而连续。矿区东南部，线性信号为北东走向；矿区西北角，异常走向大体为北西向，与布格重力异常趋势一致。

　　图 9-56 为研究区磁测 ΔT 等值线图和化极磁力异常图。图 9-56（a）为磁测 ΔT 等值线图，异常值范围为 $-19.4 \sim 23.8$ nT，等值线间距 5nT。图 9-56（b）为西坑口矿区化极磁力异常图，异常值范围为 $-28.7 \sim 18.9$ nT，等值线间距同上。由图可知，本工区磁异常很弱，大部分区域磁异常在 $-28.7 \sim 0$ nT 之间，只有在工区东北角才存在局部正异常，幅值最大约 19nT。可见工区岩（矿）石磁性基本为弱-无磁性。

　　2. 重力资料推断解释

　　以重力资料为主，结合物性、地质等资料，对区内花岗岩岩突分布及断裂构造分布进行了推断解释，得到了西坑口矿区花岗岩岩突和断裂构造分布推断解释图（图 9-57）。

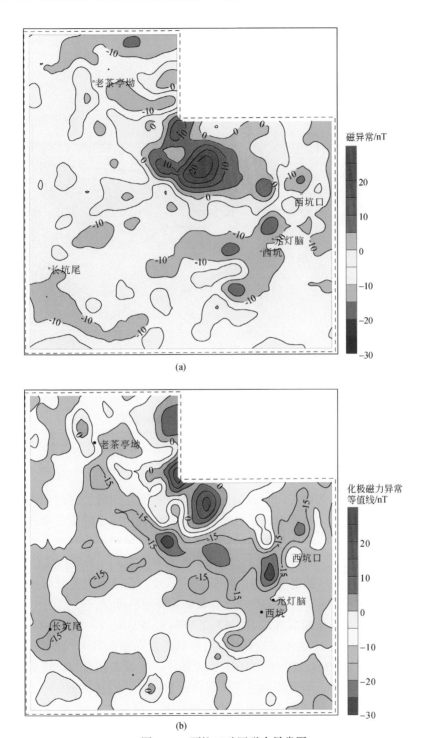

图 9-56 西坑口矿区磁力异常图

（a）磁测 ΔT 等值线平面图；（b）化极磁力异常等值线平面图

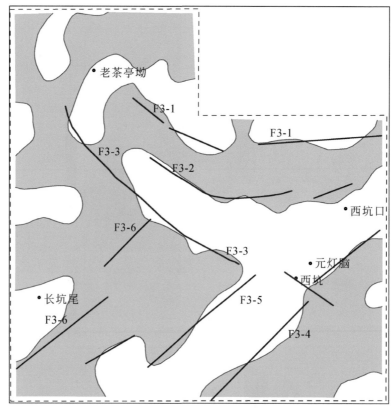

图 9-57　西坑口矿区利用重力资料推断花岗岩岩突和断裂构造分布图
浅蓝色区域为推断花岗岩岩突分布；蓝色线为推断断裂

　　利用重力资料推断了两大块花岗岩岩突分布范围。推断花岗岩岩突面积占整个工区一半以上，以西北角面积最大。在西坑口矿区东南部，花岗岩岩突呈北东走向；在矿区西北角，岩突走向大体为北西向，与布格重力异常及其垂向一阶导数趋势基本一致。岩突位置与布格重力异常局部重力低［图 9-58（a）］、布格重力异常垂向一阶导数负值区［图 9-58（b）］位置相对应，与花岗岩低密度的物性特征也相一致。花岗岩主要分布在地势高的地方（即山上），在山谷中很少分布，这符合南岭花岗岩分布特征。

　　利用重力资料推断了 6 条断裂（F3-1、F3-2、F3-3、F3-4、F3-5、F3-6），分布于东北部的 3 条推断断裂 F3-1、F3-2 和 F3-3 大体由东部的近东西向转为西部的近北西走向；分布于西南部的 3 条断裂 F3-4、F3-5 和 F3-6 为北东走向。推断断裂与布格重力异常等值线梯级带、正负异常分界带、异常扭曲带等断裂特征相一致［图 9-59（a）］，与布格重力异常 NVDR-THDR 极大值位置或极大值错断处等相对应［图 9-59（b）］；推断断裂位置与花岗岩岩突边界位置大体一致，因此，推断断裂大部分同时为花岗岩岩突边界线。

　　由断裂和岩突分布关系，可见断裂对岩突形成具有控制作用。

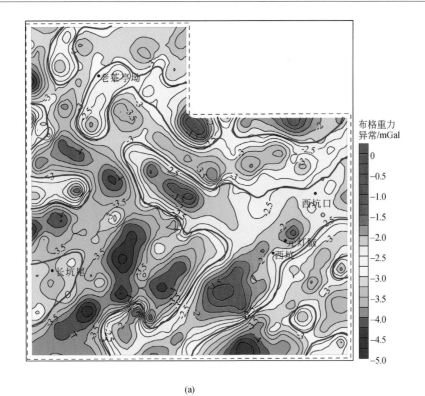

(a)

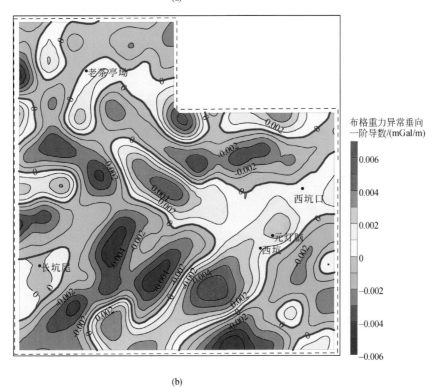

(b)

图 9-58　西坑口矿区推断花岗岩岩突分布与重力场对应关系图

蓝色线框内为岩突分布。（a）布格重力异常图；（b）布格重力异常垂向一阶导数图

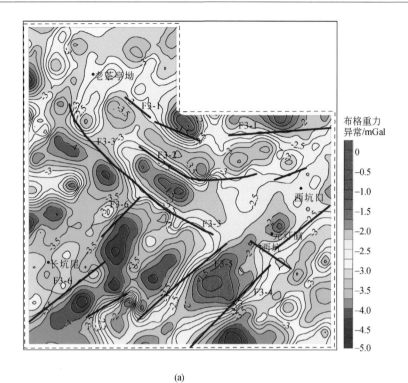

(a)

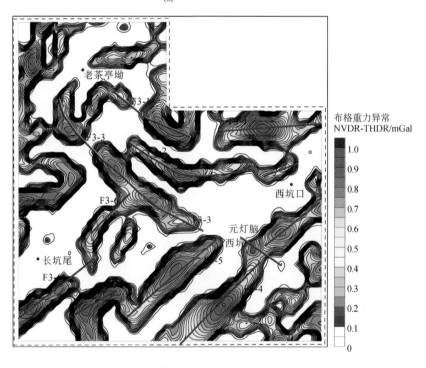

(b)

图 9-59　西坑口矿区推断断裂分布与重力场对应关系图

蓝色线为推断断裂。(a) 布格重力异常图；(b) 布格重力异常 NVDR-THDR 图

六、地球物理综合探测工作小结

地球物理探测实验工作紧密围绕地质工作的总体部署和找矿需要，以"点、线、面"相结合为原则，在九龙脑矿田的几个典型矿区开展了面积性重磁扫面工作、剖面上的重磁电联合探测以及全区的岩矿石物性研究工作。

从已获得的地球物理探测初步成果来看，重力勘查方法在九龙脑矿田探测隐伏花岗岩体的地下空间分布、断裂构造的划分等方面有着非常明显的作用。高精度磁测方法在含磁性矿（化）带的研究中具有直接的指示作用。音频大地电磁法对地层电性结构的反映较为明显，能够提供矿田深部的地质结构信息和矿化信息，但有一定的多解性。激发极化法在本区寻找硫化物富集矿（化）带中有着明显的作用，但受制于供电条件、地形和地表植被的影响，工作效率很低。总的来说，在本区开展地球物理探测工作，应依据地质工作任务的不同，选择不同的地球物理方法或地球物理方法组合。

对取得的研究成果梳理如下：

（1）对九龙脑以往地质勘查资料和科学文献进行了充分搜集、认真分析和研究，为研究区的深部探测技术实验方法的优选、实施方案的确定提供了翔实依据，在探测资料的综合研究工作中得到了充分运用。

（2）对九龙脑矿田范围内区域重力和航磁资料进行了搜集和重新处理，以区域重力资料为主，辅以航磁资料，并结合物性、地质、钻孔等资料，对研究区域内花岗岩分布及断裂构造分布进行了综合推断解释。认为：岩体总体走向与该区区域构造线方向基本一致；岩体分布特征和断裂分布特征与重力场特征基本一致；推断花岗岩区域的边界不仅是岩体边界，而且是主要断裂位置，两者大体吻合；上述说明断裂对岩体分布具有控制作用。

（3）综合物性研究工作。对矿田内的岩矿石标本、钻孔岩心标本等进行了系统、全面的采集，尤其是典型矿床和出露的燕山期岩体，开展了密度、磁化率、极化率、电阻率等参数的测定，对岩矿石物性变化规律进行了详细分析、研究和总结，初步建立了地球物理解释标尺。为地球物理探测成果的联合反演、综合分析和深入研究，多金属矿的地球物理找矿模式研究和成矿预测，今后开展地球物理探测方法选择、下一步地质找矿工作开展等提供了基础依据。

（4）音频大地电磁测深（AMT）工作。在矿田内开展了 AMT 探测试验工作，对试验资料进行了初步处理和分析，AMT 电性断面成果在浅中部（0~2km）地层电性结构、隐伏岩体的地下空间展布形态、多金属矿赋存部位分析等方面取得了良好的探测效果。

（5）高精度重磁工作。高精度重力和高精度磁测是传统的地球物理找矿方法技术，探测技术历史悠久，十分成熟，也是不可缺少的手段，在矿田内直接和间接寻找深部隐伏岩体和多金属矿能起到良好的探测效果。通过此次深部探测技术实验工作充分说明：大比例尺重磁探测成果对局部和中弱异常反演更清晰，重磁异常在矿集区中是直接和间接找矿的重要信息，以工作效率高、一次投入设备多、费用低等优势，在矿田深部探测技术工作中，依然是主要的找矿方法技术。

（6）地球物理综合研究工作。对地球物理成果资料进行了认真分析，针对探测目标开展了重、磁、电联合反演技术解释研究，多角度和多物理场综合分析引起异常的隐伏地质体物理属性特征，从而达到各种地球物理异常解释研究的一致性，避免了以往工作中地球物理探测单一物理方法、单一物理场、资料解释分析的多解性。

（7）地球物理探测模式研究。从已获得的地球物理探测初步成果来看，重力勘查方法在九龙脑矿田探测隐伏花岗岩体的地下空间分布、断裂构造的划分等方面有着非常明显的作用。高精度磁测方法在含磁性矿（化）带的研究中具有直接的指示作用。音频大地电磁法对地层电性结构的反映较为明显，能够提供矿田深部的地质结构信息和矿化信息，但有一定的多解性。激发极化法在本区寻找硫化物富集矿（化）带中有着明显的作用，但受制于供电条件、地形和地表植被的影响，工作效率很低。总的来说，在本区开展地球物理探测工作，应依据地质工作任务的不同，选择不同的地球物理方法或地球物理方法组合。

（8）找矿方向分析和成矿预测。依据深部探测技术实验成果，从地球物理角度出发，对天井窝矿区、淘锡坑矿区、西坑口矿区、赤坑矿区和柯树岭岩体附近区域的找矿方向进行了分析和预测，认为九龙脑矿田岩浆活动剧烈，构造发育，成矿条件良好，地球物理探测成果直接或间接提供了异常信息，下一步需要和地质找矿工作紧密结合，以期获得更好的找矿效果。

综上所述，九龙脑矿田地球物理探测实验研究工作取得的研究成果，将在本区揭示浅层地壳结构、隐伏岩体的地下空间展布形态、控矿构造空间特征、控矿地质因素及第二成矿空间的寻找等地质科学问题研究的过程中，起到良好的借鉴、参考及推动作用。

第十章　九龙脑矿田的成矿预测与深部找矿

九龙脑矿田处于赣南与湘南、粤北3个传统找矿带的过渡地带。因此，九龙脑矿田具有赣南石英脉型钨矿的典型代表（如淘锡坑，但淘锡坑本身并不属于赣南九大石英脉型钨矿床之一），又出现了湘南类似于柿竹园这样的矽卡岩型钨锡钼铋多金属矿床（如天井窝），也存在湘南黄沙坪、野鸡尾多金属矿床和赣南留龙独立金矿的找矿前景。本次在以往区域地质和矿山勘查工作的基础上，将"五层楼+地下室"勘查模型成功拓展应用于九龙脑矿田，建立了"九龙脑成矿模式"，综合分析不同类型矿体的分带组合特征和控矿要素，按"全位成矿与缺位找矿"思路圈定靶区，以物化探异常为线索，开展深部找矿示范和钻探、坑探验证。

第一节　淘锡坑大脉型钨矿深部找矿

按"九龙脑成矿模式"分带组合特征和各类矿化的控矿要素，综合地质、地球化学、地球物理综合探测成果，锁定：①淘锡坑深部石英大脉内带型钨多金属矿；②天井窝深部矽卡岩–石英脉–岩体型多位一体成矿；③长流坑石英脉–矽卡岩型钨多金属矿；④西坑金多金属矿等找矿靶区开展深部找矿示范验证。

淘锡坑钨矿是九龙脑矿田中石英脉型钨矿的代表，目前正在开采的矿体为外带大脉型，并于宝山106m中段和056m中段揭露了隐伏岩体和相关矿化线索。按"九龙脑成矿模式"，预测淘锡坑深部隐伏岩体内存在内带石英脉型钨矿，随即在"五层楼"钨矿体深部部署开展了内带石英脉型钨矿的勘查工作。其中，在矿区056m中段、206m中段部署了坑内钻孔6个，总进尺3187.32m，化学样310件。结果显示，在枫林坑区段056m中段396线7号脉位置由ZKn3961和ZKn3962两个坑内钻孔穿过了外带"五层楼"，并在隐伏岩体的顶部揭露了云英岩型钨矿化，在岩体内发现了薄脉–大脉带石英脉型钨矿化（图10-1），两处均达到工业品位（WO$_3$含量0.05%～0.15%），矿体厚度达15～55cm。矿化石英脉延伸至–218m标高，矿化类型为石英脉型钨钼铜矿化和云英岩型钨铜矿化，具有重要的工业价值。钻孔共揭露钨矿体9条，探获资新增333+334资源量WO$_3$约为3万t。

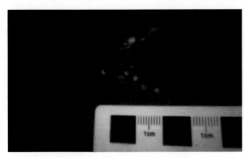 

(a) 淘锡坑ZKn3961-20.8m细脉状白钨矿化　　(b) 淘锡坑ZKn3962-50.6m石英脉中黑钨矿化和白钨矿化

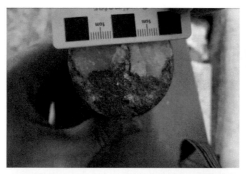 

(c) 淘锡坑ZKn3962-39.5m石英脉中黑钨矿、黄铜矿化　　　(d) 淘锡坑ZKn3962-121.47云英岩中黑钨矿、黄铜矿化

(e) 淘锡坑006中段内带钨多金属矿化石英脉　　　　　　(f) 淘锡坑ZKn3962-50.98m坑内钻孔

图 10-1　淘锡坑内带新发现的钨多金属矿化照片

第二节　天井窝–瓦窑坑多位一体内带型深部找矿

按"九龙脑成矿模式",在九龙脑岩体西南部与奥陶纪灰岩接触带圈定了矽卡岩型和内带石英脉型找矿示范区,重点开展了地质剖面、地球化学(含汞气)和综合地球物理(重、磁、AMT)探测,结合钻探验证,揭示了天井窝矿区自北而南深部隐伏岩体和矽卡岩型矿体的形态,进而在天井窝矿区部署了石英脉型和矽卡岩型并重的找矿示范。同时,在瓦窑坑矽卡岩型矿区发现了硅化细脉浸染型白钨矿化和萤石石英脉型矿化,另外还发现了细晶岩–伟晶岩型铌钽矿化(图10-2),经过评价认为具有综合开发利用潜力,拓宽了岩体多类型的找矿方向。

南岭成矿带之钨锡资源格局,以湘南的矽卡岩型和赣南的石英脉型为重点并各具特色。两类矿体复合共生并不多见,或被认为是两个时代分期成矿(瑶岗仙 156～175Ma)。在九龙脑深部找矿示范区的天井窝–瓦窑坑一带,发现石英脉型和矽卡岩型两类矿体均达到工业要求,且存在岩体型矿化,三者不仅在空间上复合,而且成矿时间也基本一致。项目执行期间,在天井窝石下区段共布置 6 个钻孔,揭露钨矿体 18 条,探获资新增333级别 WO_3 资源量6557t,达到小型规模,但仍具有广阔的找矿远景。

(a) 天井窝ZK0901石英脉型黑钨矿化

(b) 天井窝ZK1205矽卡岩型白钨矿化

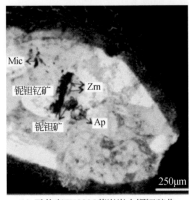
(c) 天井窝ZK0905花岗岩中铌钽矿化

(d) 瓦窑坑萤石石英脉中颗粒状白钨矿化

图 10-2　天井窝–瓦窑坑矿区各类矿化

第三节　长流坑钨铜矿深部找矿

长流坑钨铜矿床始采于 1996 年，项目执行期前主要对地表及浅部（290m 标高以上）矿石进行开采，但由于品位低，规模小，生产多处于停顿状态。矿山亟待通过成矿规律研究和成矿预测，为矿区及外围深部找矿勘查提供指导。

1. 矿区勘探线联合剖面原生晕特征

赣南地质调查大队前期对长流坑钨铜矿各勘探线的钻孔采集了矿石样品 250 件，在江西省地矿局赣南中心实验室进行光谱测试，外检样品送原国土资源部南昌矿产资源监督检测中心化验。本次从原生晕研究的角度对这批数据进行了处理，先求出各勘探线剖面共同的异常下限作为外带下限，进而同样求出中带下限、内带下限，通过 MapGIS 软件制成 WO_3、Sn、Cu 的勘探线联合剖面原生晕分布图（图 10-3、图 10-4、图 10-5）。

WO_3 原生晕异常延伸方向与矿化石英脉延伸方向大体一致，均向南倾，倾角 60° ~ 80°；以 3 线 ~ 8 线范围内的 WO_3 异常最为发育，含量达 0.24% 的范围较宽；3 线和 8 线的 WO_3 异常最为显著，且向深部、向南有明显扩大和加强趋势，向东至 32 线及向西至 11 线明显减弱，普遍都低于 0.03%（图 10-3）。W 为矿中元素，其异常是钨矿体的直接指示，

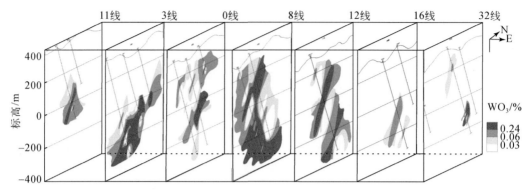

图 10-3　长流坑矿区勘探线联合剖面 WO₃ 分布图

WO₃ 分布特征表明，3 线和 8 线南侧–400m 左右具有良好的找矿潜力。

Cu 异常以 3 线～8 线范围最为明显（图 10-4），多达 0.48%，但高异常多分布于 0m 标高之上，侧面验证了 Cu 元素属于钨矿体的矿前元素；0 线和 8 线的 Cu 异常最为明显，向西和向东均逐渐减弱，向东减弱更明显，向深部、南部也有减弱趋势。Cu 为矿前元素，其异常中心与矿中元素的异常中心轴向上相距约 330m，0 线和 8 线 300～–300m 均出现串珠状 Cu 内带异常。据此判断，0 线和 8 线–400m 以深可能有隐伏钨矿体产出，具有较好的找矿潜力。

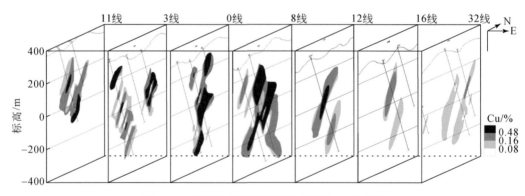

图 10-4　长流坑矿区勘探线联合剖面 Cu 分布图

Sn 异常集中分布在矿区 0 线以西地区（图 10-5），含量大于 0.06% 的异常较为密集出现，局部达到 0.24%；以 0 线的 Sn 异常最为显著，分布最深，并有向深部增强的趋势；0 线向西异常稍为减弱，深度逐渐减小，向东异常则迅速减弱，极少能达 0.03%，与矿区矽卡岩化和角岩化变化趋势一致。

2. 长流坑矿区 234 中段的原生晕特征

沿开采巷道对长流坑矿区 234 中段的矿化石英脉，系统采集了 43 件矿石样品，每件样品均为组合样，对其 W、Bi、Sb、Cs、Sr、Tl、Ba、Pb、Th、Y、Zr、Cu、Mo、Co 含量进行了测试分析。求出该中段各元素的异常下限作为外带下限，进而求出中带下限、内带下限，通过 MapGIS 软件制成各元素原生晕分布图。

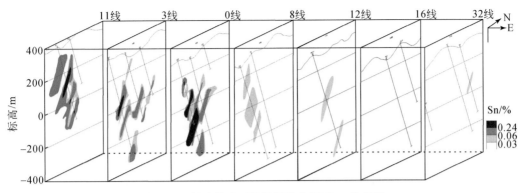

图 10-5　长流坑矿区勘探线联合剖面 Sn 分布图

矿中元素 W、Bi 的矿化异常发育于 0 线东侧、3 线西侧及 7 线西侧，与这些部位矿化较富的地质事实相对应。已建立的原生晕分带模式表明，Sb、Pb、Th、Y、Cu、Mo、Co 为矿前元素，其异常中心与矿中元素的异常中心（即矿体中心）相距约 330m，这些元素在 234 中段 A、B、C、D 四个部位发育明显的内带异常，指示这些部位沿矿化石英脉轴向往深部约 330m 部位（即-96m）有隐伏矿体产出，其中 A 区还叠加了矿中元素 W、Bi 内带异常（图 10-6），B 区还叠加了矿中元素 Bi 内带异常、矿头元素 Cs 内带异常以及 Sr 中带异常，D 区叠加了 Sr 内带异常，也是指示深部成矿的重要信息。在"长流坑矿区勘探线联合剖面 WO_3 分布图"中，0 线及 3 线深部-90m 处也恰恰发育了 W 的内带异常，表明矿前元素、矿头元素对深部隐伏矿体的有效指示意义。

综合上述勘探线联合剖面原生晕及 234 中段原生晕特征分析，认为 3 线 ~ 8 线南侧 -400m 左右具有良好的找矿潜力，以 8 线南侧深部潜力最大，可能是隐伏岩突发育的部位。

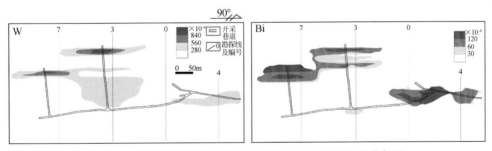

图 10-6　长流坑钨铜矿矿脉矿中元素 W、Bi 的原生晕分布图

3. 深部靶区验证

长流坑矿区深部验证工作选择在矿前和矿中元素最发育的 3 线和 8 线分别按已有勘查间距、75°倾角往北施工 ZK304 和 ZK801、ZK802、ZK803，验证深部成钨矿化潜力，探索与钨锡成矿有关的隐伏花岗岩体空间位置。

从 3 号和 8 号勘探线钻孔沿倾向揭露的矿化和蚀变信息可以看出：①在矿化石英脉形态上，倾角上缓下陡、北缓南陡，显示出石英细脉带由北往南收敛为石英大脉的趋势；矿化在-200m 标高以上主要为硫化物矿化石英脉（以黄铜矿化为主，少量锡、辉钼矿化），-200m 标高以下主要为钨矿化石英脉，矿化石英脉脉幅、钨品位由北往南、由浅往深均具增大变富的趋势，这与已知原生晕分带模式预测矿化分布结果相一致。②在围岩蚀变上，3 号勘探线-200～-400m 标高厚层状矽卡岩，-400m 标高以下矽卡岩和石榴子石矽卡岩脉密集发育，8 号勘探线-200～-600m 标高硅化、角岩化发育且往深部加强。这些特点均指示岩浆热液活动显著增强，距离深部与钨锡成矿有关的隐伏花岗岩体可能不远，其最高部位可能偏向 3 号勘探线-600m 以下部位。这也再次说明深部寻找钨矿的空间很大。

第四节　西坑口贵多金属矿预测区

西坑口金异常位于古亭-淘锡坑东西向构造带 Au、Ag 远景区东端、淘锡坑外围。该地区 1∶5 万水系沉积物金异常呈北北西展布，2ng/g、4ng/g、8ng/g 三级浓集中心明显。1∶1 万土壤化探结果显示该区金异常重现性较好，显示为 1 号 Au-Sn-Mo-W-As-F-Li-Sb 多元素综合异常，综合异常呈北西向椭圆状展布，以 Au 异常最为突出，最高异常峰值达80ng/g，外围三个次级浓集中心明显（图 10-7）。

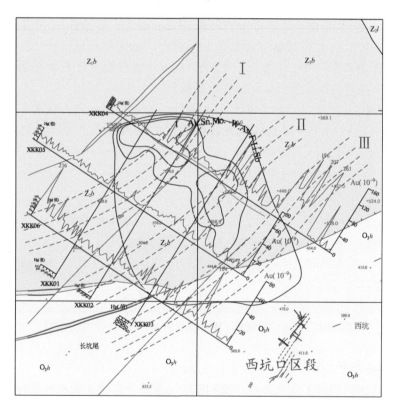

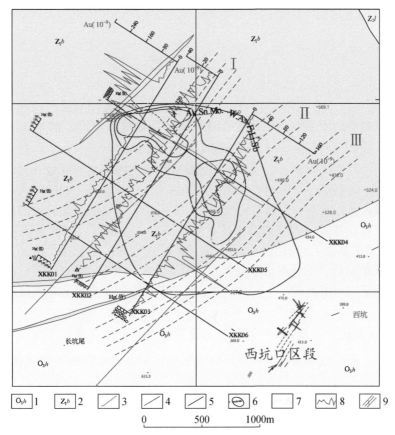

图 10-7　西坑口金异常实测地质–地球化学联合剖面平面简图

1. 奥陶系黄竹洞组；2. 震旦系坝里组；3. 石英闪长岩；4. 断裂；5. 实测地质–地球化学剖面；
6. 化探综合异常及编号；7. 汞气测量结果曲线；8. 金异常曲线；9. 推测金矿（化）带

　　为了查明该 Au 异常特征、性质及可能存在的金矿化类型与产状，以提供可供进一步评价的土壤 Au 异常，为实施探矿工程提供查证依据，本次部署了以垂直 Au 异常总体展布方向的北东向 1∶2000 地质–土壤–汞气剖面、北西向地质–土壤–汞气剖面及重磁面积性测量。通过对西坑口面积性土壤 Au 异常进行重点解剖，由地球化学和地球物理探测信息显示，石英闪长岩为区内重要的含金地质体，可能与区内岩浆热液型金矿（化）体具有成因联系。在与石英闪长岩岩墙共轭的北东向裂隙系统中，呈褐铁矿化、绿泥石化和碳酸盐岩化中低温蚀变特点的硅化破碎带及硅化带对应存在 Au 的富集现象，可作为北东和北西向地质–土壤剖面综合异常优选金矿（化）体的目标地质体，但也不排除与石英闪长岩岩墙平行侧现的北西向张扭性裂隙系统也是金矿（化）有利容矿空间的可能性。建议对石英闪长岩岩墙旁侧有利的 Au- As- Sb 综合异常内的异常点（XKK01 剖面的 85 ~ 110 点，XKK04 剖面的 106 ~ 128 点）优先部署地表槽探工程，以获取对进一步工作具有参考意义的金矿（化）线索，进而确定可能的矿化类型及矿化体展布方向，为深部验证提供支撑。

结 论

赣南-粤北地区是"五层楼"及"五层楼+地下室"勘查模型的发源地，是我国最重要的石英脉型黑钨矿的资源基地，以崇余犹矿集区成矿强度最大、后备资源需求最为迫切。本次工作在成矿系列理论指导下，在南岭钨锡多金属成矿带已有工作的基础上，选择九龙脑矿田开展典型矿床的深入解剖和矿田尺度成矿规律的综合研究，并付诸深部探测和地质找矿的实践，取得了一系列创新性理论成果和找矿成果。其中，针对九龙脑矿田花岗质岩浆活动与成矿关系密切、钨锡矿化强度大、多类型、多金属共生分带的特点，重点开展了矿田构造研究、花岗质岩浆活动与成矿规律研究、多矿种成因关系研究，在"五层楼+地下室"模型的基础上，提出了"九龙脑成矿模式"并运用于九龙脑矿田及外围（崇余犹）的深部找矿示范，不但提出了一整套适合于九龙脑矿田的综合探测方法技术组合，而且新增资源储量相当于找到一个大型钨矿，实现了理论创新联系找矿实践、产学研用紧密结合的目标。

1. 构筑了九龙脑矿田构造-岩浆活动与成矿作用的时空谱系

以区域地质、矿床地质和矿田构造研究为基础，结合地质与地球物理骨干剖面测量，构筑了九龙脑矿田各期岩浆岩和各类钨锡多金属矿床、铌钽矿化点、隐伏矿体和隐伏岩体的空间格架（约2km），尤其确定了各类岩浆岩与各类矿化的空间关系和控矿构造特征；对石英脉型钨矿（淘锡坑）和矽卡岩型钨多金属矿（天井窝-瓦窑坑）进行了控矿构造的典型解剖；应用锆石 U-Pb 等定年方法，精确厘定了九龙脑矿田加里东期（410~450Ma）、印支期（220~230Ma）和燕山期（130~160Ma）三个阶段的构造-岩浆活动时序，确定了与成矿作用关系最紧密的九龙脑复式岩体由四期花岗岩复合而成但主体成岩时间为160.9~154.1Ma；应用辉钼矿 Re-Os、云母 Ar-Ar 等同位素定年方法，厘定了围绕九龙脑岩体分布的淘锡坑、九龙脑、樟东坑、梅树坪、大园里、天井窝、长流坑、仙鹅塘、石咀脑、碧坑、宝山等各类钨锡矿床的成矿时间，集中于 151.1~157.2Ma。

2. 查明了燕山期花岗质岩浆演化与钨锡铀铌钽富集的成矿过程

九龙脑矿田作为南岭构造岩浆带的缩影，加里东期、印支期、燕山期的岩浆活动均不同程度地发育，尤以印支期和燕山期的岩浆活动与成矿关系最为密切。九龙脑复式花岗岩体为古元古代变泥质岩和变砂质岩部分重熔形成的 S 型花岗岩，地幔在其形成过程中主要起到热源作用，地幔物质参与较少。在岩浆演化过程中，岩浆房中整体处于一个氧逸度相对较低的环境，充分的结晶分异作用导致 W、Sn、U、Nb、Ta 等成矿元素在残余熔浆中不断聚集。在第一期次花岗岩就位结晶时，W 的矿化已经发生；至第二期次花岗岩就位时，岩浆更富挥发分（F、Cl）和成矿物质，矿化以 W 和 U 为主；至岩浆演化的晚期（第四期次花岗岩），岩浆成分趋近于细晶岩，并伴随 W、Sn、Nb、Ta 的矿化。

3. 进一步确定南岭地区存在印支期的钨锡成矿作用

应用锆石 U-Pb 法、辉钼矿 Re-Os 等时线法和 Ar-Ar 法等多种精确的同位素测年方法，查定柯树岭钨锡多金属矿床的成岩与成矿作用均发生在晚三叠世初期（约230Ma），从而确定了印支期活动与大型钨锡成矿作用在南岭东段的存在。综合华南地区近年研究成果，判断230～210Ma是南岭区钨锡成矿作用的一个重要时期。该期成岩成矿作用主要集中于南岭的中西段，成矿物质以壳源为主。相比于南岭中西段的印支期锡多金属矿床，九龙脑矿田中的柯树岭钨锡多金属矿床有较少的幔源物质参与。该阶段南岭地区正处于印支-华南-华北碰撞阶段后期由挤压向伸展的转折阶段，幔源物质的扰动，引发了印支期相对分散的岩浆作用与成矿作用。印支期成矿作用的查定，拓宽了华南东部地区钨锡矿的找矿思路和找矿方向。

4. 查明了九龙脑矿田钨锡银铅锌矿化分带的成因机制，为成矿预测提供了依据

在九龙脑矿田内的淘锡坑-赤坑矿区，存在着明显的石英脉型内带钨多金属矿、外带石英脉型钨多金属与破碎带热液脉型银铅锌（钨锡金）矿化的分带性。在三维空间上，通过对不同脉组、同一矿脉不同标高、不同产出部位（内带型、外带型、破碎带型）矿体的矿物组合、黑钨矿成分、成矿流体特征和成矿物质来源的对比研究，并与赣南盘古山和西华山等石英脉型钨矿床进行对比，查明了石英脉型钨矿"外带+内带"叠加成矿机制。发现大型石英脉型钨矿成矿作用普遍存在两期多阶段成矿热液叠加（380～250℃，250～150℃），其中外带钨矿经历2～3阶段热液成矿作用，黑钨矿FeO、$Nb_2O_5+Ta_2O_5$成分差异对石英脉型钨矿"外带+内带"成矿热液的叠加过程具有指示意义。以赤坑为代表的破碎带热液脉型银铅锌矿，与钨锡矿床共同围绕隐伏岩体分布（1～3km），其成矿时间（153.58Ma）也与钨锡成矿时间高度一致，并在铅锌矿体内部发现钨锡矿化；其成矿物质主要来源于深部岩浆，成矿热液为岩浆水与大气降水的混合；地球物理探测到了其深部存在隐伏岩体（约1km深度），深层构造处于北东向深大断裂带与东西向断裂的交汇部位。因而，钨锡矿集区中的铅锌银矿在时间、空间和成矿作用上均与燕山期花岗质岩浆活动相关，属同一个矿床成矿系列，是燕山早期花岗质岩浆-热液成矿作用的产物。

5. 建立了九龙脑式矿田成矿模式

按成矿系列理论，总结九龙脑不同类型钨锡矿床和金银铅锌等多金属矿床特征、空间分带规律，并对比各类矿床的成因关系，建立了九龙脑式的矿田尺度区域成矿模式。其最大特色是，以九龙脑岩体为中心，产有一系列钨、锡、银、铅锌、铌钽多金属矿床（化），类型包括矽卡岩型、破碎带热液脉型、"内带+外带"石英脉型和云英岩型，并新近发现了岩体型矿化，集中体现了南岭与花岗岩相关钨锡多金属矿的成矿特色。结合南岭地区深部探测的最新成果，九龙脑成矿模式以成矿花岗岩为主线，涵盖了外带石英脉型矿体、外带破碎带型矿体、岩体接触-交代型矿体、内带石英脉型矿体和内带细脉-浸染型矿体。九龙脑成矿模式中涵盖了淘锡坑、宝山、赤坑、天井窝等不同矿床的基本特点，各类型矿体均可独立达到工业规模，成因上与花岗质岩浆多期次活动密切相关。

6. 优化了花岗岩区钨多金属矿的综合探测技术方法

通过开展九龙脑矿田地质（1:1万）、地球化学（土壤、汞气）与地球物理（重、磁、电）骨干剖面的综合探测，建立了九龙脑矿田3000m尺度深部控矿构造、隐伏岩体和赋矿地层的三维立体格架。结合面积性地球化学（1:5万水系沉积物、土壤）测量与成矿规律研究成果，优选了天井窝、淘锡坑、西坑口和赤坑等找矿靶区并开展了地质与地球物理综合探测。通过大比例尺剖面测量（地质、汞气测量、土壤、岩石）和高精度面积性重磁测量，揭示了控矿构造和隐伏岩体的深部展布特征；充分利用已有钻探和坑探工程开展了原生晕测量，定位预测了深部隐伏矿体，并部署了钻探和坑内钻探工程验证，发现了新的矿体。以此为基础，通过地质理论与探测技术方法的不断融合，建立了一套适用于花岗岩区钨多金属找矿的地质、地球物理、地球化学综合勘查技术方法组合，即高精度磁法、激电中梯、激电测深、土壤测量（直接探测矿体或矿化带）、高精度重力和磁法面积测量、音频大地电磁测深（探测隐伏成矿花岗岩体和深断裂）、壤中汞气（探测含矿断裂构造）测量、坑探、钻探验证。

7. 深部找矿示范

在典型矿床与成矿规律综合研究的基础上，以"九龙脑成矿模式"之全位成矿与缺位找矿思路为指导，应用针对不同类型钨锡多金属矿床的地质、地球物理、地球化学、钻探和坑探等有效方法中的最有效组合，在石英脉型矿床外带（长流坑、碧坑）、矽卡岩型矿床深部（天井窝、瓦窑坑）、石英脉型矿床内带（淘锡坑深部）及石英脉型矿床外带的贵金属异常区（西坑），分别开展了深部找矿示范，并结合钻探验证，取得了显著的找矿成果。此外，还在九龙脑矿田内发现了一批新的矿化类型，包括天井窝矿区细晶岩脉中存在铌钽矿化和矽卡岩型铅锌铜矿化；在瓦窑坑矿区岩体内发现了硅化蚀变岩型白钨矿化和萤石长石伟晶岩脉型白钨矿化；在长流坑矿区发现石英脉+矽卡岩型钨多金属矿化；在淘锡坑矿区外围西坑和东峰矿区发现石英脉型金矿化；在淘锡坑深部通过坑探和坑内钻探圈定了内带大脉型钨矿体；整个九龙脑矿田共增加 333+334 级别钨资源储量超过 7 万 t。

参 考 文 献

曹亮，段其发，彭三国，等，2015. 雪峰山铲子坪金矿床稳定同位素特征及成矿地质意义. 华南地质与矿产，31（2）：167-175.

曹钟清，2004. 大吉山铌钽钨矿床地质特征及找矿模型. 地质与勘探，40（6）：34-37.

陈毓川，1994. 矿床的成矿系列. 地质前缘，（3）：90-94.

陈毓川，1997. 矿床的成矿系列研究现状与趋势. 地质与勘探，33（1）：21-25.

陈毓川，黄民智，等. 1993. 大厂锡矿地质. 北京：地质出版社.

陈毓川，裴荣富，张宏良，等，1989. 南岭地区与中生代花岗岩类有关的有色及稀有金属矿床地质. 北京：地质出版社.

陈毓川，裴荣富，宋天锐，等，1998. 中国矿床成矿系列初论. 北京：地质出版社.

陈毓川，王登红，徐志刚，等，2006a. 对中国成矿体系的初步探讨. 矿床地质，25（2）：155-163.

陈毓川，朱裕生，肖克炎，等，2006b. 中国成矿带（区）的划分. 矿床地质，（增刊）：1-6.

陈毓川，裴荣富，王登红，2006c. 三论矿床的成矿系列问题. 地质学报，10：1501-1508.

陈毓川，王登红，朱裕生，等，2007. 中国成矿体系与区域成矿评价. 北京：地质出版社.

陈毓川，陈郑辉，曾载淋，等，2013. 南岭科学钻探第一孔选址研究. 中国地质，40（3）：659-670.

陈毓川，王登红，徐志刚，等，2014. 华南区域成矿和中生代岩浆岩成矿规律概要. 大地构造与成矿学，38（2）：219-229.

陈毓川，裴荣富，王登红，等，2015. 论矿床的自然分类——四论矿床的成矿系列问题. 矿床地质，34（6）：1192-1106.

陈跃辉，陈肇博，陈祖伊，等，1998a. 华东南中新生代伸展构造与铀成矿作用. 北京：原子能出版社.

陈跃辉，陈祖伊，蔡煜琦，等，1998b. 华东南中新生代伸展构造与铀成矿作用. 中国核科技报告，（S6）：34-35.

陈郑辉，2006. 南岭东段钨矿资源潜力评价及找矿方向的建议——基于 GIS 矿产资源评价系统. 北京：中国地质科学院.

陈郑辉，王登红，屈文俊，等，2006. 赣南崇义地区淘锡坑钨矿的地质特征与成矿时代. 地质通报，25（4）：496-501.

陈郑辉，王登红，刘善宝，等，2008. 赣南淘锡坑钨矿的石英中子活化分析研究. 地质学报，82（7）：978-985.

邓平，舒良树，杨明桂，等，2003. 赣江断裂带地质特征及其动力学演化. 地质论评，49（2）：113-122.

杜安道，赵敦敏，王淑贤，等，2001. Carius 管溶样：负离子热表面电离质谱准确测定辉钼矿铼-锇同位素地质年龄. 岩矿测试，20（4）：247-252.

杜安道，屈文俊，王登红，等，2007. 辉钼矿亚晶粒范围内 Re 和 ^{187}Os 的失耦现象. 矿床地质，26（5）：572-580.

方贵聪，2014. 赣南盘古山钨矿床岩浆-热液-成矿作用研究. 北京：中国地质科学院.

方贵聪，陈郑辉，陈毓川，等，2012. 石英脉型钨矿原生晕特征及深部成矿定位预测：以赣南淘锡坑钨矿 11 号脉为例. 大地构造与成矿学，36（3）：406-412.

方贵聪，陈毓川，陈郑辉，等，2014. 赣南盘古山钨矿床锆石 U-Pb 和辉钼矿 Re-Os 年龄及其意义. 地球学报，（1）：78-86.

丰成友，丰耀东，许建祥，等，2007a. 赣南张天堂地区岩体型钨矿晚侏罗世成岩成矿的同位素年代学证据. 中国地质，34（4）：642-650.

丰成友，许建祥，曾载淋，等，2007b. 赣南天门山-红桃岭钨锡矿田成岩成矿时代精细测定及其地质意义. 地质学报, 81 (7): 952-963.

丰成友, 黄凡, 曾载淋, 等, 2011a. 赣南九龙脑岩体及洪水寨云英岩型钨矿年代学. 吉林大学学报 (地), 41: 111-121.

丰成友, 黄凡, 屈文俊, 等, 2011b. 赣南九龙脑矿田东南部不同类型钨矿的辉钼矿 Re-Os 年龄及地质意 义. 中国钨业, 26 (4): 6-11.

丰成友, 曾载淋, 王松, 等, 2012a. 赣南矽卡岩型钨矿成岩成矿年代学及地质意义——以焦里和宝山矿 床为例. 大地构造与成矿学, 36 (3): 337-349.

丰成友, 王松, 曾载淋, 等, 2012b. 赣南八仙脑破碎带型钨锡多金属矿床成矿流体及年代学研究. 岩石 学报, (1): 52-64.

丰成友, 曾载淋, 屈文俊, 等, 2015. 赣南兴国县张家地钼钨矿床成岩成矿时代及地质意义. 岩石学报, 31 (3): 709-724.

高山, 骆庭川, 张本仁, 等, 1999. 中国东部地壳的结构和组成. 中国科学 (D辑), 29 (3): 204-213.

龚由勋, 孙存礼, 1996. 赣西南加里东造山带磨拉石相沉积的发现. 中国区域地质, (2): 108-142.

郭春丽, 2010. 赣南崇义–上犹地区与成矿有关中生代花岗岩类的研究及对南岭地区中生代成矿花岗岩的 探讨. 北京: 中国地质科学院.

郭春丽, 王登红, 陈毓川, 等, 2007. 赣南中生代淘锡坑钨矿区花岗岩锆石 SHRIMP 年龄及石英脉 Rb-Sr 年龄测定. 矿床地质, 26 (4): 432-442.

郭春丽, 蔺志永, 王登红, 等, 2008. 赣南淘锡坑钨多金属矿床花岗岩和云英岩岩石特征及云英岩中白 云母^{40}Ar/^{39}Ar 定年. 地质学报, (9): 1274-1284.

郭春丽, 毛景文, 陈毓川, 2010. 赣南营前岩体的年代学、地球化学、Sr-Nd-Hf 同位素组成及其地质意 义. 岩石学报, 26 (3): 939-937.

郭春丽, 陈毓川, 黎传标, 等, 2011a. 赣南晚侏罗世九龙脑钨锡铅锌矿集区不同成矿类型花岗岩年龄、 地球化学特征对比及其地质意义. 地质学报, 85 (7): 1188-1205.

郭春丽, 陈毓川, 蔺志永, 等, 2011b. 赣南印支期柯树岭花岗岩体 SHRIMP 锆石 U-Pb 年龄、地球化学、 锆石 Hf 同位素特征及成因探讨. 岩石矿物学杂志, 30 (4): 567-580.

郭春丽, 郑佳浩, 楼法生, 等, 2012. 华南印支期花岗岩类的岩石特征、成因类型及其构造动力学背景 探讨. 大地构造与成矿学, 36 (3): 457-472.

郭娜欣, 吕晓强, 赵正, 等, 2014. 南岭地区中生代两种成矿花岗质岩的岩石学和矿物学特征探讨. 地 质学报, 88: 2423-2436.

郭娜欣, 陈毓川, 赵正, 等, 2015. 南岭科学钻中与两种岩浆岩有关的矿床成矿系列——年代学、地球 化学、Hf 同位素证据. 地球学报, 36 (6): 742-754.

郭娜欣, 王登红, 赵正, 等, 2017. 九龙脑岩体矿物学研究及其对岩浆演化和成矿作用的指示意义. 地 学前缘, 24: 76-92.

何晗晗, 王登红, 苏晓云, 等, 2014. 湘南骑田岭岩体的稀有金属地球化学特征及其含矿性研究. 大地 构造与成矿学, 38 (2): 366-374.

何维基, 2001. 江西钽铌矿床类型及时空分布规律. 矿产与地质, (增刊): 450-456.

侯可军, 李延河, 田有荣, 2009. LA-MC-ICP-MS 锆石微区原位 U-Pb 定年技术. 矿床地质, 28 (4): 481-492.

侯治华, 戚文忠, 钟南才, 等, 2000. 地球化学测汞方法在断裂构造研究中的应用//中国地震局地壳应 力研究所. 地壳构造与地壳应力文集: 85-91.

华仁民, 2005. 南岭中生代陆壳重熔型花岗岩类成岩–成矿的时间差及其地质意义. 地质论评, 51 (6): 633-639.

华仁民，陈培荣，张文兰，等，2003. 华南中、新生代与花岗岩类有关的成矿系统. 中国科学（D 辑），33（4）：335-343.

华仁民，陈培荣，张文兰，等，2005a. 论华南地区中生代 3 次大规模成矿作用. 矿床地质，24（2）：99-107.

华仁民，陈培荣，张文兰，等，2005b. 南岭与中生代花岗岩类有关的成矿作用及其大地构造背景. 高校地质学报，11（3）：291-304.

华仁民，张文兰，姚军明，等，2006. 华南两种类型花岗岩成岩-成矿作用的差异. 矿床地质，25（增刊）：127-130.

华仁民，韦星林，王定生，等，2015. 试论南岭钨矿"上脉下体"成矿模式. 中国钨业，30（1）：16-23.

黄革非，龚述清，蒋希伟，等，2003. 湘南骑田岭锡矿成矿规律探讨. 地质通报，22（6）：445-451.

黄小娥，李光来，郭家松，等，2012. 赣南樟东坑钨矿成矿花岗岩及矿化特征. 地质与勘探，48（4）：685-692.

江西省地质矿产勘查开发局赣南地质调查大队，2013. 江西省崇义县淘锡坑矿区钨矿资源储量核实报告.

江西省地质矿产局，1984. 江西省区域地质志. 北京：地质出版社.

江西省地质矿产勘查开发局赣南地质调查大队，1992. 江西省崇义县赤坑矿区银铅矿详细普查地质报告.

江西省地质矿产勘查开发局赣南地质调查大队，2013. 江西省崇义县长流坑矿区铜矿资源储量核实报告.

蒋少涌，杨竞红，2000. 金属矿床 Re-Os 同位素示踪与定年研究. 南京大学学报（自然科学版），36（6）：669-677.

黎彤，郭范，1982. 元素丰度表. 地质与勘探，11：17.

黎彤，饶纪龙，1963. 中国岩浆岩的平均化学成分. 地质学报，43（3）：271-280.

李光来，华仁民，韦星林，等，2014. 赣南樟东坑钨矿两类矿化中辉钼矿的 Re-Os 同位素定年及其地质意义. 地球科学——中国地质大学学报，39（2）：165-173.

李惠，禹斌，李德亮，等，2014a. 构造叠加晕法预测盲矿的关键技术. 物探与化探，38（2）：189-193.

李惠，禹斌，李德亮，等，2014b. 构造叠加晕找盲矿法的创新与找矿新突破. 黄金科学技术，22（4）：7-13.

李晶，孙亚莉，何克，等，2010. 辉钼矿 Re-Os 同位素定年方法的改进与应用. 岩石学报，26（2）：642-648.

李逸群，颜晓钟，1991. 中国南岭及邻区钨矿床矿物学. 武汉：中国地质大学出版社.

梁华英，伍静，孙卫东，等，2011. 华南印支成矿讨论. 矿物学报，31（S1）：53-54.

廖森，1996. 江西崇义赤坑银铅矿床地质特征及成因探讨. 江西地质，（4）：249-257.

刘斌，沈昆，1999. 流体包裹体热力学. 北京：地质出版社.

刘昌实，1984. 华南不同成因花岗岩黑云母类矿物化学成分对比. 桂林冶金地质学院学报，（2）：1-14.

刘福来，杨经绥，许志琴，2004. 苏鲁地体副片麻岩锆石微区的矿物包体及其对 SHRIMP 定年的意义. 中国科学（D 辑），34（3）：219-227.

刘菁华，王祝文，刘树田，等，2006. 城市活动断裂带的土壤氡、汞气评价方法. 吉林大学学报（地球科学版），36（2）：295-297.

刘善宝，王登红，陈毓川，等，2007. 南岭东段赣南地区天门山花岗岩体及花岗斑岩脉的 SHRIMP 定年及其意义. 地质学报，81（7）：972-978.

刘英俊，李兆麟，马东升，1982. 华南含钨建造的地球化学研究. 中国科学（B 辑），10：939-950.

刘英俊，曹励明，李兆麟，等，1986. 元素地球化学. 北京：科学出版社.

刘战庆，刘善宝，梁婷，等，2016. 南岭九龙脑矿田典型矿床构造解析：以淘锡坑钨矿床为例. 地学前缘，23（4）：148-165.

卢焕章，范宏瑞，倪培，等，2004. 流体包裹体. 北京：科学出版社.

鲁麟，梁婷，任文琴，等，2017. 江西崇义淘锡坑钨矿区煌斑岩 LA-ICP-MS 锆石 U-Pb 同位素定年及地质意义. 地学前缘，24（5）：93-108.

路风香，舒小辛，赵崇贺，1991. 有关煌斑岩分类的建议. 地质科技情报，（S1）：55-62.

栾继深，赵友方等，1986. 对壤中吸附相态汞测量影响因素的初步探讨. 矿产地质研究院学报，（1）：93-98.

毛景文，谢桂青，李晓峰，等，2004. 华南地区中生代大规模成矿作用与岩石圈多阶段伸展. 地学前缘，11（1）：45-55.

毛景文，谢桂青，郭春丽，等，2007. 南岭地区大规模钨锡多金属成矿作用：成矿时限及地球动力学背景. 岩石学报，23（10）：2329-2338.

毛景文，谢桂青，郭春丽，等，2008. 华南地区中生代主要金属矿床时空分布规律和成矿环境. 高校地质学报，14（4）：510-526.

彭花明，1997. 杨溪岩体中黑云母的特征及其地质意义. 岩石矿物学杂志，16（3）：271-281.

屈文俊，杜安道，2003. 高温密闭溶样电感耦合等离子体质谱准确测定辉钼矿铼-锇地质年龄. 岩矿测试，22（4）：254-257.

任纪舜，牛宝贵，和政军，等，1997. 中国东部的构造格局和动力演化//中国地质科学院地质研究所. 第三十届国际地质大会论文集：1-12.

任纪舜，牛宝贵，和政军，等，1998. 中国东部的构造格局和动力演化. 北京：原子能出版社.

舒良树，周新民，2002. 中国东南部晚中生代构造作用. 地质论评，48（3）：249-260.

宋生琼，胡瑞忠，毕献武，等，2011. 赣南淘锡坑钨矿床流体包裹体地球化学研究. 地球化学，40（3）：237-248.

孙存礼，龚由勋，1994. 江西省西南部加里东造山带同造山期糜拉石相的发现. 江西地质，8（4）：265-271.

孙存礼，黄冬保，1995. 赣西南 "阳岭砾岩" 微古植物的发现及其时代探讨. 中国区域地质，（1）：33-35.

孙涛，2006. 新编华南分布图及其说明. 地质通报，25（3）：332-335.

孙涛，周新民，陈培荣，等，2003. 南岭东段中生代强过铝花岗岩成因及其大地构造意义. 中国科学（D辑：地球科学），33（12）：1209-1218.

谭运金，1984. 花岗岩类的石榴石成分特征. 地质地球化学，（6）：18-24.

谭运金，1985. 南岭地区脉状黑钨矿床成矿母岩的石榴子石研究. 矿物学报，5（4）：294-300.

万天丰，1993. 中国东部中新生代板内变形、构造应力场及其应用. 北京：地质出版社.

汪劲草，2002. 山东焦家断裂带下盘发现锥形断裂控制的工业矿体. 地质论评，48（2）：248.

汪劲草，韦龙明，朱文凤，等，2008. 南岭钨矿 "五层楼模式" 的结构与构式：以粤北始兴县梅子窝钨矿为例. 地质学报，82（7）：894-899.

汪劲草，王方里，汤静如，等，2015. 弱变形域成矿及其地质意义. 大地构造与成矿学，39（2）：280-285.

王登红，1992. 广西大厂层状超大型锡多金属矿床与层状花岗岩的特征、成因及成矿历史演化——兼论硅质页岩的成因. 北京：中国地质科学院.

王登红，陈毓川，徐珏，等，1999. 试论伴生矿床——以长坑金矿与富湾银矿为例//中国地质学会. 第四届全国青年地质工作者学术讨论会论文集：356-360.

王登红，陈毓川，李杰维，等，2006. 广东三水盆地西缘横江铅锌矿床的成矿时代及新生代找铜前景. 矿床地质，（1）：10-16.

王登红, 许建祥, 张家菁, 等, 2008. 华南深部找矿有关问题探讨. 地质学报, 82 (7): 865-872.

王登红, 陈郑辉, 陈毓川, 等, 2010a. 我国重要矿产地成矿成岩年代学研究新数据. 地质学报, 84 (7): 1030-1040.

王登红, 唐菊兴, 应立娟, 等, 2010b. 五层楼+地下室找矿模型的适用性及其对深部找矿的意义. 吉林大学学报 (地球科学版), 40 (4): 733-748.

王登红, 陈毓川, 徐志刚, 等, 2011. 成矿体系的研究进展及其在成矿预测中的应用. 地球学报, 32 (4): 385-395.

王登红, 赵正, 刘善宝, 等, 2016. 南岭东段九龙脑矿田成矿规律与找矿方向. 地质学报, 90 (9): 2399-2411.

王定生, 陆思明, 胡本语, 等, 2011. 江西茅坪钨锡矿床地质特征及成矿模式. 中国钨业, (2): 6-11.

王先广, 闵光权, 黄贤明, 1991. 崇余犹地区韧-脆性剪切带与金银多金属成矿. 江西地质, 5 (2): 101-108.

王岳军, Zhang Y H, 范蔚茗, 等, 2002. 湖南印支期过铝质花岗岩的形成: 岩浆底侵与地壳加厚热效应的数值模拟. 中国科学 (D辑), 32 (6): 491-499.

吴俊华, 赵赣, 屈文俊, 等, 2011. 赣南葛廷坑钼矿辉钼矿 Re-Os 年龄及其地质意义. 地学前缘, 18 (3): 261-267.

吴新华, 于承涛, 2000. 赣中南地区晚元古代变质地层中的同位素年龄及其地质意义. 江西地质, (1): 16-20.

吴燕荣, 黄符桢, 钟骏泰, 等, 2011. 九龙脑矿床成矿地质特征及成因探讨. 西部探矿工程, 23 (7): 163-167.

吴永乐, 梅勇文, 刘鹏程, 等, 1987. 西华山钨矿地质. 北京: 地质出版社.

幸世军, 2003. 赣南铌钽、稀土矿床地质特征及找矿方向. 矿产与地质, 17 (97): 447-450.

幸世军, 陈冬生, 李光来, 2010. 江西樟东坑钨钼矿床 "上钨下钼" 垂向分带规律浅析. 中国钨业, 25 (5): 8-12.

徐克勤, 程海, 1987. 中国钨矿形成的大地构造背景. 地质找矿论丛, 2 (3): 1-7.

徐敏林, 漆富勇, 赵磊, 等, 2011. 江西崇义淘锡坑大型钨矿床成矿花岗岩体研究. 资源调查与环境, 32 (2): 120-128.

徐敏林, 钟春根, 2011. 江西淘锡坑大型钨矿床找矿新突破. 中国钨业, 26 (3): 1-5.

徐志刚, 等, 2008. 中国成矿区带划分方案. 北京: 地质出版社.

许建祥, 曾载淋, 李雪琴, 等, 2007. 江西寻乌铜坑嶂钼矿床地质特征及其成矿时代. 地质学报, 81 (7): 924-928.

许建祥, 曾载淋, 王登红, 等, 2008. 赣南钨矿新类型及 "五层楼+地下室" 找矿模型. 地质学报, 82 (7): 880-887.

许泰, 李振华, 2013. 江西西华山钨矿床流体包裹体特征及成矿流体来源. 资源调查与环境, 34 (2): 95-101.

杨明桂, 卢德揆, 1981. 西华山-漂塘地区脉状钨矿的构造特征与排列组合形式//钨矿地质讨论会论文集. 北京: 地质出版社: 293-303.

杨明桂, 梅勇文, 周英等, 1998. 罗霄-武夷隆起及郴州-上饶坳陷成矿规律及预测. 北京: 科学出版社.

杨明桂, 曾载淋, 赖志坚, 等, 2008. 江西钨矿床 "多位一体" 模式与成矿热动力过程. 地质力学学报, 14 (9): 241-250.

杨明桂, 黄水保, 楼法生, 等, 2009. 中国东南陆区岩石圈结构与大规模成矿作用. 中国地质, 36 (3): 528-543.

杨一增, 龙群, 胡焕婷, 等, 2013. 越南西北部莱州地区新生代煌斑岩地球化学特征及其成因. 岩石学报, 29 (3): 899-911.

冶金部南岭钨矿专题组, 1979. 论中国南岭及其邻区钨矿成矿规律. 地质与勘探, (6): 18-28.

叶诗文, 路远发, 童启荃, 等, 2014. 盘古山钨矿成矿流体特征及其地质意义. 华南地质与矿产, 30 (1): 26-35.

于津海, 王丽娟, 王孝磊, 等, 2007. 赣东南富城杂岩体的地球化学和年代学研究. 岩石学报, 23 (6): 1441-1456.

余旭珠, 郭红岩, 2014. 对江西省崇义县双坝矿区矿床成因及找矿标志的研究. 城市建设理论研究, (32).

於崇文, 1987. 南岭地区区域地球化学. 矿物岩石地球化学通报, 6 (3): 124-126.

袁承先, 2011. 地球深部矿化信息探测技术–土壤汞气测量. 科技资讯, (9): 6-7.

曾载淋, 张永忠, 朱祥培, 等, 2009. 赣南崇义地区茅坪钨锡矿床铼-锇同位素定年及其地质意义. 岩矿测试, (3): 209-214.

张宏飞, 高山, 2012. 地球化学. 北京: 地质出版社.

章崇真, 1975. 试论赣南钨矿矿田构造断裂活动的多期性. 地质学报, 2: 142-151.

赵蕾, 于津海, 王丽娟, 等, 2006. 红山含黄玉花岗岩的形成时代及其成矿能力分析. 矿床地质, (6): 672-682.

赵正, 陈毓川, 曾载淋, 等, 2013. 南岭东段岩前钨矿床地质特征及成岩成矿时代. 吉林大学学报 (地球科学版), 43 (6): 1828-1839.

赵正, 陈毓川, 郭娜欣, 等, 2014. 南岭科学钻探0~2000m地质信息及初步成果. 岩石学报, 30 (4): 1130-1144.

赵正, 王登红, 陈毓川, 等, 2017. 九龙脑成矿模式及其深部找矿示范: "五层楼+地下室" 勘查模式的拓展. 地学前缘, 24 (5): 588-612.

周硕愚, 帅平, 张跃刚, 等, 2000. 中国大陆及其东南沿海现时地壳运动. 自然科学进展, 10 (3): 273-277.

周新民, 李武显, 2000. 中国东南部晚中生代火成岩成因: 岩石圈消减和玄武岩底侵相结合的模式. 自然科学进展, (3): 50-57.

周雪桂, 吴俊华, 屈文俊, 等, 2011. 赣南园岭寨钼矿辉钼矿Re-Os年龄及其地质意义. 矿床地质, 30 (4): 690-698.

周作侠, 1986. 湖北丰山洞岩体成因探讨. 岩石学报, 2 (1): 59-70.

朱焱龄, 李崇佑, 林运淮, 1981. 赣南钨矿地质. 南昌: 江西人民出版社.

邹欣, 2006. 江西淘锡坑钨矿地球化学特征及成因研究. 北京: 中国地质大学 (北京).

Brown P E, Bowman J R, Kelly W C, 1985. Petrologic and stable isotope constraints on the source and evolution of skarn-forming fluids at Pine Creek, California. Economic Geology, 80 (1): 72-95.

Brown P E, Essene E J, 1985. Activity variations attending tungsten skarn formation, Pine Creek, California. Contributions to Mineralogy and Petrology, 89 (4): 358-369.

Brugger J, Lahaye Y, Costa S, et al., 2000. Inhomogeneous distribution of REE in scheelite and dynamics of Archaean hydrothermal systems (Mt. Charlotte and Drysdale gold deposits, Western Australia). Contributions to Mineralogy and Petrology, 139 (3): 251-264.

Calas G, 1979. Etude expérimental du comportement de l'uranium dans les magmas: États d'oxydation et coordinance. Geochimica et Cosmochimica Acta, 43: 1521-1531.

Candela P A, Bouton S L, 1990. The influence of oxygen fugacity on tungsten and molybdenum partitioning between silicate melts and ilmenite. Economic Geology, 85: 633-640.

Carter A, Roques D, Bristow C, et al., 2001. Understanding Mesozoic accretion in Southeast Asia: significance of Triassic thermotectonism (Indosinian orogeny) in Vietnam. Geology, 29 (29): 211-214.

Clayton R N, O'Neil J R, Mayeda T K, 1972. Oxygen isotope exchange between quartz and water. Journal of Geophysical Research, 77 (17): 3057-3067.

Deer W A, Howie R A, Zussman H J, 1982. Rock-forming minerals. The Journal of Geology, 90 (6): 748-749.

Einaudi M T, Meinert L D, Newberry R J, 1981. Skarn deposits. Economic Geology, 75: 317-391.

Foster M D, 1960. Interpretation of the composition of trioctahedral micas. Geological Survey Professional Paper, 354-B: 11-49.

Ghaderi M, Palin J M, Campbell I H, et al., 1999. Rare earth element systematics in scheelite from hydrothermal gold deposits in the Kalgoorlie-Norseman region, Western Australia. Economic Geology, 94 (3): 423-437.

Gilder S A, Leloup P H, Courtillot V, et al., 1999. Tectonic evolution of the Tancheng-Lujiang (Tan-Lu) fault via Middle Triassic to Early Cenozoic paleomagnetic data. Geophysical Research, 104 (B7): 15365-15390.

Guo C L, Mao J W, Bierlein F, et al., 2011. SHRIMP U-Pb (zircon), Ar-Ar (muscovite) and Re-Os (molybdenite) isotopic dating of the Taoxikeng tungsten deposit, South China Block. Ore Geology Reviews, 43 (1): 26-39.

Guo C L, Chen Y C, Zeng Z L, et al., 2012. Petrogenesis of the Xihuashan granites in southeastern China: constraints from geochemistry and in-situ analyses of zircon U-Pb-Hf-O isotopes. Lithos, 148: 209-227.

Henry D J, Guidotti C V, Thomson J A, 2005. The Ti-saturation surface for low-to-medium pressure metapelitic biotites: implications for geothermometry and Ti-substitution mechanisms. American Mineralogist, 90: 316-328.

Hsu L C, Galli P E, 1973. Origin of the scheelite-powellite series of minerals. Economic Geology, 68 (5): 681-696.

Hsu L, 1977. Effects of oxygen and sulfur fugacities on the scheelite-tungstenite and powellite-molybdenite stability relations. Economic Geology, 72 (4): 664-670.

Hu R Z, Zhou M F, 2012. Multiple Mesozoic mineralization events in South China—an introduction to the thematic issue. Mineralium Deposita, 47 (6): 579-588.

Huang F, Feng C Y, Chen Y C, et al., 2011. Isotopic chronological study of the Huangsha-Tieshanlong quartz vein-type tungsten deposit and timescale of molybdenum mineralization in Southern Jiangxi Province, China. Acta Geologica Sinica (English edition), 85 (6): 1434-1447.

Ji W, Lin W, Faure M, et al., 2017. Origin of the Late Jurassic to Early Cretaceous peraluminous granitoids in the northeastern Hunan province (middle Yangtze region), South China: geodynamic implications for the Paleo-Pacific subduction. Journal of Asian Earth Sciences, 141: 174-193.

Lan Y C, Chen X L, Che G C, et al., 2001. Hydrothermal oxidation: a new chemical oxidation method to dope oxygen in $La_2CuO_{4+\delta}$. Technology, 13 (10): 1415-1418.

Lepvrier C, Maluski H, Van Vuong N, et al., 1997. Indosinian NW-trending shear zones within the Truong Son belt (Vietnam) ^{40}Ar-^{39}Ar Triassic ages and Cretaceous to Cenozoic overprints. Tectonophysics, 283: 105-127.

Li J, Zhang Y, Dong S, et al., 2014. Cretaceous tectonic evolution of South China: a preliminary synthesis. Earth Science Reviews, 134: 98-136.

Li X H, Li Z X, Li W X, et al., 2006. Initiation of the Indosinian Orogeny in South China: evidence for a

Permian magmatic arc on Hainan Island. The Journal of Geology, 114 (3): 341-353.

Li X H, Li Z X, Li W X, et al., 2007. U-Pb zircon, geochemical and Sr-Nd-Hf isotopic constraints on age and origin of Jurassic I- and A-type granites from central Guangdong, SE China: a major igneous event in response to foundering of a subducted flat-slab? Lithos, 96 (1-2): 186-204.

Maluski H, Lepvrier C, Jolivet L, et al., 2001. Ar-Ar and fission-track ages in the Song Chay Massif: early Triassic and Cenozoic tectonics in northern Vietnam. Journal of Asian Earth Siences, 19: 233-248

Mao J W, Pirajno F, Cook N, 2011. Mesozoic metallogeny in East China and corresponding geodynamic settings: an introduction to the special issue. Ore Geology Reviews, 43 (1): 1-7.

Mao J W, Cheng Y B, Chen M H, et al., 2013. Major types and time-space distribution of Mesozoic ore deposits in South China and their geodynamic settings. Mineralium Deposita, 48 (3): 267-294.

Maruyama S, Send T, 1986. Orogeny and relative plate motions: example of the Japanese. Tectonophysics, 127: 305-329.

Meinert L D, Dipple G M, Nicolescu S, 2005. World skarn deposits. Economic Geology, 100: 299-336.

Middlemost E A K, 1994. Naming materials in the magma/igneous rock system. Earth-Science Reviews, 37 (3-4): 215-224.

Mizutani S, Yao A, 1992. Radiolarians and terranes: Mesozoic geology of Japan. Episodes, 14 (3): 213-216.

Morimoto N, 1988. Nomenclature of pyroxenes. Mineralogy and Petrology, 39 (1): 55-76.

Nam K, Chung N, Alexander M, 1998. Relationship between organic matter content of soil and the sequestration of phenanthrene. Technology, 32: 3785-3788.

Nam K, Rodriguez W, Kukor J J, 2001. Enhanced degradation of polycyclic aromatic hydrocarbons by biodegradation combined with a modified Fenton reaction. Chemosphere, 45: 11-20.

Natalin B, 1993. History and modes of mesozoic accretion in South-easternRussia. Island Arc, (2): 15-34.

Newberry R J, 1982. Tungsten-bearing skarns of the Sierra Nevada; I, The Pine Creek Mine, California. Economic Geology, 77 (4): 823-844.

Phillips W J, 1972. Hydraulic fraturing and mineralization. Journal of the Geological Society, 128: 337-359.

Pichavant M, Hammouda T, Scaillet B, et al., 1996. Control of redox state and Sr isotopic composition of granitic magmas: a critical evaluation of the role of source rocks. Earth and Environmental Science Transactions of the Royal Society of Edinburgh: 321-329.

Rapp R P, 1995. Amphibole-out phase boundary in partially melted metabasalt, its control over liquid fraction and composition, and source permeability. Journal of Geophysical Research: Solid Earth, 100 (B8): 15601-15610.

Rempel K U, Williams-Jones A E, Migdisov A A, 2009. The partitioning of molybdenum (VI) between aqueous liquid and vapour at temperatures up to 370℃. Geochimica et Cosmochimica Acta, 73 (11): 3381-3392.

Rock N M S, Groves D I, 1988. Can lamprophyres resolve the genetic controversy over mesothermal gold deposits. Geology, 16 (6): 538-541.

Rock N M S, Bowes D R, Wright A E, 1991. Lamprophyres. Glasgow: Blackie.

Roedder E, 1985. 流体包裹体 (上). 卢焕章, 王卿铎, 译. 长沙: 中南工业大学出版社.

Rudnick R L, 1995. Making continental crust. Nature, 378 (6557): 571-577.

Shu L S, Faure M, Yu J H, et al., 2011. Geochronological and geochemical features of the Cathaysia block (South China): new evidence for the Neoproterozoic breakup of Rodinia. Precambrian Research, 187 (3): 263-276.

Sibson R H, Moore J M, Rainkin A H, 1975. Seismic pumping: a hydrothermal fluid transport mechanism.

Journal of the Geological Society, 231: 653-659.

Song G X, Qin K Z, Li G M, et al., 2014. Scheelite elemental and isotopic signatures: implications for the genesis of skarn- type W- Mo deposits in the Chizhou area, Anhui Province, eastern China. American Mineralogist, 99 (2-3): 303-317.

Sun S S, McDonough W F, 1989. Chemical and isotopic systematics of oceanic basalts: implications for mantle composition and processes. Geological Society London Special Publications, 42: 313-345.

Sylvester P J, 1998. Post-collisional strongly peraluminous granites. Lithos, 45: 29-44.

Taylor S R, Mclemann S M, 1985. The continental crust: its composition and evolution. Oxford: Blackwell Press.

Wakita Y, Nakano M, Hashiguchi M, et al., 1969. Complaints during pregnancy and puerperal period. Josanpu Zasshi, 23 (6): 120-124.

Wang R C, Fontan F, Chen X M, et al., 2003. Accessory minerals in the Xihuashan Y- enriched granitic complex, southern China: a record of magmatic and hydrothermal stages of evolution. Canadian Mineralogist, 41: 727-748.

Wang W, Zhou M F, 2014. Provenance and tectonic setting of the Paleo-to Mesoproterozoic Dongchuan Group in the southwestern Yangtze Block, South China: implication for the breakup of the supercontinent Columbia. Tectonophysics, 610: 110-127.

Wang Y, Fan W, Zhang G, et al., 2013. Phanerozoic tectonics of the South China Block: key observations and controversies. Gondwana Research, 23 (4): 1273-1305.

Watson E B, Harrison T M, 1983. Zircon saturation revisited: temperature and composition effects in a variety of crustal magma types. Earth Planet Science Letter, 64: 295-304.

Wones D P, Eugeter P, 1965. Stability of biotite: experiment, theory, and application. The American Mineralogist, 50: 1228-1272.

Xia X, Sun M, Geng H, et al., 2011. Quasi-simultaneous determination of U-Pb and Hf isotope compositions of zircon by excimer laser-ablation multiple-collector ICPMS. Journal of Analytical Atomic Spectrometry, 26 (9): 1868-1871.

Yang J H, Peng J T, Hu R Z, et al., 2013. Garnet geochemistry of tungsten-mineralized Xihuashan granites in South China. Lithos, 177: 79-90.

Yu J H, Wang L, O'Reilly S Y, et al., 2009. A Paleoproterozoic orogeny recorded in a long- lived cratonic remnant (Wuyishan terrane), eastern Cathaysia Block, China. Precambrian Research, 174 (3): 347-363.

Zhao W W, Zhou M F, 2018. Mineralogical and metasomatic evolution of the Jurassic Baoshan scheelite skarn deposit, Nanling, South China. Ore Geology Reviews, 95: 182-194.

Zhao W W, Zhou M F, Li Y H M, et al., 2017. Genetic types, mineralization styles, and geodynamic settings of Mesozoic tungsten deposits in South China. Journal of Asian Earth Siences, 137: 109-140.

Zhao W W, Zhou M F, Williams-Jones A E, et al., 2018. Constraints on the uptake of REE by scheelite in the Baoshan tungsten skarn deposit, South China. Chemical Geology, 477: 123-136.

Zhao Z, Zhao W W, Lu L, et al., 2018. Constraints of multiple dating of the Qingshan tungsten deposit on the Triassic W (-Sn) mineralization in the Nanling region, South China. Ore Geology Reviews, 94: 46-57.

Zhou M F, Yan D P, Kennedy A K, et al., 2002. SHRIMP U- Pb zircon geochronological and geochemical evidence for Neoproterozoic arc-magmatism along the western margin of the Yangtze Block, South China. Earth and Planetary Science Letters, 196 (1-2): 51-67.

Zhou M F, Zhao X F, Chen W T, et al., 2014. Proterozoic Fe-Cu metallogeny and supercontinental cycles of the southwestern Yangtze Block, southern China and northern Vietnam. Earth-Science Reviews, 139: 59-82.

Zhou X M, Li W X, 2000. Origin of Late mesozoic igneous rocks in southeastern China: implications for lithosphere subduction and underplating of mafic magmas. Tectonophysics, 326: 269-287.

Zhou X M, Sun T, Shen W Z, et al., 2006. Petrogenesis of Mesozoic granitoids and volcanic rocks in South China: a response to tectonic evolution. Episodes, 29 (1): 26-33.